EUL VERLAG

Support-Vektor-Maschinen und statistische neuronale Netze im Data Mining und Datenqualitätsmanagement am Beispiel der Analyse der Unternehmenssolvenz

vorgelegt von
Diplom-Volkswirt
Ronald Franken

an der Fakultät IV - Elektrotechnik und Informatik
der Technischen Universität Berlin
zur Erlangung des akademischen Grades

Doktor der Wirtschaftswissenschaften
-Dr. rer. oec.-

genehmigte Dissertation

Promotionsausschuss:

Vorsitzender: Prof. Dr. Klaus Obermayer
Berichter: Prof. Dr. Dieter Friedrich
Berichter: Prof. Dr. Hermann Krallmann

Tag der wissenschaftlichen Aussprache: 29. Oktober 2008

Berlin 2008
D83

Reihe: Quantitative Ökonomie · Band 155

Herausgegeben von Prof. Dr. Eckart Bomsdorf, Köln, Prof. Dr. Wim Kösters, Bochum, und Prof. Dr. Winfried Matthes, Wuppertal

Dr. Ronald Franken

Support-Vektor-Maschinen und statistische neuronale Netze im Data Mining und Datenqualitätsmanagement

Eine empirische Analyse am Beispiel der Unternehmenssolvenz

Mit einem Geleitwort von Prof. Dr. Dieter Friedrich, Technische Universität Berlin

EUL VERLAG

Bibliographische Information der Deutschen Bibliothek

Die Deutsche Bibliothek verzeichnet diese Publikation in der Deutschen Nationalbibliothek; detaillierte bibliographische Daten sind im Internet über <http://dnb.ddb.de> abrufbar.

Dissertation, Technische Universität Berlin, 2008, unter dem Titel: Support-Vektor-Maschinen und statistische neuronale Netze im Data Mining und Datenqualitätsmanagement am Beispiel der Analyse der Unternehmenssolvenz

D 83 (2008)

ISBN 978-3-89936-756-0
1. Auflage Dezember 2008

JOSEF EUL VERLAG GmbH
Brandsberg 6
53797 Lohmar
Tel.: 0 22 05 / 90 10 6-6
Fax: 0 22 05 / 90 10 6-88
http://www.eul-verlag.de
info@eul-verlag.de

Bei der Herstellung unserer Bücher möchten wir die Umwelt schonen. Dieses Buch ist daher auf säurefreiem, 100% chlorfrei gebleichtem, alterungsbeständigem Papier nach DIN 6738 gedruckt.

Geleitwort

Die vorliegende Studie richtet sich sowohl an Leser, die sich für neuere methodische Ansätze der Statistik und Ökonometrie auf dem Gebiet der Schätz- und Testtheorie, der Prognoseverfahren sowie der Analyse der Datenqualität interessieren als auch an Praktiker, die sich im Rahmen des Risikomanagements mit quantitativen Methoden zur Beurteilung von Kreditrisiken und der Früherkennung von insolvenzgefährdeten Unternehmen anhand von Wirtschaftlichkeits- und Bilanzkennziffern beschäftigen.

Der methodisch interessierte Leser findet eine zusammenfassende, klare und verständliche Darstellung der traditionellen statistisch-ökonometrischen Methoden. Vor diesem Hintergrund werden die neuen statistischen Lernverfahren der (statistischen) Neuronalen Netze und der Support-Vektor-Maschinen vorgestellt. Die hierbei benutzte einheitliche mathematische Notation dürfte insbesondere den Statistikern den Zugang zu diesen neueren (nichtparametrischen) Verfahren erleichtern. Das vom Autor präsentierte Methodenspektrum gibt im Hinblick auf die zu lösende empirische Aufgabe einen repräsentativen Überblick über das in der Ökonometrie vorhandene Methodenspektrum und reicht von der klassischen Regressionsanalyse bis zur Cluster- und Faktorenanalyse. Aufgrund der Homogenität der formalen mathematischen Darstellung lassen sich die vom Autor beschriebenen und genutzten statistischen Lernverfahren nahtlos in das Spektrum der bekannten klassischen Verfahren integrieren, was die Akzeptanz und den Einsatz dieser neuen Verfahren weiter befördern dürfte.

Im Mittelpunkt der empirischen Studie steht eine aufwändige Untersuchung des Insolvenzrisikos von Firmen, das anhand von Wirtschaftlichkeits- und Bilanzstrukturkennzahlen im Sinne eines Frühwarnsystems diagnostiziert werden soll. Zur Lösung dieser Aufgabe wird das gesamte verfügbare und beschriebene methodische Instrumentarium genutzt. Auf diese Weise entsteht eine Benchmarkstudie, anhand der die Leistungsfähigkeit der eingesetzten Methoden - auch der neueren statistischen Lernverfahren - überprüft und verglichen werden kann. Aufgrund des umfassend eingesetzten Methodenspektrums erzielt der Autor mit Hilfe des verwendeten Datensatzes (der vom Sonderforschungsbereich 649 "Ökonomisches Risiko" der Humboldt Universität zu Berlin zur Verfügung gestellt wurde) in seiner empirischen Untersuchung m. E. ein gutes bis sehr gutes, auch für den praktischen Einsatz akzeptables Resultat mit einer hohen Trefferquote bei der Früherkennung von Insolvenzrisiken.

In vielen Beiträgen, die sich mit der Nutzung der neueren statistischen Lernverfahren beschäftigen und diese für empirische Untersuchungen empfehlen, wird die Flexibilität und die (manchmal schon etwas mystifizierte) Leistungsfähigkeit und Überlegenheit dieser Methoden gegenüber einfachen ökonometrischen Ansätzen mit den verbundenen hohen Risiken fehlspezifizierter Modelle hervorgehoben. Vielleicht etwas überraschend, aber mit einer gewissen Genugtuung, nimmt der Anhänger der klassischen statistischen Verfahren aufgrund der präsentierten Benchmarks zur Kenntnis, dass sich bei der vorliegenden Problemstellung ein klassisches Verfahren mit einem etwas aufwändiger spezifizierten parametrischen Logit-Modell als bestes Klassifikationsmodell mit den höchsten Trefferquoten anbietet.

Da die neueren statistischen Lernverfahren auf eine a-priori-Modellspezifikation verzichten und diese anhand der Daten erlernt werden soll, besteht die Gefahr, dass diese Methoden gegenüber Fehlern in den Variablen und verschmutzten Daten wenig robust sind, so dass Datenfehler als systematische Effekte interpretiert und angepasst werden. Um dieses Problem - auch im Hinblick auf den Einsatz der statistischen Lernverfahren - zu analysieren, beschäftigt sich die Studie in einem abschließenden Abschnitt mit dem Einsatz der statistischen Lernverfahren zur Analyse der Datenqualität. Mit seinen innovativen Ausführungen zum Datenqualitätsmanagement lenkt der Autor die Aufmerksamkeit auf einen Bereich der Statistik und der Wirtschaftsinformatik, der beim Aufbau großer Datenbasen und Data Warehouses (im wissenschaftlichen wie im kommerziellen Anwendungsbereich) m. E. bisher noch wenig Beachtung gefunden hat. Hier zeigt er an einem theoretischen Vorgehensmodell, das er auch auf die von ihm genutzten Datensätze anwendet, die verschiedenen Möglichkeiten der Qualitätssicherung mit Hilfe statistischer Methoden, die er in der formalen Darstellung und in der Anwendung souverän handhabt.

Berlin, im November 2008 Prof. Dr. Dieter Friedrich

Vorwort

Die vorliegende Arbeit entstand im Rahmen meiner Tätigkeit als wissenschaftlicher Mitarbeiter an den Fachgebieten für Statistik und Ökonometrie sowie Systemanalyse und EDV am Institut für Quantitative Methoden und Wirtschaftsinformatik der Fakultät IV der Technischen Universität Berlin.

Dem ehemaligen Leiter des Fachgebietes Statistik und Ökonometrie, Herrn Prof. Dr. Dieter Friedrich, gilt als Hauptbetreuer der Arbeit mein besonderer Dank. Durch die außergewöhnlich freundliche sowie entspannte Atmosphäre am Lehrstuhl und durch seine kontinuierliche Unterstützung und Beratung über die gesamte Zeit der Erstellung und viele Anregungen und Hinweise trug er wesentlich zum Gelingen dieser Arbeit bei. Ebenso möchte ich meinem zweiten Gutachter, Herrn Prof. Dr. Hermann Krallmann, herzlich dafür danken, mich an sein Fachgebiet Systemanalyse und EDV so freundlich aufgenommen und sich zur Betreuung dieser Arbeit bereit gefunden zu haben.

Weiterhin zu Dank verpflichtet bin ich der Deutschen Forschungsgemeinschaft bzw. dem Sonderforschungsbereich 649 "Ökonomisches Risiko" der Humboldt Universität zu Berlin für die zur Verfügung gestellten Daten sowie der Firma SAS® Institute GmbH Deutschland für die im Rahmen eines Kooperationsvertrages bereitgestellte Software und die sehr freundliche Unterstützung und Beratung.

Nicht zuletzt geht ein ganz besonderer Dank an meine Familie und meine Freunde für ihre Unterstützung und an meine Kollegen an der TU Berlin, insbesondere an Frau Dr. Nicole Krämer für ihre Hilfe bei der Vorbereitung der wissenschaftlichen Aussprache und viele anregende Diskussionen in den Pausen der Forschungsarbeit, sowie an Herrn ORat Konrad Urbanski, durch dessen Anwerbung als Tutor ich meine Affinität zur Statistik und meine Freude an der Lehre entdeckt habe. Vor allem aber danke ich meiner Freundin Christiane, die mir nicht nur während der Erstellung dieser Arbeit immer Halt gegeben und mich immer dann bestärkt hat, wenn ich an mir gezweifelt habe.

Widmen möchte ich diese Arbeit meiner lieben, leider viel zu früh verstorbenen Mutter Helga Franken, die schon vor vielen Jahren und vor allen anderen an mich geglaubt und mir damit neben vielem anderem die schöne Zeit an der Uni und die Promotion erst ermöglicht hat. Danke für alles, ich vermisse Dich sehr!

Berlin, im November 2008 — Ronald Franken

Inhaltsverzeichnis

Abbildungsverzeichnis

Tabellenverzeichnis

Notation und Abkürzungen

Im Allgemeinen werden statistische Merkmale bzw. Variablen als Zufallsvariablen aufgefasst und durch Großbuchstaben und deren realisierte Ausprägungen durch Kleinbuchstaben dargestellt. Eine wichtige Ausnahme stellt die Zufallsvariable u der Störgröße im Regressionsmodell dar. Vektoren und Matrizen werden durch Fettdruck markiert. Weiterhin werden die einzelnen statistischen Einheiten einer statistischen Erhebung als Objekte und der Vektor der an jedem Objekt beobachteten Merkmalsausprägungen als Datensatz bezeichnet. Die Menge aller in einer Stichprobe auftretenden Datensätze stellt die Datenmenge dar.

Im Folgenden werden die im Text benutzten Symbole in alphabetischer Reihenfolge dargestellt und erläutert. Die Auflistung der Symbole erfolgt getrennt nach formalen Symbolen, verwendeten Jahresabschlussgrößen und sonstigen Symbolen und Abkürzungen.

Formale Symbole

a	(1) Lagrange-Parameter in einem dualen Optimierungsproblem
	(2) Ausgabewert eines künstlichen Neurons
$\|\boldsymbol{A}\|$	Determinante einer Matrix $\boldsymbol{A}$
$\alpha,\ \beta,\ \gamma$	Parameter
B	Bartlett-Teststatistik
$\boldsymbol{\beta}$	Parametervektor in einem ökonometrischen Modell
$\boldsymbol{\theta},\ \boldsymbol{\omega}$	Parametervektoren
β_0	Absolutglied einer Modellgleichung
C	Kostenparameter einer SVM
$\text{Cov}[X,Y]$	Kovarianz zwischen X und Y
χ_B^2	Bartlett-Teststatistik der Diskriminanzfunktion
$\sim\ \chi^2$, t, F, N	spezielle Wahrscheinlichkeitsdichten
d_{ij}	Distanzmaß zwischen den Objekten i und j
D	Deviance
$D(\alpha)$	duales Optimierungsproblem
δ	lokaler Gradient

$\mathrm{E}[X]$	Erwartungswert der Zufallsvariable X
$\exp\{\cdot\}$	Exponentialfunktion
e_i	Trainingsfehler bei Objekt i
e_p	Prognosefehler bei Objekt p
η	Schrittlänge bei numerischer Optimierung
η_i	Störvariable bei Objekt i
$\epsilon(F)$	Komplexitätsmaß der Funktionenklasse F
$f(\cdot)$, $\varphi(\cdot)$	lineare bzw. nichtlineare Funktion
$\widehat{f}$, $\widehat{y}$, $\widehat{\boldsymbol{\beta}}$	geschätzte Funktion bzw. Merkmals- und Parameterwerte
$f(X)$	Dichtefunktion der Zufallsvariable X
F	Funktionenklasse
F_t	t-te Faktorvariable
$g(\cdot)$	Entscheidungsfunktion
γ	Parameter der RBF-Kernfunktion
H_0, H_1	Hypothesen eines statistischen Testes
i, j, p	Beobachtungsindizes
$\in$	ist Element von
$I(\cdot)$	Indikatorfunktion
$I(X_k)$	Dummyvariable der fehlenden Werte bei Variable X_k
$\boldsymbol{I_n}$	Einheitsmatrix der Dimension $n \times n$
K	Anzahl der unabhängigen Variablen in einem ökonometrischen Modell
$k(\cdot)$	Kernfunktion
$\boldsymbol{K}$	Kernmatrix
$\mathrm{Korr}(X, Y)$	Korrelation zwischen X und Y
l	Faktorladung
$\boldsymbol{L}$	Faktorladungsmatrix
l^2	Kommunalität
$l(\cdot)$	Fehlerfunktion
$L(\cdot)$	Likelihood-Funktion
$\ln$	natürlicher Logarithmus
$\ln L(\cdot)$	LogLikelihood-Funktion
λ	Parameter der Box-Cox-Transformation
λ_W	Wilks' Lambda-Statistik
$\boldsymbol{\lambda}$	Vektor von Eigenwerten
m	funktionaler bzw. geometrischer Margin
M, P, S, T, V	Mengen bzw. Anzahl der in diesen jeweils enthaltenen Datensätzen
μ	Mittelwert einer Grundgesamtheit
n	Stichprobenumfang
$odd(Y = y)$	Verhältnis der Wahrscheinlichkeit des Ereignisses $Y = y$ zur Gegenwahrscheinlichkeit
$op(\widehat{f})$	Optimismus der Schätzfunktion $\widehat{f}$
p	Konfidenz einer Assoziationsregel
p_q	q-te Faktorvariable
π	Anteil

ψ	spezifische Varianz
$\Pr(X)$	Dichtefunktion der Zufallsvariable X
$\Pr(X = x)$	Wahrscheinlichkeit des Auftretens der Ausprägungung x der Zufallsvariable X
$\prod_{i=1}^{n} x_i$	Produkt der n Elemente x_i
r	Assoziationsregel
R_f	erwartetes Risiko der Funktion f
R^2	Bestimmtheitsmaß
R_k^2	Korrigiertes Bestimmtheitsmaß
R_{AN}^2	Aldrich-Nelson Pseudo-Bestimmtheitsmaß
R_{McF}^2	McFadden's Pseudo-Bestimmtheitsmaß
RS_k	Relative Stärke der Verbindung des Inputneurons X_k zum Outputneuron
$\{\}$	Menge von Elementen
$\mathbb{R}^n$	Menge der n-dimensionalen reellen Zahlen
$\boldsymbol{R}$	Korrelationsmatrix
$\widehat{\boldsymbol{R}}$	empirische Korrelationsmatrix
ρ	Parameter einer SVM
r	empirische Korrelation
$\operatorname{sgn}(\cdot)$	Vorzeichenfunktion
$\boldsymbol{\Sigma_{XX}}$	Varianz-Kovarianzmatrix von X
$\widehat{\boldsymbol{\Sigma}}_{\boldsymbol{XX}}$	geschätzte Varianz-Kovarianzmatrix von X
$\sum_{i=1}^{n} x_i$	Summe der n Elemente x_i
σ^2	Varianz einer Grundgesamtheit
$\theta(\cdot)$	Zielfunktion eines dualen Optimierungsproblems
u_i	Störvariable bei Beobachtung i
$\boldsymbol{u}$	Störgrößenvektor
v	Varianzvergrößerungsfaktor
$\mathrm{Var}[X]$	Varianz der Zufallsvariable X
w_k	Wald-Teststatistik der Variable X_k
ω	Netzwerkparameter bzw. -gewicht
X_k	k-te erklärende Variable in einem ökonometrischen Modell
$\boldsymbol{x_i}$, $\boldsymbol{X_i}$	Vektor der (unabhängigen) Beobachtungen bzw. Variablen in einem ökonometrischen Modell
$\boldsymbol{X}$	Matrix aller Beobachtungen der unabhängigen Variablen in einem ökonometrischen Modell
$\widetilde{\boldsymbol{X}}$	zentrierte Beobachtungen von $\boldsymbol{X}$
$\bar{x}$	arithmetisches Mittel der Werte von x_i
$\boldsymbol{x}'$	transponierter Vektor von $\boldsymbol{x}$
$x_k^{(s)}$	standardisierte Beobachtungen von x_k
ξ	Margin-Slack-Variable
Y	abhängige (Zufalls-)Variable in einem ökonometrischen Modell
$\boldsymbol{y}$	Vektor der Beobachtungen der abhängigen Variable in einem ökonometrischen Modell
z_k	Beobachtungen in einem nichtlinearen Modell

Absolute Jahresabschlussgrößen aus Bilanz und GuV

ABSCHLUSS	Abschlussart
AFA	Abschreibungen
AV	Anlagevermögen
BAVERB	Bankschulden in den kurz- und langfristigen Verbindlichkeiten
BILS $\equiv$ GK	Bilanzsumme $\equiv$ Gesamtkapital
BRANCHE	Branchenschlüssel
EBIT	Earnings before Interest and Taxes (Betriebsergebnis)
EBT	Earnings before Taxes (Gewinn aus ordentlicher Geschäftstätigkeit)
EK	Eigenkapital
FK	Fremdkapital
FLL	Forderungen aus Lieferung und Leistung
FORDBET	Forderungen gegenüber Unternehmen mit denen Beteiligungsverhältnis besteht
GESDAHR	Gesellschafterdahrlehen
GL	Gesamtleistung
GRSTBA	Grundstücke und Bauten
ID	Unternehmens-Identifikationsnummer
IMMA	Immaterielle Vermögensgegenstände
JAHR	Bilanzjahr des beobachteten Jahresabschlusses
JE	Jahresergebnis
KASSE	Kassenbestand, Zahlungsmittelbestand
KASSEV	Veränderung Kassenbestand
KRIT	Insolvenzkriterium
KVERB	Kurzfristige Verbindlichkeiten (gesamt)
LAGV	(Lager)- Bestandsveränderung
LVERB	Langfristige Verbindlichkeiten (gesamt)
MA	Anzahl Mitarbeiter
PRST	Pensionsrückstellungen und andere Aufwendungen für Alterssicherung
REF	Rechtsform
REK	Rechtskreis
SAV	Sachanlagevermögen
U	Umsätze
UV	Umlaufvemögen
VERBBET	Verbindlichkeiten gegenüber Unternehmen mit denen Beteiligungsverhältnis besteht
VERBV	Veränderung der kurz- und langfristigen Verbindlichkeiten
VERW	Vertriebs- und Verwaltungsaufwand
VLL	Verbindlichkeiten aus Lieferung und Leistung
VOR	Vorräte
ZINS	Zinsaufwand

Relative Jahresabschlusskennzahlen

AFAGL	Anteil Abschreibungen an Gesamtleistung
AFAI	Abschreibungsintensität
AI	Anlagenintensität
BUR	(Brutto-) Umsatzrentabilität
DG1	Deckungsgrad des Anlagevermögens durch Eigenkapital
DG2	Deckungsgrad des Anlagevermögens durch langfristiges Kapital
EKQ	Eigenkapitalquote
EKR	Eigenkapitalrentabilität
FKQ	Fremdkapitalquote
FLLA	Forderungsanteil
GKR	Gesamtkapitalrentabilität
GLGK	Anteil Gesamtleistung an Gesamtkapital
JER	Ergebnisrentabilität
KASA	Kassenanteil
KON	Vermögensaufbau (Konstitution)
LIQ1	Liquidität 1. Grades
LIQ2	Liquidität 2. Grades
LIQ3	Liquidität 3. Grades (Current Ratio)
NUR	(Netto)- Umsatzrentabilität
UI	Umlaufintensität
VG	Verschuldungsgrad
VORA	Vorratsanteil

Sonstige Abkürzungen und Symbole

Abb.	Abbildung
AIC	Akaike-Informationskriterium
ANOVA	Analysis Of Variance, Varianzanalyse
AUC	Area Under the Curve
BI	Business Intelligence
BLUE	Best Linear Unbiased Estimator
bspw.	beispielsweise
bzgl.	bezüglich
bzw.	beziehungsweise
CCC	Kubisches Clusterkriterium
c.p.	ceteris paribus
DDD	Dirty Data Detection
d.h.	das heißt
diesbzgl.	diesbezüglich
DM	Data Mining
DQ	Datenqualität

DQM	Data Quality Mining
DWH	Data Warehouse
EIS	Entscheidungsunterstützendes Informationssystem
EPE	Expected Prediction Error
ERM	(1) Empirische Risikominimierung
	(2) Entity-Relationship-Modell
etc.	et cetera
ETL	Extraction-Transformation-Loading
evtl.	eventuell
FQ	Fehlerquote
ggf.	gegebenenfalls
ggü.	gegenüber
Gl.	Gleichung
GU	Großunternehmen
GuV	Gewinn- und Verlustrechnung
HGB	Handelsgesetzbuch
i.A.	im Allgemeinen
i.d.R.	in der Regel
inkl.	inklusive
insb.	insbesondere
i.S.v.	im Sinne von
Kap.	Kapitel
KDD	Knowledge Discovery in Databases
KMU	Kleine und mittlere Unternehmen
KNN	künstliche/s neuronale/s Netz/e
KQ	Kleinste Quadrate
LDA	Lineare Diskriminanzanalyse
LQ	Likelihood-Quotienten-Teststatistik
MAE	Mean Absolute Error
m.a.W.	mit anderen Worten
MSE	Mean Squared Error
MSF	Mean Squares of Factors
MSR	Mean Squares of Regression
MST	Mean Squares Total
o.g.	oben genannten
OLAP	Online Analytical Processing
PC	Amemiyas Prediction Criterion
QR	Quantitative Reasoning
ROC	Receiver Operating Characteristic
sDQM	statistisches Datenqualitätsmanagement
sog.	sogenannte/s
SAE	Sum of absolute Errors
SIC	Schwarz-Informationskriterium
SNN	statistische/s neuronale/s Netz/e
SRM	Strukturelle Risikominimierung

SSB	Sum of Squares Between the Groups
SSE	Sum of Squared Errors
SSF	Sum of Squares of Factors
SSR	Sum of Squares of Regression
SST	Sum of Squares Total
SSW	Sum of Squares Within the Groups
SVM	Support-Vektor-Maschine
SVR	Support-Vektor-Regression
Tab.	Tabelle
TQ	Trefferquote
u.a.	unter anderem
u.d.NB	unter den Nebenbedingungen
usw.	und so weiter
u.U.	unter Umständen
VC	Vapnik-Chervonenkis-Dimension
vgl.	vergleiche
z.B.	zum Beispiel
z.T.	zum Teil

Kapitel 1

Einleitung

Sowohl in der statistischen Theorie als auch in der empirischen Praxis sind in den letzten Jahren neue und vielversprechende Entwicklungen in Gang gesetzt worden. So haben auf dem Forschungsgebiet der quantitativen Modellierung in der jüngeren Vergangenheit vor allem Verfahren der sog. statistischen Lerntheorie, die aus Methoden des maschinellen Lernens hervorgegangen sind, stark an Bedeutung erlangt. In der empirischen Praxis sorgen seit einiger Zeit die Schlagworte "Business Intelligence" sowie "Knowledge Discovery in Databases" und weiterhin "Datenqualitätsmanagement" in erheblichem Ausmaß für Aufsehen. Die beiden erstgenannten Begriffe werden dabei in etwa synonym für eine empirische Analyse großer Datenmengen mit dem Ziel einer entscheidungsunterstützenden Aufdeckung, Modellierung und Auswertung von in den Daten vorhandenen Strukturen verwendet. Die zur Unterstützung dieser Analysen herangezogenen statistischen computergestützten Analyseverfahren, die aus einer Vielzahl von teilweise lange bekannten quantitativen Forschungsgebieten - so auch der Statistik - stammen, führen zu dem etwas enger gefassten Begriff des "Data Mining". Einen entscheidenden Aspekt im Rahmen des Data Mining stellt das Datenqualitätsmanagement dar, da der Erfolg einer Data-Mining-Analyse in entscheidendem Maß von der Qualität der für die Analyse zur Verfügung stehenden Daten abhängt. Vielversprechend erscheint nun eine Verbindung der bekannten statistischen Data-Mining-Analyse sowie des Datenqualitätsmanagements mit der statistischen Lerntheorie zu einem lerntheoretischen Data Mining bzw. Data Quality Mining, bei dem die in großen Datenmengen vorhandenen Strukturen anhand der auf den ersten Blick flexibleren Modellierungsmethoden des lerntheoretischen Ansatzes evtl. besser analysiert, bereinigt und modelliert werden können als mit den bekannten strukturellen statistischen Methoden.

In der ökonomischen Theorie wird in der Regel versucht, Probleme im Zusammenhang mit dem wirtschaftlichen Handeln bzw. der wirtschaftlichen Realität durch eine Modelldarstellung zu beschreiben und zu verstehen. Es wird somit davon ausgegangen, dass eine strukturelle Regelmäßigkeit in der ökonomischen Realität besteht, die vereinfacht abbildbar ist und durch das entsprechende Modell auch ausreichend abgebildet wird, um die interessierenden Strukturen beschreiben zu können. Nach einer solchen Modellierung werden anschließend innerhalb der empirischen Forschung das ökonomische Modell bzw. die Strukturen und Zusammenhänge zwischen den interessierenden Modellvariablen durch eine mathematische Formulierung formal spezifiziert und anhand empirischer Daten untersucht bzw. geschätzt. Das Grundproblem einer solchen modellgestützten Vorgehensweise besteht darin, dass die wahren Strukturen bzw. Abhängigkeiten evtl. falsch modelliert werden oder nur mit hohem Zeit- und Rechenaufwand zu formalisieren sind. Im schlimmsten Fall existiert gar keine Regelmäßigkeit in den realen Strukturen und eine Abbildbarkeit bzw. Modellierung der ökonomischen Zusammenhänge ist somit von vornherein nicht möglich.

Die in den letzten Jahren zunehmend Bedeutung erlangenden Methoden des maschinellen Lernens erfordern kein im vorhinein bekanntes Modell der Realität, um die Zusammenhänge in den Daten schätzen zu können. Der umgekehrte Weg wird beschritten, indem die Strukturen in bzw. anhand der Daten "erlernt" und anschließend auf die Wirklichkeit übertragen werden. Erfolgreich angewendet worden sind sog. lernende Maschinen vor allem bei der Mustererkennung in hoch komplexen Strukturen, wie der Text- bzw. Schriftkategorisierung sowie der Gesichts- und Bilderkennung. Gemeinsam ist diesen Strukturen, dass sie komplex und je nach Beobachtungs- bzw. Erhebungszeitpunkt evtl. stark verschieden und somit nicht oder nur sehr schwer aufgrund eines Modells abbildbar sind. Aufgrund der Erfolge in den erwähnten Bereichen der Mustererkennung werden die Verfahren des maschinellen Lernens in den letzten Jahren zunehmend auch auf andere Bereiche der empirischen Forschung wie bspw. die ökonometrische Analyse, welche sich mit der statistischen Analyse ökonomischer Strukturen befasst, übertragen.

Die vorliegende Arbeit untersucht die Notwendigkeit bzw. den Nutzen einer solchen "ökonometrischen Lerntheorie" im Data Mining am Beispiel der unternehmerischen Solvenzanalyse. Die Analyse der Solvenz und damit einer eventuellen Insolvenzgefährdung von Unternehmen anhand statistischer Methodik war und ist eine bedeutende Aufgabe empirischer Forschung. Eine Möglichkeit der Beurteilung der finanziellen bzw. wirtschaftlichen Verfassung von Unternehmen stellt die sog. externe Bilanzanalyse anhand verschiedener relativer Kennzahlen(-systeme) dar, welche aus den veröffentlichten Jahresabschlüssen von Kapitalgesellschaften abgeleitet werden können. In der aktuellen Praxis der empirischen Solvenz- und Risikoforschung sind nach wie vor die klassischen statistischen Methoden, wie bspw. die logistische Regression oder die lineare Diskriminanzanalyse weit verbreitet. Im Rahmen der vorliegenden Arbeit wird der Frage nachgegangen, ob das Erlernen der Datenstrukturen anhand statistischer Lernverfahren, und dabei speziell der Support-Vektor-Maschine sowie statistischer neuronaler Netze, hinsichtlich der Qualität der erfolgten Datenanpassung und der Übertragung der Erkenntnisse auf die Realität ggü. einer klassischen parametrischen Modellierung zu besseren Ergebnissen führt und die vielversprechende Anwendung in ökonometrischen Data-Mining-Analysen diesbzgl. gerechtfertigt erscheint.

Der Aufbau der vorliegenden Arbeit orientiert sich dabei im Wesentlichen an zwei Zielen, welche zum einen in einem Methodenvergleich klassischer parametrischer Klassifikationsverfahren und neuerer Verfahren der statistischen Lerntheorie hinsichtlich der Solvenzanalyse, und zum anderen in der Konzeption und Durchführung eines statistischen Datenqualitätsmanagements zur Verbesserung der Modellqualität einer Data-Mining-Analyse bestehen.

In Kapitel 2 wird zunächst ein Überblick über die in dieser Arbeit für die statistische Analyse verwendeten bedeutendsten parametrischen statistischen Verfahren sowie Methoden der statistischen Lerntheorie zur Modellierung, Klassifikation und Prognose von ökonomischen Strukturen bzw. Abhängigkeiten gegeben. Dabei wird insb. auf die Eigenschaften und diesbzgl. Unterschiedlichkeit der beiden grundsätzlichen Herangehensweisen einer strukturellen bzw. parametrischen Modellierung einerseits und einer lerntheoretischen Modellierung andererseits eingegangen.

Eine Vorstellung der statistischen Möglichkeiten zur Modellbeurteilung und Modellauswahl erfolgt in Kapitel 3. Dabei wird insb. die Bewertung der in dieser Arbeit angewendeten Methoden hinsichtlich der Klassifikations- und Generalisierungsfähigkeit thematisiert.

Die Modellentwicklung und -anwendung der in Kapitel 2 vorgestellten statistischen Data-Mining-Methoden wird in Kapitel 4 im Zusammenhang mit dem Problem einer Solvenzanalyse anhand relativer Bilanzkennzahlen praktisch durchgeführt. Dabei werden die klassischen parametrischen und die modernen Verfahren des maschinellen Lernens bzgl. der Klassifikationsergebnisse evaluiert und miteinander verglichen.

In dieser Arbeit wird der im Rahmen des Data Mining notwendigen und als stark erfolgsrelevant erachteten Datenvorbereitung besondere Bedeutung beigemessen, auch da sich in der Praxis gezeigt hat, dass diese einen Großteil der während des gesamten Data-Mining-Prozesses aufzubringenden Zeit bzw. des Aufwandes in Anspruch nimmt. In diesem Zusammenhng hängt der Erfolg eines Data-Mining-Projektes in entscheidendem Maß von der Qualität der zur Problemlösung bereitgestellten Daten ab. Kapitel 5 dieser Arbeit stellt dazu ein Konzept bzw. ein Vorgehensmodell eines statistischen Datenqualitätsmanagements vor, welches anhand des konkreten Solvenzproblems mit Instrumenten des statistischen Data Mining praktisch umgesetzt wird.

Die Arbeit schließt mit einer Zusammenfassung der erhaltenen Ergebnisse und einem Ausblick in die zukünftige Forschung und Praxis auf dem Gebiet der lerntheoretischen Data-Mining- und Datenqualitätsanalyse.

Kapitel 2

Grundlagen der statistischen Modellierung

Die Herleitung, Erklärung und Überprüfung von theoretischen Strukturen bzw. Zusammenhängen stellt eine der zentralen Aufgaben in den Wissenschaften im Allgemeinen und in den Wirtschaftswissenschaften im Speziellen dar. Von empirisch gehaltvollen Strukturen spricht man, wenn sich die Theorien bzw. theoretischen Modelle über die ökonomischen Zusammenhänge einer ständigen quantitativen Überprüfung unterziehen lassen und dieser auch standhalten. Dabei kommt der *Ökonometrie* eine entscheidende Bedeutung zu. Unter Ökonometrie versteht man *"jenen empirischen Bereich der ökonomischen Wissenschaften, der sich der Anwendung eines speziellen, statistischen Instrumentariums auf empirisches Beobachtungsmaterial bedient, um Fragestellungen der ökonomischen Theorie oder Praxis zu beantworten"*.[1]

Die ökonometrische Analyse ist somit eine statistische Analyse, die zunächst die Entwicklung einer ökonomischen Theorie und eines dementsprechenden ökonomischen Modells voraussetzt, welches dann in ein ökonometrisches bzw. statistisches Modell überführt wird. Das ökonometrische Modell stellt den theoretischen Sachverhalt empirisch formal dar. Anhand einer Datenmenge, welche meist aus einer Stichprobe von vor dem Hintergrund des theoretischen Sachverhaltes interessierenden Objekten bzw. statistischen Datensätzen besteht, kann dann mit geeigneten statistischen Verfahren sowie unter Zuhilfenahme geeigneter Computer-Software das ökonometrische Modell empirisch geschätzt werden. Die Schätzung dient u.a. dem Ziel, auf der Grundlage der Schätzwerte die ökonomische Theorie einer Prüfung zu unterziehen und Vorhersagen der im Modell erklärten Variablen zu machen. Diese Vorhersagen stellen die *ökonometrische Prognose* dar. Die ökonometrische Analyse setzt sich somit aus den folgenden Schritten zusammen:

[1] Vgl. [Hackl 2005], S. 22.

1. Entwicklung einer ökonomischen Theorie und Aufstellen eines ökonomischen Modells

2. **Statistische/ökonometrische Analyse im engeren Sinn**

   2.1 Aufstellen eines entsprechenden formalen statistischen/ökonometrischen Modells, d.h. Operationalisierung der relevanten endogenen und exogenen Variablen und Spezifikation des funktionalen Zusammenhanges

   2.2 Schätzung des ökonometrischen Modells anhand einer geeigneten empirischen Datenmenge sowie geeigneter statistischer Methodik

   2.3 Überprüfung und Bewertung des geschätzten Modells und der bei der Schätzung getroffenen Annahmen anhand geeigneter Gütekriterien und statistischer Signifikanzanalysen

   2.4 Schätzung bzw. Prognose der endogenen Variable(n)

3. Überprüfung der ökonomischen Theorie anhand der Ergebnisse der engeren ökonometrischen Analyse

Die in der vorliegenden Arbeit am Beispiel des Problems der Solvenzanalyse durchgeführte statistische Modellierung beginnt mit der Auswahl und Spezifikation geeigneter statistischer Modelle (Punkt 2.1.). Hierbei können bzgl. des Vorgehens der formalen statistischen Modellierung grundsätzlich drei Arten unterschieden werden: Der (klassische) *strukturelle bzw. parametrische Ansatz* unterstellt dem zu modellierenden Problem eine bestimmte, durch die verwendeten Variablen sowie die Funktionsparameter vollständig determinierte, funktionale Form. Bei der sich an die Modellierung anschließenden Schätzung (Punkt 2.2.) müssen dann "nur" noch die konkreten Werte der Parameter anhand der zur Verfügung stehenden Datenmenge bestimmt werden. Als bekanntestes Beispiel eines parametrischen Modells kann die (lineare) Regressionsanalyse genannt werden. Im Gegensatz zu den strukturellen ökonometrischen Modellen werden bei *nichtparametrischen* Modellierungsverfahren vor der Schätzung keine Annahmen über die konkrete funktionale Form des Zusammenhanges getroffen. Diese ergibt sich erst während der Modellschätzung, wodurch die sich ergebenden Funktionsschätzungen aufgrund der fehlenden im vorhinein festgelegten parametrischen Struktur u.U. nicht mehr theoretisch und inhaltlich interpretierbar sind.[2] Das gleiche Problem ergibt sich bei sog. *semiparametrischen* Modellen, bei denen zwar eine strukturelle Funktionsform vorausgesetzt wird, einige oder alle der im Modell enthaltenen Variablen jedoch aufgrund nichtlinearer Transformationen flexibel sind.[3]

Kriterien für die Wahl des entsprechend problemadäquaten Modellierungsansatzes stellen u.a. die theoretischen Vorkenntnisse über die Art und die Komplexität der zu modellierenden Zusammenhänge dar. So kann vermutet werden, dass

[2]Vgl. [Anders 1997], S. 8.

[3]Vgl. bspw. die weiter unten erläuterte Box-Cox-Transformation.

bspw. bei hinreichend komplexen und unerforschten theoretischen Wirkungszusammenhängen die Spezifikation eines parametrischen Modells schwierig bis unmöglich ist, wohingegen ein theoretisch gut fundiertes, relativ einfaches ökonomisches Modell gut parametrisiert werden kann. Eine weitere Rolle spielt das Problem des sog. *Bias-Varianz-Tradeoff.* Dieses besagt, dass eine Modellschätzung immer zwei (z.T. gegenläufige) Fehlerquellen aufweist, nämlich zum einen den Bias, der die systematische Differenz (im erwarteten Mittel) einer modellierten Schätzfunktion von der zu schätzenden wahren Funktion beschreibt und zum anderen die Varianz der Schätzfunktion.[4] Parametrische Modelle bergen eher die Gefahr, einen hohen Bias zu verursachen, da sie bei falscher Spezifikation eine systematische Abweichung zum wahren theoretischen Modell aufweisen. Nichtparametrische Modelle können dagegen die wahre Funktion aufgrund fehlender Parameterrestriktionen besser approximieren und weisen i.d.R. einen geringeren Bias auf. Andererseits nimmt aufgrund der potenziell hohen Flexibilität und damit Komplexität solcher Modelle deren Varianz tendenziell zu.

Neben der Unterscheidung zwischen den Ansätzen der parametrischen und nicht- bzw. semiparametrischen Modellspezifikation kann die Art und Weise der dann folgenden Modellschätzung wiederum in zwei grundsätzliche Ansätze, die mit der o.g. Spezifikationsart verbunden sind, unterschieden werden. So werden, wie bereits erwähnt, bei der parametrischen Modellspezifikation lediglich die Parameter der Funktion anhand der vorliegenden Daten und eines bestimmten, meist analytischen Optimierungsalgorithmus geschätzt.[5] Diese parametrische Vorgehensweise der Modellspezifikation und -schätzung wird in den beiden folgenden Abschnitten 2.1.1 und 2.1 anhand einiger der bedeutendsten parametrischen statistischen Approximations- und Klassifikationsmethoden rekapituliert, bevor im darauf folgenden Abschnitt 2.2 auf den sog. *lerntheoretischen Ansatz* der statistischen Modellierung eingegangen wird. Dieser aus dem Forschungsgebiet des *Maschinellen Lernens* stammende Ansatz hat in den letzten Jahren in viele wissenschaftliche Bereiche Einzug gehalten und wurde auch erfolgreich auf das Gebiet der statistischen Modellschätzung angewandt. Die Grundidee der Lerntheorie im Zusammenhang mit der empirischen Forschung ist, dass die genaue parametrisierte funktionale Art des betrachteten theoretischen Modells als nicht bekannt betrachtet bzw. vorausgesetzt wird. Diese Kenntnis wird als nicht nötig erachtet, da die den Daten zugrunde liegenden Strukturen nicht parametrisch modelliert, sondern anhand der vorliegenden Daten lediglich nachgebildet bzw. "erlernt" werden sollen. Der entscheidende Nachteil dieses Nachbildens ist jedoch der *Black-Box-Charakter* des gelernten Modells: Die datenerzeugenden Zusammenhänge innerhalb des theoretischen Modells

[4] Zur Bias- und Varianzschätzung eines statistischen Modells und zum Bias-Varianz-Tradeoff vgl. u.a. [Anders 1997], S. 11 ff. sowie die Ausführungen weiter unten in Abschnitt 3.2 dieser Arbeit und vor allem die dortige Abb. 3.3.

[5] Vgl. bspw. die weiter unten in Abschnitt 2.1.2 zur Schätzung der Parameter der linearen Regressionsfunktion beschriebenen Kleinste-Quadrate- bzw. Maximum-Likelihood-Methoden, bei denen die quadrierten Abweichungen zwischen den geschätzten und beobachteten Zielwerten minimiert bzw. die Likelihoodfunktion der beobachteten Stichprobendaten maximiert werden.

können durch das Fehlen interpretierbarer Parameterschätzungen nicht oder nur sehr schwer erklärt bzw. inhaltlich nachvollzogen werden.

2.1 Parametrische Methoden zur Approximation und Klassifikation

In diesem Abschnitt wird die statistische Modellierung von Approximations- und Klassifikationsproblemen anhand klassischer statistischer Methodik beschrieben. Dazu werden zunächst die Grundlagen des parametrischen statistischen Ansatzes sowie der ökonometrischen Modellspezifikation erläutert. Anschließend werden die in der praktischen statistischen Modellierung wichtigsten klassischen Approximations- und Klassifikationsverfahren mit dem Ziel der Schätzung und Prognose von kausalen Beziehungen zwischen Variablen vorgestellt. Dabei werden die Verfahren danach unterschieden, welches Skalenniveau die zu erklärenden bzw. abhängigen Modellvariablen aufweisen. Es wird grundsätzlich unterschieden in die Modellierung von metrischen (kardinalen) Variablen einerseits und kategorialen (nominalen/ordinalen) Variablen andererseits. Beim ersteren handelt es sich um ein Approximations- und beim letzteren um ein Klassifikationsproblem. Als Grundlage der parametrischen Approximation wird in Abschnitt 2.1.2 zunächst das klassische lineare ökonometrische Modell bzw. die lineare Regressionsanalyse als wichtigstes klassisches Verfahren zur Erklärung und Prognose von metrischen Variablen vorgestellt. Abschnitt 2.1.3 stellt dann die wichtigsten parametrischen Klassifikationsverfahren, insb. die logistische Regression und die lineare Diskriminanzanalyse vor. In Abschnitt 2.1.4 wird darauf eingegangen, wie mit qualitativen, d.h. nicht metrischen Einflussgrößen bei der Modellschätzung umgegangen werden kann.

2.1.1 Der klassische parametrische Ansatz

Parametrische statistische Methoden zur Modellierung von ökonomischen Zusammenhängen setzen ein theoretisches Modell der Form

$$Y = f(\boldsymbol{X}) \tag{2.1.1}$$

voraus, in dem ein kausaler bzw. funktionaler Zusammenhang zwischen einer oder mehreren Einflussgrößen $\boldsymbol{X} = (X_1, \ldots, X_k, \ldots, X_K)$ und einer Zielgröße Y modelliert wird. In der strukturellen statistischen bzw. ökonometrischen Analyse wird somit mit a-priori als bekannt vorausgesetzten parametrisierbaren Funktionsformen gearbeitet. Innerhalb der empirischen Schätzung der Modelle erfolgt dann lediglich die Bestimmung der entsprechenden Funktionsparameter anhand der zur Schätzung verwendeten Datenmenge.

Welches statistische Verfahren zur Schätzung eines bestimmten Modells in Frage kommt, hängt u.a. davon ab, welches Skalenniveau die im Modell erfassten Variablen aufweisen: Lassen sich die Messungen eines Merkmals in keinen Größen- bzw. Längen-Relationen zueinander ausdrücken, kann man sie also nur als gleich oder ungleich bezeichnen, liegt *nominales* Skalenniveau vor. Lassen sich diese Relationen zwar bilden, aber nicht metrisch quantifizieren, handelt es sich um *ordinales* Skalenniveau. Sind die Relationen metrisch abbildbar, d.h. die Differenzen zwischen verschiedenen Ausprägungen mess- und quantitativ vergleichbar, liegt *kardinales* Skalenniveau vor. Aufgrund der fehlenden Quantifizierbarkeit werden nominale und ordinale Skalen auch als qualitativ bezeichnet. Einige in dieser Arbeit im Zusammenhang mit der Solvenzanalyse angewendete Verfahren der parametrischen statistischen Zusammenhangsanalyse sind in Abhängigkeit vom Skalenniveau der in ihnen enthaltenen Variablen in Tab. 2.1 dargestellt, wobei der Kontingenz- bzw. Korrelationsanalyse aufgrund ihrer fehlenden Fähigkeit zur Abbildung kausaler Zusammenhänge eine untergeordnete Rolle zukommt.

		unabhängige Variable/n	
		kardinal	nominal/ordinal
abhängige Variable	kardinal	Regressionsanalyse	Varianzanalyse, Dummyregression
	nominal/ ordinal	Diskriminanzanalyse, Logistische Regression	Kontingenz- und Korrelationsanalyse

Tabelle 2.1: Anzuwendende parametrische statistische Verfahren in Abhängigkeit vom Skalenniveau der betrachteten abhängigen und unabhängigen Variablen.

2.1.1.1 Funktionale Modellspezifikation

Voraussetzung für die Schätzung eines parametrischen Modells ist die Spezifikation des inhaltlichen und funktionalen Zusammenhanges zwischen den betrachteten Variablen. Dabei wird aus dem kausalen theoretischen Modell (2.1.1) durch die Einbeziehung aller relevanten Einflussvariablen[6] X_k mit $k = 1, \dots, K$ und der genauen Definition des funktionalen Zusammenhanges $f(\cdot)$ ein mathematisch-statistisches Modell zur Erklärung einer Zielvariable[7] Y erstellt.

Da zur empirischen Schätzung des Modells eine Stichprobe $T = \{(y_{11}, x_{11}, \dots, x_{1K}), \dots, (y_{n1}, x_{n1}, \dots, x_{nK})\}$ von n beobachteten Datensätzen der betrachteten Variablen verwendet wird, die mit dem theoretischen Modell in Einklang gebracht werden muss, wird dem statistischen Modell ein Beobachtungsindex $i = 1, \dots, n$ und eine Störvariable u_i hinzugefügt. Damit wird bspw. für einen vermuteten linearen funktionalen Zusammenhang das folgende lineare ökonometrische Modell

$$\begin{aligned} Y_i &= \beta_0 + \beta_1 X_{i1} + \ldots + \beta_k X_{ik} + \ldots \beta_K X_{iK} + u_i && (2.1.2) \\ &= f(X_{11}, \dots, X_{1K}) + u_i && (2.1.3) \end{aligned}$$

[6]Die Einflussvariablen werden dabei auch als unabhängige oder vorherbestimmte Variablen bezeichnet. Vorherbestimmte Variablen stellen entweder exogene, d.h. dem Modell von außen zugeführte bzw. nicht erklärte Variablen, oder verzögert endogene, d.h. in einer oder mehreren vergangenenen Perioden beobachtete endogene Variablen $Y_{t-\tau}$ dar. Im Folgenden wird lediglich von einbezogenen exogenen Variablen zur Erklärung der Zielvariable ausgegangen.

[7]Die Zielvariable wird auch als abhängige oder endogene Variable bezeichnet.

spezifiziert. Es wird somit davon ausgegangen, dass der Beziehung zwischen den unabhängigen Variablen und der abhängigen Variable ein wahrer funktionaler struktureller Zusammenhang $f(\cdot)$ zugrunde liegt, der zusammen mit einer zufällig wirkenden Störung u zu den beobachteten Daten geführt hat.[8]

Das wesentliche Merkmal der klassischen parametrischen Analyse ist somit die vor der Schätzung des Modells stattfindende Festlegung auf einen konkreten Funktionstyp, der dann in seiner parametrisierten Form das ökonometrische Modell darstellt. Dieses parametrische Modell wird dann lediglich anhand der beobachteten Daten geschätzt, d.h. die Parameter der Funktion werden so bestimmt, dass ein vorher festgelegtes Zielkriterium - bspw. die Minimierung der Abweichung der geschätzten Werte von den beobachteten Werten der Zielvariable - optimiert wird. In dieser konkreten funktionalen Spezifikation liegt auch ein wesentlicher Schwachpunkt der strukturellen ökonometrischen Modellierung: Wenn diese den wahren zugrunde liegenden Zusammenhang nicht korrekt wiederspiegelt, kann dieser dann auch nicht geschätzt werden. Selbst wenn die Schätzung innerhalb des angewendeten Verfahrens optimal erfolgt ist, sind sämtliche Schätzergebnisse ganz oder teilweise falsch.

Neben der Festlegung einer konkreten Funktionsform stellt die Auswahl der in das Modell aufzunehmenden unabhängigen Variablen einen weiteren entscheidenden Punkt der Modellspezifikation dar. Dieses Problem stellt sich dabei nicht nur in der parametrischen Statistik, sondern auch im Zusammenhang der Modellschätzung im lerntheoretischen Kontext.[9] Die Variablenanzahl und die damit verbundene Parameterzahl des spezifizierten Modells weist weiterhin einen engen Zusammenhang mit der Komplexität und der Prognosequalität auf. Auf das Problem der Modellkomplexität im Zusammenhang mit der Modell- und Prognosequalität wird weiter unten in Kapitel 3 dieser Arbeit näher eingegangen.

Im Rahmen der gesuchten korrekten Variablenspezifikation des Modells stellt sich zum einen die Frage, welche Konsequenzen eine falsche Variablenauswahl für die Schätzung des Modells hat, und zum anderen, welche Möglichkeiten existieren, die Modelle hinsichtlich der Variablenauswahl bzw. Komplexität zu beurteilen bzw. das "richtige" Modell auszuwählen.[10]

Eine falsche Variablenauswahl und deren Konsequenzen lassen sich grundsätz-

---

[8]Die unabhängigen Variablen können stochastische, d.h. Zufallsvariablen oder deterministische, d.h. nicht zufällige Variablen sein. Die Zielvariable stellt aufgrund der zufälligen Störvariable ebenfalls eine Zufallsvariable dar. Zu einer speziellen Modellspezifikation vgl. bspw. die Spezifikation des klassischen linearen Regressionsmodells weiter unten in Abschnitt 2.1.2 dieser Arbeit.

[9]In der statistischen Lerntheorie ist die Annahme einer speziellen funktionalen Form zwar zunächst keine Voraussetzung (Diese wird während des Lernvorganges erst erlernt, in dem der datengenerierende Prozess imitiert wird; vgl. Abschnitt 2.2.), jedoch wird auch dort von bestimmten, als bekannt vorausgesetzten Einflussgrößen ausgegangen, deren Realisationen dem Lernalgorithmus übergeben werden.

[10]Auf den Aspekt der Modellbeurteilung und -auswahl wird nicht an dieser Stelle, sondern weiter unten in Kapitel 3 ausführlich eingegangen.

lich in zwei Fälle unterteilen:[11]

- *Unterspezifikation - Auslassen von relevanten Einflussvariablen*: Werden eine oder mehrere unabhängige Variablen, die für die Erklärung der Zielvariable relevant sind, im Modell nicht berücksichtigt, werden die geschätzten Parameter der involvierten Variablen i.d.R. überschätzt, da ihnen der Erklärungsgehalt der unberücksichtigten Variablen z.T. mit zugeschrieben wird. Des Weiteren haben die Schätzungen evtl. dadurch, dass für die Schätzung der im Modell enthaltenen Variablen durch das Auslassen von relevanten Variablen mehr Informationen zur Verfügung stehen (höhere Anzahl von Freiheitsgraden), trotz ihrer Verzerrtheit evtl. eine geringere Varianz und damit u.U. eine höhere bzw. eine fälschliche Signifikanz[12].

- *Überspezifikation - Einbeziehung von irrelevanten Einflussvariablen*: Werden eine oder mehrere irrelevante unabhängige Variablen fälschlicherweise in das Modell aufgenommen, sind die Koeffizientenschätzungen der relevanten Variablen zwar unverzerrt, sie weisen jedoch u.U. eine größere Varianz auf[13], da die zur Schätzung der relevanten Parameter verbleibende Information geringer wird (geringere Anzahl von Freiheitsgraden). Dies führt zu einer Ineffizienz der Schätzungen, wodurch die Parameter evtl. fälschlicherweise weniger oder gar nicht mehr als signifikant getestet werden.

Zusammenfassend lässt sich festhalten, dass ein nach Variablen unterspezifiziertes Modell zu verzerrten Parameterschätzungen führt, wohingegen ein überspezifiziertes Modell größere Varianzen der Schätzungen aufweist.[14] Somit muss bei der Suche nach einer korrekten Spezifikation der unabhängigen Variablen zwischen den beiden Effekten der Unteranpassung und damit einhergehenden Verzerrung der Schätzung einerseits und der zu hohen Anpassung und damit verbundenen Schätzunsicherheit bzw. Ineffizienz andererseits abgewogen werden.

In der Praxis und so auch bei dem in dieser Arbeit untersuchten Problem der Solvenzanalyse von Unternehmen anhand der von diesen bilanzierten Jahresabschlussdaten ergibt sich die Auswahl der unabhängigen Variablen oftmals aus inhaltlich-theoretischen Vorüberlegungen. So werden in der weiter unten in dieser Arbeit durchgeführten Modellspezifikation zur Solvenzanalyse die in der Ausgangsdatenmenge vorhandenen Jahresabschlussdaten zu einigen - die Wirtschaftlichkeit eines Unternehmens beschreibenden - absoluten und relativen Kennzahlen verdichtet[15] und - nach einer aufgrund ihrer geforderten weitgehenden Unkorreliertheit druchgeführten Variablenkonsolidierung - zur Insolvenzmodellierung verwendet.

[11]Vgl. u.a. [Greene 2000], S. 332 ff. und [Kennedy 2003], S. 107 ff.

[12]Vgl. die Gl. (3.1.16) und (3.1.17) im Rahmen der Signifikanzanalyse in linearen Modellen auf Seite 101 in Abschnitt 3.1.1.2.

[13]Dies ist i.d.R. dann der Fall, wenn die irrelevanten Variablen zwar mit den relevanten unabhängigen, jedoch nicht mit der abhängigen Variable korrelieren; vgl. u.a. [Greene 2000], S. 337 f.

[14]Vgl. u.a. [von Auer 1999], S. 244 ff.

[15]Vgl. weiter unten Abschnitt 4.2.

2.1.1.2 Lineare und nichtlineare parametrische Modelle

Die in den folgenden Kapiteln dieser Arbeit durchzuführenden Modellschätzungen setzen einen den Daten zugrunde liegenden, wahren Zusammenhang zwischen den unabhängigen Variablen X_k und einer Zielvariable Y, die im Zusammenhang mit der zu prognostizierenden Insolvenzgefahr von Unternehmen steht, voraus. Die Art bzw. funktionale Form des unterstellten Zusammenhanges stellt dabei ein entscheidendes Kriterium für die Durchführung einer parametrischen Modellschätzung dar. Die z.B. in den Abschnitten 2.1.2 und 2.1.3.2 für die klassischen parametrischen Modelle der linearen Regression und Diskriminanzanalyse aufgestellte Annahme eines linearen Zusammenhanges zwischen Einfluss- und Zielvariablen ist die theoretische Begründung für das Aufstellen eines linearen ökonometrischen Modells zur Schätzung dieses Zusammenhanges. Ist das Modell hinsichtlich der Art des funktionalen Zusammenhanges korrekt spezifiziert, haben z.B. die Parameterschätzungen der Regressionsanalyse einige wünschenswerte Eigenschaften, wie z.B. Erwartungstreue und Varianzminimalität unter allen linearen Schätzfunktionen[16], und es können gute, d.h. möglichst kleine Konfidenz- und Prognoseintervalle für die Schätzungen der Zielvariable angegeben werden.

In der Realität können die Zusammenhänge zwischen den untersuchten Variablen jedoch auch nichtlinearer Natur sein. So hängen z.B. in vielen betriebswirtschaftlichen Fragestellungen die Erträge in Form von Wachstumsfunktionen mit zunächst steigenden und später fallenden Grenzerträgen von den Faktoreinsätzen ab. Die Schätzung eines solchen nichtlinearen Modells mit einer linearen Funktion ist beispielhaft in Abb. 2.1 dargestellt.

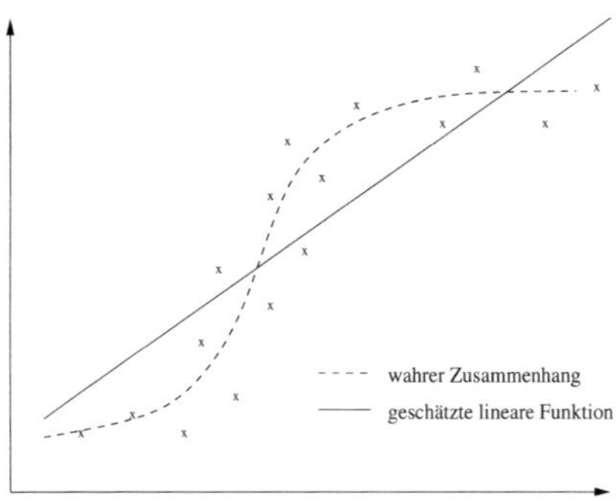

Abbildung 2.1: Lineare Schätzung eines nichtlinearen Zusammenhanges.

Voraussetzung für die Schätzung einer Funktion in der parametrischen Statis-

[16]Diese Eigenschaften des klassischen linearen Regressionsmodells werden in der ökonometrischen Literatur als BLUE (**B**est **L**inear **U**nbiased **E**stimator)- Eigenschaft bezeichnet. Das bedeutet, dass die KQ-Schätzfunktion $\widehat{\boldsymbol{\beta}}_{KQ}$ (vgl. Gl. 2.1.12 in Abschnitt 2.1.2) für $\boldsymbol{\beta}$ die varianzminimale unverzerrte Schätzfunktion unter allen linearen Schätzfunktionen ist.

tik ist die funktionale und parametrische Spezifikation eines Modells.[17] Nur bei korrekter Spezifikation sind die Ergebnisse der Schätzung sinnvoll für eine Prognose zu gebrauchen. Aus der Abb. 2.1 ist ersichtlich, dass es in dem Fall einer falschen funktionalen Spezifikation zu der Schätzung einer Funktion kommt, die in Wahrheit gar nicht existiert. Somit sind sämtliche Schätzergebnisse und Prognosen unbrauchbar.

Bei der Frage, ob nichtlineare Abhängigkeiten trotzdem mit Hilfe von linearen Verfahren geschätzt werden können, oder ob nichtlineare Modelle spezifiziert und geschätzt werden müssen, ist von entscheidender Bedeutung, ob die Nichtlinearität der zugrunde liegenden Funktion in den Variablen oder in den Parametern besteht. Tab. 2.2 zeigt einige Beispiele linearer und nichtlinearer Funktionsformen in Abhängigkeit der in ihnen enthaltenen Variablen und Parameter.

	Linear in den Parametern	Nichtlinear in den Parametern
Linear in den Variablen	$y = \beta_0 + \beta_1 X_1 + \beta_2 X_2$	$y = \beta_0 + \beta_1 X_1 + \frac{\beta_0+\beta_1}{\beta_2} X_2$
Nichtlinear in den Variablen	$y = \beta_0 + \beta_1 \frac{X_1 - X_2}{X_2}$	$y = \beta_0 + \beta_1 X_1 + \beta_2 \frac{X_2^{\beta_3} - 1}{\beta_3}$

Tabelle 2.2: Mögliche lineare und nichtlineare Funktionsformen in Abhängigkeit der betrachteten Variablen und Parameter, entnommen aus [Friedrich 1991], S. 7.

Im Falle von Funktionsformen, die Nichtlinearitäten in den Parametern aufweisen, bestehen die Bedingungen erster Ordnung des Optimierungsproblems aus einem nichtlinearen Gleichungssystem, welches zur Optimierung bzw. Schätzung der entsprechenden Modelle gelöst werden muss. Dazu werden i.d.R. aufwendige numerische Verfahren verwendet, da eine eindeutige Lösung analytisch schwer bzw. nicht bestimmt werden kann. So wird z.B. in der sog. *linearisierten Regression* durch eine Taylorreihenapproximation für feste Parametervektoren die nichtlineare Funktionsform linear approximiert und anhand bspw. des Gauss-Newton-Algorithmus iterativ geschätzt.[18] In dieser Arbeit wird im Folgenden ausschließlich von Nichtlinearitäten in den Variablen ausgegangen. Wie mit diesen im Rahmen der Spezifikation von parametrischen Modellen umgegangen werden kann, wird im Folgenden näher beschrieben.

Berücksichtigung von Nichtlinearität in den Variablen Von einer nichtlinearen Beziehung (ausschließlich) in den Variablen wird dann gesprochen, wenn zwischen den beobachteten Werten der betrachteten Variablen zwar kein linearer Zusammenhang vorliegt, dieser jedoch durch bestimmte nichtlineare Transformationen dieser Variablen erreicht werden kann. Liegt bspw. zwischen den Beobachtungen z_{ki} der K unabhängigen Variablen und der abhängigen Variable y_i zwar

[17] Vgl. Abschnitt 2.1.1.1.

[18] Zu einer ausführlichen Darstellung der Lösung nichtlinearer Regressionsmodelle vgl. [Greene 2000], S. 416 ff.

kein linearer Zusammenhang, jedoch zwischen den mit K nichtlinearen Funktionen φ_k transformierten Daten $x_{ki} = \varphi_k(z_{ki})$ und der Zielvariable bzw. nichtlinearen Transformation $\varphi_y(y)$ dieser wieder der lineare Zusammenhang

$$\varphi_y(y_i) = \beta_0 + \sum_{k=1}^{K} \beta_k \varphi(z_{ki}) + u_i \tag{2.1.4}$$

$$= \beta_0 + \sum_{k=1}^{K} \beta_k x_{ki} + u_i \tag{2.1.5}$$

$$= \beta_0 + \boldsymbol{x}_i' \boldsymbol{\beta} + u_i \tag{2.1.6}$$

vor, kann ein lineares Modell spezifiziert und ein lineares parametrisches Verfahren für die Schätzung des transformierten Modells angewendet werden. Abb. 2.2 verdeutlicht dies für den Fall der Schätzung eines nichtlinearen Zusammenhanges, der sich in einer Sättigung der abhängigen Variable Y für größer werdende Werte einer Einflussvariable Z ausdrückt.

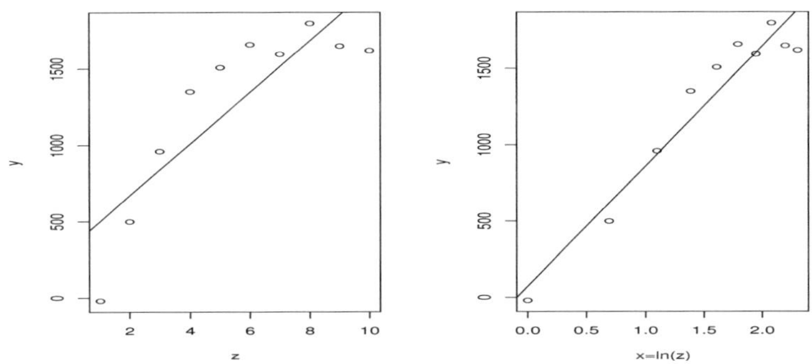

Abbildung 2.2: Versuch der besseren linearen Schätzung eines nichtlinearen Zusammenhanges durch Variablentransformation.

Nach der Transformation der Beobachtungen der Variable Z durch Logarithmierung in $x_i = \ln(z_i)$ herrscht zwischen der tranformierten Einflussvariable und der Zielvariable ein linearer Zusammenhang, der mit einem linearen Verfahren geschätzt werden kann.

Zur Abbildung von nichtlinearen Zusammenhängen durch Transformation in lineare Modelle werden in der Ökonometrie eine Reihe von Transformationsfunktionen verwendet. Als Beispiele sind zu nennen: Wachstumsraten, Kennzahlen bzw. Quoten, Differenzenbildung, logistische bzw. sigmoide Funktionen, logarithmische Transformation, Box-Cox-Transformation usw.[19]

In vielen klassischen makroökonometrischen Modellen liegen bereits theoretische Modelle vor, in denen die funktionalen Zusammenhänge vorher bekannt sind.

[19]Vgl. u.a. [Friedrich 1991], S. 7 ff.

Dies betrifft z.B. die Schätzung von Nachfrage-, Produktions-, Einkommens- oder Investitionsmodellen, in denen exponentielle oder logarithmische Zusammenhänge vorformuliert werden können. Diese können dann entsprechend transformiert, statistisch funktional spezifiziert und anhand der Daten geschätzt werden. Im in dieser Arbeit untersuchten eher mikroökonometrischen Problem der Schätzung der Insolvenzgefahr sind theoretische Vorüberlegungen hinsichtlich der funktionalen Zusammenhänge zwischen den Variablen jedoch nicht unbedingt vorhanden. So kann die Frage, wie genau bestimmte betriebliche Kennzahlen, z.B. die Liquidität oder die Kapitalrentabilität, die Insolvenzgefahr beeinflussen, meist nicht vorher funktional spezifiziert werden.

Wie kann man in diesem Fall die nötige Transformation φ_k für die entsprechende unabhängige Variable finden? Im Fall nur einer erklärenden Variable kann die Lösung evtl. durch eine grafische Betrachtung der Daten gefunden werden, wie die Abb. 2.2 zeigt. In dem praktisch relevanteren, so auch in dieser Arbeit vorliegenden Fall einer Vielzahl von Einflüssen ist dies jedoch nicht mehr ohne Weiteres möglich.

Eine in der Ökonometrie weit verbreitete Methode zur Suche einer angemessenen Variablentransformation ist das sog. *Box-Cox-Verfahren*[20]. Grundlage dieses Verfahrens ist die *Box-Cox-Transformation*

$$x_{ki} = \varphi(z_{ki}) = \frac{z_{ki}^{\lambda} - 1}{\lambda} \tag{2.1.7}$$

der Beobachtungen einer oder mehrerer der betrachteten unabhängigen Variablen Z_k.[21] Die genaue Form der Transformation ist dabei abhängig von dem Parameter λ, welcher frei gewählt werden kann. Die entscheidende Eigenschaft der Box-Cox - Transformation ist, dass je nach Wahl des Parameters λ viele verschiedene Transformationen abgebildet werden können. So ergibt sich z.B. bei $\lambda = 1$ wegen

$$\begin{aligned} x_{ki} &= \beta_0 + \beta_1(z_{ki} - 1) \\ &= \beta_0 - \beta_1 + \beta_1 z_{ki} \\ &= \beta_0^* + \beta_1 z_{ki} \qquad \text{mit} \quad \beta_0^* = \beta_0 - \beta_1 \end{aligned}$$

die lineare Transformation. Des Weiteren ergibt sich für $\lambda \to 0$ als Grenzfall die logarithmische Transformation[22] usw.

Im Hinblick auf die gesuchte - den zu schätzenden Zusammenhang in eine lineare Form bringende - geeignete Transformation der Variablen ist von [Box und Cox 1964] das folgende Verfahren entwickelt worden: Für eine bestimmte

[20] Vgl. [Box und Cox 1964].

[21] Die abhängige Variable des untersuchten Zusammenhanges kann natürlich ebenfalls transformiert werden. Von dieser Möglichkeit wird hier jedoch aufgrund einer in dieser Arbeit verwendeten kategorialen bzw. binären Zielvariable abgesehen.

[22] Vgl. [Friedrich 1991], S. 18.

Wahl einer Parameterkombination $\boldsymbol{\lambda} = (\lambda_1, \ldots, \lambda_K)'$ wird das *Box-Cox-Modell*

$$
\begin{aligned}
y_t &= \beta_0 + \beta_1 \frac{z_{1i}^{\lambda_1} - 1}{\lambda_1} + \ldots + \beta_K \frac{z_{Ki}^{\lambda_K} - 1}{\lambda_K} + u_i \\
&= \beta_0 + \sum_{k=1}^{K} \beta_k \frac{z_{ki}^{\lambda_k} - 1}{\lambda_k} + u_t \qquad (2.1.8) \\
&= \beta_0 + \sum_{k=1}^{K} \beta_k x_{ki} + u_t \qquad (2.1.9)
\end{aligned}
$$

aufgestellt und die entsprechenden Werte für die transformierten Beobachtungen x_k der K unabhängigen Variablen werden berechnet und in dieses eingesetzt. Danach werden die Modellparameter $\boldsymbol{\beta} = (\beta_0, \beta_1, \ldots, \beta_K)'$ geschätzt[23] und ein geeignetes Gütekriterium zur Beurteilung der Anpassungsqualität des geschätzten Box-Cox-Modells errechnet. Dies kann z.B. die Residuenquadratsumme[24], die geschätzte Likelihood-Funktion oder ein Informationskriterium sein.[25] Dies wird für mehrere Kombinationen des Parametervektors $\boldsymbol{\lambda}$ durchgeführt.[26] Diejenige Kombination, die die niedrigste Residuenquadratsumme aufweist, bildet die aufgrund der beobachteten Stichprobe beste funktionale Spezifikation für ein transformiertes lineares Modell.

Ein wesentliches Problem des Box-Cox-Verfahrens stellt der bei einer gewissen Anzahl von unabhängigen Variablen sehr hohe Rechenaufwand dar. So sind bei der weiter unten in dieser Arbeit zur Solvenzanalyse verwendeten Datenmenge der relativen Jahresabschlusskennzahlen 18 unabhängige Variablen im Ausgangsmodell enthalten[27], was zu einer Dimension des Parametervektors $\boldsymbol{\lambda}$ des Box-Cox-Modells von 18 führt. Bei einem untersuchten Wertebereich der Parameter von -2 bis $+2$ im Abstand von 0.1 ergeben sich pro Variable 41 mögliche λ-Werte und somit 41 durchzuführende Schätzungen. Bei einer simultanen Schätzung würden sogar $41^{18} = 1.07 \cdot 10^{29}$ Schätzungen durchzuführen sein, was praktisch unmöglich ist. Somit können aus Gründen einer akzeptablen Zeit- und Rechenkapazität wohl nur wenige Funktionsformen ausprobiert werden, was dazu führen kann, dass bei mehreren Einfussvariablen letztlich kein korrekt spezifiziertes Modell gefunden wird.

---

[23] Zu den Methoden der Parameterschätzung in linearen Modellen vgl. die Ausführungen in Abschnitt 2.1 dieser Arbeit.

[24] Da die Residuenquadrate verschiedener Box-Cox-Modelle die gleiche Dimension haben müssen, um miteinander vergleichbar zu sein, sollten die Beobachtungen zunächst skaliert werden, indem sie durch den jeweiligen Mittelwert der Variable geteilt werden. Die Werte z_{ki} in Gl. (2.1.8) sind in diesem Fall als skalierte Beobachtungen $\tilde{z}_{ki} = z_{ki}/\bar{z}_k$ aufzufassen.

[25] Vgl. zu den verschiedenen Kriterien zur Beurteilung der Anpassungsqualität eines geschätzten Modells Kapitel 3 dieser Arbeit.

[26] Dabei können natürlich nicht alle Kombinationen betrachtet werden, da der Parameter λ einen stetigen Wertebereich besitzt. Üblicherweise sollten Werte im Bereich von -2 bis +2 in Abständen von 0.1 "ausprobiert" werden.

[27] Vgl. Tab. 5.10 auf Seite 220.

Insgesamt kann festgehalten werden, dass die notwendige korrekte Modellspezifikation eine wesentliche und teilweise schwierig zu lösende Aufgabe im Rahmen der parametrischen statistischen Analyse darstellt. In diesem Punkt wird ein entscheidender Vorteil lerntheoretischer Verfahren gesehen, da diese die Spezifikation einer genauen Funktionsform vor der Modellschätzung nicht voraussetzen.[28]

2.1.2 Approximation: Das klassische lineare Modell

Die Anpassung einer einfachen linearen Funktion zur Erklärung einer metrisch skalierten Zielvariable wird als lineare Regression bezeichnet. Die klassische lineare Regressionsanalyse stellt das in Theorie und Praxis am besten entwickelte und am häufigsten eingesetzte Verfahren zur statistischen Approximation von Zusammenhängen dar. Ebenso bauen viele der im Folgenden dargestellten Verfahren, auch zur Klassifikation, auf dem linearen Regressionsmodell auf und können auf dessen Grundlage erläutert werden. Aus diesem Grund wird im vorliegenden Abschnitt die Vorgehensweise der multiplen linearen Regressionsanalyse kurz dargestellt.[29]

Je nach Spezifikation des vermuteten funktionalen Zusammenhanges[30] kann unterschieden werden zwischen linearen und nichtlinearen Regressionsmodellen. Bei der Spezifikation des *linearen Regressionsmodells* wird ein in den Parametern lineares kausales Modell der Form

$$y_i = f(\boldsymbol{x}_i, \beta_0, \boldsymbol{\beta}) = \beta_0 + \sum_{k=1}^{K} \beta_k x_{ki} + u_i = \beta_0 + \boldsymbol{x}_i'\boldsymbol{\beta} + u_i \qquad (2.1.10)$$

spezifiziert, d.h. es werden $i = 1, \ldots, n$ Beobachtungen einer abhängigen Variable Y in linearer Abhängigkeit von $k = 1, \ldots, K$ exogenen Variablen X_k dargestellt[31], die für jede Beobachtung in dem Merkmalsvektor $\boldsymbol{x}_i' = (x_1, \ldots, x_K)$ zusammengefasst sind.[32] Die Regressionskoeffizienten β_k stellen unbekannte Parameter der Funktion dar, die anhand der beobachteten Daten geschätzt werden.

Da die tatsächlich beobachteten Werte y_i selbst bei korrekter Spezifikation des theoretischen Modells nur mit eingeschränkter Genauigkeit dem vermuteten Zusammenhang entsprechen werden, geht man davon aus, dass in den Beobachtun-

[28] Vgl. dazu weiter unten Abschnitt 2.2 in diesem Kapitel.

[29] Sehr gute zusammenfassende sowie ausführliche Darstellungen der linearen Regressionsanalyse finden sich in vielen Büchern zur Ökonometrie und Statistik, bspw. in [Assenmacher 2002, von Auer 1999, Backhaus et al. 2002, Fahrmeir et al. 1996, Friedrich 2000, Greene 2000, Hackl 2005].

[30] Vgl. zur parametrischen Modellspezifikation der vorherige Abschnitt 2.1.1.1.

[31] In den meisten praktischen Fällen werden mehrere Einflussgrößen zur Erklärung der abhängigen Variable in Frage kommen, der dann gebrauchte Begriff eines *multiplen Regressionsmodells* trifft somit auf fast alle Regressionsmodelle zu und wird hier kurz als lineares Regressionsmodell bezeichnet.

[32] Voraussetzung für die Anwendung der Regressionsanalyse ist die metrische Skalierung der abhängigen Variable. Die Einflussvariablen sind i.d.R. ebenfalls metrisch skaliert. Für den Fall nicht-metrischer unabhängiger Variablen können sog. Dummy-Variablen kodiert werden, die die Schätzung des Regressionsmodells ermöglichen; vgl. dazu Abschnitt 2.1.4.1.

gen ein zufälliger Störeinfluss u_i enthalten ist, der alle nicht im Modell erfassten Einflüsse systematischer und unsystematischer Art enthält.[33] Bei korrekter und vollständiger Spezifikation des Modells, d.h. ist die die Daten korrekt beschreibende Funktionsform gefunden und sind alle relevanten Einflüsse erfasst und alle irrelevanten Einflüsse eleminiert, gleichen sich die Störungen aus und der Erwartungswert der Störgröße wird für alle Beobachtungen Null. Die beobachteten Daten stellen dann lediglich verrauschte Realisationen der zu schätzenden Modellvariablen dar.

Vorteile der linearen Modellierung sind die einfache rechnerische Durchführbarkeit und die gute inhaltliche Interpretation der Wirkungszusammenhänge. Des Weiteren kann das lineare Modell auf den Fall nichtlinearer Zusammenhänge in den Variablen erweitert werden.[34] In diesem Sinn stellen viele nichtlineare Approximationsmodelle Erweiterungen bzw. Transformationen des linearen Modells dar.

Zur weiteren Vereinfachung kann das lineare ökonometrische Modell (2.1.10) in einer matriziellen Form dargestellt werden:

$$\boldsymbol{y} = f(\boldsymbol{X}, \boldsymbol{\beta}) = \boldsymbol{X}\boldsymbol{\beta} + \boldsymbol{u} \quad . \tag{2.1.11}$$

Dabei ist $\boldsymbol{y}' = (y_1, \ldots, y_n)$ der Vektor der Beobachtungen der abhängigen Variable und $\boldsymbol{X}$ die $n \times (K+1)$-Matrix der Beobachtungen der exogenen Variablen, inklusive der aus dem Eins-Vektor $\boldsymbol{x}_0 = \mathbf{1}$ bestehenden ersten Spalte, um das Absolutglied β_0 als erstes Element mit in den Parametervektor $\boldsymbol{\beta}' = (\beta_0, \beta_1, \ldots, \beta_K)$ aufnehmen zu können. In dem Vektor $\boldsymbol{u}' = (u_1, \ldots, u_n)$ sind die Störgrößen aller Beobachtungen enthalten.

Im klassischen linearen Regressionsmodell werden die folgenden Annahmen über das Modell und die Störgröße getroffen[35]:

A1: Es besteht ein linearer Zusammenhang zwischen den Einflussgrößen und der Zielgröße.

A2: Die X_k sind deterministische, d.h. nicht-stochastische exogene Variablen; falls diese stochastisch sind, liegt keine Korrelation zwischen dem Zufallseinfluss und den unabhängigen Variablen vor, d.h. $\mathrm{Cov}[\boldsymbol{X}, \boldsymbol{u}] = \mathbf{0}$, mit $\mathbf{0}$: Nullvektor.

A3: Der Erwartungswert der Störgröße ist für alle Beobachtungen gleich Null ($\mathrm{E}[\boldsymbol{u}] = \mathbf{0}$).

A4: Die Varianz der Störgröße ist über alle Beobachtungen konstant ($\mathrm{Var}[u_i] = \sigma^2$, Homoskedastizität), und es herrscht keine Autokorrelation zwischen den

[33] Die systematischen Einflüsse können z.B. im Modell nicht berücksichtigte, aber für die Beschreibung des Zusammenhanges relevante Variablen, Abweichungen zwischen den theoretischen Konstrukten der ökonomischen Theorie und den im ökonometrischen Modell verwendeten Operationalisierungen dieser Konstrukte oder systematische Messfehler sein. Unsystematische Einflüsse stellen alle zufälligen Störungen des Modells von außen dar.

[34] Vgl. zu nichtlinearen Variablentransformationen weiter oben Abschnitt 2.1.1.2.

[35] Vgl. u.a. [von Auer 1999] und [Friedrich 2000].

Störgrößen ($\text{Cov}[u_i, u_j] = 0 \quad \forall \quad i \neq j$), d.h. $\boldsymbol{\Sigma_{uu}} = \sigma^2 \boldsymbol{I}_n$, mit $\boldsymbol{I}_n : (n \times n)$ - Einheitsmatrix).

A5: Es liegt keine perfekte Multikollinearität vor, d.h. die unabhängigen Variablen sind nicht exakt linear abhängig i.d.S. dass sich eine beliebige unabhängige Variable nicht als Linearkombination einer oder mehrerer anderer unabhängiger Variablen darstellen lässt.[36]

A6: Um eine Maximum-Likelihood-Schätzung[37] und Signifikanzanalysen[38] durchführen zu können, muss eine Verteilungsannahme an die Störgröße getroffen werden; dabei kann unter bestimmten Bedingungen von einer Normalverteilung ausgegangen werden.[39]

Die Regressionsanalyse umfasst nun im Wesentlichen folgende Problemstellungen, wobei diese grundsätzlich auch für andere parametrische Modelle wie z.B. die weiter unten dargestellten Klassifikationsmodelle gelten:[40]

- Welche Variablen kommen als Einflussgrößen zur Erklärung der Zielgröße in Betracht und wie lautet die korrekte Funktionsform (Spezifikation des Modells)?

- Wie groß ist der Einfluss der jeweiligen unabhängigen Variablen auf die Zielgröße? Dazu werden die $K + 1$ Regressionsparameter $\boldsymbol{\beta}$ aus den Daten geschätzt.

- Liegt überhaupt ein signifikanter Einfluss der K "echten" exogenen Variablen X_k vor? Dazu werden Signifikanztests durchgeführt und Konfidenzintervalle geschätzt.

- Schätzung bzw. Prognose von Werten der Zielgröße für neue Werte der Einflussgrößen.

[36]Vgl. dazu auch Abschnitt 5.2.1 dieser Arbeit.

[37]Vgl. u.a. Abschnitt 2.1.2.

[38]Vgl. Abschnitt 3.1.1.2.

[39]Man kann diese Annahme aufgrund des zentralen Grenzwertsatzes begründen. Dieser besagt, dass die Summe von unabhängigen und identisch verteilten Zufallsvariablen $X_i, \quad i = 1, \ldots, n$ für großes n approximativ normalverteilt ist mit $\text{E}[\sum_{i=1}^n X_i] = n\text{E}[X_i]$ und $\text{Var}[\sum_{i=1}^n X_i] = n\text{Var}[X_i]$, vgl. u.a. [Bosch 1998]. Da man annehmen kann, dass die nicht im Modell berücksichtigten Einflüsse, die durch die Störgröße repräsentiert werden, sich bei korrekter Spezifikation aus der Summe vieler unabhängiger zufälliger Einzeleinflüsse zusammensetzen, ist die Annahme der Normalverteilung der Störgröße mit $\boldsymbol{u} \sim \text{N}(\boldsymbol{0}, \sigma^2 \boldsymbol{I})$ aufgrund des zentralen Grenzwertsatzes gerechtfertigt, vgl. [Friedrich 2001].

[40]Vgl. auch den weiter oben auf Seite 6 beschriebenen generellen Verlauf einer ökonometrischen Analyse.

Schätzung des linearen Modells Das ökonometrische Modell (2.1.11) besteht aus einem die Beobachtungen der Zielgröße systematisch erklärenden Teil $\boldsymbol{X\beta}$ und einem rein zufälligen Störeinfluss $\boldsymbol{u}$. Ziel der Regressionsschätzung ist es, diejenige lineare Funktion $\boldsymbol{X\beta}^*$ bzw. den strukturellen Teil des ökonometrischen Modells zu finden, der eine gegebene Stichprobe $\{(y_1, \boldsymbol{x}_1), \ldots, (y_n, \boldsymbol{x}_n)\}$ bestmöglich interpoliert.

Das in der ökonometrischen Theorie und Praxis innerhalb der Regressionsanalyse am weitesten verbreitete Optimierungsverfahren[41] ist die *Methode der Kleinsten Quadrate* (KQ-Methode)[42]: Unter allen in Frage kommenden reellen Parametervektoren $\boldsymbol{\beta}$ ist derjenige laut KQ-Methode optimal, der die Summe der quadrierten Abweichungen (Sum of Squared Errors (SSE)) zwischen den beobachteten Werten y_i (Zielwerten) und den Funktionswerten $\widehat{y}_i = f(\boldsymbol{x}_i, \boldsymbol{\beta})$ (Outputwerten) der Regressionsgleichung minimiert.[43]

Der geschätzte optimale KQ-Parametervektor des linearen Regressionsmodells ergibt sich zu[44]

$$\widehat{\boldsymbol{\beta}}_{KQ} = (\boldsymbol{X}'\boldsymbol{X})^{-1}\boldsymbol{X}'\boldsymbol{y} \quad . \tag{2.1.12}$$

Die mit der KQ-Methode geschätzte lineare Regressionsfunktion im klassischen Regressionsmodell lautet somit

$$\widehat{\boldsymbol{y}} = \boldsymbol{X}\widehat{\boldsymbol{\beta}}_{KQ} = \boldsymbol{X}(\boldsymbol{X}'\boldsymbol{X})^{-1}\boldsymbol{X}'\boldsymbol{y} \quad , \tag{2.1.13}$$

wobei $\widehat{\boldsymbol{y}}$ den Vektor der geschätzten Werte der abhängigen Variable darstellt. Die Matrix $\boldsymbol{H} = \boldsymbol{X}(\boldsymbol{X}'\boldsymbol{X})^{-1}\boldsymbol{X}'$ wird auch Hat-Matrix genannt, da sie den beobachteten Werten der abhängigen Variable den "Hut aufsetzt", d.h. sie zu den geschätzten Outputwerten der Regressionsfunktion transformiert.

Eine weitere, allgemeinere Methode zur Parameteroptimierung, die auch in vielen nichtlinearen Modellen zur Anwendung kommen kann[45], ist die *Maximum-Likelihood (ML)- Methode.* Dabei wird von einem bekannten gemeinsamen Verteilungsmodell $\Pr(Y|\boldsymbol{X}, \boldsymbol{\beta})$ der im Modell untersuchten Variablen ausgegangen, aus dem sich die beobachteten Realisationen der Modellvariablen $T = \{(y_i, \boldsymbol{x}_i)\}$ in Abhängigkeit des Parametervektors $\boldsymbol{\beta}$ ergeben.

Aufgrund der oben aufgestellten Annahme A6 der Normalverteilung der Störvariablen $\boldsymbol{u} \sim \mathrm{N}(\boldsymbol{0}, \sigma^2\boldsymbol{I})$ im sog. Normalregressionsmodell folgt bei deterministischen Einflussvariablen im linearen Modell (2.1.11) für die bedingte Verteilung der abhängigen Variable ebenfalls eine Normalverteilung

$$\Pr(Y|\boldsymbol{X}, \boldsymbol{\beta}) \sim \mathrm{N}(\boldsymbol{X\beta}, \sigma^2\boldsymbol{I}) \quad . \tag{2.1.14}$$

---

[41]Ein weiteres Optimierungsverfahren, bei dem allerdings eine Verteilungsannahme für die Beobachtungen getroffen werden muss, stellt die *Maximum-Likelihood-Methode* dar, vgl. dazu die Ausführungen weiter unten in diesem Abschnitt.

[42]Im englischsprachigen Raum wird die Bezeichnung Ordinary Least Squares (OLS) verwendet.

[43]Die Lösung des Optimierungsproblems der KQ-Regression ist in Anhang A.1 auf Seite 289 zu finden.

[44]Vgl. u.a. [Friedrich 1991, Frohn 1995, Greene 2000]

[45]Vgl. z.B. weiter unten die Schätzung des binären logistischen Modells.

Die ML-Methode stellt nun zunächst die von der beobachteten Stichprobe bedingte Wahrscheinlichkeit in Abhängigkeit des anzupassenden Modells, repräsentiert durch den Parametervektor $\boldsymbol{\beta}$, dar. Für eine Normalverteilungsdichte mit den obigen Parametern ergibt sich:[46]

$$L(\boldsymbol{\beta}|\boldsymbol{X}) = \prod_{i=1}^{n} \Pr(y_i, \boldsymbol{x}_i) \tag{2.1.15}$$

$$= \prod_{i=1}^{n} \left(\sqrt{2\pi\sigma^2}\right)^{-1/2} \exp\left\{-\frac{1}{2\sigma^2}\left(y_i - f(\boldsymbol{x}_i, \boldsymbol{\beta})\right)^2\right\} \tag{2.1.16}$$

$$= \left(\sqrt{2\pi\sigma^2}\right)^{-n/2} \exp\left\{-\frac{1}{2\sigma^2}\left(\boldsymbol{y} - \boldsymbol{X}\boldsymbol{\beta}\right)'\left(\boldsymbol{y} - \boldsymbol{X}\boldsymbol{\beta}\right)\right\} \tag{2.1.17}$$

Die Funktion (2.1.15) wird als *Likelihood-Funktion* bezeichnet, da sie für bereits realisierte Daten formal keine Wahrscheinlichkeits-Funktion darstellt. Gesucht ist nun derjenige Parametervektor $\widehat{\boldsymbol{\beta}}_{ML}$, der den maximalen Wert der Likelihood-Funktion ergibt. $\widehat{\boldsymbol{\beta}}_{ML}$ stellt dann die "plausibelsten" Parameterschätzungen für die beobachteten Trainingsdaten dar, da diese die beobachteten Daten mit maximaler Likelihood ergeben hätten.

Im linearen Normalregressionsmodell führt die ML-Maximierung zu dem gleichen Ergebnis (2.1.12) wie die Minimierung der quadratischen Abweichungssumme bei der KQ-Methode.[47] Für das lineare Modell ergibt sich somit jeweils eine eindeutige Lösung der KQ- und ML-Optimierungsprobleme bezüglich eines optimalen Parametervektors $\widehat{\boldsymbol{\beta}}$. Dies gilt ebenso für beliebige nichtlineare Modelle in den Variablen, wenn diese durch Transformationen der Einflussvariablen in lineare Modelle der Form (2.1.4) (vgl. Seite 15) transformiert werden.[48]

2.1.3 Binäre lineare Klassifikation

Die Frage, welcher Kategorie bzw. Gruppe ein bestimmtes Objekt anhand der Ausprägungen mehrerer Einflussvariablen zuzuordnen ist, stellt ein *Klassifikationsproblem* dar: Objekte, z.B. nach der Einschätzung der zukünftigen Wirtschaftsentwicklung befragte Unternehmen, lassen sich verschiedenen Klassen zuordnen. Die einen bewerten die Zukunftsaussichten als positiv, die anderen als negativ und die übrigen als unverändert (schlecht). Es wird nun vermutet, dass die jeweilige Einschätzung von mehreren, das jeweilige Unternehmen betreffenden Merkmalen, wie z.B. Umsatzerwartungen, politische Stabilität, Alter des Geschäftsführers

---

[46] Vgl. u.a. [Friedrich 1991].

[47] Die Lösung des ML-Optimierungsproblems ist in Anhang A.2 auf Seite 290 zu finden.

[48] Dies gilt nicht, wenn in den Variablentransformationsfunktionen weitere verdeckte Parameter enthalten sind. In diesem Fall müssen iterative bzw. numerische Optimierungsverfahren wie z.B. das Gradientenabstiegsverfahren (vgl. Abschnitt 2.3.2.2) zur Parameteroptimierung zur Anwendung kommen. Beispiele für eine solche nichtlineare Optimierung sind die Bestimmung der logistischen Regressionsfunktion (Gl. (2.1.30) auf Seite 28) und der Gewichte eines künstlichen neuronalen Netzes (2.3.14) auf Seite 57.

u.s.w., abhängt. Die Unternehmen lassen sich also anhand verschiedener Merkmale und deren Ausprägungen durch eine zu schätzende Klassifikationsfunktion in verschiedene Kategorien der abhängigen Variable Erwartung trennen bzw. klassifizieren.

Aus den Überlegungen des vorherigen Abschnittes heraus kann ein solches Klassifikationsproblem auch als ein *Approximationsproblem* aufgefasst werden: Die Zukunftserwartung lässt sich durch einen kausalen Zusammenhang durch die oben erwähnten Einflussvariablen funktional erklären und damit approximieren. Hierbei wird wiederum ein ökonometrisches Modell aufgestellt und anhand der beobachteten Daten geschätzt. Diese (parametrische) Vorgehensweise wurde in Abschnitt 2.1.1 beschrieben und in Abschnitt 2.1.2 für metrische abhängige Variablen in Form der Regressionsanalyse dargestellt. Im Rahmen dieses Abschnittes wird die Vorgehensweise des Approximationsproblems auf den Fall einer nicht-metrischen, d.h. kategorialen abhängigen Variable erweitert.

Im einfachsten Klassifikationsfall, der binären Klassifikation, sollen die Daten einer beobachteten Stichprobe $\{(\boldsymbol{x}_1, y_1), \ldots, (\boldsymbol{x}_i, y_i), \ldots, (\boldsymbol{x}_n, y_n)\}$ mit $y_i \in \{-1, +1\}$ einer von zwei Gruppen zugeordnet werden. Da Objekte am leichtesten und anschaulichsten durch eine lineare Funktion getrennt bzw. klassifiziert werden können, wird im Rahmen der *binären linearen Klassifikation* zunächst eine lineare Funktion

$$\begin{aligned} f(\boldsymbol{x}_i, \beta_0, \boldsymbol{\beta}) &= \beta_0 + \sum_{k=1}^{K} \beta_k x_{ki} && (2.1.18) \\ &= \beta_0 + \boldsymbol{x}_i' \boldsymbol{\beta} && (2.1.19) \end{aligned}$$

gesucht, die durch den Parametervektor $\boldsymbol{\beta}$ und das Absolutglied β_0 parametrisiert ist. Die nach dem Schätz- bzw. Lernvorgang[49] bestimmte Funktion $\widehat{f}(\boldsymbol{x}_i, \beta_0, \boldsymbol{\beta})$ soll im binären Fall die $i = 1, \ldots, n$ Trainingsobjekte anhand der an ihnen beobachteten Input- bzw. Merkmalsvektoren $\boldsymbol{x}_i = (x_{i1}, \ldots, x_{iK})'$ von K Einflussgrößen so in zwei Klassen klassifizieren, dass gilt:

$$\begin{aligned} \widehat{f}(\boldsymbol{x}_i) &\geq 0 \quad \Rightarrow \quad \text{erste (positive) Klasse} \\ \widehat{f}(\boldsymbol{x}_i) &< 0 \quad \Rightarrow \quad \text{zweite (negative) Klasse} \end{aligned}$$

Um dies zu erreichen, wurden eine Reihe von statistischen Methoden entwickelt, von denen einige in der praktischen Anwendung sehr populäre in diesem Kapitel näher dargestellt werden.

So wurde in einem der ersten lerntheoretischen Ansätze[50] von [Rosenblatt 1957] das sog. *Perzeptron* vorgestellt, bei dem die Linearkombination (2.1.19) anhand

[49] Innerhalb der statistischen Lerntheorie spricht man äquivalent zum Schätzen vom Erlernen der gesuchten Klassifikations- bzw. Prognosefunktion; zum lerntheoretischen Ansatz vgl. weiter unten Abschnitt 2.2.

[50] Zur Lerntheorie vgl. weiter unten Abschnitt 2.2.

einer linearen Klassifikationsregel in Form einer Threshold-Funktion $g[\cdot]$ mit

$$\widehat{y}_i = g[\widehat{f}(\boldsymbol{x}_i)] = \begin{cases} +1 & \text{für } \widehat{f}(\boldsymbol{x}_i) \geq 0 \\ -1 & \text{für } \widehat{f}(\boldsymbol{x}_i) < 0 \end{cases} \tag{2.1.20}$$

verarbeitet wird. Der Parametervektor $\boldsymbol{\beta}$ und das Absolutglied β_0 sollen nun (im Fall einer vollständig linear separierbaren Trainingsmenge) so geschätzt werden, dass alle Werte $\widehat{y}_i$ der Schwellenwertfunktion der positiven Klasse den Wert 1 und alle Output-Werte der negativen Klasse den Wert -1 annehmen. Die gesuchte Trennfunktion ist somit durch die Gleichung $\widehat{f}(\boldsymbol{x}_i) = \beta_0 + \boldsymbol{x}_i'\boldsymbol{\beta} = 0$ determiniert.[51]

Um die bestimmte Trennfunktion erfolgreich (d.h. fehlerlos) auf die Eingabemenge anwenden zu können, muss jedoch vorausgesetzt werden, dass die Daten in einer Form vorliegen, die eine lineare Separierung überhaupt erst ermöglicht. Dabei müssten alle Daten der einen Gruppe auf einer Seite und alle Daten der anderen Gruppe auf der anderen Seite der Trennfunktion liegen. Unter realen Bedingungen ist dies oft nicht der Fall. Einerseits werden zur Trennung meist komplexere Funktionen als lineare benötigt und andererseits können die Trainingsdaten verrauscht sein, so dass der wahre Zusammenhang durch eventuelle Beobachtungs- und Messfehler nicht zu erkennen ist. Dennoch sprechen einige Gründe dafür, an linearen Funktionen festzuhalten. Unter anderem sind sie relativ leicht zu formalisieren und analytisch zu schätzen, und es wurden viele Methoden in den Bereichen der Statistik und der statistischen Lerntheorie entwickelt, um zwei Klassen unter Gebrauch linearer Funktionen zu diskriminieren.[52]

2.1.3.1 Das binäre Logit-Modell

Ein weit verbreitetes parametrisches Verfahren zur Schätzung und Prognose von kategorialen abhängigen Variablen ist die *logistische Regressionsanalyse*. Die logistische Regression überträgt die grundsätzliche Vorgehensweise der im Abschnitt 2.1.2 dargestellten linearen Regressionsanalyse auf den Fall einer Zielgröße mit kategorialen Ausprägungen. Im Gegensatz zur Regression auf eine metrisch skalierte abhängige Variable schätzt die logistische Regression jedoch nicht die Ausprägung der kategorialen Zielgröße (diese könnte ja bei Veränderung der vorwiegend metrisch skalierten Einflussgrößen auch unzulässige Werte annehmen), sondern die Wahrscheinlichkeit der Zugehörigkeit zu einer der kategorialen Ausprägungen der Zielgröße.

Bei der binären logistischen Regression liegen zwei mögliche Ausprägungen bzw. Kategorien auf der Seite der abhängigen Variable vor, bei der multinomialen logistischen Regression mehrere. Wie bei der linearen Regression sind die unabhängigen Variablen metrisch oder als Dummy-Variablen kategorial skaliert.

[51] Das Perzeptron wird im Rahmen der Beschreibung künstlicher neuronaler Netze weiter unten in Abschnitt 2.3.1 näher vorgestellt.

[52] Vgl. u.a. die in Abschnitt 2.1.3.2 beschriebene lineare Diskriminanzanalyse, das in Abschnitt 2.3.1 innerhalb der Theorie der künstlichen neuronalen Netze dargestellte Perzeptron und die in Abschnitt 2.4 vorgestellte Support-Vektor-Maschine.

Im Folgenden soll zunächst der binäre Fall vorgestellt werden, auf den mehrkategorialen Fall lässt sich die Vorgehensweise dann analog erweitern. Im Fall der binären logistischen Regression soll die Wahrscheinlichkeit erklärt werden, mit der ein bestimmtes Ereignis (bzw. eine Ausprägung einer binären Zufallsvariable) eintritt.[53] Die abhängige Variable Y hat dabei die möglichen Ausprägungen $y = 1$ (für "Ereignis findet statt") und $y = 0$ (für "Ereignis findet nicht statt"). Die Wahrscheinlichkeiten der beiden Ausprägungen addieren sich dabei zu $\Pr(Y = 1) + \Pr(Y = 0) = 1$. Ziel der logistischen Regressionsanalyse ist nun die Erklärung der Eintrittswahrscheinlichkeit des Ereignisses in Abhängigkeit von den Ausprägungen der unabhängigen Variablen[54] X_k mit $k = 1, \ldots, K$.

Modell der logistischen Regression Im Modell der logistischen Regression wird unterstellt, dass eine Linearkombination

$$Z_i = \beta_0 + \sum_{k=1}^{K} \beta_k X_{ki} + u_i = \boldsymbol{X}_i'\boldsymbol{\beta} + u_i \quad , \tag{2.1.21}$$

mit $\boldsymbol{X}_i' = (1, X_{1i}, \ldots, X_{Ki})$ und $\boldsymbol{\beta} = (\beta_0, \beta_1, \ldots, \beta_K)'$ der unabhängigen Variablen die Wahrscheinlichkeit bzw. die Änderung der Wahrscheinlichkeit des Eintretens des Ereignisses $Y_i = 1$ bei einem Objekt i bestimmt.[55] Da sich die Linearkombination z_i aus den metrisch skalierten Ausprägungen der unabhängigen Variablen additiv zusammensetzt, ist diese ebenfalls metrisch skaliert im Intervall $[-\infty; +\infty]$. Da die durch das Modell zu erklärende Variable jedoch die Wahrscheinlichkeit des Eintretens des Ereignisses $Y_i = 1$ darstellen soll und sich damit im Intervall $[0; +1]$ bewegt, nimmt die latente Variable Z_i unzulässige Werte an. Aus diesem Grund wird die Wahrscheinlichkeit transformiert und damit neu skaliert. Dazu wird zunächst an Stelle der Wahrscheinlichkeit des Eintretens des Ereignisses das Verhältnis der Wahrscheinlichkeit zur Gegenwahrscheinlichkeit, das sog. *odd* des Ereignisses betrachtet:

$$odd(Y_i = 1) = \frac{\Pr(Y_i = 1)}{1 - \Pr(Y_i = 1)} \tag{2.1.22}$$

Dieses Verhältniss liegt somit in einem Wertebereich von 0 bis $+\infty$. Nach Logarithmierung des *odds* ergibt sich die abhängige Variable der logistischen Regression zu

$$\text{logit}[\Pr(Y_i = 1)] = \ln(odd(Y_i = 1)) = \ln\left(\frac{\Pr(Y_i = 1)}{1 - \Pr(Y_i = 1)}\right) \quad , \tag{2.1.23}$$

[53] Die Ähnlichkeit der binären logistischen Regression zur in Abschnitt 2.1.3.2 dargestellten Diskriminanzanalyse besteht darin, dass ein 0/1-Ereignis auch als Zwei-Gruppen-Fall interpretiert werden kann.

[54] Der Einfachheit halber wird im Folgenden ausschließlich von metrisch skalierten unabhängigen Variablen ausgegangen.

[55] u_i stellt die Störgröße des ökonometrischen Modells dar. Bei hinreichend großer Zahl im Modell nicht berücksichtigter zufälliger Störeinflüsse kann laut dem zentralen Grenzwertsatz davon ausgegangen werden, dass die Verteilung der Störgröße annähernd normalverteilt ist und hier einen Erwartungswert von Null aufweist, vgl. u.a. [Bosch 1998].

die nun in dem gewünschten Wertebereich zwischen $-\infty$ und $+\infty$ liegt. Diese Variable wird als *logit* der Wahrscheinlichkeit $\Pr(Y_i = 1)$ bezeichnet. Das *logit-Regressionsmodell* lautet dann

$$\text{logit}[\Pr(Y_i = 1)] = \boldsymbol{X}_i'\boldsymbol{\beta} + u_i = Z_i \quad . \tag{2.1.24}$$

Den direkten funktionalen Einfluss der unabhängigen Variablen auf die Wahrscheinlichkeit des Ereignisses $Y_i = 1$ erhält man durch Umformung des Logit-Modells (2.1.24)

$$\begin{aligned} \ln\left(\frac{\Pr(Y_i = 1)}{1 - \Pr(Y_i = 1)}\right) &= Z_i \\ \frac{\Pr(Y_i = 1)}{1 - \Pr(Y_i = 1)} &= \exp\{Z_i\} \\ \Pr(Y_i = 1) &= \exp\{Z_i\}(1 - \Pr(Y_i = 1)) \\ \Pr(Y_i = 1)(1 + \exp\{Z_i\}) &= \exp\{Z_i\} \\ \Pr(Y_i = 1) &= \frac{\exp\{Z_i\}}{1 + \exp\{Z_i\}} \end{aligned} \tag{2.1.25}$$

in das *logistische Regressionsmodell*

$$\Pr(Y_i = 1) = \frac{\exp\{Z_i\}}{1 + \exp\{Z_i\}} = \frac{1}{1 + \exp\{-Z_i\}} = \frac{1}{1 + \exp\{-\boldsymbol{X}_i'\boldsymbol{\beta} + u_i\}} \quad . \tag{2.1.26}$$

Dieses bildet somit einen nichtlinearen logistischen Zusammenhang zwischen der - auf einen Wertebereich von 0 bis +1 normierten - Wahrscheinlichkeit des Eintretens des Ereignisses $Y_i = 1$ und einer Linearkombination von - in einem Wertebereich von $-\infty$ bis $+\infty$ liegenden - metrischen unabhängigen Variablen ab. Für viele praktische kategoriale Prognoseprobleme kommt die logistische Funktionsform aus folgenden Gründen in Frage: Erstens, der Wertebereich der logistischen Funktion liegt, wie bereits erwähnt, zwischen Null und Eins, wie im Fall einer zu schätzenden Wahrscheinlichkeit gefordert wird. Zweitens weist die Funktion einen sigmoiden Verlauf auf und ist punktsymmetrisch um ihren Wendepunkt. Dieser befindet sich bei einem Wert der Linearkombination $Z_i = 0$ und einem Funktionswert der logistischen Funktion von $\Pr(Y_i = 1) = 0.5$.

Die Funktion hat somit die für viele praktische Probleme plausible Eigenschaft, dass sich für extrem kleine oder große Werte der (latenten) Variable Z keine allzu großen Änderungen der Eintrittswahrscheinlichkeiten ergeben. Folgendes Beispiel aus [Backhaus et al. 2002] soll dies veranschaulichen: "...Wenn also jemand eingeschworener Fan einer Fußballmannschaft ist (unabhängige Variable 1), werden ihn auch einige verlorene Spiele (unabhängige Variable 2) nicht dazu bewegen, seine Besuche im Stadion (abhängige kategoriale Variable) zu beenden. Betrachten wir hingegen einen sehr viel weniger fanatischen Fußballfan, kann eine gewisse Zahl verlorener Spiele sehr wohl aus einem Stadionbesucher einen Sportschaugucker machen..." In Abb. 2.3 ist ein beispielhafter Verlauf einer logistischen Funktion dargestellt. Bezogen auf das Beispiel bedeutet das, "...dass der erste Fan aufgrund der sehr viel größeren Verbundenheit weit rechts auf der Funktion angesiedelt ist. Die Zahl der verlorenen Spiele verschiebt seine Position tendenziell nach links, jedoch reicht diese Verschiebung nicht, einen Wahrscheinlichkeitsübergang hin zum Nichtbesuch im Stadion zu erreichen. Die Position des zweiten Fans ist aufgrund seiner geringeren Verbundenheit sehr viel weniger rechts. Wenn nun der negative Effekt der zweiten Variable - Zahl der verlorenen Spiele - hinzukommt, kann die relativ gleiche Bewegung nach links mit einem Wechsel der Kategorie einhergehen..." Solche nichtlinearen Sättigungseffekte können durch eine logistische Funktion sehr viel besser als durch eine lineare Funktion dagestellt werden.

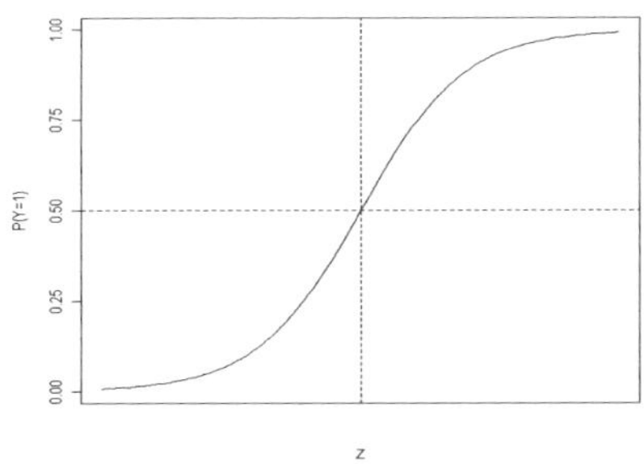

Abbildung 2.3: Logistischer Verlauf von $\Pr(Y=1)$ in Abhängigkeit von der Linearkombination $Z = \boldsymbol{X}'\boldsymbol{\beta}$.

Schätzung des Modells Zur Schätzung der Parameter des logistischen Regressionsmodells wird die *Maximum-Likelihood-Methode (ML)* verwendet.[56] Die ML-Methode bestimmt anhand der durch die unabhängigen Modellvariablen bedingten Wahrscheinlichkeitsdichte $\Pr(Y_i, \boldsymbol{\beta}|X_i)$ denjenigen Parametervektor $\widehat{\boldsymbol{\beta}}_{ML}$ als Schätzung für die unbekannten Parameter, für den die Likelihood-Funktion

$$L(\boldsymbol{\beta}|\boldsymbol{Y}=\boldsymbol{y}) = \prod_{i=1}^{n} \Pr(Y_i = y_i|\boldsymbol{X}_i = \boldsymbol{x}_i, \boldsymbol{\beta}) \tag{2.1.27}$$

und somit die Wahrscheinlichkeit für die beobachteten Stichprobendaten $\{(y_1, \boldsymbol{x}_1), \ldots, (y_n, \boldsymbol{x}_n)\}$ maximal wird.

Für den Fall der logistischen Regression ergibt sich die Likelihood-Funktion aus dem Produkt der Wahrscheinlichkeiten (2.1.26) für die einzelnen Beobachtungen

[56] Vgl. auch weiter oben die Schätzung der Parameter des linearen Regressionsmodells.

$y_i = 1$ bzw. $y_i = 0$ zu

$$L(\boldsymbol{y}|\boldsymbol{\beta}) = \prod_{i=1}^{n} \Pr(Y_i = 1)^{y_i} \cdot (1 - \Pr(Y_i = 1))^{1-y_i} \quad (2.1.28)$$

$$= \prod_{i=1}^{n} \left(\frac{1}{1+\exp\{-\boldsymbol{x}_i'\boldsymbol{\beta}\}}\right)^{y_i} \cdot \left(1 - \frac{1}{1+\exp\{-\boldsymbol{x}_i'\boldsymbol{\beta}\}}\right)^{1-y_i} \quad (2.1.29)$$

Gesucht wird nun derjenige Parametervektor $\widehat{\boldsymbol{\beta}}_{ML}$, der die Likelihood-Funktion maximiert. Auf Grund der einfacheren Berechnung der Ableitung wird dazu zunächst die logarithmierte Likelihood-Funktion

$$\ln L(\boldsymbol{y}|\boldsymbol{\beta}) = \sum_{i=1}^{n} \ln \Pr(y_i, \boldsymbol{\beta}) \quad (2.1.30)$$

$$= \sum_{i=1}^{n} (y_i \ln(\Pr(Y_i = 1)) + (1 - y_i) \ln(1 - \Pr(Y_i = 1))) \quad (2.1.31)$$

$$= \sum_{i=1}^{n} \left(y_i \ln\left(\frac{1}{1+\exp\{-\boldsymbol{x}_i'\boldsymbol{\beta}\}}\right) + (1-y_i)\ln\left(1 - \frac{1}{1+\exp\{-\boldsymbol{x}_i'\boldsymbol{\beta}\}}\right)\right)$$

welche auch als LogLikelihood-Funktion bezeichnet wird, bestimmt und zur Schätzung des Parametervektors nach $\boldsymbol{\beta}$ maximiert:

$$\frac{\delta \ln L(\boldsymbol{y}|\boldsymbol{\beta})}{\delta \boldsymbol{\beta}} = 0 \quad (2.1.32)$$

Zur Lösung dieser nichtlinearen Optimierungsaufgabe werden in der Regel nichtlineare numerische Optimierungsverfahren, die hauptsächlich den Gradienten der jeweiligen Zielfunktion numerisch minimieren, wie z.B. das *Gradientenabstiegsverfahren*[57] oder die *Newton-Raphson-Methode* verwendet.[58] Eine allgemeine Herleitung der Regressionskoeffizienten findet sich in [Ronning 1991], S. 29 ff.

Interpretation der Schätzungen Bei der in Abschnitt 2.1.2 dargestellten linearen Regression kann aus den geschätzten Regressionskoeffizienten $\widehat{\beta}_k$ direkt eine Aussage über die Wirkung der entsprechenden Einflussvariablen X_k abgeleitet werden: Bei einer Veränderung der Variable c.p. um eine Einheit verändert sich aufgrund des linearen Funktionsverlaufs die abhängige Variable Y um einen Wert $\widehat{\beta}_k$, unabhängig vom bisherigen Niveau der unabhängigen Variablen. Bei der logistischen Regression ist das aufgrund des nichtlinearen Funktionsverlaufs nicht der Fall: Gleich große Veränderungen der Einflussvariablen in verschiedenen Niveaubereichen von X_k wirken sich unterschiedlich stark auf die Veränderung der Wahrscheinlichkeit $\Pr(Y_i = y_i)$ der Ausprägungen der abhängigen Variable aus.

[57] Vgl. zum Gradientenabstiegsverfahren die Ausführungen zur Bestimmung der Gewichte künstlicher neuronaler Netze weiter unten in Abschnitt 2.3.2.2 dieser Arbeit.

[58] Vgl. dazu u.a. [Anderson 1982, Flury 1997, Greene 2000].

Ebenso können die Regressionskoeffizienten verschiedener Einflussgrößen untereinander nicht verglichen werden. Einzig das Vorzeichen lässt sich interpretieren: Negative Koeffizienten führen bei steigenden Werten der unabhängigen Variablen zu einer Verringerung der Wahrscheinlichkeit des Eintretens des Ereignisses $Y = 1$, positive Koeffizienten bedeuten dementsprechend eine Erhöhung dieser.

Für ein logistisches Modell mit nur einer unabhängigen Variable lassen sich die Wirkungen verschiedener Parameterschätzwerte auf die Wahrscheinlichkeitsänderung anhand der Abb. 2.4 verdeutlichen, in der für verschiedene Regressionskoeffizienten $\widehat{\beta}_k > 0$ und für $\widehat{\beta}_0 = 0$ die entsprechenden Funktionsverläufe dargestellt sind.[59]

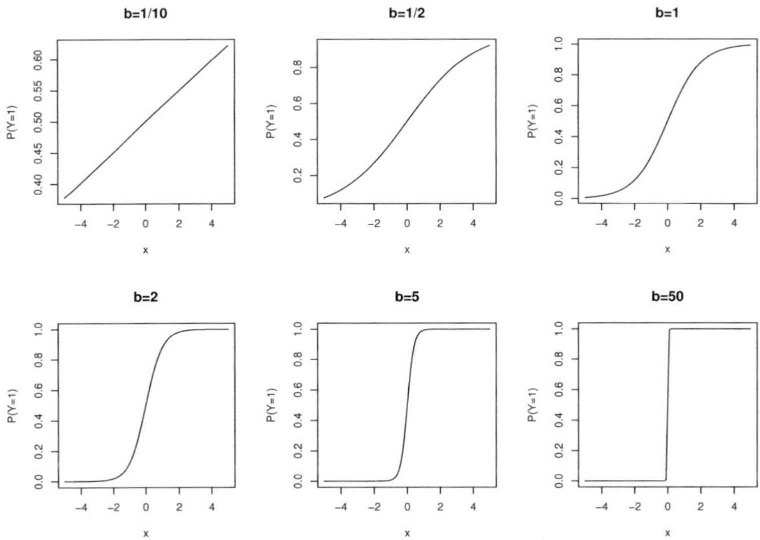

Abbildung 2.4: Logistischer Verlauf von $\Pr(Y = 1)$ in Abhängigkeit von β_k.

Aus der Abbildung ist ersichtlich, dass hohe Werte des Regressionskoeffizienten einen starken Einfluss der zugehörigen unabhängigen Variable bedeuten. Ist der Wert groß, wie z.B. in der Abb. 2.4 unten bei $\beta_k = 5$, bewirkt eine Änderung der Einflussgröße in einem kritischen Bereich (hier bei $x = 0$) eine sehr starke Veränderung der Wahrscheinlichkeit des Eintretens des betrachteten Ereignisses $y = 1$. Bei $\beta_k = 50$ in der Abbildung unten rechts "springt" die Wahrscheinlichkeit nahezu immer zwischen Null und Eins, das Ereigniss tritt also bei bestimmten Werten der Einflussgröße entweder fast sicher ein oder nicht ein. Im Fall eines kleinen Regressionskoeffizienten, wie z.B. in der Abb. 2.4 oben links bei $\beta_k = 1/10$,

[59] Verschiedene Werte des Absolutgliedes β_0 bewirken lediglich eine entsprechende Verschiebung der Funktion auf der x-Achse.

nähert sich die Veränderung der Wahrscheinlichkeit einem linearen Verlauf an und fällt relativ klein aus[60], die zugehörige Variable hat somit über ihren gesamten Wertebereich einen geringen Einfluss auf die abhängige Variable.

Die Abb. 2.4 zeigt auch, das die Wirkung der Linearkombination Z und damit der unabhängigen Variable(n) X_k vom Niveau dieser abhängt: Gleich große Änderungen einer beliebigen Einflussgröße in unterschiedlichen Wertebereichen bewirken unterschiedlich große Veränderungen der Eintrittswahrscheinlichkeiten der Zielvariable.

Um in einem logistischen Modell die Wirkung der Veränderung des Wertes einer Einflussvariable auf die Eintrittswahrscheinlichkeit quantitativ bestimmen zu können, muss der logistische Regressionsansatz (2.1.26) partiell - und somit unter Konstanthaltung aller anderen Einflussgrößen - nach dieser Variable abgeleitet werden. Es ergibt sich[61]

$$\Pr(Y=1) \quad = \quad \beta_k \frac{\exp\{\boldsymbol{X}'\boldsymbol{\beta}\}}{(1+\exp\{\boldsymbol{X}'\boldsymbol{\beta}\})^2} \quad . \tag{2.1.33}$$

C.p. bewirkt also eine infinitesimal kleine Änderung der Einflussvariable X_k eine von dem zugehörigen Regressionsparameter β_k, aber auch von dem Niveau dieser Variable und - im Falle mehrerer Einflussgrößen - aller übrigen unabhängigen Variablen $\boldsymbol{X}$ abhängende Änderung der Eintrittswahrscheinlichkeit des Ereignisses $Y = 1$.

Eine etwas anschaulichere Interpretation der Wirkung der Regressionskoeffizienten β_k auf die Zielvariable stellt der sog. *Effektkoeffizient* $\exp\{\beta_k\}$ des k-ten geschätzten Regressionskoeffizieten dar. Dazu wird zunächst das *odd* der Wahrscheinlichkeit des interessierenden Ereignisses betrachtet. Dieses ergibt sich laut Gl. (2.1.22) und der Herleitung des logistischen Modells in Gl. (2.1.25) zu

$$\frac{\Pr(Y_i=1)}{1-\Pr(Y_i=1)} = \exp\{Z_i\} = \exp\left\{\sum_{k=0}^{K} \beta_k X_{ki}\right\} \tag{2.1.34}$$

und stellt das Verhältnis der Wahrscheinlichkeit, dass die Zielvariable der Kategorie 1 zuzuordnen ist, zur Gegenwahrscheinlichkeit dar.

Die Erhöhung des Wertes x_{ki} einer bestimmten Einflussvariable eines Objektes i um den Wert 1 wirkt sich dann folgendermaßen auf das *odd* von $Y_i = 1$ des entsprechenden Objektes aus:

$$\begin{aligned} \exp\{\beta_0+\beta_1 x_{1i}+\ldots+\beta_k(x_{ki}+1)+\ldots+\beta_K x_{Ki}\} &= \exp\left\{\sum_{k=0}^{K}\beta_k x_{ki}\right\}\cdot\exp\{\beta_k\} \\ &= \exp\{z\}\cdot\exp\{\beta_k\} \\ &= \frac{\Pr(Y_i=1)}{1-\Pr(Y_i=1)}\cdot\exp\{\beta_k\} \end{aligned} \tag{2.1.35}$$

[60] Je kleiner der Koeffizient, desto flacher ist die Steigung der Funktion.

[61] Die ausführliche Ableitung ist in Anhang A.4 dargestellt.

Bei Konstanthaltung aller anderen Einflüsse gibt der Effektkoeffizient $\exp\{\beta_k\}$ somit den Faktor an, um den sich das Wahrscheinlichkeitsverhältnis für ein Objekt i, zur Kategorie 1 zu gehören, ändert, wenn sich die unabhängige Variable X_k um eine Einheit erhöht.

Abb. 2.5 zeigt, dass der Effektkoeffizient nur positive Werte annehmen kann. Je nach Ausprägung der Regressionskoeffizienten ergibt sich jedoch eine Erhöhung bzw. Verringerung des Wahrscheinlichkeitsverhältnisses. Ist der entsprechende Koeffizient β_k der Variable X_k positiv, bewirkt eine Erhöhung dieser Variable eine Erhöhung der "Chancen" der Zugehörigkeit bzw. des Effektes des Objektes zur Kategorie 1, ist der Koeffizient negativ, verringern sich die "Chancen" dementsprechend.[62] Ist der Koeffizient $\beta_k = 0$, hat die zugehörige Variable keinen Einfluss auf die Zielvariable, da der Effektkoeffizient in diesem Fall gleich 1 ist.

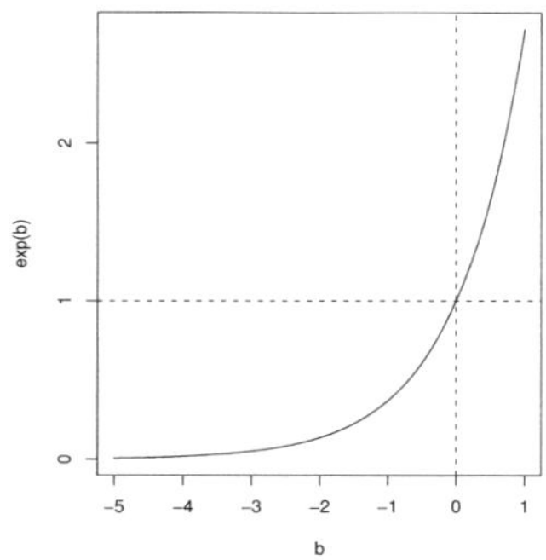

Abbildung 2.5: Exponentialfunktion $\exp\{b\}$ bzw. Effektkoeffizient $\exp\{\beta_k\}$ in Abhängigkeit von den geschätzten Regressionskoeffizienten.

2.1.3.2 Lineare Diskriminanzanalyse

Ein Klassifikationsproblem - welches als Approximationsproblem modelliert wird - unterstellt, dass sich die untersuchten Objekte hinsichtlich einer kategorialen Zielvariable ursächlich aufgrund der realisierten Ausprägungen bestimmter sie beeinflussender Merkmale unterscheiden. Die *Diskriminanzanalyse* stellt ein weiteres parametrisches Verfahren dar, das Objekte in bestimmte Gruppen einteilt und mit dem für neue Objekte geschätzt werden kann, zu welcher Klasse bzw. Gruppe sie gehören. Voraussetzung dafür ist, dass die möglichen Klassen, hinsichtlich derer sich die Objekte unterscheiden, vor der Analyse bekannt sind.[63]

[62] Das bedeutet demzufolge jeweils eine entsprechende Verringerung bzw. Erhöhung der Chancen, zu einer der anderen Kategorien bzw. im binären Fall zu der anderen Kategorie $Y = 0$ zu gehören.

[63] Im Gegensatz zu der weiter unten in Abschnitt 5.3.2 dieser Arbeit näher beschriebenen Clusteranalyse, bei der erst "entdeckt" wird, in welche Klassen sich die Objekte gegebenenfalls einordnen lassen, vgl. u.a. [Backhaus et al. 2002, Fahrmeir et al. 1996].

Bspw. sollen Wirtschaftssubjekte, die von einer Bank hinsichtlich eines eventuell zu bewilligenden Kredites bewertet bzw. klassifiziert werden, in die Gruppen "kreditwürdig" und "nicht kreditwürdig" unterteilt werden. Diese Einteilung erfolgt anhand der von dem Kreditinstitut an jedem Objekt i erhobenen Merkmalsvektoren $\boldsymbol{x}_i' = (1, x_{1i}, \ldots, x_{Ki})$[64], die bspw. die Daten der Merkmale Einkommen, Vermögen und soziales Umfeld bei privaten Haushalten oder Umsatz, Cash-Flow, Gewinn usw. bei Unternehmen enthalten.

Im einfachsten Fall wird wiederum von einer linearen Funktion ausgegangen, die die beobachteten Objekte in eine oder mehrere Gruppen trennen kann. Die von [Fisher 1936] erstmals vorgestellte *lineare Diskriminanzanalyse (LDA)* schätzt aus den Trainingsdaten eine Linearkombination der Merkmalsausprägungen, anhand derer die Objekte möglichst gut in $g = 1, \ldots, G$ Gruppen getrennt werden. Die Gruppenzugehörigkeit wird somit erklärt durch eine lineare Funktion der K beobachteten unabhängigen Variablen X_k mit $k = 1, \ldots, K$:

$$\begin{aligned} Y_i &= \beta_0 + \sum_{k=1}^{K} \beta_{ki} X_{ki} \quad \text{bzw.} \\ Y_i &= \boldsymbol{X}_i' \boldsymbol{\beta} \end{aligned} \tag{2.1.36}$$

Die Ausprägungen y_i der sog. *Diskriminanzvariable* Y stellen dabei eine lineare Projektion des $K+1$-dimensionalen Merkmalsraumes $\boldsymbol{X}_i \in \mathbb{R}^{K+1}$ in einen eindimensionalen Raum dar. Anhand dieser eindimensionalen Diskriminanzvariable sollen die $i = 1, \ldots, n$ Objekte in die G Gruppen eingeordnet werden. Die Diskriminanzfunktion trennt (diskriminiert) somit alle Objekte in eine der möglichen Gruppen und prüft anschließend die diskriminatorische Bedeutung der Einflussgrößen durch Schätzung und Prüfung der jeweiligen geschätzten Diskriminanzkoeffizienten $\widehat{\boldsymbol{\beta}} = (\widehat{\beta}_0, \widehat{\beta}_1, \ldots, \widehat{\beta}_K)'$.

Im Kontext der ökonometrischen Erklärung und Prognose einer abhängigen Variable durch eine oder mehrere unabhängige Variablen kann die LDA auch als ein spezielles regressionanalytisches Verfahren[65] interpretiert werden. Die Diskriminanzvariable wird hierbei als die zu erklärende Zielvariable angesehen. Diese ist bei der LDA im Gegensatz zur Regressionsanalyse jedoch kategorial bzw. nicht metrisch skaliert. Bei dieser Betrachtungsweise werden die Trainingsdaten bei der Schätzung der Diskriminanzfunktion in eine bestimmte Gruppe eingeordnet, und für neu hinzukommende Objekte wird dann prognostiziert, in welche Gruppe sie einzuordnen sind bzw. welche (kategoriale) Ausprägung die abhängige Variable annehmen wird.

Im Rahmen dieser Arbeit wird die LDA dazu verwendet, Unternehmen hinsicht-

[64]In diesem Abschnitt wird aus Gründen der einfacheren Darstellung das Absolutglied β_0 wiederum in den Parametervektor $\boldsymbol{\beta}$ als erster Parameter integriert, demzufolge taucht in dem empirischen Merkmalsvektor $\boldsymbol{x}_i$ als erstes Merkmal der konstante Dummywert $x_0 = 1$ auf, vgl. auch Abschnitt 2.1.4.1.

[65]Vgl. Abschnitt 2.1.2.

Das Verhältnis der Streuung zwischen den Gruppen zur Streuung innerhalb der Gruppen ergibt sich dann wie folgt:

$$\frac{SSB}{SSW} = \frac{\boldsymbol{\beta}'(\bar{\boldsymbol{x}}_1 - \bar{\boldsymbol{x}}_2)(\bar{\boldsymbol{x}}_1 - \bar{\boldsymbol{x}}_2)'\boldsymbol{\beta}}{\boldsymbol{\beta}'\left[(n_1 + n_2 - 2)\widehat{\boldsymbol{\Sigma}}\right]\boldsymbol{\beta}} \tag{2.1.45}$$

Eine optimale Trennung der beiden Gruppen erfolgt dann, wenn dieses Verhältnis maximal ist. Das Zielkriterium der LDA nach Fisher lautet somit:

$$\max_{\boldsymbol{\beta}} \quad \frac{SSB}{SSW} = \frac{\boldsymbol{\beta}'(\bar{\boldsymbol{x}}_1 - \bar{\boldsymbol{x}}_2)(\bar{\boldsymbol{x}}_1 - \bar{\boldsymbol{x}}_2)'\boldsymbol{\beta}}{\boldsymbol{\beta}'\widehat{\boldsymbol{\Sigma}}\boldsymbol{\beta}} \tag{2.1.46}$$

Dabei wurde der Faktor $(n_1 + n_2 - 2)$ im Nenner aufgrund der Proportionalität der beiden Streuungsverhältnisse und des somit unveränderten Optimums entfernt.

Leitet man (2.1.46) partiell nach $\boldsymbol{\beta}$ ab und bildet die Bedingung erster Ordnung, erhält man nach Umformung den Vektor der optimalen Diskriminanzkoeffizienten zu[69]

$$\widehat{\boldsymbol{\beta}} = \widehat{\boldsymbol{\Sigma}}^{-1}(\bar{\boldsymbol{x}}_1 - \bar{\boldsymbol{x}}_2) \quad . \tag{2.1.47}$$

Nach Einsetzen der Merkmalswerte der beobachteten Objekte in die geschätzte Diskriminanzfunktion ergibt sich für jedes Objekt der Trainingsmenge sowie für neu hinzukommende Objekte ein geschätzter Diskriminanzwert

$$\widehat{f}(\boldsymbol{x}_i) = \widehat{y}_i = \boldsymbol{x}_i'\widehat{\boldsymbol{\beta}} \quad , \tag{2.1.48}$$

anhand dessen Ausprägung die Objekte nun in eine der beiden Gruppen der Diskriminanzvariable eingeordnet werden sollen. Sind die Kosten der Fehlklassifikation für beide Gruppen gleich groß, und ist die Wahrscheinlichkeit des Erhaltens einer Beobachtung aus jeder Gruppe gleich groß[70], kann gezeigt werden[71], dass der kritische Wert der Trennung der Gruppen y_c genau in der Mitte zwischen den beiden Gruppenmittelwerten liegt:

$$y_c = \frac{1}{2}(\bar{y}_1 + \bar{y}_2) \tag{2.1.49}$$

Für die direkte Verwendung der Merkmalsdaten ergibt sich wegen (2.1.38):

$$y_c = \frac{1}{2}(\bar{\boldsymbol{x}}_1' + \bar{\boldsymbol{x}}_2')\widehat{\boldsymbol{\beta}} \tag{2.1.50}$$

Für die Werte der geschätzten Gruppenzugehörigkeiten ergibt sich dann die folgende Klassifikationsregel:

$$\text{Klassifiziere in Gruppe} \quad g_i = \begin{cases} 1 & \text{wenn} \quad \widehat{y}_i \geq y_c \quad \text{bzw.} \quad \widehat{y}_i - y_c \geq 0 \\ 2 & \text{wenn} \quad \widehat{y}_i < y_c \end{cases}$$

[69]Zur Herleitung vgl. u.a. [Fahrmeir et al. 1996], [Friedrich 2000] und [Handl 2002].

[70]Die daraus folgende Voraussetzung der gleichen empirischen Verteilungen der Gruppenhäufigkeiten in den beiden Klassen der Zielvariable ist im später in dieser Arbeit betrachteten Anwendungsfall der Solvenzanalyse jedoch nicht erfüllt, da zum einen nur ca. 5% der beobachteten Unternehmen insolvent sind und zum anderen die genaue Form der Verteilung unbekannt ist. In Abschnitt 4.4.2 wird des Weiteren gezeigt, dass die Varianz-Kovarianzmatrizen $\widehat{\boldsymbol{\Sigma}}_{gg}$ in den beiden Klassifikationsgruppen stark unterschiedlich sind.

[71]Vgl. u.a. [Anderson 1984].

Für eine direkte Entscheidung anhand der Merkmalsdaten ergibt sich aufgrund (2.1.36) und (2.1.50):

$$\text{Klassifiziere in Gruppe} \quad g_i = \begin{cases} 1 & \text{wenn} \quad \left[\boldsymbol{x}_i' - \frac{1}{2}(\bar{\boldsymbol{x}}_1' + \bar{\boldsymbol{x}}_2')\right] \widehat{\boldsymbol{\beta}} \geq 0 \\ 2 & \text{wenn} \quad \left[\boldsymbol{x}_i' - \frac{1}{2}(\bar{\boldsymbol{x}}_1' + \bar{\boldsymbol{x}}_2')\right] \widehat{\boldsymbol{\beta}} < 0 \end{cases} \tag{2.1.51}$$

Der bayesianische Diskriminanzansatz Im Ansatz von Fisher wurden die Werte der Diskriminanzfunktion (2.1.48) und damit die erwartete Klassenzugehörigkeit aufgrund der Klassifikationsregel (2.1.51) der betrachteten Objekte geschätzt. Neben dieser Schätzung der Ausprägung $\widehat{y}_i$ der Diskriminanzvariable bzw. Gruppenzugehörigkeit g_i ist für ein Klassifikationsproblem weiterhin die Wahrscheinlichkeit der Zugehörigkeit eines Objektes i zu der geschätzten Klasse g

$$\Pr(i \in G = g) = \Pr(g_i) \tag{2.1.52}$$

von Interesse.[72] In diesem Zusammenhang kann der *Bayesianische Wahrscheinlichkeitsansatz* angewendet werden. Dieser bestimmt anhand einer Auswertung der Stichprobeninformationen, d.h. der bedingten Verteilungen der Merkmale in den betrachteten Klassen, die sog. *A-Posteriori-Verteilung* der Klassenausprägungen. Dies lässt sich formal für ein Objekt i wie folgt durch den *Satz von Bayes*[73] ausdrücken:

$$\Pr(g_i|\boldsymbol{X}_i) = \frac{\Pr(g_i) \cdot f(\boldsymbol{X}_i|g)}{f(\boldsymbol{X}_i)} = \frac{\Pr(g_i) \cdot f(\boldsymbol{X}_i|g)}{\sum_g \Pr(g_i) \cdot f(\boldsymbol{X}_i|g)} \tag{2.1.53}$$

Dabei bezeichnet $\Pr(g_i|\boldsymbol{X}_i)$ die gesuchte Posteriori-Wahrscheinlichkeit der Klassenausprägung g_i in Abhängigkeit der Merkmalsausprägungen bei Objekt i, $\Pr(g_i)$ die vor der Stichprobenziehung angenommene sog. *A-Priori-Wahrscheinlichkeit* der Klassenzugehörigkeit von i, $f(\boldsymbol{X}_i)$ die unbedingte Verteilung der an i beobachteten Einflussvariablen über alle Klassen und $f(\boldsymbol{X}_i|g)$ die bedingte Verteilung der Einflussvariablen in der g-ten Klasse. $f(\boldsymbol{X}_i|g)$ kann dabei im Kontext der Maximum-Likelihood-Schätzung auch als Likelihood-Funktion der beobachteten Stichprobe in Abhängigkeit des Parameters Gruppe aufgefasst werden.[74]

Für die Bestimmung der A-Posteriori-Verteilung ist eine Verteilungsannahme der Einflussvariablen in den beiden Klassen erforderlich. Dabei wird meist von einer Normalverteilung mit der Dichtefunktion

$$f(\boldsymbol{X}|g) = \frac{1}{(2\pi)^{(K+1)/2}|\boldsymbol{\Sigma_{gg}}|^{1/2}} \cdot \exp\left\{-\frac{1}{2}(\boldsymbol{X} - \boldsymbol{\mu}_g)'\boldsymbol{\Sigma_{gg}}^{-1}(\boldsymbol{X} - \boldsymbol{\mu}_g)\right\} \tag{2.1.54}$$

[72]In dem Modell der logistischen Regression (2.1.26) entspricht die hier zu bestimmende Wahrscheinlichkeit (2.1.52) der Wahrscheinlichkeit $\Pr(Y_i = 1)$, d.h. dass bei dem Objekt i das Ereignis 1, welches hier der Gruppenzugehörigkeit zu einer der beiden Gruppen entspricht, eintritt.

[73]Vgl. u.a. [Bosch 1998], S. 112 ff.

[74]Zur ML-Schätzung vgl. weiter oben in den Abschnitten 2.1.2 bzw. 2.1.3.1 die Ausführungen im Zusammenhang mit der Schätzung des linearen und des logistischen Regressionsmodells.

ausgegangen, wobei in $\boldsymbol{\mu}_g$ und $\boldsymbol{\Sigma_{gg}}$ die Erwartungswerte bzw. Varianzen der Einflussvariablen in der jeweiligen Klasse g enthalten sind. Die Verteilung über beide Klassen ergibt sich dann aus der gewichteten Summe der beiden bedingten Verteilungen zu[75]

$$f(\boldsymbol{X}) = \Pr(g=1)\, f(\boldsymbol{X}|g=1) + \Pr(g=2)\, f(\boldsymbol{X}|g=2) \quad . \tag{2.1.55}$$

Falls keine weiteren Informationen vorliegen, kann zur Bestimmung der A-Priori-Wahrscheinlichkeiten $\Pr(g_i)$ entweder eine Gleichverteilung $\Pr(g_i=1) = \Pr(g_i=2) = \frac{1}{G} = \frac{1}{2}$ oder die aus den in der Stichprobe beobachteten Klassenhäufigkeiten n_g abgeleitete frequentistische Wahrscheinlichkeit $\Pr(g_i) = \frac{n_g}{n}$ verwendet werden.

Die Klassenzugehörigkeiten $g_i = 1,2$ für die n Objekte werden nun nach der ML-Methode so gewählt, dass die A-Posteriori-Wahrscheinlichkeiten (2.1.53) der Zugehörigkeit der Objekte zu den Klassen maximal sind. Weisen sämtliche unabhängigen Merkmale X_k in den betrachteten Gruppen identische Varianzen auf, d.h. gilt für die Varianz-Kovarianzmatrix $\boldsymbol{\Sigma_{11}} = \boldsymbol{\Sigma_{22}} = \boldsymbol{\Sigma}$, führt die Maximierungsaufgabe nach Ersetzung der gruppenspezifischen Erwartungswerte $\boldsymbol{\mu}_g$ und Varianz-Kovarianzmatrizen $\boldsymbol{\Sigma_{gg}}$ durch ihre empirischen Schätzungen $\bar{\boldsymbol{x}}_g$ und $\widehat{\boldsymbol{\Sigma}}_{\boldsymbol{gg}}$ zu den geschätzten Diskriminanzkoeffizienten

$$\widehat{\boldsymbol{\beta}}_g = \widehat{\boldsymbol{\Sigma}}^{-1}\bar{\boldsymbol{x}}_g \tag{2.1.56}$$

$$\widehat{\beta}_{0g} = -\frac{1}{2}\bar{\boldsymbol{x}}_g'\widehat{\boldsymbol{\beta}}_g + \ln\Pr(g) \tag{2.1.57}$$

und damit zu den geschätzten $g = 1,2$ linearen Diskriminanzfunktionen[76]

$$\widehat{y}_g = \widehat{f}(\boldsymbol{x}|g) = \widehat{\beta}_{0g} + \boldsymbol{x}'\widehat{\boldsymbol{\beta}}_g \tag{2.1.58}$$

$$= \boldsymbol{x}'\widehat{\boldsymbol{\Sigma}}^{-1}\bar{\boldsymbol{x}}_g - \frac{1}{2}\bar{\boldsymbol{x}}_g'\widehat{\boldsymbol{\Sigma}}^{-1}\bar{\boldsymbol{x}}_g + \ln\Pr(g) \quad . \tag{2.1.59}$$

Im 2-Gruppen-Fall ergibt sich die Klassifikationsgrenze zwischen den Gruppen dann zu

$$\begin{aligned}
\widehat{f}(\boldsymbol{x}|g=1) - \widehat{f}(\boldsymbol{x}|g=2) &= \boldsymbol{x}'\widehat{\boldsymbol{\Sigma}}^{-1}\bar{\boldsymbol{x}}_1 - \frac{1}{2}\bar{\boldsymbol{x}}_1'\widehat{\boldsymbol{\Sigma}}^{-1}\bar{\boldsymbol{x}}_1 + \ln\Pr(g=1) \\
&\quad -\boldsymbol{x}'\widehat{\boldsymbol{\Sigma}}^{-1}\bar{\boldsymbol{x}}_2 + \frac{1}{2}\bar{\boldsymbol{x}}_2'\widehat{\boldsymbol{\Sigma}}^{-1}\bar{\boldsymbol{x}}_2 - \ln\Pr(g=2) \\
&= \boldsymbol{x}'\widehat{\boldsymbol{\Sigma}}^{-1}(\bar{\boldsymbol{x}}_1 - \bar{\boldsymbol{x}}_2) \\
&\quad -\frac{1}{2}(\bar{\boldsymbol{x}}_1'\widehat{\boldsymbol{\Sigma}}^{-1}\bar{\boldsymbol{x}}_1 - \bar{\boldsymbol{x}}_2'\widehat{\boldsymbol{\Sigma}}^{-1}\bar{\boldsymbol{x}}_2) - \ln\left(\frac{\Pr(g=2)}{\Pr(g=1)}\right) \\
&= \left(\boldsymbol{x} - \frac{1}{2}(\bar{\boldsymbol{x}}_1 + \bar{\boldsymbol{x}}_2)\right)'\widehat{\boldsymbol{\Sigma}}^{-1}(\bar{\boldsymbol{x}}_1 - \bar{\boldsymbol{x}}_2) - \ln\left(\frac{\Pr(g=2)}{\Pr(g=1)}\right) \quad .
\end{aligned}$$

[75] Vgl. [Friedrich 2000].

[76] Vgl. [Fahrmeir et al. 1996], S. 373 ff. und [Friedrich 2000].

Nach Einsetzen der geschätzten Koeffizienten (2.1.47) einer bspw. nach dem Ansatz von Fisher geschätzten linearen Diskriminanzfunktion (2.1.48) erhält man nach Umformung[77]

$$\widehat{f}(\boldsymbol{x}|g=1) - \widehat{f}(\boldsymbol{x}|g=2) = \boldsymbol{x}'\widehat{\boldsymbol{\beta}} - \frac{1}{2}\left[(\bar{\boldsymbol{x}}_1 + \bar{\boldsymbol{x}}_2)'\widehat{\boldsymbol{\Sigma}}^{-1}(\bar{\boldsymbol{x}}_1 - \bar{\boldsymbol{x}}_2)\right] - \ln\left(\frac{\Pr(g=2)}{\Pr(g=1)}\right)$$

und wg. (2.1.38)

$$\widehat{f}(\boldsymbol{x}|g=1) - \widehat{f}(\boldsymbol{x}|g=2) = \widehat{y} - \frac{1}{2}(\bar{y}_1 + \bar{y}_2) - \ln\left(\frac{\Pr(g=2)}{\Pr(g=1)}\right) \quad . \tag{2.1.60}$$

Als Bayes'sche Entscheidungsregel erhält man somit: Ist für ein Objekt i der Wert der Differenz

$$\widehat{f}(\boldsymbol{x}_i|g=1) - \widehat{f}(\boldsymbol{x}_i|g=2) \tag{2.1.61}$$

größer als Null, wird es der Gruppe $g_i = 1$ zugeordnet, anderenfalls der Gruppe $g_i = 2$.

Im Falle normalverteilter Einflussgrößen ist die Diskriminanz-Schätzfunktion $\widehat{y}_g = \boldsymbol{x}'\widehat{\boldsymbol{\beta}}$ mit $\widehat{\boldsymbol{\beta}} = (\widehat{\beta}_{0g}, \widehat{\boldsymbol{\beta}}_g)'$ in den betrachteten Klassen ebenfalls mit der Dichtefunktion

$$f(\widehat{y}|g) = \frac{1}{(2\pi\widehat{\sigma}_g)^{1/2}} \cdot \exp\left\{-\frac{1}{2}\left[\frac{(\widehat{y} - \bar{y}_g)^2}{\widehat{\sigma}_g^2} + \ln\widehat{\sigma}_g^2\right]\right\} \tag{2.1.62}$$

normalverteilt. In diesem Fall kann unter Anwendung des Satzes von Bayes (vgl. Gl. (2.1.53)) die Posteriori-Wahrscheinlichkeit der Klassenzuordnung für ein Objekt i durch

$$\Pr(g_i|\widehat{y}_i) = \frac{\Pr(g_i) \cdot \exp\left\{-\frac{1}{2}\left[\frac{(\widehat{y}_i - \bar{y}_g)^2}{\widehat{\sigma}_g^2} + \ln\widehat{\sigma}_g^2\right]\right\}}{\sum_g \Pr(g_i) \cdot \exp\left\{-\frac{1}{2}\left[\frac{(\widehat{y}_i - \bar{y}_g)^2}{\widehat{\sigma}_g^2} + \ln\widehat{\sigma}_g^2\right]\right\}} \tag{2.1.63}$$

geschätzt werden.[78]

2.1.4 Berücksichtigung qualitativer Einflüsse

2.1.4.1 Verwendung von Dummy-Variablen

In den bisher betrachteten parametrischen Ansätzen wurden auf der Seite der erklärenden Variablen der zu schätzenden Modelle ausschließlich metrisch skalierte Merkmale zugelassen. Liegen zur Erklärung der Zielvariable neben den metrischen auch kategoriale bzw. qualitative erklärende Variablen vor, lassen sich die beschriebenen Modelle nicht ohne Weiteres wie dargestellt schätzen. Eine Möglichkeit der Berücksichtigung qualitativer Einflüsse ist die Integration dieser als sog. *Dummy-Variablen.*

Eine Dummy-Variable ist eine binär auf die Ausprägungen Null und Eins kodierte Variable, die bei der Zugehörigkeit des betrachteten Objektes zu einer bestimmten Kategorie bzw. Gruppe j einer qualitativen Einflussvariable X_k den Wert

[77] Vgl. [Friedrich 2000], S. 351 und [Handl 2002], S. 329.

[78] Vgl. [Friedrich 2000], S. 352 f.

$x_{kj} = 1$ annimmt. Somit muss für $J-1$ der $1, \ldots, j, \ldots, J$ möglichen kategorialen Ausprägungen der qualitativen Variable jeweils eine Dummy-Variable definiert werden.[79] Ein lineares Regressionsmodell[80] mit bspw. einer kategorialen Einflussvariable X_1 nimmt in diesem Fall die Form

$$y_i = \beta_0 + \sum_{j=1}^{J-1} \beta_{1j} x_{1ji} + \sum_{k=2}^{K} \beta_k x_{ki} + u_i \tag{2.1.64}$$

an, wobei x_{1ji} die $i = 1, \ldots, I$ Beobachtungswerte der $J-1$ Dummy-Variablen der Variable X_1 [81] und x_{ki} die Beobachtungswerte der übrigen (metrisch skalierten) Variablen bezeichnen. Der jeweilige Dummyvariablenparameter $\widehat{\beta}_{1j}$ gibt dann den (geschätzten) partiellen Einfluss an, den die Ausprägung j der Variable X_1 auf die Zielvariable ausübt, da sich die geschätzte Ausprägung $\widehat{y}_i$ der Zielvariable bei Vorhandensein der Kategorie j bei einem betrachteten Objekt i im Falle einer linearen Regressionsgleichung um $\widehat{\beta}_{1j} x_{1j} = \widehat{\beta}_{1j} \cdot 1$ erhöht.

2.1.4.2 Varianzanalyse

Eine weitere Möglichkeit zur Berücksichtigung von Einflüssen kategorialer Variablen stellt die *Varianzanalyse (ANOVA[82])* dar. Analog der in Abschnitt 2.1.2 dargestellten linearen Regressionsanalyse wird hierbei eine metrische Zielvariable durch ein parametrisches Modell erklärt, wobei die unabhängigen Variablen des Modells nicht ebenfalls metrisches Skalenniveau, sondern ausschließlich in kategorialer bzw. gruppierter Form vorliegen. In der ökonomischen Prognosepraxis ist diese Konstellation der Modellvariablen häufig anzutreffen. So sollen bspw. oft metrische Erfolgsgrößen wie z.B Marktanteile, Umsatz- oder Absatzzahlen von Produkten durch nominal oder ordinal skalierte Einflussfaktoren wie z.B. Art der Verkaufsstätte, Verpackungsart oder Form der Werbemittel erklärt werden oder betriebliche Ergebnisprognosen aufgrund verschiedener Branchenzugehörigkeiten erstellt werden.

Eine weitere - weiter unten in dieser Arbeit aufgegriffene - Anwendungsmöglichkeit der ANOVA ist die Überprüfung einer eventuellen Unterschiedlichkeit der Erwartungswerte bestimmter Merkmale bzgl. der verschiedenen Klassenzugehörigkeiten der untersuchten Merkmalsträger im Rahmen einer Klassifikationsanalyse.[83]

Je nach der Zahl der abhängigen bzw. unabhängigen Variablen kann die uni- oder multivariate bzw. die ein- oder mehrfaktorielle Varianzanalyse unterschieden

---

[79] Aus Gründen der zu vermeidenden perfekten Multikollinearität (vgl. dazu weiter unten Abschnitt 5.2.1) dürfen nicht alle möglichen Ausprägungen der Variable dummy-kodiert werden, da in diesem Fall die J Dummy-Variablen perfekt linear voneinander abhängig wären und ein Regressionsmodell mathematisch nicht geschätzt werden könnte.

[80] Vgl. Gl. (2.1.10) in Abschnitt 2.1.2.

[81] Von denen bei einem Objekt nur eine einzige Dummy-Variable den Wert 1 (für die tatsächlich beobachtete Ausprägung von X_1) und die übrigen den Wert 0 annehmen.

[82] Von engl.: **AN**alysis **O**f **VA**riance.

[83] Vgl. dazu bspw. die Ausführungen zur Prüfung der Diskriminanzfunktion in Abschnitt 3.1.3.3 und die Spezifikation künstlicher neuronaler Netze in Abschnitt 4.5.1.

werden. An dieser Stelle soll die prinzipielle Vorgehensweise sowohl der für die hinsichtlich des Vergleiches der Erwartungswerte zweier Grundgesamtheiten bedeutsamen einfaktoriellen als auch der in der Praxis häufig anzutreffenden mehrfaktoriellen univariaten Varianzanalyse (aus Gründen der Übersichtlichkeit am Beispiel zweier Faktoren) kurz dargestellt werden. Die Ergebnisse lassen sich analog auf mehr als zwei Faktoren erweitern. Innerhalb der ANOVA sollen die folgenden Fragen beantwortet werden:

- Beeinflussen die einzelnen (kategorialen) Einflussgrößen die Zielgröße?
- Im mehrfaktoriellen Fall: Besteht eine Wechselwirkung zwischen den Einflussgrößen, die dann durch eine Interaktion die Zielgröße beeinflussen?

Das Modell der mehrfaktoriellen ANOVA lautet formal:

$$y_{igh} = \mu + \alpha_g + \beta_h + \gamma_{gh} + u_{igh} \qquad (2.1.65)$$

Der i-te Beobachtungswert y_{igh} wird somit erklärt durch einen gemeinsamen bzw. in allen Beobachtungen gleich wirkenden Teil (den Mittelwert der Grundgesamtheit μ), die speziellen Einflüsse der erklärenden Variablen, die im Rahmen der ANOVA als *Faktoren* bezeichnet werden, bzw. ihrer Ausprägungen (sog. *Faktorstufen* oder *Gruppen*) α_g mit $g = 1, \ldots, G$ und β_h mit $h = 1, \ldots, H$, die Interaktion zwischen den Faktoren γ_{gh} und einen nicht beobachtbaren Störeinfluss u_{igh}. Im einfaktoriellen Fall vereinfacht sich das Modell entsprechend zu

$$y_{ig} = \mu + \alpha_g + u_{ig} \quad . \qquad (2.1.66)$$

Üben die Faktoren keinen Einfluss auf die abhängige Variable aus, müssten α_g und β_h für alle g und h Null sein. In dem Fall würde es keine Beeinflussung der Varianz der Zielgröße bei Wirksamwerden eines der Faktoren geben bis auf eine zufällige Streuung u_{igh}. Falls die entsprechenden Faktoren jedoch einen Einfluss ausüben, müsste sich somit die Gesamtabweichung (*Sum of Squares Total (SST)*) der Beobachtungswerte vom Gesamtmittelwert in einen unsystematischen - von nicht im Modell erfassten Einflüssen verursachten - Teil (*Sum of Squared Errors (SSE)*) und in mehrere systematische - vom jeweiligen Faktor verursachte - Teile (*Sum of Squares of Factors (SSF)*) zerlegen lassen. Dies kommt in folgender Streuungszerlegung der abhängigen Variable zum Ausdruck:

$$SST = SSF_1 + SSF_2 + SSI + SSE \qquad (2.1.67)$$

Im einfaktoriellen Fall ergibt sich

$$SST = SSF + SSE \quad . \qquad (2.1.68)$$

Die Prüfung dieser Streuungszerlegungen wird als Varianzanalyse bezeichnet.[84]

[84] Es wird wie bei der in Abschnitt 2.1.3.2 beschriebenen LDA davon ausgegangen, dass die betrachtete Zielvariable in allen Faktorstufen über alle Faktoren normalverteilt ist mit gleicher Varianz σ^2.

Zur darstellerischen Vereinfachung wird im Folgenden davon ausgegangen, dass in allen simultanen Faktorstufen gh jeweils die gleiche Anzahl n_{gh} von Beobachtungen vorliegt. Der Mittelwert der Grundgesamtheit μ wird geschätzt durch den Mittelwert

$$\bar{y} = \frac{1}{GHn_{gh}} \sum_{g=1}^{G} \sum_{h=1}^{H} \sum_{i=1}^{n_{gh}} y_{igh} \tag{2.1.69}$$

aller beobachteten Daten.[85] Der Einfluss eines Faktors wird geschätzt durch die Summe der quadrierten Differenzen der einzelnen Faktorstufenmittelwerte dieses Faktors

$$\bar{y}_g = \frac{1}{Hn_{gh}} \sum_{h=1}^{H} \sum_{i=1}^{n_{gh}} y_{igh} \quad \text{bzw.} \tag{2.1.70}$$

$$\bar{y}_h = \frac{1}{Gn_{gh}} \sum_{g=1}^{G} \sum_{i=1}^{n_{gh}} y_{igh} \tag{2.1.71}$$

zum Gesamtmittelwert. Im mehrfaktoriellen Modell muss dies für sämtliche Faktorstufen des anderen Faktors geschehen. Es ergibt sich:

$$SSF_1 = \sum_{h=1}^{H} \sum_{g=1}^{G} \sum_{i=1}^{n_{gh}} (\bar{y}_g - \bar{y})^2 \tag{2.1.72}$$

$$SSF_2 = \sum_{g=1}^{G} \sum_{h=1}^{H} \sum_{i=1}^{n_{gh}} (\bar{y}_h - \bar{y})^2 \tag{2.1.73}$$

Im mehrfaktoriellen Fall könnte zusätzlich zu den Faktorwirkungen eine gemeinsame Wirkung der Faktoren existieren, die sich aus bestimmten Interaktionswirkungen der einzelnen Faktorstufen ergibt. Der Einfluss von Wechselwirkungen zwischen den Faktoren wird durch folgende Abweichungs-Quadratsumme (*Sum of Squares of Interactions (SSI)*) geschätzt:[86]

$$SSI = \sum_{g=1}^{G} \sum_{h=1}^{H} \sum_{i=1}^{n_{gh}} (\bar{y}_{gh} - \bar{y}_g - \bar{y}_h + \bar{y})^2 \tag{2.1.74}$$

Dabei bezeichnet

$$\bar{y}_{gh} = \frac{1}{n_{gh}} \sum_{g=1}^{G} \sum_{h=1}^{H} y_{igh} \tag{2.1.75}$$

den Mittelwert der gemeinsamen Faktorstufe bzw. Gruppe gh.

Die bisher errechneten Quadratsummen sind alle durch systematische Einflüsse der Faktoren bedingt worden. Die Mittelwertdifferenzen der Faktorstufen zum Gesamtmittelwert könnten aber auch dadurch verursacht worden sein, dass es generell

---

[85] Im einfaktoriellen Modell vereinfachen sich diese und die folgenden Berechnungen durch Weglassen des zweiten Faktors entsprechend.

[86] Vgl. u.a. [Fahrmeir et al. 1996] S. 182 f. und [Friedrich 2000], S. 165.

eine mehr oder weniger große zufällige Streuung der Daten innerhalb der einzelnen Faktorstufen gibt. Diese wird geschätzt durch die Summe der quadrierten Differenzen zwischen den Beobachtungswerten einer gemeinsamen Faktorstufe gh und dem Mittelwert in dieser gemeinsamen Gruppe:

$$SSE = \sum_{g=1}^{G} \sum_{h=1}^{H} \sum_{i=1}^{n_{gh}} (y_{igh} - \bar{y}_{gh})^2 \tag{2.1.76}$$

Die Summe dieser Schätzungen der Einflüsse der Faktoren, der Wechselwirkung zwischen diesen und der Reststreuung führt zur oben dargestellten Streuungszerlegung (2.1.67) der Gesamtvarianz, die sich in Summen ausgedrückt zu

$$\begin{aligned}\sum_{g=1}^{G} \sum_{h=1}^{H} \sum_{i=1}^{n_{gh}} (y_{igh} - \bar{y})^2 \;=\; & \sum_{g=1}^{G} \sum_{h=1}^{H} \sum_{i=1}^{n_{gh}} (\bar{y}_g - \bar{y})^2 + \sum_{g=1}^{G} \sum_{h=1}^{H} \sum_{i=1}^{n_{gh}} (\bar{y}_h - \bar{y})^2 \\ & + \sum_{g=1}^{G} \sum_{h=1}^{H} \sum_{i=1}^{n_{gh}} (\bar{y}_{gh} - \bar{y}_g - \bar{y}_h + \bar{y})^2 + \sum_{g=1}^{G} \sum_{h=1}^{H} \sum_{i=1}^{n_{gh}} (y_{igh} - \bar{y}_{gh})^2\end{aligned}$$

ergibt. Im einfaktoriellen Fall vereinfacht sich die Streuungszerlegung (2.1.68) zu

$$\sum_{g=1}^{G} \sum_{i=1}^{n_{gh}} (y_{ig} - \bar{y})^2 \;=\; \sum_{g=1}^{G} \sum_{i=1}^{n_{gh}} (\bar{y}_g - \bar{y})^2 + \sum_{g=1}^{G} \sum_{i=1}^{n_{gh}} (y_{ig} - \bar{y}_g)^2 \quad .$$

Die Prüfung dieser Streuungszerlegung wird im Rahmen der Modellbewertung in Abschnitt 3.1.2 des folgenden Kapitels erläutert.

2.2 Grundlagen der statistischen Lerntheorie

Ziel der ökonometrischen Analyse ist es, funktionale Zusammenhänge zwischen einer oder mehreren Einflussgrößen und einer zu erklärenden Zielgröße darzustellen und zu schätzen. Dabei wird bei der klassischen parametrischen Vorgehensweise durch Vorüberlegungen ein bestimmter ökonomischer Zusammenhang formal spezifiziert, der dann anhand der beobachteten Daten geschätzt wird. In vielen praktischen Fällen ist jedoch vorstellbar, dass die genaue Art der funktionalen Beziehung zwischen den zu untersuchenden Merkmalen einer ökonometrischen Analyse nicht im vorhinein bekannt ist. Dies kann zum einen daran liegen, dass die genaue funktionale Form des Zusammenhanges selbst unbekannt ist, zum anderen kann diese hinter exogenen Störeinflüssen und Beobachtungsfehlern verborgen sein.

Aus diesen Überlegungen ergibt sich die grundlegende Frage bei der statistischen Analyse von Beziehungen zwischen theoretischen Konstrukten bzw. Variablen: Was muss man a priori wissen über eine (in den meisten Fällen) unbekannte funktionale Abhängigkeit zwischen Variablen, um diese aus den beobachteten Daten schätzen zu können?

Wie in Abschnitt 2.1.1 beschrieben, löst die klassische parametrische Statistik diese Frage wie folgt: Die Art des funktionalen Zusammenhanges ist entweder durch theoretische Vorüberlegungen, durch praktische Erfahrungen oder durch Annahmen vorgegeben und kann formal spezifiziert und parametrisiert werden. Die zu lösende Aufgabe besteht dann lediglich darin, die (endlichen) unbekannten Parameter der Funktion und somit das aufgestellte ökonometrische Modell aus den beobachteten Daten zu schätzen.[87] Dazu sind eine Reihe von parametrischen Schätzverfahren entwickelt worden. Einige der wichtigsten Verfahren der klassischen parametrischen Statistik zur Funktionsapproximation und zur Objektklassifikation wurden in Abschnitt 2.1 dieses Kapitels vorgestellt.

2.2.1 Der lerntheoretische Ansatz

Das Paradigma der aus den Gebieten des *Maschinellen Lernens*[88] und der *Künstlichen Intelligenz*[89] hervorgegangenen statistischen Lerntheorie beantwortet die oben gestellte Frage auf eine andere Weise: Die Art des funktionalen Zusammenhanges ist a priori nicht bekannt, und es ist auch nicht nötig, diese zu kennen. Der datenerzeugende Zusammenhang soll nicht exakt abgebildet bzw. "verstanden" werden, es genügt, ihn zu imitieren bzw. zu "erlernen". Die statistische Lerntheorie zeigt, dass die Kenntnis genereller Eigenschaften der Klasse von Funktionen, die dem gesuchten Zusammenhang zugrunde liegt, ausreicht, um diesen anhand der beobachteten

[87] Diese Vorgehensweise wird als das Paradigma der klassischen Statistik oder Fisher-Paradigma, zurückgehend auf [Fisher 1952], bezeichnet.

[88] Vgl. u.a. [Bishop 2006, Mitchell 1997]

[89] Vgl. u.a. [Russel und Horvig 2003].

Daten zu erlernen.[90]

Das Erlernen des Zusammenhanges kann dabei prinzipiell in drei Kategorien eingeteilt werden. Sind die Daten sowohl der erklärenden als auch der zu erklärenden Variablen bekannt, spricht man von *überwachtem Lernen*[91], da die geschätzten Outputwerte (die durch die ermittelte Funktion $\widehat{f}$ geschätzten Werte $\widehat{y}_i = \widehat{f}(\boldsymbol{x}_i)$ der abhängigen Variable) mit den tatsächlich beobachteten Zielwerten (die beobachteten Werte y_i der abhängigen Variable) verglichen werden können. Bei einem solchen Verfahren überwacht somit bildlich gesprochen ein "Lehrer" die bei der Anpassung der Funktion an die Beobachtungswerte gemachten Fehler[92] und passt die Funktion unter Verwendung einer Fehlerfunktion[93] und eines bestimmten Lernalgorithmus[94] mit dem Ziel der Minimierung bzw. sukzessiven Verringerung dieses Fehlers an. Bei der in dieser Arbeit anhand statistischer Lernverfahren und auch klassischer statistischer Verfahren durchgeführten Solvenzanalyse handelt es sich vorwiegend um Methoden des überwachten Lernens.

Beim sog. *bestärkenden Lernen*[95] gibt es ebenfalls einen "Lehrer", dieser bewertet die Outputwerte jedoch nur mit richtig oder falsch, gibt also nicht den korrekten Zielwert vor. Je nach dem Ergebnis werden die Funktionsparameter dementsprechend verändert, um den Fehler zu verringern.

Von *unüberwachtem Lernen*[96] spricht man, wenn keine Zielwerte vorliegen, mit denen die Funktionswerte verglichen werden können. Der Lernalgorithmus sucht selbstständig nach bestimmten Mustern bzw. strukturierten Eigenschaften innerhalb der Trainingsdaten. Zu den unüberwachten Lernverfahren können bspw. die weiter unten in Kapitel 5 durchgeführte Cluster- und Faktorenanalyse gezählt werden, da dort Objekte bzw. Merkmale anhand bestimmter ähnlicher Eigenschaften zusammengefasst bzw. gruppiert werden, um eine Dimensionsreduktion der Daten vorzunehmen.

2.2.2 Das statistische Lernproblem

Der den Daten zugrunde liegende funktionale Zusammenhang $f(Y|\boldsymbol{X})$ soll anhand der beobachteten Daten $(\boldsymbol{x}_i, y_i)$ der betrachteten Variablen so geschätzt bzw. erlernt werden, dass dann auf Basis der beobachteten Werte $\boldsymbol{x}_i$ der unabhängigen Variablen eine möglichst gute Anpassung der Funktion an die beobachteten Werte

[90] Zum Paradigma und zur historischen Entwicklung der statistischen Lerntheorie vgl. [Vapnik 1995].

[91] Engl.: supervised learning, auch assoziatives oder induktives Lernen.

[92] Als Fehler $e_i = y_i - \widehat{y}_i$ wird die Differenz zwischen den Outputwerten der geschätzten Funktion und den tatsächlichen Werten der Zielvariable bezeichnet.

[93] Die durch eine Funktion bewerteten und aufaddierten Fehler e_i. Zu Fehlerfunktionen vgl. weiter unten Abschnitt 2.2.3.

[94] Ein bestimmtes Optimierungsverfahren bzw. eine Lernregel z.B. bei künstlichen neuronalen Netzen, vgl. Kapitel 2.3.

[95] Engl.: reinforcement learning.

[96] Engl.: unsupervised learning, auch entdeckendes Lernen.

y_i der abhängigen Variable der n Stichprobendatensätze erfolgt. Ziel ist weiterhin, für neu hinzu kommende Objekte eine möglichst gute Prognose der Zielvariable erstellen zu können.

In der statistischen Lerntheorie wird die Menge der Beobachtungspaare $T = \{(\boldsymbol{x}_1, y_1), \ldots, (\boldsymbol{x}_i, y_i), \ldots, (\boldsymbol{x}_n, y_n)\}$ der $i = 1, \ldots, n$ beobachteten Objekte, bestehend aus den Inputwerten $\boldsymbol{x}_i = (x_{i1}, \ldots, x_{iK})'$ der K betrachteten Einflussvariablen und den Zielwerten y_i, als Trainingsmenge bezeichnet. Die zu schätzende zugrundeliegende Funktion $f(Y|\boldsymbol{X})$ der Beziehung zwischen Input- und Zielwerten wird als Zielfunktion, die geschätzte Funktion $\widehat{f}(Y|\boldsymbol{X})$ als Entscheidungs- oder Prognosefunktion bezeichnet. Die Realisationen $(\boldsymbol{x}_i, y_i)$ der Trainingsmenge werden dabei als eine realisierte Stichprobe[97] der Zufallsvariablen $\boldsymbol{X}_k$[98] und Y mit der unbekannten bedingten Verteilung $\Pr(Y|\boldsymbol{X}_k)$ aufgefasst.

Das Finden der Prognosefunktion erfolgt nun in zwei Schritten: Zunächst wird eine Klasse $F = \{f(\boldsymbol{X}, \boldsymbol{\beta})\}$ von Funktionen[99], die durch die Parameter $\boldsymbol{\beta}' = (\beta_1, \ldots, \beta_k, \ldots, \beta_K)$ parametrisiert sind, gesucht, die das Lernproblem adäquat[100] abbilden kann. Dabei wird z.B. oft auf die Klasse der linearen Funktionen zurückgegriffen, da diese die am besten erforschte und am einfachsten anzuwendende Funktionenklasse darstellt. Ein überwachtes statistisches Lernverfahren, das auf der Annahme von linearen Zusammenhängen zwischen den Variablen beruht, wird als *linear lernende Maschine* bezeichnet.

Der zweite Schritt des Lernproblems besteht nun darin, anhand der Trainingsmenge aus der im ersten Schritt bestimmten Funktionenklasse F diejenige Funktion $\widehat{f}(\boldsymbol{X}, \widehat{\boldsymbol{\beta}})$ zu bestimmen, die aufgrund der beobachteten Daten die bestmögliche Approximation der Outputwerte $\widehat{y}_i = \widehat{f}(\boldsymbol{x}_i, \widehat{\boldsymbol{\beta}})$ an die beobachteten Zielwerte y_i ermöglicht. Dazu werden die Outputwerte der geschätzten Funktion mit den Zielwerten verglichen und eventuelle Differenzen anhand einer *Fehlerfunktion*

$$l(y_i, f(\boldsymbol{x}_i, \boldsymbol{\beta})) = l(y_i - f(\boldsymbol{x}_i, \boldsymbol{\beta})) = l(y_i - \widehat{y}_i) \qquad (2.2.1)$$

bewertet.[101]

2.2.3 Fehlerfunktionen

Ziel des statistischen Lernprozesses ist es, innerhalb des Lernalgorithmus durch eine sukkzessive Veränderung der Modellparameter die Fehler des trainierten Modells,

[97] Die Stichprobe vom Umfang $i = 1, \ldots, n$ ist eine Realisation der n i.i.d. (**i**ndependently **i**dentically **d**istributed) gemeinsamen Zufallsvariablen $(\boldsymbol{X}_{ik}, Y_i)$

[98] Der Vektor $\boldsymbol{X}_k$ bezeichnet die $k = 1, \ldots K$ Zufallsvariablen X_k

[99] Diese wird auch als Funktionen- oder Hypothesenraum bezeichnet. Der Begriff Hypothese ist hierbei nicht mit dem Hypothesenbegriff aus der statistischen Testtheorie zu verwechseln.

[100] Der Begriff "adäquat" bedarf einer weiteren Erläuterung der Qualität von Funktionenklassen bzw. einzelnen Funktionen; vgl. dazu u.a. Abschnitt 2.2.5.

[101] Hinsichtlich de Vergleiches der Output- und der Zielwerte werden zwei Vorgehensweisen unterschieden: Beim *online-Lernen* werden die Trainingsdaten iterativ, d.h. nacheinander dem Lernalgorithmus vorgestellt. Im Gegensatz dazu werden beim sog. *batch-Lernen* alle Daten gleichzeitig übergeben und der Gesamtfehler berechnet und bewertet.

d.h. die Abweichung der Ausgabewerte des jeweiligen Modells von den beobachteten Trainingswerten der Zielvariable, zu minimieren.

Die Bewertung des Ausmaßes der Modellfehler ist dabei in vielen Problemstellungen sowohl bei der Klassifikation als auch bei der Funktionsanpassung von entscheidender praktischer Bedeutung. Es sollte daher eine Fehlerbewertung gewählt werden, die den praktischen Anforderungen an die Prognose angepasst wird. So sind zum Beispiel in vielen betriebs- und volkswirtschaftlichen Problemstellungen asymmetrische Verlustfunktionen angebracht. Als Beispiel sei die Prognose der gesamtwirtschaftlichen Entwicklung genannt. Eine zu optimistische Prognose hat natürlich völlig andere Auswirkungen auf die verschiedensten gesellschaftlichen und wirtschaftlichen Bereiche als eine Prognose, die die tatsächliche Entwicklung des Volkseinkommens im gleichen Ausmaß unterschätzt. Ebenso werden mögliche Haushaltsdefizite gegenüber möglichen Haushaltsüberschüssen von bspw. Politikern naturgemäß völlig unterschiedlich bewertet. Die Wahl einer konkreten Fehlerfunktion hängt also jeweils vom betrachteten Einzelfall ab. Die *Fehlerfunktion*

$$l(y_i, f(\boldsymbol{x}_i, \boldsymbol{\beta})) = l(y_i - f(\boldsymbol{x}_i, \boldsymbol{\beta})) = l(e_i) \tag{2.2.2}$$

quantifiziert und bewertet nach jeder Iteration des jeweiligen Lernalgorithmus den Modellfehler, welcher sich aus der Differenz des vom Modell errechneten Wertes $\widehat{y}_i = f(\boldsymbol{x}_i, \boldsymbol{\beta})$ und des beim Trainingsobjekt i beobachteten Wertes der Zielgröße y_i ergibt:

$$e_i = y_i - \widehat{y}_i \tag{2.2.3}$$

Die konkrete Wahl der Fehlerfunktion hängt von der Art des Lernproblems ab. Für den Fall eines Klassifikationsproblems kann z.B. die *Indikatorfunktion*

$$l(e_i) = l(y_i, f(\boldsymbol{x}_i, \boldsymbol{\beta})) = \begin{cases} 0 & \text{für} \quad y_i = f(\boldsymbol{x}_i, \boldsymbol{\beta}) \\ 1 & \text{für} \quad y_i \neq f(\boldsymbol{x}_i, \boldsymbol{\beta}) \end{cases} \tag{2.2.4}$$

Anwendung finden. Dabei wird durch die Fehlerfunktion angezeigt, ob ein Objekt richtig klassifiziert wurde ($e_i = 0$) oder nicht ($e_i = 1$).

Eine weitere Möglichkeit, insbesondere für den Fall einer Funktionsapproximation, besteht in der Berechnung des Minkowski-Fehlers bzw. der L_r-Norm[102]

$$l(e_i) = l(y_i, f(\boldsymbol{x}_i, \boldsymbol{\beta})) = |y_i - f(\boldsymbol{x}_i, \boldsymbol{\beta})|^r \quad , \tag{2.2.5}$$

wobei die L_1-Norm dem absoluten

$$l(e_i) = |y_t - f(\boldsymbol{x}_t, \boldsymbol{\beta})| \tag{2.2.6}$$

und die L_2-Norm dem quadratischen Fehler

$$l(e_i) = (y_t - f(\boldsymbol{x}_t, \boldsymbol{\beta}))^2 \tag{2.2.7}$$

[102] Vgl. dazu [Bishop 1995], S. 208 f. und die Ausführungen zu den Distanzmaßen in Abschnitt 5.3.2 weiter unten in dieser Arbeit.

entspricht. Im zweiten Fall ergibt die Summe über alle Objekte der Trainingsmenge die Summe der quadrierten Residuen *(Sum of Squared Errors)*

$$\mathrm{SSE}(\boldsymbol{x}, \boldsymbol{\beta}) = \sum_{t=1}^{T} (y_t - f(\boldsymbol{x}_t, \boldsymbol{\beta}))^2 \quad . \tag{2.2.8}$$

2.2.4 Empirische Risikominimierung

Der durchschnittliche Fehler, den eine Funktion f über alle Trainingsdaten macht, wird als *empirisches Risiko*

$$\widehat{R}_f = \widehat{R}(y, f(\boldsymbol{x}, \boldsymbol{\beta})) = \frac{1}{n} \sum_{i=1}^{n} l(y_i - \widehat{y}_i) \tag{2.2.9}$$

dieser Funktion bezeichnet. Lernalgorithmen, die versuchen, über eine Minimierung des empirischen Risikos eine Entscheidungs- bzw. Prognosefunktion zu schätzen, arbeiten nach dem Prinzip der *empirischen Risikominimierung (ERM)*:

$$\min_{f \in F} \quad \widehat{R}_f = \widehat{R}(y, f(\boldsymbol{x}, \boldsymbol{\beta})) \tag{2.2.10}$$

Das Ziel der Funktionsschätzung ist jedoch letztlich nicht, nur die bereits beobachteten Daten bestmöglich anzupassen (also das empirische Risiko zu minimieren), sondern für neu hinzukommende Daten ebenso einen möglichst geringen Prognosefehler zu erwarten. Von Interesse ist somit das *erwartete Risiko*

$$R_f = \mathrm{E}[l(Y, f(\boldsymbol{X}_k))] = \int l(Y, f(\boldsymbol{X}_k)) \Pr(\boldsymbol{X}_k, Y) \, dx dy \tag{2.2.11}$$

der Funktion f, welches dem Erwartungswert des Verlustes $l(Y, f(\boldsymbol{X}))$ entspricht.

Die Idee, die ERM zur Schätzung des zugrunde liegenden Zusammenhanges f zu verwenden, beruht auf dem *Starken Gesetz der Großen Zahlen*[103]. Demnach konvergiert das arithmetische Mittel der Realisationen einer Folge von unabhängig und identisch verteilten Zufallsvariablen fast sicher gegen deren Erwartungswert. Das empirische Risiko konvergiert somit gegen das erwartete Risiko:

$$\lim_{n \to \infty} \widehat{R}_f = R_f \tag{2.2.12}$$

Damit führt (für hinreichend große Datenmengen) eine Minimierung des empirischen Risikos zu einer Minimierung des erwarteten Risikos.[104]

Das erwartete Risiko hängt eng mit der Komplexität und damit der Generalisierungsfähigkeit der Prognosefunktion zusammen, die ausdrückt, in wie weit von der Anpassung an die Trainingsdaten auf das Ausmaß der zu erwartenden Prognosequalität für neu hinzukommende Daten geschlossen bzw. generalisiert werden

[103] Vgl. u.a. [Bosch 1998].

[104] Das erwartete Risiko kann aufgrund der unbekannten gemeinsamen Verteilung $P(X, Y)$ der Zufallsvariablen X und Y nicht direkt minimiert werden.

kann.[105] So ist eine hoch komplexe Funktion zwar in der Lage, die beobachteten Daten sehr genau anzupassen, was jedoch zu einem erhöhten Risiko führen kann, für neue Daten ungenaue Prognosen zu erstellen.[106]

Schlüsseltheorem der Lerntheorie Das *Schlüsseltheorem* der statistischen Lerntheorie geht auf [Vapnik und Chervonenkis 1991] zurück und untersucht Bedingungen, unter denen ein ERM-Lernalgorithmus erfolgreich lernt. Dabei werden die Konvergenz-Eigenschaften des Lernalgorithmus untersucht, d.h. es wird analysiert, wann bei wachsendem Stichprobenumfang das empirische Risiko gegen das wahre Risiko konvergiert.[107]

Von besonderem Interesse bei der Risikoabschätzung ist der Fall, in dem das wahre Risiko durch das empirische Risiko unterschätzt wird. Entscheidend ist die maximale Unterschätzung des wahren Risikos:

$$\sup_{f \in F}(R_f - \widehat{R}_f) \tag{2.2.13}$$

Das *Schlüsseltheorem* der statistischen Lerntheorie besagt nun, dass der ERM-Algorithmus strikt konsistent und damit konsistent[108] ist, wenn gilt:

$$\lim_{n \to \infty} \Pr\left(\sup_{f \in F}(R_f - \widehat{R}_f) > \epsilon\right) = 0 \tag{2.2.14}$$

Die Wahrscheinlichkeit, dass die höchst mögliche Unterschätzung des wahren Risikos durch das empirische Risiko größer ist als ein beliebig kleines Intervall ϵ, konvergiert somit für alle möglichen Funktionen $f \in F$ bei wachsendem Stichprobenumfang gegen Null. Daraus folgt, dass für hinreichend große Stichproben für alle Funktionen $f \in F$ einer Funktionenklasse F mit hoher Wahrscheinlichkeit das wahre Risiko um nicht mehr als ϵ über dem empirischen Risiko liegt, und somit eine obere Risikoschranke bestimmt werden kann:

$$R_f \leq \widehat{R}_f + \epsilon(F) \quad \forall f \in F \tag{2.2.15}$$

Innerhalb der statistischen Lerntheorie sind eine Reihe theoretischer Risikoabschätzungen für die obere Risikoschranke (2.2.15) entwickelt worden, um den Generalisierungsfehler der geschätzten Funktion bestimmen zu können.[109] So hat [Vapnik 1998] gezeigt, dass für jeden Parametervektor $\boldsymbol{\beta}$ bzw. alle Funktionen $f(\boldsymbol{\beta})$ einer Funktionenklasse $F = \{f(\boldsymbol{x}, \boldsymbol{\beta})\}$ mit $n > VC_F$ die obere Risikoschranke

$$R_f(\boldsymbol{\beta}) \leq \widehat{R}_f(\boldsymbol{\beta}) + \sqrt{\frac{VC_F(\ln(2n/VC_F) + 1) - \ln(\alpha/4)}{n}} \tag{2.2.16}$$

[105] Vgl. zum Komplexitäts- und Generalisierungsproblem statistischer Modelle weiter unten Abschnitt 3.2.1.

[106] Vgl. Abschnitt 2.2.5 zum strukturellen Risiko.

[107] Zur Konvergenz und zur Herleitung des Schlüsseltheorems vgl. [Kockelkorn 2005, Vapnik und Chervonenkis 1991] und [Vapnik 1998].

[108] Zu Konsistenz und strikter Konsistenz des ERM-Algorithmus vgl. [Vapnik 1998].

[109] Vgl. u.a. [Vapnik und Chervonenkis 1991] und [Vapnik 1998].

mit einer Wahrscheinlichkeit $1-\alpha$ nicht überschritten wird. Dabei bezeichnet VC_F die sog. *Vapnik-Chervonenkis (VC) -* Dimension der Funktionenklasse F, welche auch als ein Maß für die Reichhaltigkeit einer Funktionenklasse interpretiert werden kann.[110]

2.2.5 Strukturelle Risikominimierung

Die Idee der *strukturellen Risikominimierung (SRM)*[111] beruht auf der Tatsache, dass durch die Wahl einer immer komplexeren bzw. parameterreichhaltigeren Funktionenklasse F zwar das empirische Risiko (3.1.20) der optimalen Funktion in dieser Klasse immer weiter verringert werden kann, dabei aber das durch den zweiten Term auf der rechten Seite der Gl. (2.2.15) ausgedrückte Komplexitätsmaß $\epsilon(F)$ dieser Funktionenklasse gleichzeitig zunimmt. M.a.W.: Die immer bessere Anpassung der Funktion an die Trainingsdaten durch Erhöhung der Komplexität der Funktionenklasse führt zu einem immer größer werdenden Generalisierungsfehler für neu hinzukommende Daten. Das sog. *strukturelle Risiko* nimmt zu. Dieser Sachverhalt ist in Abb. 2.6 dargestellt.

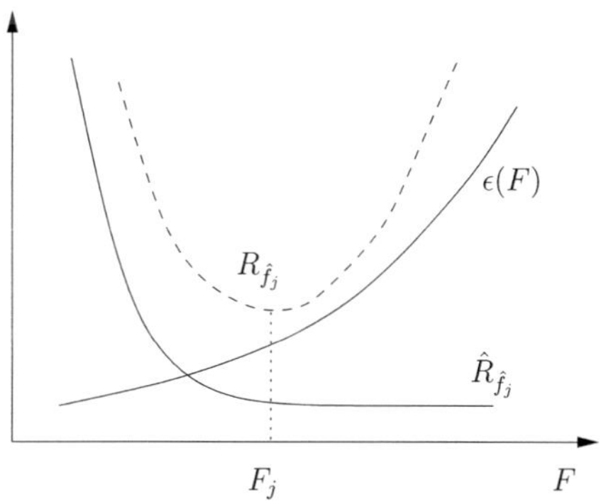

Abbildung 2.6: Das minimale strukturelle Risiko $R_{\widehat{f}_j}$ ergibt sich als Summe aus empirischem Risiko $\widehat{R}_{\widehat{f}_j}$ und Komplexitätsterm $\epsilon(F)$ in der Funktionenklasse F; entnommen aus [Kockelkorn 2005].

Es ergibt sich somit das Problem, eine nicht zu komplexe Funktionenklasse F_j zu finden, die damit eine gute Generalisierungsfähigkeit aufweist, und gleichzeitig das empirische Risiko der in dieser Klasse optimalen Funktion $\widehat{f}_j$ möglichst gering zu halten, was eine gute Anpassung an die Trainingsdaten bedeutet. Die Optimierungsaufgabe der SRM lautet somit wie folgt:

$$\min_j \quad R_{\widehat{f}_j} = \widehat{R}_{\widehat{f}_j} + \epsilon(F_j) \tag{2.2.17}$$

[110]Zur VC-Dimension vgl. [Hastie et al. 2001], S. 210 f. und [Vapnik 1995, Vapnik 1998].

[111]Vgl. u.a. [Kockelkorn 2005, Vapnik 1979].

Dazu kann bspw. für mehrere Funktionenklassen ein Lernalgorithmus durch ERM die risikominimale Funktion bestimmen. Ebenso ergibt sich für jede Funktionenklasse die jeweilige Risikoschranke (der zweite Term der rechten Seite von Gl. (2.2.16)). Dann wird diejenige Funktion $\widehat{f_j}$ gewählt, die für alle Funktionenklassen das geringste strukturelle Risiko aufweist.[112]

Die strukturelle Risikominimierung kann in gewisser Weise auch auf die klassische parametrische Statistik übertragen werden: Da die Modell- bzw. Funktionsspezifikation und damit die Komplexität vor der Schätzung eines parametrischen Modells fest vorgegeben ist[113], entspricht die dann durchgeführte Modellschätzung sowohl der strukturellen als auch der empirischen Risikominimierung. Bspw. findet sich das ERM-Prinzip in der linearen Regressionsanalyse wieder. Die Regressionsparameter werden nach der KQ-Methode geschätzt:[114]

$$\min_{\boldsymbol{\beta}} \quad \sum_{i=1}^{n} u_i^2 = \sum_{i=1}^{n} \left(y_i - \beta_0 - \sum_{k=1}^{K} \beta_k x_{ki} \right)^2 \tag{2.2.18}$$

Dies entspricht der empirischen Risikominimierung, wenn die Zielfunktion als $f(\boldsymbol{x}_i, \boldsymbol{\beta}) = \beta_0 + \sum_{k=1}^{K} \beta_k x_{ki}$ und die Fehlerfunktion (2.2.1) als $l(y_i, f(\boldsymbol{x}_i, \boldsymbol{\beta})) = (y_i - f(\boldsymbol{x}_i, \boldsymbol{\beta}))^2$ definiert sind.[115]

[112] Zur datenabhängigen strukturellen Risikominimierung vgl. [Shawe-Taylor et al. 1998].

[113] Vgl. Abschnitt 2.1.1.1.

[114] Vgl. zur KQ-Schätzung Anhang A.1.

[115] Die bei der ERM noch durchzuführende Division der Abweichungsquadratsumme durch die Anzahl der Beobachtungen beeinflusst das Optimum nicht.

2.3 Statistisches Lernen: Das künstliche neuronale Netz

Ein künstliches neuronales Netz stellt eine formale Nachbildung des menschlichen Neuronennetzes dar. Ziel ist es, Informationen nach dem Vorbild des menschlichen Gehirns abzubilden und zu verarbeiten. Im Gegensatz zur klassischen parametrischen Statistik[116], die die datengenerierende Struktur formal identifizieren, modellieren und schätzen will, wird in dem Bereich der Künstlichen Intelligenz (KI), dem die Methodik der künstlichen neuronalen Netze zuzuordnen ist, diese Struktur lediglich imitiert bzw. erlernt. Ziel ist das Erkennen von Mustern in den Daten. Dabei können die inhaltlichen Zusammenhänge jedoch oft nicht mehr inhaltlich interpretiert werden, da das erlernte System bzw. Netzwerk durch die Verknüpfung mehrerer nichtlinearer Funktionsformen meist sehr komplex ist und somit für den Anwender eine Black Box hinsichtlich der Interpretation der Zusammenhänge darstellt.

In diesem Abschnitt werden künstliche neuronale Netze zur statistischen Modellierung vorgestellt, wobei in diesem Zusammenhang im Folgenden von statistischen neuronalen Netzen (SNN) gesprochen wird. SNN haben in den letzten Jahren eine erhebliche Bedeutung im praktischen Data Mining erlangt und wurden auch im Bereich der Solvenzanalyse vielfach genutzt.[117] An dieser Stelle werden die Grundlagen der statistischen Modellierung künstlicher neuronaler Netze zur Approximation und Klassifikation unbekannter, nicht parametrisch spezifizierter Zusammenhänge beschrieben. In Kapitel 4 werden SNN auf das Problem der Solvenzanalyse angewendet, bewertet und hinsichtlich der Schätz- und Prognosequalität mit den erhaltenen Ergebnissen der anderen verwendeten Prognosemethoden verglichen.

2.3.1 Perzeptrons und künstliche Neuronen

SNN bestehen aus miteinander vernetzten, meist in mehreren Schichten geordneten Knoten, in denen eine Verarbeitung und Ausgabe einfließender Informationen stattfindet. Dazu wird eine Strukturierung der Verbindungen zwischen den Knoten und eine Lernregel zur Bestimmung der Verbindungsstärken zwischen den Knoten benötigt.

Biologische Neuronen des menschlichen Gehirns stoßen einen Impuls aus, wenn ein bestimmtes Niveau einer chemischen Substanz überschritten wird. Ist das der Fall, ist das natürliche Neuron in einem aktivierten Zustand, der über ein dann ausgestoßenes Signal über Synapsen wiederum andere Neuronen beeinflusst und weitere Reaktionen hervorruft. An diese "einfache" Funktionsweise eines natürlichen Neurons angelehnt, entwickelte der Psychologe Rosenblatt[118] ein mathematisches

[116] Vgl. auch weiter oben Abschnitt 2.1.1.

[117] Vgl. u.a. [Atiya 2001, Becerra et al. 2005, Burger und Schellberg 1996, Giacomini 2003, Graf und Nakhaeizadeh 1993, Jerschensky 1998].

[118] Vgl. [Rosenblatt 1957].

Modell, das sog. *Perzeptron*[119].

Das Perzeptron nimmt die Eingabedaten (biologisch: Einflüsse der Umwelt) in Form einer gewichteten Summe auf und vergleicht den Wert dieser Linearkombination mit einem vorher definierten Schwellenwert. Übersteigt der Eingabewert den Schwellenwert, gibt das Perzeptron den Wert 1 aus, anderenfalls den Wert 0. Mathematisch betrachtet wird ein Inputvektor $\boldsymbol{x} = (x_1, \ldots, x_k, \ldots, x_K)'$ der Werte von K Einflussvariablen durch Multiplikation mit den Parametern $\boldsymbol{\omega} = (\omega_1, \ldots, \omega_k, \ldots, \omega_K)$, die im Rahmen der Netzwerkanalyse als Gewichte[120] bezeichnet werden, und Summation linear transformiert, als Eingabewert

$$\sum_{k=1}^{K} \omega_k x_k = \boldsymbol{x}'\boldsymbol{\omega} \tag{2.3.1}$$

in das Perzeptron j eingespeist und durch eine Threshold-Funktion der Form

$$\varphi(\boldsymbol{x}'\boldsymbol{\omega}) = \begin{cases} 1 & \text{für} \quad \boldsymbol{x}'\boldsymbol{\omega} \geq \theta \\ 0 & \text{für} \quad \boldsymbol{x}'\boldsymbol{\omega} < \theta \end{cases} \tag{2.3.2}$$

verarbeitet und ausgegeben. θ stellt dabei den Schwellenwert bzw. Bias[121] des Perzeptrons dar. Im Allgemeinen wird der Bias als Gewicht $\omega_0 = -\theta$ an einen zusätzlichen konstanten Eingabewert $x_0 = 1$ angelegt, so dass der Output des Perzeptrons die Form

$$a = \varphi\left(\sum_{i=1}^{K} \omega_k x_k - \theta\right) = \varphi\left(\sum_{i=0}^{K} \omega_k x_k\right) = \varphi(\boldsymbol{x}'\boldsymbol{\omega}) \tag{2.3.3}$$

mit der Klassifikationsfunktion

$$\varphi(\boldsymbol{x}'\boldsymbol{\omega}) = \begin{cases} 1 & \text{für} \quad \boldsymbol{x}'\boldsymbol{\omega} \geq 0 \\ 0 & \text{für} \quad \boldsymbol{x}'\boldsymbol{\omega} < 0 \end{cases} \tag{2.3.4}$$

annimmt. In den Vektoren $\boldsymbol{x} = (1, x_1, \ldots, x_K)'$ der Variablen und $\boldsymbol{\omega} = (\omega_0, \omega_1, \ldots, \omega_K)'$ der Parameter ist der Bias θ als Dummyvariable $x_0 = 1$ bzw. als Gewicht ω_0 integriert. Übersteigt die Lineartransformation der Inputvariablen den Schwellenwert und damit der Input des Perzeptrons den Wert 0, wird von einer Aktivierung des Perzeptrons gesprochen und die Ausgabe nimmt den Wert 1 an.

Im Rahmen der statistischen Lerntheorie soll die gesuchte Klassifikationsfunktion (2.3.4) so anhand der Trainingsdaten bestimmt werden, dass alle Daten der einen Klasse (mit $y_i = +1$) von den Daten der anderen Klasse (mit $y_i = -1$) getrennt werden. Innerhalb eines Lernalgorithmus werden die Parameter der Trennfunktion durch eine Lernregel somit immer dann angepasst, wenn ein Objekt falsch klassifiziert wurde. Die Lernregel des Perzeptron-Lernalgorithmus lautet bspw.:[122]

$$\boldsymbol{\omega}_{[m+1]} = \boldsymbol{\omega}_{[m]} + \eta y_i \boldsymbol{x}_i \tag{2.3.5}$$

$$\omega_{0[m+1]} = \omega_{0[m]} + \eta y_i R^2 \quad , \tag{2.3.6}$$

[119] Von engl.: perception: Wahrnehmung.

[120] Von engl.: weights: Gewichte.

[121] Dieser Bias ist dabei nicht zu verwechseln mit dem aus der klassischen Statistik bekannten Bias, der die Verzerrung einer Schätzfunktion darstellt; vgl. auch Gl. (3.2.7) auf Seite 118.

[122] Vgl. u.a. [Rosenblatt 1958, Cristianini und Shawe-Taylor 2000].

wobei m der jeweilige Lernschritt, $\eta \in R^+$ die Lernrate und $R = \max_{1 \leq i \leq n} \|\boldsymbol{x}_i\|$ ist. Mit der Lernrate kann die Größe der Parameteränderung beeinflusst werden. Meist wird diese zu Beginn des Lernvorganges relativ groß und am Ende relativ klein gewählt. Für eine linear separierbare Datenmenge ist der Algorithmus in der Lage, in einer endlichen Anzahl von Schritten eine Lösung zu finden, d.h. alle Objekte korrekt einer der beiden Klassen zuzuordnen.[123]

Aus Gl. (2.3.5) ist ersichtlich, dass durch die Perzeptron-Lernregel missklassifizierte positive Objekte zu dem Parametervektor $\boldsymbol{\beta}$ addiert werden und missklassifizierte negative Objekte von dem Parametervektor subtrahiert werden. Werden zu Beginn der Lernphase die Parameter auf Null gesetzt, lässt sich der Parametervektor der erhaltenen Trennfunktion dann wie folgt als Linearkombination der Trainingsdaten darstellen:

$$\boldsymbol{\omega} = \sum_{i=1}^{n} \alpha_i y_i \boldsymbol{x}_i \quad , \tag{2.3.7}$$

wobei α_i die Anzahl der von dem jeweiligen Datensatz $\boldsymbol{x}_i$ verursachten Anpassungen der Parameter angibt. Objekte, die häufiger zu einer Änderung der Parameter geführt haben, erhalten also einen dementsprechend größeren α - Wert. Dies kann auch als Informationsgehalt der einzelnen Datensätze interpretiert werden.

Die Linearkombination (2.3.1) kann somit in der folgenden (sog. dualen) Form geschrieben werden:[124]

$$\begin{aligned} f(\boldsymbol{x}) &= \omega_0 + \boldsymbol{x}'\boldsymbol{\omega} \\ &= \omega_0 + \sum_{i=1}^{n} \alpha_i y_i \boldsymbol{x}'\boldsymbol{x}_i \end{aligned} \tag{2.3.8}$$

Eine wichtige Eigenschaft der Darstellung in der dualen Form ist, dass die Dimensionalität der Daten keine Rolle mehr spielt, da lediglich die Skalarprodukte $\boldsymbol{x}'\boldsymbol{x}_i$ der Input-Daten in den Perzeptron-Lernalgorithmus eingehen. Dieser ist somit rechentechnisch um vieles einfacher zu implementieren. Die Lernregel (2.3.5) für missklassifizierte Objekte lautet dann in ihrer dualen Form:

$$\alpha_i = \alpha_i + 1 \tag{2.3.9}$$

$$\omega_0 = \omega_0 + y_i R^2 \tag{2.3.10}$$

Die Lernrate η beeinflusst nur die Lage der Trennfunktion, nicht den Algorithmus selbst und wurde daher hier auf 1 gesetzt.

Exkurs: Lösung des logischen OR-Problems durch ein Perzeptron Eine mögliche Anwendung eines Perzeptrons ist die lineare Klassifizierung von Objekten, d.h. die Trennung von Elementen in zwei Klassen anhand einer linearen

[123]Diese Tatsache wird durch das *Theorem von Novikoff* beschrieben, vgl. [Novikoff 1962].

[124]Zur Dualität vgl. auch weiter unten Abschnitt 2.4.

Funktion. Ein einfaches Beispiel stellt die logische OR-Verknüpfung dar, welche als Klassifikationsproblem interpretiert werden kann: Zweidimensionale Binärvektoren $\boldsymbol{x} = (x_1, x_2)'$ mit $x_i \in \{0, 1\}$ sollen je nach dem logischen Ergebnis der Verknüpfung einer von zwei Klassen zugeteilt werden. Folgendes Verhältnis von Eingabe zu Ausgabe soll dabei erreicht werden:

x_1	x_2	OR
0	0	0
0	1	1
1	0	1
1	1	1

Die logische OR-Verknüpfung besagt inhaltlich, dass ein positives Ergebnis (OR= 1) dann eintritt, wenn mindestens eins von zwei Ereignissen eintritt. Abb. 2.7 zeigt die graphische Interpretation des OR-Problems. Ergibt die Verknüpfung für eine Kombination der Eingabewerte eine logische 0, so ist dies durch einen leeren Kreis angezeigt. Das Resultat einer logischen 1 ist durch einen ausgefüllten Kreis dargestellt.

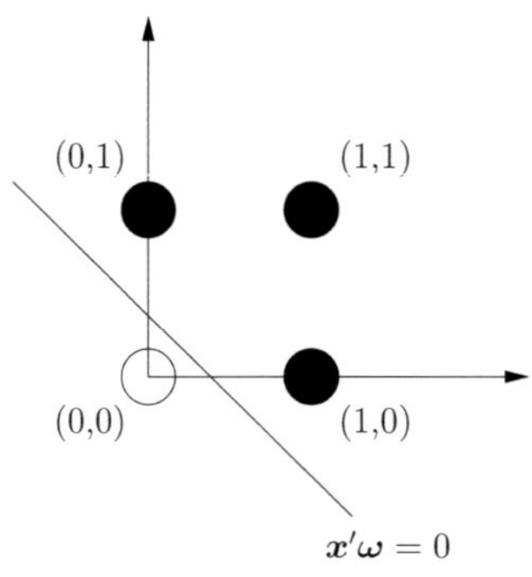

Abbildung 2.7: Das logische OR-Problem.

Die lineare Klassifikation durch ein Perzeptron bedeutet, den Gewichtsvektor $\boldsymbol{\omega} = (\omega_0, \omega_1, \omega_2)'$ so zu bestimmen und damit eine Linearkombination der Eingabewerte der Form

$$\boldsymbol{x}'\boldsymbol{\omega} = 0 \tag{2.3.11}$$

zu finden, so dass der anhand der Schwellenwertfunktion (2.3.4) bestimmte Output (2.3.3) des Perzeptrons für die Objekte beider Klassen den geforderten OR-Werten entspricht und somit die beiden Klassen korrekt separiert. Die Funktion (2.3.11) ist in der Abb. 2.7 durch die Gerade repräsentiert, wobei die Parameter $\boldsymbol{\omega}$ die Lage der Gerade bestimmen. Der Gewichtsvektor $\boldsymbol{\omega} = (-\frac{1}{2}, 1, \frac{1}{4})'$ führt bspw. zu folgendem Ergebnis:

x_1	x_2	$\boldsymbol{x}'\boldsymbol{\omega}$	a	OR
0	0	-0.5	0	0
0	1	-0.25	0	1
1	0	0.5	1	1
1	1	0.75	1	1

Die zweite Eingabekombination wurde falsch klassifiziert. Der veränderte Gewichtsvektor $\boldsymbol{\omega} = (-\frac{1}{2}, 1, 1)$ dagegen führt zu einer vollständig korrekten Klassifikation:

x_1	x_2	$\boldsymbol{x}'\boldsymbol{\omega}$	a	OR
0	0	-0.5	0	0
0	1	0.5	1	1
1	0	0.5	1	1
1	1	1.5	1	1

Aus Abb. 2.7 ist ersichtlich, dass ein Perzeptron Objekte linear klassifizieren kann. Voraussetzung ist jedoch, dass die Objekte *linear separierbar* sind.[125] □

Da die Schwellenwertfunktion (2.3.4) des Perzeptrons nicht stetig und damit nicht vollständig differenzierbar ist, ergeben sich praktische Nachteile des Perzeptrons, insb. wenn die partiellen Ableitungen des Outputs nach den einzelnen Inputvariablen benötigt werden.[126] Aus diesem Grund wird die Funktionsweise des Perzeptrons erweitert, in dem an Stelle der Threshold-Funktion sog. stetige *Aktivierungsfunktionen* $\varphi(\cdot)$ verwendet werden. In diesem Zusammenhang wird dann nicht mehr von Perzeptrons, sondern allgemein von *künstlichen Neuronen* (im Folgenden nur: Neuronen) gesprochen.

In ein Neuron gehen wie bei einem Perzeptron die Werte $\boldsymbol{x}$ der Inputvariablen durch Multiplikation mit den Gewichten $\boldsymbol{\omega}$ als Linearkombination ein. In dem Neuron wird der Eingabewert durch eine nichtlineare Aktivierungsfunktion $\varphi(\cdot)$ weiter verarbeitet und als Ausgabe a ausgegeben. Formal lässt sich die Funktionsweise eines Neurons wie folgt darstellen:

$$a = \varphi\left(\sum_{k=0}^{K} \omega_k x_k\right) = \varphi(\boldsymbol{x}'\boldsymbol{\omega}) \tag{2.3.12}$$

Dabei wird wiederum $x_0 = 1$ gesetzt und das zugehörige Gewicht ω_0 stellt den Schwellenwert bzw. Bias dar. Ein Neuron der Form (2.3.12) transformiert die Linearkombination der Inputvariablen somit in eine reelle Zahl a. Abb. 2.8 zeigt die Funktionsweise eines Neurons grafisch.

[125] Vgl. dazu weiter unten das XOR-Problem in Abschnitt 2.3.2.

[126] Dies ist bspw. bei der Anwendung verschiedener Lernalgorithmen, wie z.B. dem Backpropagation-Algorithmus, der Fall; vgl. weiter unten Abschnitt 2.3.2.2.

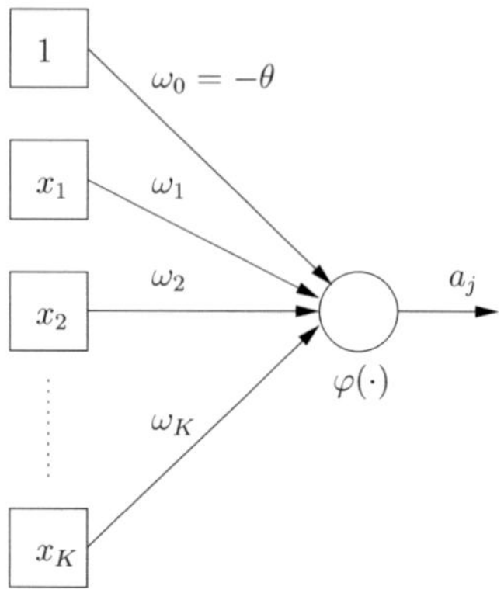

Abbildung 2.8: Struktur eines einfachen künstlichen Neurons.

2.3.2 Das Multi-Layer-Perzeptron

Innerhalb eines SNN werden ein oder mehrere Neuronen durch eine bestimmte Netzwerkarchitektur miteinander verbunden und in einer oder mehreren Schichten angeordnet. Sollen durch neuronale Netze funktionale Zusammenhänge zwischen Einflussvariablen und einer Zielvariable abgebildet werden, besteht die erste Neuronenschicht aus den erklärenden Variablen, die dann innerhalb der nächsten Schichten, den sog. verdeckten Schichten (engl.: hidden layer), des SNN nach bestimmten Verarbeitungsvorschriften durch die in den Schichten enthaltenen Neuronen und deren Aktivierungsfunktionen $\varphi_i(\cdot)$ funktional weiterverarbeitet werden. Die so zunächst entstandenen Outputs der Neuronen der ersten verdeckten Schicht können dann unter Umständen wiederum als Input einer weiteren Neuronenschicht verwendet werden und leisten so einen Beitrag zur Erklärung der Zielvariable des Modells.

Sei l ein beliebiges Neuron. Je nach der Anzahl J der mit dem Neuron l verbundenen Neuronen der vorhergehenden Schicht erhält das Neuron $j = 1, \ldots, J$ Eingaben. Diese entsprechen den Ausgaben a_j der J Neuronen der vorgeschalteten Schicht. Die in das Neuron l gehende Eingabe

$$\sum_{j=1}^{J} \omega_j a_j = \boldsymbol{a}'\boldsymbol{\omega} \tag{2.3.13}$$

besteht somit aus einer gewichteten Linearkombination der Ausgaben der Neuronen der vorherigen Schicht. Das Gewicht ω_j bestimmt dabei die Stärke des Einflusses der Ausgabe des j-ten vorgelagerten Neurons. Im Falle der ersten verdeckten Schicht stellen die a_j die Merkmalsbeobachtungen x_k der an das Netz angelegten zu erlernenden Objekte dar.

Ein SNN lässt sich als Funktion der beobachteten Daten der erklärenden Variablen $\boldsymbol{x}$ und der zu schätzenden Gewichte bzw. Netzparameter $\boldsymbol{\omega}$ wie folgt formal beschreiben:

$$a = f(\boldsymbol{x}, \boldsymbol{\omega}^{(1)}, \boldsymbol{\omega}^{(2)}) = \varphi\left(\sum_{j=1}^{J} \omega_j^{(2)} \left(\underbrace{\varphi_j\left(\sum_{k=0}^{K} \omega_k^{(1)} x_k\right)}_{a_j}\right)\right)$$

$$= \varphi\left(\sum_{j=1}^{J} \omega_j^{(2)} \left(\varphi_j(\boldsymbol{x}'\boldsymbol{\omega}^{(1)})\right)\right) = \varphi(\boldsymbol{a}'\boldsymbol{\omega}^{(2)}) \quad . (2.3.14)$$

In einem SNN werden die K Einflussvariablen mit den Gewichten $\boldsymbol{\omega}^{(1)}$ der ersten Schicht (Inputschicht) gewichtet und aufsummiert. Diese Lineartransformation $\boldsymbol{x}'\boldsymbol{\omega}^{(1)}$ wird dann in einem zweiten Schritt von $j = 1, \dots, J$ verdeckten Neuronen in (meist) nichtlinearer Form durch die jeweiligen Aktivierungsfunktionen φ_j weiterverarbeitet. Die Ausgabe a_j eines verdeckten Neurons wird dann wiederum mit den Gewichten $\boldsymbol{\omega}^{(2)}$ der zweiten Schicht (erste verdeckte Schicht) gewichtet und linear transformiert an die Ausgabeschicht weitergeleitet. Dort wird die Eingabe $\boldsymbol{a}'\boldsymbol{\omega}^{(2)}$ durch die Aktivierungsfunktion φ des Ausgabeneurons transformiert und als Ergebnis a des SNN ausgegeben. Bei dem in Gl. (2.3.14) beschriebenen Netz handelt es sich um ein dreilagiges vorwärtsgerichtetes Netzwerk mit einer verdeckten Schicht und einem Ausgabeneuron. Für den Fall weiterer verdeckter Schichten lässt sich die Gl. (2.3.14) beliebig weiter verschachteln; mehrere Ausgabeneuronen sind ebenfalls möglich.[127]

Durch künstliche neuronale Netze können beliebige nichtlineare stetige Funktionen approximiert werden, da sie die sog. *universelle Approximationseigenschaft* aufweisen. Diese besagt, dass mehrschichtige SNN in der Lage sind, jede beliebige stetige Funktion anzupassen. Dies geht auf den Beweis von [Kolmogorov 1957] zurück, der zeigte, dass jede mehrdimensionale stetige Funktion auf eine Komposition einer endlichen Menge von primitiven eindimensionalen Funktionen zurückgeführt werden kann. Dies bedeutet für ein SNN mit genügend verdeckten Schichten und darin enthaltenen Neuronen, dass die dem Netz zur Verfügung stehenden Daten und damit der Zusammenhang zwischen den Einfluss- und Zielvariablen beliebig genau angenähert werden kann.

Eine wesentliche Eigenschaft von SNN in ihrer Funktion als statistische Lernverfahren besteht des Weiteren darin, dass bei der Modellierung von unbekannten Zusammenhängen keine explizite Annahme über die funktionale Form des Zusammenhanges aufgestellt werden muss. Dies unterscheidet sie insb. von den parametrischen ökonometrischen Verfahren.[128] Je nach Art der Netzwerktopologie - d.h.

[127] Es ist ersichtlich, dass im Falle des Fehlens von verdeckten Schichten lediglich eine Lineartransformation der Einflussvariablen erfolgt und damit das SNN den klassischen parametrischen Modellen entspricht. Ist die Aktivierungsfunktion des Ausgabeneurons die Identitätsfunktion, bildet das Netz bspw. die lineare Regression, im Falle der Logit-Transformation die logistische Regression ab, vgl. die Abschnitte 2.1.2 bzw. 2.1.3.1 dieser Arbeit.

[128] Vgl. weiter oben Abschnitt 2.1.

der Struktur des Netzes und der Zahl der Schichten und der verdeckten Neuronen - und der verwendeten Aktivierungsfunktionen lassen sich außerdem die meisten klassischen Modelle, z.B. das lineare oder logistische Regressionmodell, sowie die parametrisch schwer zu schätzenden nichtlinearen Regressionsmodelle durch SNN modellieren.

Die eben beschriebenen Vorteile neuronaler Netze haben jedoch einen Preis: Eine inhaltliche Interpretation des angepassten Netzes ist fast nicht möglich, da der Weg einer Inputvariable durch das Netz hin zu der Netzausgabe in einer komplexen und vielfach transformierten Weise erfolgt. Insgesamt führen die Vor- und Nachteile von SNN dazu, dass sie zwar als gute Prognosemodelle der Zielvariablen fungieren können, das geschätzte neuronale Modell zur Erklärung der Zusammenhänge zwischen Einfluss- und Zielvariablen jedoch kaum geeignet ist.

Ein SNN der Form (2.3.14) besteht aus mehreren nacheinander angeordneten Schichten von künstlichen Neuronen und wird als *Multi-Layer-Perzeptron* (MLP) bezeichnet.[129] MLP's stellen die in der ökonomischen Praxis am meisten verwendeten SNN dar, da sie sich besonders gut für Funktionsapproximationen eignen.[130] Die zu erlernenden Objekte, die durch ihre Merkmalsvektoren $\boldsymbol{x}_i$ repräsentiert werden, werden an die Eingabeschicht angelegt. Daraufhin wird vom MLP eine Netzausgabe berechnet, die an der Ausgabeschicht ablesbar ist. Ggü. dem einschichtigen Perzeptron liegen jedoch im MLP zwischen Eingabe- und Ausgabeschicht zusätzlich noch eine oder mehrere verdeckte Schichten von Neuronen.

Die Anzahl der verdeckten Schichten und der darin enthaltenen Neuronen bestimmen die Komplexität der Funktionsanpassung des MLP. Mit einer höheren Kapazität ist das Netz prinzipiell in der Lage, komplexere Lernprobleme zu lösen.[131] Aufgrund der erwähnten universellen Approximationseigenschaft kann ein SNN mit einer verdeckten Schicht mit einer hinreichend großen Anzahl an Neuronen jede beliebige Funktion anpassen. Neben der Anzahl der Schichten und der Anzahl ihrer Neuronen wird die Netzwerkarchitektur (Topologie) des MLP insbesondere durch den Grad der Vernetzung bestimmt. Abb. 2.9 zeigt die Architektur des in Gl. (2.3.14) beschriebenen MLP mit einer verdeckten Schicht und einem Neuron in der Ausgabeschicht.

Die Vernetzung ist in diesem Beispiel vollständig, da ein beliebiges Neuron der Ausgabeschicht bzw. der verdeckten Schicht des Netzwerkes mit sämtlichen Neuronen der vorhergehenden Schicht verbunden ist. Der neuronale Informationsfluss in der Topologie dieses MLP ist feed-forward. Dies bedeutet, dass ausgehend von den

[129] Multi-Layer-Perzeptrons wurden erstmals von [Rumelhart und McClelland 1986] ausführlich besprochen. Je nach der Form und Art der Aktivierungsfunktionen und Netzarchitektur werden eine Vielzahl weiterer Netzwerktypen, wie z.B. RBF-, Hopfield, Boltzmann- und Kohonen-Netze bzw. Recurrent-, geschichtete und zyklische Netze unterschieden. Diese werden jedoch in dieser Arbeit nicht verwendet und es wird daher auf die entsprechende Netzwerkliteratur verwiesen.

[130] Vgl. [Haykin 1999, Rojas 1993].

[131] Eine hohe Kapazität kann jedoch u.U. zu einer zu starken Anpassung an die Trainingsdaten führen und damit die Generalisierungsfähigkeit des SNN verringern, vgl. dazu die Ausführungen in Abschnitt 3.2.1 dieser Arbeit.

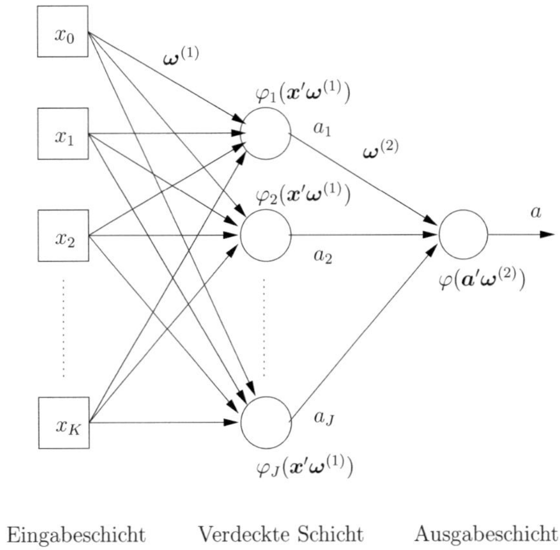

Abbildung 2.9: Architektur eines vollständig vernetzten, vorwärtsgerichteten Multi Layer Perzeptron mit einer verdeckten Schicht und einem Ausgabeneuron.

Eingabeneuronen der Informationsfluss schichtweise über die verdeckten Schichten bis zur Ausgabeschicht "vorwärts" gerichtet verläuft.[132]

Exkurs: Lösung des logischen XOR-Problems durch ein MLP Im vorherigen Abschnitt wurde das logische OR-Problem durch die lineare Klassifikation eines Perzeptrons gelöst. Um insbesondere den Unterschied zwischen einem einfachen Perzeptron und einem MLP aufzuzeigen, wird die Funktionsweise eines MLP an dem erweiterten XOR-Problem beispielhaft demonstriert. Dabei handelt es sich um ein Lernproblem, welches erst durch die größere Netzkapazität eines MLP mit einer verdeckten Schicht fehlerfrei gelöst werden kann.

Die logische XOR-Verknüpfung kann wiederum als Klassifikationsproblem interpretiert werden: Die zweidimensionalen Binärvektoren $\boldsymbol{x} = (x_1, x_2)'$ sind je nach dem logischen Ergebnis der Verknüpfung einer von zwei Klassen zuzuordnen. Im Fall des logischen XOR soll das folgendes Verhältnis von Eingabe zu Ausgabe erreicht werden:

[132]Im Gegensatz dazu kann der Informationsfluss eines SNN auch rückwärtsgerichtet erfolgen. Dabei wird der Datenfluss von der Ausgabeschicht in die verdeckten Schichten zurück geleitet. Der dann erzeugte Output hängt damit nicht allein von den Input-, sondern auch von früheren Outputgrößen ab. Solche Netze besitzen somit eine Art Kurzzeitgedächtnis und werden als Recurrent-Netze bezeichnet.

x_1	x_2	XOR
0	0	0
0	1	1
1	0	1
1	1	0

Die logische XOR-Verknüpfung bedeutet, dass ein positives Ergebnis (XOR= 1) dann eintritt, wenn genau eins von zwei Ereignissen eintritt. Abb. 2.10 stellt das Problem grafisch dar. Ergibt die Verknüpfung für eine Kombination der Eingabewerte eine logische 0, so ist dies durch einen leeren Kreis dargestellt. Dagegen ist das Resultat einer logischen 1 durch einen ausgefüllten Kreis visualisiert.

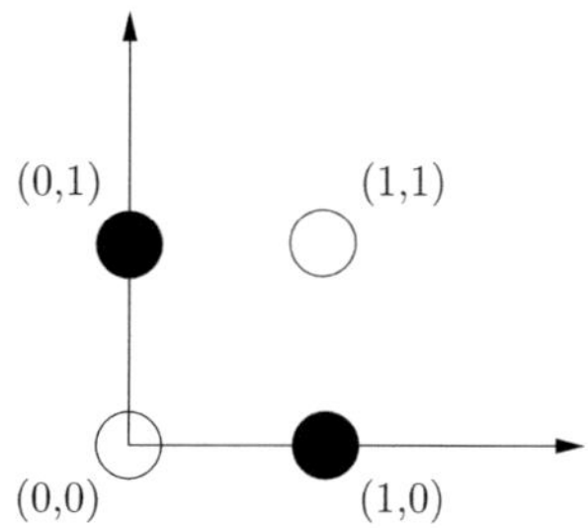

Abbildung 2.10: Das logische XOR-Problem.

Eine Klassifikation mit einem einfachen Perzeptron bedeutet, im zweidimensionalen Merkmalsraum eine Trenngerade so auszurichten, dass die beiden schwarzen Kreise durch die Gerade eindeutig von den beiden leeren Kreisen getrennt werden. Es ist leicht ersichtlich, dass eine solche lineare Funktion nicht gefunden werden kann. Das dargestellte Klassifikationsproblem ist *nicht linear separierbar* und dadurch durch ein einfaches Perzeptron nicht fehlerfrei zu lösen. Durch die Verwendung eines MLP mit einer verdeckten Schicht ist eine fehlerfreie Klassifikation jedoch möglich.

Abb. 2.11 zeigt eine MLP-Architektur mit zwei Eingabeneuronen, die die Werte zweier Binärvariablen x_1 und x_2 übergeben bekommen, zwei verdeckten Neuronen und einem Ausgabeneuron. An die Eingabe- und verdeckte Schicht ist jeweils ein Bias angelegt. Die Gewichte

$$\begin{aligned}\boldsymbol{\omega}_1^{(1)} &= (\omega_0 = -0.5, \omega_1 = 1, \omega_2 = -1)' \quad , \\ \boldsymbol{\omega}_2^{(1)} &= (\omega_0 = -0.5, \omega_1 = -1, \omega_2 = 1)' \quad , \\ \boldsymbol{\omega}^{(2)} &= (\omega_0 = 1, \omega_1 = 1, \omega_2 = 1)'\end{aligned}$$

der Verbindungen zwischen den Eingabeneuronen 1 bzw. 2 und der ersten verdeckten Schicht ($\boldsymbol{\omega}_1^{(1)}$ bzw. $\boldsymbol{\omega}_2^{(1)}$) und zwischen verdeckter Schicht und Ausgabeschicht

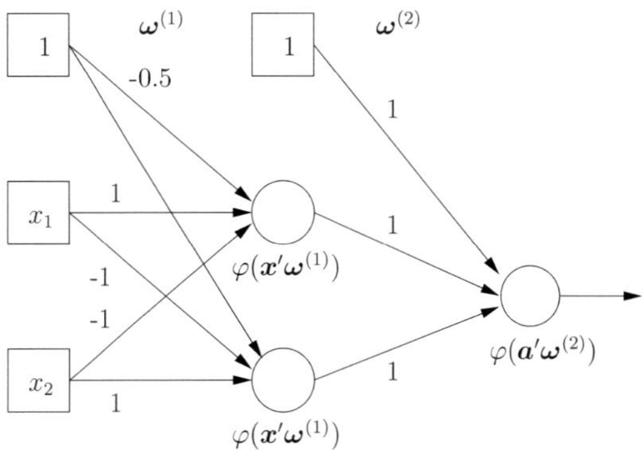

Abbildung 2.11: Ein MLP zur Lösung des XOR-Problems.

($\boldsymbol{\omega}^{(2)}$) sind vorgegeben[133], so dass für die vier möglichen binären Eingabevektoren die jeweilige Netzausgabe berechnet werden kann. Des Weiteren sei angenommen, dass die Neuronen der verdeckten Schicht und das Ausgabeneuron einfache Perzeptrons darstellen und demzufolge jeweils eine Aktivierungsfunktion der Form

$$\varphi(\boldsymbol{x}'\boldsymbol{\omega}) = \begin{cases} 1 & \text{für} \quad \boldsymbol{x}'\boldsymbol{\omega} \geq 0 \\ 0 & \text{für} \quad \boldsymbol{x}'\boldsymbol{\omega} < 0 \end{cases} \tag{2.3.15}$$

aufweisen. In Tab. 2.3 sind die unterschiedlichen Kombinationen von Eingabewerten, die dadurch in die jeweiligen Neuronen eingehenden Linearkombinationen $\boldsymbol{x}'\boldsymbol{\omega}$ und die mit Hilfe der Aktivierungsfunktion (2.3.15) errechneten Ausgabewerte a_j aufgeführt.

Das Verhalten der beiden verdeckten Neuronen lässt sich als logischer Ausdruck formulieren (vgl. auch Abb. 2.11 und Tab. 2.3). Beide Neuronen realisieren jeweils Konjunktionen der Eingabewerte x_1 und x_2:

$$a_1 = x_1 \wedge \neg x_2 \tag{2.3.16}$$

$$a_2 = \neg x_1 \wedge x_2 \tag{2.3.17}$$

Das Ausgabeneuron bildet schließlich eine Disjunktion der Ausgabewerte a_1 und a_2 der verdeckten Neuronen:

$$a = a_1 \vee a_2 = (x_1 \wedge \neg x_2) \vee (\neg x_1 \wedge x_2) \tag{2.3.18}$$

Das MLP berechnet somit die XOR-Verknüpfung. Abb. 2.12 stellt die Funktionsweise der drei Neuronen grafisch dar.

Die beiden verdeckten Neuronen richten je eine Trenngerade aus, welche den Merkmalsraum in zwei Regionen unterteilt. Das Ausgabeneuron kombiniert beide

[133] Vgl. [Rojas 1993].

Erstes verdecktes Neuron			
x_1	x_2	$\boldsymbol{x}'\boldsymbol{\omega}_1^{(1)}$	a_1
0	0	-0.5	0
0	1	-1.5	0
1	0	0.5	1
1	1	-0.5	0

Zweites verdecktes Neuron			
x_1	x_2	$\boldsymbol{x}'\boldsymbol{\omega}_2^{(1)}$	a_2
0	0	-0.5	0
0	1	0.5	1
1	0	-1.5	0
1	1	-0.5	0

Ausgabeneuron			
a_1	a_2	$\boldsymbol{x}'\boldsymbol{\omega}^{(2)}$	a
0	0	-1	0
0	1	0	1
1	0	0	1
0	0	-1	0

Tabelle 2.3: Eingabe-Ausgabe-Kombinationen beim XOR-Problem.

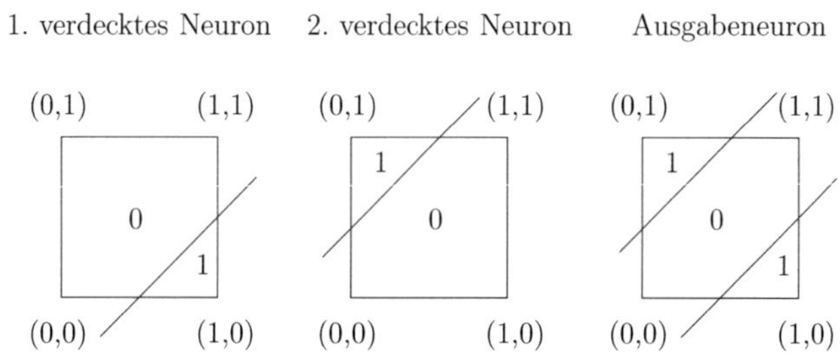

Abbildung 2.12: Geometrische Deutung des durch ein MLP gelösten XOR-Problems.

Trenngeraden und unterteilt somit den Merkmalsraum in drei Entscheidungsregionen. Die Tatsache, dass das Ausgabeneuron aufgrund der vorgeschalteten verdeckten Schicht lediglich für drei von vier möglichen Binärkombinationen Ausgabewerte zu berechnen hat, ist dabei entscheidend für die Funktionalität des Netzes: Die verdeckte Schicht transformiert den nicht linear separierbaren Merkmalsraum durch eine nichtlineare Abbildung in einen sog. Featureraum.[134]

Das Ausgabeneuron erhält somit als Eingabe eine linear separierbare Objektmenge, die von den beiden verdeckten Neuronen ausgegeben wurde. Aus Tab. 2.3 ist ersichtlich, dass an den Ausgängen der verdeckten Neuronen die Binärkombination $(1, 1)$ nicht mehr auftritt. Abb. 2.13 zeigt die Situation grafisch. In diesem

[134]Vgl. u.a. [Rojas 1993]. Im Rahmen der weiter unten vorgestellten Theorie der Support-Vektor-Maschinen werden die Daten durch die Verwendug von sog. Kernfunktionen ebenfalls in Featureräume transformiert und dort linear getrennt, vgl. Abschnitt 2.4 bzw. 2.4.3.

transformierten, nun linear separierbaren Raum kann das XOR-Problem durch ein weiteres einfaches Perzeptron gelöst werden. □

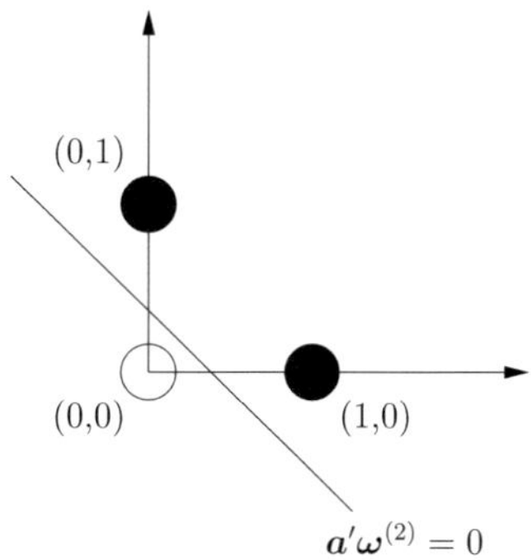

Abbildung 2.13: Durch die verdeckten Neuronen transformierter Eingaberaum.

2.3.2.1 Sigmoide Aktivierungsfunktionen

Im Multi-Layer-Perzeptron, insbesondere in den verdeckten Schichten, werden anstelle der einfachen Schwellenwert-Aktivierungsfunktion eines Perzeptrons häufig stetige Aktivierungsfunktionen verwendet. Damit wird zum einen eine komplexere bzw. dem zu lösenden Klassifikations- oder Approximationsproblem angemessenere Funktionsanpassung des Netzes und zum anderen die Anwendung anspruchsvollerer Lernalgorithmen[135] möglich.

Als Aktivierungsfunktionen einer Neuronen-Eingabe $\boldsymbol{x}'\boldsymbol{\omega}$ kommen eine Reihe von Funktionen, so z.B. die *Identitätsfunktion*

$$\varphi(\boldsymbol{x}'\boldsymbol{\omega}) = \boldsymbol{x}'\boldsymbol{\omega} \tag{2.3.19}$$

oder die *lineare Funktion*

$$\varphi(\boldsymbol{x}'\boldsymbol{\omega}) = \beta_0 + \beta_1\boldsymbol{x}'\boldsymbol{\omega} \tag{2.3.20}$$

in Frage. Häufig werden sigmoide Funktionen wie die *logistische Funktion*

$$\varphi(\boldsymbol{x}'\boldsymbol{\omega}) = \frac{\exp\{\boldsymbol{x}'\boldsymbol{\omega}\}}{1+\exp\{\boldsymbol{x}'\boldsymbol{\omega}\}} = \frac{1}{1+\exp\{-\boldsymbol{x}'\boldsymbol{\omega}\}} \tag{2.3.21}$$

sowie die *tangens-hyperbolicus-Funktion*

$$\varphi(\boldsymbol{x}'\boldsymbol{\omega}) = \tanh(\boldsymbol{x}'\boldsymbol{\omega}) = \frac{\exp\{\boldsymbol{x}'\boldsymbol{\omega}\} - \exp\{-\boldsymbol{x}'\boldsymbol{\omega}\}}{\exp\{\boldsymbol{x}'\boldsymbol{\omega}\} + \exp\{-\boldsymbol{x}'\boldsymbol{\omega}\}} \tag{2.3.22}$$

[135] Vgl. weiter unten Abschnitt 2.3.2.2.

verwendet. Die letzten beiden Funktionsformen haben viele praktische Vorteile, insbesondere sind sie stetig und somit differenzierbar über ihren gesamten Wertebereich. Sie haben eine nichtlineare sigmoide Form, sind monoton steigend und nach oben bzw. unten beschränkt. Die logistische Funktion nimmt Werte im Intervall $[0; 1]$ an, die tanh-Funktion Werte im Intervall $[-1; 1]$. Die logistische Funktion und die tanh-Funktion sind in Abb. 2.14 in Richtung einer unabhängigen Variable X_k für verschiedene Ausprägungen der Parameterwerte ω_k dargestellt.

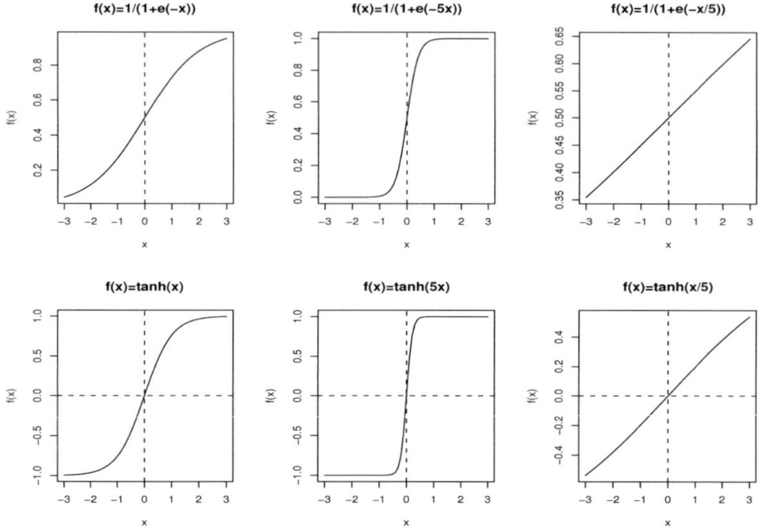

Abbildung 2.14: tanh- und logistische Funktion in Abhängigkeit von verschiedenen Parameterwerten.

Man erkennt, dass die Form der Funktion und insbesondere die Steigung bei $x = 0$ von dem Parameter ω abhängt. Nimmt dieser relativ große Werte an, nähern sich die Funktionen einer Stufenfunktion mit Schwellenwert 0. Im Fall der logistischen Funktion wird bei $\omega \rightarrow \infty$ die Threshold-Funktion (2.3.4) des einfachen Perzeptrons approximiert. Für kleine Werte von ω werden dagegen lineare Funktionen angenähert.

Der Aktivierungsfunktion des Ausgabeneurons kommt eine besondere Bedeutung zu, da die Ausgabewerte des Netzes beim überwachten Lernen mit den beobachteten Werten der untersuchten Zielvariable verglichen werden. Im Falle der Insolvenzprognose stellt die eventuelle Insolvenzgefahr eines Unternehmens die Zielgröße dar. Diese könnte in Form der Wahrscheinlichkeit, in einem bestimmten zukünftigen Zeitraum insolvent zu werden, ausgedrückt werden. Da Wahrscheinlichkeiten immer im Intervall $[0; 1]$ liegen, bietet sich die logistische Funktion als Aktivierungsfunktion des Ausgabeneurons an, da diese ebenfalls den Wertebereich

[0; 1] aufweist. Weitere Ausführungen dazu folgen im Rahmen der praktischen Datenanalyse in Abschnitt 4.5 dieser Arbeit.

2.3.2.2 Schätzung eines MLP

Die Aufgabe des statistischen Lernvorganges und damit der Entwicklung eines SNN ist die möglichst gute Imitation der dem zu lösenden Problem zugrunde liegenden datengenerierenden Struktur.[136] Diese beschreibt dabei die Generierung der unbekannten bedingten Verteilung $\Pr(Y|\boldsymbol{X})$ und damit den Zusammenhang zwischen den Einflussvariablen $\boldsymbol{X}$ und der Zielvariable Y des untersuchten Problems. Die vorliegenden empirischen Datensätze $(\boldsymbol{x}_i, y_i)$ der $i = 1, \ldots, n$ beobachteten Stichprobendaten stellen Realisationen dieser Verteilung dar. Das angepasste Modell soll dabei einerseits möglichst viel Informationen aus den Daten ableiten, d.h. diese gut approximieren, und andererseits für neu hinzukommende Daten eine möglichst hohe Generalisierungsfähigkeit aufweisen.[137]

Anhand der dem MLP in der Inputschicht zur Verfügung gestellten Merkmalsvektoren der Objekte der Trainingsmenge $T = \{(\boldsymbol{x}_1, y_1), \ldots, (\boldsymbol{x}_n, y_n)\}$[138] werden in der Trainingsphase die Regeln zur Verarbeitung der Informationen festgelegt. Dies geschieht durch Anpassung bzw. Schätzung der Gewichte zwischen den einzelnen Neuronen des SNN. Dazu muss vorab die Netztopologie festgelegt werden. Für die meisten ökonomischen Fragestellungen, so auch für die Solvenzprognose, erscheinen hinsichtlich der nötigen Komplexität eine verdeckte Schicht und ein Ausgabeneuron, welches hier das Insolvenzkriterium approximiert, ausreichend.[139]

Der Prozess der Anpassung der Gewichte zwischen den Neuronen des SNN wird als *Lernen* oder auch *Trainieren* bezeichnet. Ziel des Trainings ist eine sukkzessive Verringerung der Abweichung der vom Netz errechneten Ausgabegröße (Output) und der tatsächlichen Beobachtung der Zielvariable (Zielgröße) der präsentierten Objekte, bis ein Minimum dieser Abweichung erreicht ist.[140] Das Lernen kann dabei grundsätzlich in drei Arten eingeteilt werden: Überwachtes Lernen, unüberwachtes

---

[136] In der klassischen parametrischen Statistik handelt es sich dagegen um die Schätzung eines vorher aufgestellten funktionalen Modells zur möglichst guten Erklärung der Modellstruktur. In der statistischen Lerntheorie wird der Prozess lediglich imitiert; Ergebnis ist jedoch letztlich ebenfalls ein geschätztes parametrisches Modell, in diesem Fall ein SNN mit den zugehörigen Parametern.

[137] Vgl. Abschnitt 3.2.1.

[138] Dem SNN werden zum Erlernen des Zusammenhanges jedoch nicht die gesamten beobachteten Daten zur Verfügung gestellt. Anhand einer vorher zufällig abgetrennten Validierungsmenge wird die Generalisierungsfähigkeit überprüft, indem die Objekte dieser Menge als neue, dem Netz nicht bekannte Daten interpretiert werden; vgl. dazu auch Abschnitt 4.3.

[139] Hier wird auf die in Abschnitt 4.5.2 dieser Arbeit durchgeführten praktischen SNN-Analysen verwiesen.

[140] Dabei ist hinsichtlich der Generalisierungsfähigkeit bzw. des strukturellen Risikos (vgl. Abschnitt 2.2) des am Ende geschätzten Modells nicht unbedingt das Minimum der Trainingsmenge, d.h. der dem Netz während der Lernphase zur Verfügung gestellten Daten, sondern das Minimum der Validierungsmenge gemeint.

Lernen und bestärkendes Lernen.[141] Da bei dem hier betrachteten Problem die Zielvariable (das Insolvenzkriterium) eines Eingabemusters bekannt ist und mit dem Ausgabesignal des Netzes verglichen werden kann, wird das SNN durch ein überwachtes Lernverfahren trainiert.[142]

Das Trainieren eines SNN durch ein überwachtes Lernverfahren vollzieht sich wie folgt: Zu Beginn der Lernphase werden die Gewichte $\boldsymbol{\omega}$ des Netzes zufällig initialisiert oder auf Null gesetzt. Dann wird für jedes Objekt der Trainingsmenge nacheinander der Ausgabewert a_i des SNN berechnet und mit dem jeweiligen beobachteten Zielwert y_i verglichen.[143] Wird ein Objekt fehlklassifiziert, werden nach einer festgelegten Lernregel die Gewichte zwischen den Neuronen so verändert, dass der Fehler reduziert wird. Dies wird so lange fortgesetzt, bis die Abweichung zwischen Zielwert und Netzausgabe ein vorgegebenes Minimum erreicht.

Es sei eine beliebige, vollständig vernetzte Architektur eines MLP mit einem Ausgabeneuron gegeben (vgl. Abb. 2.9). Die Fehlerfunktion[144] quantifiziert und bewertet nach jeder Iteration[145] den Netzwerkfehler, welcher sich aus der Differenz des vom Netzwerk errechneten Ausgabewertes a_i und des tatsächlichen Wertes der Zielvariable y_i für das jeweils betrachtete Trainingsobjekt i ergibt:

$$e_i = y_i - a_i \tag{2.3.23}$$

Die Quantifizierung des Fehlers geschieht für ein Objekt i durch die *Fehlerfunktion*

$$l(y_i, f(\boldsymbol{x}_i, \boldsymbol{\omega})) = l(y_i - f(\boldsymbol{x}_i, \boldsymbol{\omega})) = l(e_i) \quad . \tag{2.3.24}$$

Wie in Abschnitt 2.2 weiter oben in dieser Arbeit erläutert wurde, besteht das Ziel einer lernenden Maschine, in diesem Fall eines SNN, darin, das *erwartete Risiko*

$$\mathrm{E}[l(Y - f(\boldsymbol{X}, \boldsymbol{\omega}))] = R_f = \int l(Y - f(\boldsymbol{X}, \boldsymbol{\omega}))\Pr(\boldsymbol{X}, Y)\, dxdy \longrightarrow \min \tag{2.3.25}$$

als Messung der Qualität eines Modells bzw. einer Netzwerkfunktion f über alle möglichen Realisationen des Verteilungsmodells zu minimieren. Da das erwartete Risiko jedoch aufgrund der unbekannten gemeinsamen Verteilung $\Pr(\boldsymbol{X}, Y)$ nicht

[141] Zu den verschiedenen Arten des statistischen Lernens vgl. den Abschnitt zum statistischen Lernproblem 2.2.2 weiter oben in dieser Arbeit.

[142] Die weiter unten in den Abschnitten 5.2.2 und 5.3.2 durchgeführten strukturentdeckenden Verfahren der Faktoren- und Clusteranalyse klassifizieren die Merkmale bzw. Objekte dagegen ohne das Vorhandensein einer Zielgröße. Diese Verfahren können daher zu unüberwachten Methoden gezählt werden.

[143] Wie bereits erwähnt, kann bei der Art des Lernvorganges zwischen *online-Lernen*, bei dem dem SNN die Trainingsobjekte nacheinander vorgeführt werden und für jedes einzelne Objekt die Netzausgabe berechnet wird, sowie *batch-Lernen*, bei dem dem Netz alle Objekte gleichzeitig übergeben werden, unterschieden werden.

[144] Zu Fehlerfunktionen vgl. auch weiter oben Abschnitt 2.2.3.

[145] Eine Iteration bezeichnet dabei den Schritt zwischen der Berechnung zweier Ausgabewerte des Netzes, die durch eine Veränderung der Gewichte nacheinander generiert wurden.

direkt berechnet werden kann, wird nach dem Prinzip der ERM basierend auf den Trainingsdaten das *empirische Risiko*

$$\widehat{R}_f(\boldsymbol{x}, \boldsymbol{\omega}) = \frac{1}{n}\sum_{i=1}^{n} l(y_i - f(\boldsymbol{x}_i, \boldsymbol{\omega})) = \frac{1}{n}\sum_{i=1}^{n} l(e_i) \longrightarrow \min_{\boldsymbol{\omega}} \tag{2.3.26}$$

als Schätzung des erwarteten Risikos minimiert. Gl. (2.3.26) stellt den durchschnittlichen Fehler des geschätzten SNN über alle Trainingsdaten dar. Bei Verwendung der *Indikatorfunktion*

$$l(e_i) = l(y_i, f(\boldsymbol{x}_i, \boldsymbol{\omega})) = \begin{cases} 0 & \text{für} \quad y_i = f(\boldsymbol{x}_i, \boldsymbol{\omega}) \\ 1 & \text{für} \quad y_i \neq f(\boldsymbol{x}_i, \boldsymbol{\omega}) \end{cases} \tag{2.3.27}$$

im Rahmen eines Klassifikationsproblems[146] wird durch die ERM (2.3.26) der Parametervektor bzw. die Netzwerkfunktion bestimmt, die den Anteil der Fehlklassifikationen in den Trainingsdaten, welche hier der sog. *Trefferquote*[147]

$$\mathrm{TQ} = \frac{1}{n}\sum_{i=1}^{n} l(e_i) \tag{2.3.28}$$

entspricht, minimiert.[148] Die ERM unter Verwendung der quadratischen Fehlerfunktion[149]

$$l(e_i) = (y_i - f(\boldsymbol{x}_i, \boldsymbol{\omega}))^2 \tag{2.3.29}$$

führt zur Minimierung des empirischen *Mean Squared Error*

$$\widehat{\mathrm{MSE}}(\boldsymbol{x}, \boldsymbol{\omega}) = \frac{1}{n}\sum_{i=1}^{n}(y_i - f(\boldsymbol{x}_i, \boldsymbol{\omega}))^2 \longrightarrow \min_{\boldsymbol{\omega}} \quad , \tag{2.3.30}$$

was einer Optimierung mit der KQ-Methode[150] entspricht.[151]

---

[146]Vgl. bspw. das in den Abschnitten 2.3.1 und 2.3.2 gelöste logische OR- bzw. XOR-Problem.

[147]Vgl. Abschnitt 3.1.3.1.

[148]Dies gilt für den Fall einer nicht vollständig linear separierbaren Trainingsmenge. Im Fall einer vollständig linear separierbaren Trainingsmenge wie bei dem durch ein Perzeptron gelösten OR-Problem oder bei dem durch ein MLP gelösten XOR-Problem führt die ERM zu einem Netzwerkfehler von Null und damit zu einer vollständig korrekten Klassifikation.

[149]Vgl. die Gleichungen (2.2.5) und (2.2.7) weiter oben in Abschnitt 2.2.3.

[150]Zur KQ-Schätzung vgl. auch die Schätzung des linearen Regressionsmodells weiter oben in Abschnitt 2.1.2 dieser Arbeit.

[151]Dabei wird streng genommen die Quadratsumme in (2.3.30) durch die Anzahl der Freiheitsgrade geteilt, um eine erwartungstreue Schätzung der Varianz der Reststreuung zu erhalten. Die Freiheitsgrade ergeben sich aus der Anzahl n der Beobachtungen der Trainingsmenge abzüglich der Modellfreiheitsgrade G, welche der Gesamtzahl der im SNN zu schätzenden Parameter entsprechen. In Anbetracht der in dieser Arbeit im mindestens vierstelligen Bereich liegenden Anzahl von Beobachtungen und der Tatsache, dass der Quotient die Minimierung nicht beeinflusst, wird der Einfachheit wegen der empirische Durchschnitt berechnet.

Lernen mit Backpropagation Lernen mit neuronalen Netzen bedeutet, durch ein iteratives Verfahren eine geeignete Wahl der Gewichte des SNN zu finden, so dass ein gestelltes Klassifikations- oder Approximationsproblem möglichst gut, d.h. mit einem minimalen empirischen Risiko bzw. Netzwerkfehler (2.3.26), bewältigt wird.

Ein häufig eingesetztes überwachtes Lernverfahren bei einem MLP ist das sog. *Backpropagation-Verfahren.* Das Training nach dem Backpropagation-Verfahren erfolgt in zwei Phasen: In der ersten Phase, der sog. Propagation-Phase, wird für jedes Objekt $i = 1, \ldots, n$ der Trainingsmenge bei vorgegebenen Gewichten $\boldsymbol{\omega}$ die Netzausgabe a_i ermittelt. Im ersten Iterationsschritt werden die Gewichte meist zufällig gewählt.[152] Der Netzwerkfehler bzw. das empirische Risiko des aktuellen Netzes ergibt sich aus Gl. (2.3.26). In der zweiten Phase, der sog. Backpropagation-Phase, wird nun versucht, die Netzwerkgewichte so zu verändern, dass sich der Fehler reduziert. Daran schließt sich eine erneute Propagation-Phase mit den veränderten Gewichten an. Dies wird so lange durchgeführt, bis der Netzwerkfehler ein Minimum bzw. einen akzeptablen Tiefstwert erreicht hat.

Bei der praktischen Durchführung ist die funktionale Art der Fehlerfunktion und der Aktivierungsfunktionen entscheidend. Im Fall einer stetigen und somit differenzierbaren Fehler- bzw. Aktivierungsfunktion, wie z.B. des quadratischen Fehlers (2.3.29) und der in Abb. 2.14 dargestellten sigmoiden Aktivierungsfunktionen, kann zur Ermittlung der Höhe der optimalen Gewichtswerte das sog. *Gradientenabstiegsverfahren* verwendet werden. Dabei erfolgt die iterative Anpassung der Gewichte eines MLP durch das Backpropagation-Verfahren mittels Gradientenabstieg proportional zu dem Gradienten $\nabla \widehat{R}_f(\boldsymbol{\omega})$[153] der Fehlerfunktion des MLP. Abb. 2.15 zeigt beispielhaft, wie sich die Fehlerfunktion $\widehat{R}_f = \mathrm{SSE}(\boldsymbol{\omega})$ einer bestimmten Netzwerkkonfiguration f in Abhängigkeit eines einzelnen Gewichtes ω_{lj} zwischen zwei beliebigen Neuronen l und j verändert.

Mittels Gradientenabstieg wird das Minimum des Netzwerkfehlers bezüglich aller Gewichte $\boldsymbol{\omega}$ gesucht. Dazu werden die partiellen Ableitungen von $\widehat{R}_f$ nach den Gewichten ω_{lj} bezüglich aller Neuronen gesucht. Diese geben die Steigungen in den Punkten an, die entlang der aktuellen Werte von ω_{lj} auf $\widehat{R}_f$ festgelegt sind. Ist die Steigung - wie in Abb. 2.15 - positiv, so liegt das lokale Minimum von $\widehat{R}_f$ auf der linken Seite des entsprechenden Gewichtes. Um dieses anzunähern, muss ω_{lj} in der Gewichtsanpassung verkleinert werden. Ist die Steigung negativ, muss das Gewicht vergrößert werden.[154]

---

[152] Evtl. bietet es sich an, zunächst ein einfaches parametrisches Modell wie z.B. die logistische Regression zu schätzen, um die Startgewichte zu bestimmen, da Startgewichte nahe Null oder sehr große Gewichte evtl. zu einer sehr langsamen bzw. gar keiner Netzoptimierung führen; vgl. [Hastie et al. 2001], S. 355 f.

[153] Der Gradient der Fehlerfunktion ist der Vektor der partiellen Ableitungen der Fehlerfunktion nach den einzelnen Netzwerkgewichten ω_{lj}.

[154] Zu beachten ist, dass die Methode des Gradientenabstiegs nicht zwingend ein globales Minimum der Fehlerfunktion erreicht. Zu diesem und weiteren Problemen beim Gradientenabstieg vgl. weiter unten in diesem Abschnitt.

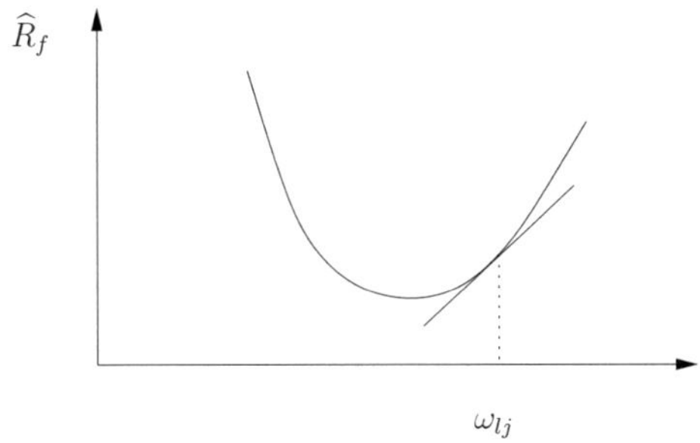

Abbildung 2.15: Gradientenabstieg in einem SNN bezüglich eines Netzwerkgewichtes ω_{lj}.

Das Verfahren des Gradientenabstiegs lässt sich formal als sog. *Delta-Regel* darstellen:[155]

$$\triangle\omega_{lj} = -\eta\frac{\delta\widehat{R}_f}{\delta\omega_{lj}} \qquad (2.3.31)$$

Die Gewichtsänderung jedes einzelnen Gewichtes im Netz erfolgt somit umgekehrt proportional zur jeweiligen partiellen Ableitung. Die Größe des Anpassungsschrittes wird dabei durch die *Lernrate* η bestimmt. Ein Problem ergibt sich jedoch aus der Tatsache, dass nur für die Ausgabeneuronen die tatsächlich beobachteten Zielwerte zur Bestimmung des Fehlers existieren. Dagegen kann für ein Neuron einer verdeckten Schicht der dort auftretende Fehler nicht direkt quantifiziert werden. Es gilt die folgende Überlegung: Entsteht in einem verdeckten Neuron ein Fehler, so wird sich dieser aufgrund der feed-forward-Berechnung des MLP bis in die Ausgabeschicht "fortpflanzen". Das bedeutet umgekehrt, dass im Fehler eines Ausgabeneurons alle Fehler jener verdeckter Neuronen, die aufgrund der Vernetzung des MLP eine Verbindung zu diesem Ausgabeneuron aufweisen, enthalten sind.

Der Backpropagation-Algorithmus funktioniert nun nach dem folgenden Prinzip: Um mit Hilfe der Delta-Regel alle Gewichte im Netz anzupassen, muss der Fehler jedes einzelnen Neurons bestimmt werden. Für die Neuronen der Ausgabeschicht ist dies direkt möglich, indem die Netzausgabe mit dem beobachteten Wert der Zielvariable verglichen wird. Für die verdeckten Neuronen wird dann von dem bekannten Fehlerverhalten der Ausgabeneuronen anhand der geschätzten Gewichte zwischen diesen und den verdeckten Neuronen rekursiv auf das Fehlerverhalten der verdeckten Neuronen geschlossen.

Sei nun nochmals die Funktionsweise eines beliebigen Neurons l betrachtet. Der Eingangswert

$$\sum_{j=1}^{J}\omega_{lj}a_{ji} = \boldsymbol{a}'\boldsymbol{\omega} \qquad (2.3.32)$$

des Neurons bezüglich eines Objektes i wird aus der gewichteten Summe der J Aus-

[155] Vgl. u.a. [Haykin 1999, Rojas 1993].

gangswerte a_j der vorgelagerten Schicht gebildet. Nach Transformation durch die Aktivierungsfunktion φ_l des Neurons ergibt sich der Ausgabewert dieses Neurons zu

$$a_{li} = \varphi_l(\boldsymbol{a}'\boldsymbol{\omega}) \quad . \tag{2.3.33}$$

Nach einer fehlerhaften Netzausgabe ergibt sich im Fall einer quadratischen Fehlerfunktion der Fehler des Ausgabeneurons zu

$$e_{li}^2 = \frac{1}{2}(y_{li} - a_{li})^2 = \frac{1}{2}(y_{li} - \varphi_l(\boldsymbol{a}'\boldsymbol{\omega}))^2 \quad . \tag{2.3.34}$$

Die Halbierung erfolgt aus rechentechnischen Gründen und verändert die Eigenschaften des Fehlermaßes nicht. Gesucht werden nun die partiellen Ableitungen der Fehlerfunktion nach den Gewichten. Diese ergeben sich nach Anwendung der Kettenregel für partielle Ableitungen zu

$$\frac{\delta e_{li}^2}{\delta \omega_{lj}} = \frac{\delta e_{li}^2}{\delta a_{li}} \cdot \frac{\delta a_{li}}{\delta \boldsymbol{a}'\boldsymbol{\omega}} \cdot \frac{\delta \boldsymbol{a}'\boldsymbol{\omega}}{\delta \omega_{lj}} \quad . \tag{2.3.35}$$

Wegen

$$\frac{\delta e_{li}^2}{\delta a_{li}} = \frac{\delta \frac{1}{2}(y_{li} - a_{li})^2}{\delta a_{li}} = -(y_{li} - a_{li}) = -e_{li} \quad , \tag{2.3.36}$$

$$\frac{\delta a_{li}}{\delta \boldsymbol{a}'\boldsymbol{\omega}} = \frac{\delta \varphi_l(\boldsymbol{a}'\boldsymbol{\omega})}{\delta \boldsymbol{a}'\boldsymbol{\omega}} = \varphi_l'(\boldsymbol{a}'\boldsymbol{\omega}) \quad \text{und} \tag{2.3.37}$$

$$\frac{\delta \boldsymbol{a}'\boldsymbol{\omega}}{\delta \omega_{lj}} = \frac{\delta \sum_{j=1}^{J} \omega_{lj} a_{ji}}{\delta \omega_{lj}} = a_{ji} \tag{2.3.38}$$

folgt für die partielle Ableitung der Fehlerfunktion bezüglich des Gewichtes ω_{lj} eines Neurons l

$$\frac{\delta e_{li}^2}{\delta \omega_{lj}} = -e_{li} \cdot \varphi_l'(\boldsymbol{a}'\boldsymbol{\omega}) \cdot a_{ji} = \delta_{li} \cdot a_{ji} \quad . \tag{2.3.39}$$

Dabei wird

$$\delta_{li} = \frac{\delta e_{li}^2}{\delta \boldsymbol{a}'\boldsymbol{\omega}} = \frac{\delta e_{li}^2}{\delta a_{li}} \cdot \frac{\delta a_{li}}{\delta \boldsymbol{a}'\boldsymbol{\omega}} = -e_{li} \cdot \varphi_l'(\boldsymbol{a}'\boldsymbol{\omega}) \tag{2.3.40}$$

als *lokaler Gradient* des Neurons l bezeichnet.

Nun werden alle Gewichte mit Hilfe der Delta-Regel (2.3.31) angepasst. Dazu muss jeweils der lokale Gradient δ_{li} des Neurons, in das das jeweilige Gewicht führt, berechnet werden. Da in diesen, wie Gl. (2.3.40) zeigt, insbesondere der Fehler e_{li} des betreffenden Neurons eingeht, muss dieser für alle Neuronen berechnet werden. Bei der Berechnung des Fehlers ist zu unterscheiden, ob das betreffende Gewicht zu dem Ausgabeneuron oder einem verdeckten Neuron führt.

1. Fall: ω_{lj} führt zu dem Ausgabeneuron. Für das Ausgabeneuron ist der Fehler $e_{li} = y_{li} - a_{li}$ bekannt, da bei einem überwachten Lernverfahren die Zielgröße beobachtet wurde. Somit kann die Gewichtsanpassung $\triangle\omega_{lj}$ direkt über die Delta-Regel (2.3.31) berechnet werden:

$$\triangle\omega_{lj} = -\eta \cdot \frac{\delta e_{li}^2}{\delta \omega_{lj}} = -\eta \cdot -(e_{li} \cdot \varphi_l'(\boldsymbol{a}'\boldsymbol{\omega})) \cdot a_{ji} = -\eta \cdot \delta_{li} \cdot a_{ji} \tag{2.3.41}$$

2. Fall: ω_{lj} führt zu einem verdeckten Neuron. Die Gewichtsanpassung erfolgt ebenfalls mit der Delta-Regel. Für die Berechnung des lokalen Gradienten des verdeckten Neurons muss nun allerdings der Fehler des entsprechenden Neurons rekursiv bestimmt werden. Aus Gl. (2.3.36), (2.3.37) und (2.3.40) folgt

$$\begin{aligned}
\delta_{li} &= \frac{\delta e_{li}^2}{\delta \boldsymbol{a}'\boldsymbol{\omega}} = \frac{\delta e_{li}^2}{\delta a_{li}} \cdot \frac{\delta a_{li}}{\delta \boldsymbol{a}'\boldsymbol{\omega}} \\
&= -\sum_k e_{ki} \cdot \frac{\delta e_{ki}^2}{\delta a_{ki}} \cdot \varphi_l'(\boldsymbol{a}'\boldsymbol{\omega}) \\
&= -\sum_k e_{ki} \cdot \frac{\delta e_{ki}^2}{\delta \boldsymbol{a}_l'\boldsymbol{\omega}} \cdot \frac{\delta \boldsymbol{a}_l'\boldsymbol{\omega}}{\delta a_{ki}} \cdot \varphi_l'(\boldsymbol{a}'\boldsymbol{\omega}) \\
&= -\sum_k e_{ki} \cdot \varphi_k'(\boldsymbol{a}_l'\boldsymbol{\omega}) \cdot \omega_{ik} \cdot \varphi_l'(\boldsymbol{a}'\boldsymbol{\omega}) \\
\Longleftrightarrow \quad \delta_{li} &= \sum_k \delta_{ki} \cdot \omega_{ik} \cdot \varphi_l'(\boldsymbol{a}'\boldsymbol{\omega}) \quad . \qquad (2.3.42)
\end{aligned}$$

Dabei bezeichnet der Index k die Neuronen der nachfolgenden Schicht, e_{ki} und δ_{ki} die Fehler bzw. die lokalen Gradienten dieser und ω_{ik} die Verbindungsgewichte dieser zu dem betrachteten verdeckten Neuron. $\boldsymbol{a}_l$ gibt den Vektor der Ausgabewerte der verdeckten Schicht und $\boldsymbol{a}_l'\boldsymbol{\omega}$ damit die Eingabe in die Ausgabeschicht an. Die Summe in Gl. (2.3.42) veranschaulicht die Bestimmung des Fehlers: Der Fehler des verdeckten Neurons und damit der lokale Gradient δ_{li} wird zurückgeführt auf die lokalen Gradienten δ_{ki} bzw. Fehler der Neuronen der nachfolgenden Schicht, die eine Verbindung zum betreffenden Neuron aufweisen. Im Fall des hier betrachteten dreilagigen MLP mit nur einem Ausgabeneuron vereinfacht sich die Gl. (2.3.42) zu

$$\delta_{li} = \delta_{ki} \cdot \omega_{ik} \cdot \varphi_l'(\boldsymbol{a}'\boldsymbol{\omega}) \quad . \qquad (2.3.43)$$

Die Anpassung der Gewichte der verdeckten Neuronen im Backpropagation-Verfahren gemäß der Delta-Regel ergibt sich damit zu

$$\triangle\omega_{lj} = -\eta \cdot \delta_{ki} \cdot \omega_{ik} \cdot \varphi_l'(\boldsymbol{a}'\boldsymbol{\omega}) \cdot a_{ji} = -\eta \cdot \delta_{li} \cdot a_{ji} \quad . \qquad (2.3.44)$$

Im Folgenden wird die Funktionsweise des Backpropagation-Verfahrens noch einmal zusammengefasst:

1. Der Merkmalsvektor $\boldsymbol{x}_i$ eines Objektes i wird an die Inputschicht des MLP angelegt und die Netzausgabe wird in der Propagation-Phase durch die jeweiligen Aktivierungsfunktionen vorwärtsgerichtet berechnet.

2. Die Fehler und der lokale Gradient δ_{ki} wird für das Outputneuron berechnet.

3. In der Backpropagation-Phase werden die lokalen Gradienten δ_{li} der verdeckten Neuronen rückwärtsgerichtet aus dem lokalen Gradienten des Ausgabeneurons abgeleitet.

4. Die partiellen Ableitungen der Fehlerfunktion nach den einzelnen Gewichten werden für alle Neuronen aus Gl. (2.3.39) berechnet.

5. Die Ableitung des geschätzten MSE (2.3.30) als Messung des empirischen Risikos des gesamten MLP nach den Gewichten wird aus der mittleren Summe von Gl. (2.3.39) über alle Objekte zu

$$\frac{1}{n}\sum_{i=1}^{n}\frac{\delta e_{li}^2}{\delta \omega_{lj}} = \frac{1}{n}\sum_{i=1}^{n}\delta_{li}\cdot a_{ji} \tag{2.3.45}$$

berechnet.

6. Die Gewichte zwischen den Neuronen werden entsprechend der Delta-Regeln (2.3.41) bzw. (2.3.44) angepasst und die Propagation-Phase wird mit den veränderten Gewichten erneut durchlaufen.

7. Der Backpropagation-Algorithmus wird solange wiederholt, bis der Gradient der Gewichte (Der Vektor der Summenelemente in Gl. (2.3.45) über alle Gewichte des MLP) und damit der geschätzte MSE des MLP ein Minimum bzw. einen akzeptablen Tiefstwert erreicht hat.

Ein entscheidendes Problem beim Trainieren eines MLP mittels Gradientenabstieg stellt das Auffinden eines globalen Minimums der Fehlerfunktion dar. In Abb. 2.16 sind die diesbezüglichen Probleme grafisch dargestellt.

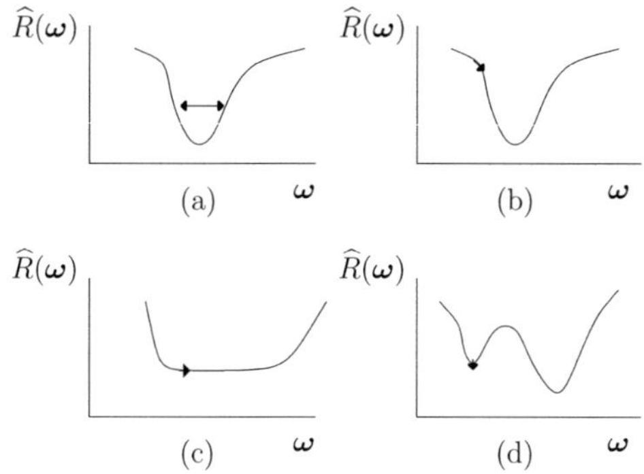

Abbildung 2.16: Evtl. auftretende Probleme beim Lernen mit dem Gradientenabstiegsverfahren.

Ist die Lernrate η und damit die Veränderungen der Netzwerkgewichte zu groß, kann es zur Oszillation kommen (Abb. 2.16 Teil (a)). Dabei wird das Minimum wieder und wieder übersprungen. Eine zu kleine Lernrate (Abb. 2.16 Teil (b)) führt dagegen evtl. zu einer sehr hohen Iterationszahl, was sich gerade bei großen Datenmengen in einem hohen Rechen- und Zeitaufwand niederschlagen kann. Das gleiche Problem tritt auf, falls die Fehlerfunktion Plateaus aufweist (Abb. 2.16 Teil (c)). In Teil (d) der Abb. 2.16 ist schließlich das vielleicht gravierendste Problem dargestellt, bei dem der Algorithmus im Fall einer Fehlerfunktion, die mehrere Extrema aufweist, nur ein lokales Minimum erreicht.

2.4 Statistisches Lernen: Die Support-Vektor-Maschine

In diesem Abschnitt wird die Support-Vektor-Maschine (SVM)[156] als ein sehr effizienter linearer Lernalgorithmus zur Approximation von auch nichtlinearen komplexeren Zusammenhängen zwischen Merkmalen vorgestellt. Dabei wird zunächst wieder von einem binären Klassifikationsfall ausgegangen, d.h. es wird angenommen, dass sich die Daten einer beobachteten Datenmenge $\{(\boldsymbol{x}_1, y_1), \ldots, (\boldsymbol{x}_i, y_i), \ldots, (\boldsymbol{x}_n, y_n)\}$ mit $y_i \in \{-1, +1\}$ so unterscheiden, dass sie jeweils einer von zwei Gruppen zugeordnet werden können.[157] Innerhalb der statistischen Lerntheorie[158] werden Algorithmen, die lineare Funktionen anhand von Beobachtungen erlernen, um diese zu klassifizieren oder funktionale Zusammenhänge zu approximieren, als linear lernende Maschinen bezeichnet.[159]

Binäre lineare Maschinen bestimmen anhand eines (hier: überwachten) Lernalgorithmus eine lineare Klassifikationsfunktion $\widehat{f}(\boldsymbol{x}_i)$, die nach dem Lernvorgang die beobachteten Datensätze anhand der an ihnen beobachteten Merkmalsvektoren $\boldsymbol{x}_i = (x_{i1}, \ldots, x_{iK})'$ in zwei Klassen einteilt. Im Fall einer vollständig linear separierbaren Trainingsmenge weisen bspw. bei Anwendung der Klassifikationsregel

$$g[\widehat{f}(\boldsymbol{x}_i)] = \widehat{y}_i = \begin{cases} +1 & \text{für} \quad \widehat{f}(\boldsymbol{x}_i) \geq 0 \\ -1 & \text{für} \quad \widehat{f}(\boldsymbol{x}_i) < 0 \end{cases} \tag{2.4.1}$$

alle Output-Werte $\widehat{y}_i$ für die eine Klasse den Wert 1 und für die andere Klasse den Wert -1 auf.[160] Die gesuchte Klassifikationsfunktion wird dann durch die Gleichung $\widehat{f}(\boldsymbol{x}) = \beta_0 + \boldsymbol{x}_i'\boldsymbol{\beta} = 0$ beschrieben.[161]

Die SVM bietet auch für nicht vollständig linear separierbare Daten eine sehr elegante Möglichkeit, dieses Ziel zu erreichen. Der dort verwendete Lösungsansatz basiert auf der sog. Kern-Methode.[162] Die Kernfunktionen-Theorie ist einer der wichtigsten Hauptpfeiler der Theorie der Support-Vektor-Maschinen. Dabei werden die Daten in einen höherdimensionalen Raum (Merkmalsraum, engl.: feature

---

[156] Die Bezeichnung ist neben der später in diesem Abschnitt klar werdenden Bedeutung von Support-Vektoren mit Phantasie auch aus der Maschinenlehre ableitbar: **Ma|schi|ne** die [griech.-lat.; -/-n]: Vorrichtung aus beweglichen Teilen, die Kräfte in die Verrichtung einer Arbeit umsetzt; **Sup|port** der [lat.; -(e)s/-e]: Teil einer Drehbank zur Führung eines Werkzeugs (aus: Fremdwörter - Herkunft und Bedeutung, Garant, Leonberg 2006.)

[157] Zu den Grundlagen der binären linearen Klassifikation vgl. weiter oben Abschnitt 2.1.3.

[158] Vgl. Abschnitt 2.2.

[159] Die grundsätzlichen Fähigkeiten, aber auch die Grenzen von linear lernenden Maschinen wurden von [Minsky und Papert 1969] hervorgehoben.

[160] Die in der praktischen Datenanalyse dieser Arbeit vorliegenden Klassenbezeichnungen KRIT = 0 und KRIT = 1 (vgl. Abschnitt 4.2.2) ändern die beschriebenen Vorgehensweisen der Klassifikationsalgorithmen natürlich nicht.

[161] In der Theorie der künstlichen neuronalen Netze wird dieser einfache lineare Klassifikator als *Perzeptron* bezeichnet; vgl. dazu auch weiter oben Abschnitt 2.3.1.

[162] Vgl. weiter unten Abschnitt 2.4.3.

space) projiziert, um dort eventuell eine lineare Trennung vorzunehmen, die im ursprünglichen Datenraum (Eingaberaum, engl.: input space) nicht möglich ist. Die Verwendung von Kernfunktionen erlaubt es, diesen Projektionsschritt in den Merkmalsraum implizit durchführen zu können, d.h. es werden in der Lösung des Lernalgorithmus nur die Inputdaten und die Kernfunktion und nicht die meist sehr hochdimensionalen Merkmalsdaten benötigt. Dadurch werden die Möglichkeiten von Support-Vektor-Maschinen stark erhöht. Das Problem der klassischen parametrischen Vorgehensweise, ein geeignetes Modell zur Abbildung der Datenstrukturen sowie geeignete Transformationen der Inputdaten innerhalb dieses Modells zu finden[163], entspricht hier dem Problem, eine geeignete Transformation der Daten in den Merkmalsraum bzw. - damit zusammenhängend - eine geeignete Kernfunktion sowie deren Parameter zu bestimmen.

Ein weiterer entscheidender Vorteil der Kern-Methode im Verbund mit Support-Vektor-Maschinen ist die Möglichkeit, das Optimierungsproblem der SVM in eine Dualdarstellung umzuformen, die ausschließlich von den Skalarprodukten der Inputvektoren abhängt. Dies hat den entscheidenden Vorteil, dass die Schätzung der Zielfunktion nicht von der Anzahl der unabhängigen Variablen im meist sehr hochdimensionalen Merkmalsraum abhängt. Dadurch wird das in anderen statistischen Schätzverfahren oft auftretende Problem der hohen Datendimension, welches auch als *Curse of Dimensionality* bezeichnet wird, entscheidend abgemildert.

Eine SVM zur Klassifikation soll die Daten durch eine Funktion bzw. Hyperebene wiederum so linear[164] trennen, dass sowohl die beobachteten Trainingsdaten möglichst gut in die zwei gegebenen Klassen der Zielvariable klassifiziert werden, als auch für neue Daten die Klasse korrekt vorhergesagt werden kann, d.h. sie soll gut generalisieren.[165]

In diesem Zusammenhang stellt der sog. *funktionale Margin* m_i eines Datensatzes $(\boldsymbol{x}_i, y_i)$ bezogen auf eine bestimmte Klassifikationsfunktion eine wichtige Größe dar. Dieser ist wie folgt definiert:

$$m_i = y_i \cdot f(\boldsymbol{x}_i) = y_i(\beta_0 + \boldsymbol{x}_i'\boldsymbol{\beta}) \tag{2.4.2}$$

Der jeweils kleinste funktionale Margin einer Trennfunktion $f(\boldsymbol{x}_i)$ bezogen auf eine Trainingsmenge T wird auch als funktionale Margin m_f dieser Trennfunktion bezeichnet.

Eine Klassifikationsfunktion $f(\boldsymbol{x}_i)$ soll im Fall einer linear separierbaren Datenmenge alle Daten der einen Klasse (mit $y_i = +1$) von den Daten der anderen Klasse (mit $y_i = -1$) trennen. Somit wird für jedes von der Funktion korrekt klassifizierte

[163] Vgl. weiter oben Abschnitt 2.1.1 zur parametrischen Modellspezifikation.

[164] Durch die weiter unten in Abschnitt 2.4.3 näher dargestellte Kern-Methode können auch im eigentlichen Eingaberaum nicht linear separierbare Daten in einem höherdimensionalen Merkmalsraum durch eine lineare Funktion klassifiziert werden.

[165] Zum Generalisierungsproblem vgl. Abschnitt 3.2.1.

Objekt der funktionale Margin positiv, d.h. $y_i \cdot f(\boldsymbol{x}_i) = m_i > 0$. Für eine linear separierbare Datenmenge müssen innerhalb eines Lernalgorithmus die Parameter der Trennfunktion somit immer dann angepasst werden, wenn für ein Objekt i gilt: $m_i \leq 0$.

Wenn die Daten nicht in linear separierbarer Form vorliegen, kann keine lineare Funktion gefunden werden, die alle Daten korrekt klassifiziert. Man ist somit gezwungen, ein gewisses Ausmaß an Fehlklassifikation zu akzeptieren. Aus diesem Grund wird eine sog. *Margin-Slack-Variable*

$$\xi_i = \max[0, m_f - y_i(\beta_0 + \boldsymbol{x}_i'\boldsymbol{\beta})] \tag{2.4.3}$$

eingeführt.[166] Dabei wird zunächst die funktionale Margin $m_f > 0$ der Funktion bzgl. der Datenmenge bestimmt. Missklassifizierte Objekte (mit $m_i < 0$) weisen eine positive Slackvariable von $\xi_i = m - m_i > m$ auf. Alle korrekt klassifizierten Objekte haben aufgrund einer positiven funktionalen Margin von $m_i \geq m_f$ eine Slack-Variable von Null. Die euklidische Norm $||\xi||^2$ aller Slack-Variablen einer Trainingsmenge misst somit das Ausmaß der Fehlklassifikation dieser Menge durch die Trennfunktion (2.1.19) bezogen auf die Zielmargin m_f.

Exkurs: Dualität zur Optimierung Bei der Bestimmung von optimalen Trenn- oder Anpassungsfunktionen handelt es sich, wie weiter unten gezeigt wird, um ein Optimierungsproblem mit Nebenbedingungen. Im Folgenden soll kurz gezeigt werden, wie ein solches Problem mit Hilfe einer dualen Problemdarstellung auf effizientere Weise gelöst werden kann.[167]

Gegeben sei ein *primales Optimierungsproblem* mit Nebenbedingungen:

$$\begin{aligned} \text{min}: \quad & f(\boldsymbol{\beta}) \\ \text{u.d.NB:} \quad & g_i(\boldsymbol{\beta}) \leq 0 \quad \forall i = 1, \ldots, n \\ & h_i(\boldsymbol{\beta}) = 0 \quad \forall i = 1, \ldots, J \end{aligned} \tag{2.4.4}$$

Seien $f(\cdot)$ eine quadratische Zielfunktion und $g_i(\cdot), h_j(\cdot)$ lineare Nebenbedingungen in Form von Gleichungen und Ungleichungen, dann handelt es sich um ein sog. *quadratisches Programm*, bei dem das lokale Optimum auch ein globales Optimum darstellt.[168] Die zu diesem Optimierungsproblem gehörende Lagrange-Funktion hat die folgende Form:

$$\begin{aligned} L(\boldsymbol{\beta}, \boldsymbol{\alpha}, \boldsymbol{\delta}) &= f(\boldsymbol{\beta}) + \sum_{i=1}^{n} \alpha_i g_i(\boldsymbol{\beta}) + \sum_{i=1}^{J} \delta_i h_i(\boldsymbol{\beta}) \\ &= f(\boldsymbol{\beta}) + \boldsymbol{\alpha}'\boldsymbol{g}(\boldsymbol{\beta}) + \boldsymbol{\delta}'\boldsymbol{h}(\boldsymbol{\beta}) \end{aligned} \tag{2.4.5}$$

$\boldsymbol{\alpha}$ und $\boldsymbol{\delta}$ bezeichnen die Vektoren der Lagrange-Multiplikatoren. Diese geben eine "Bestrafung" all jener Lösungen des Problems an, die nicht die Nebenbedingungen

[166] Vgl. dazu auch die Soft-Margin-Klassifizierung in Abschnitt 2.4.2.

[167] Vgl. u.a. [Bazaraa et al. 1992].

[168] Vgl. [Cristianini und Shawe-Taylor 2000].

erfüllen. Dieses primale Optimierungsproblem besitzt eine optimale Lösung für $\boldsymbol{\beta}$, wenn $\boldsymbol{\alpha}^*, \boldsymbol{\delta}^*$ existieren und die folgenden sog. *Kuhn-Tucker-Bedingungen*[169] erfüllt sind:

$$\frac{\delta L(\boldsymbol{\beta}^*, \boldsymbol{\alpha}^*, \boldsymbol{\delta}^*)}{\boldsymbol{\beta}} = 0 \tag{2.4.6}$$

$$\frac{\delta L(\boldsymbol{\beta}^*, \boldsymbol{\alpha}^*, \boldsymbol{\delta}^*)}{\boldsymbol{\alpha}} = 0 \tag{2.4.7}$$

$$g_i(\boldsymbol{\beta}^*) \leq 0, \quad \forall i = 1, \ldots, n \tag{2.4.8}$$

$$\alpha_i^* \geq 0, \quad \forall i = 1, \ldots, n \tag{2.4.9}$$

$$\alpha_i^* g_i(\boldsymbol{\beta}^*) = 0, \quad \forall i = 1, \ldots, n \tag{2.4.10}$$

Gl. (2.4.6) stellt die Bedingung erster Ordnung für ein Minimum der Zielfunktion dar, die anderen Bedingungen sorgen dafür, dass die Restriktionen durch die Nebenbedingungen beachtet werden. Die Bedingung (2.4.10) heißt *Karush-Kuhn-Tucker (KKT) - Bedingung* [Karush 1939] und bewirkt, dass eine "aktive" und eine "inaktive" Nebenbedingung unterscheidbar sind: Wenn das Optimum der Zielfunktion die Nebenbedingung $g_i(\boldsymbol{\beta}) \leq 0$ mit $g_i(\boldsymbol{\beta}^*) < 0$ erfüllt, d.h. dass diese "inaktiv" ist, muss der ihr zugeordnete Lagrange-Multiplikator $\alpha_i^* = 0$ sein, ist sie dagegen "aktiv", wird sie durch einen positiven Lagrange-Multiplikator $\alpha_i^* > 0$ "bestraft".

Das primale Optimierungsproblem kann nun aus Gründen der Komplexitätsreduzierung wie folgt in ein duales Optimierungsproblem umgewandelt werden:[170] Man definiert die Funktion $\theta(\boldsymbol{\alpha}, \boldsymbol{\delta}) := \inf_{\boldsymbol{\beta}} L(\boldsymbol{\beta}, \boldsymbol{\alpha}, \boldsymbol{\delta})$ und erhält das *duale Lagrange-Problem*:

$$\text{max}: \quad \theta(\boldsymbol{\alpha}, \boldsymbol{\delta}) \tag{2.4.11}$$

$$\text{u.d.NB:} \quad \boldsymbol{\alpha} \geq \mathbf{0} \tag{2.4.12}$$

Der Parametervektor $\boldsymbol{\beta}$ ist somit aus dem Optimierungsproblem verschwunden, d.h. die Datendimensionalität spielt bei der dualen Optimierung keine Rolle mehr. Des Weiteren sind die komplexen Nebenbedingungen in Form von linearen Funktionen ersetzt worden durch die einfachen Nebenbedingungen $\boldsymbol{\alpha} \geq \mathbf{0}$. Die Lagrange-Multiplikatoren $\boldsymbol{\alpha}$ werden in diesem Zusammenhang auch als *duale Variablen* bezeichnet. Diese dualen Variablen sind nun die einzigen Unbekannten dieses Optimierungsproblems. Das Problem kann nun wie folgt gelöst werden:

1. Berechnung der ersten Ableitung der Lagrange-Funktion (2.4.5) nach der Primärvariable, Nullsetzen und nach Primärvariable $\boldsymbol{\beta}$ umstellen:

$$\frac{\delta L(\boldsymbol{\beta}, \boldsymbol{\alpha}, \boldsymbol{\delta})}{\boldsymbol{\beta}} = 0 \Leftrightarrow \boldsymbol{\beta} = \ldots$$

2. Berechnete Primärvariable in Lagrange-Funktion rücksubstituieren:

$$\inf_{\boldsymbol{\beta}} L(\boldsymbol{\beta}, \boldsymbol{\alpha}, \boldsymbol{\delta}) = \theta(\boldsymbol{\alpha}, \boldsymbol{\delta})$$

169 Vgl. [Kuhn und Tucker 1951].

170 Vgl. u.a. [Bazaraa et al. 1992].

3. Lösung des Dualen Optimierungsproblems durch Ableiten und Auflösen der dualen Zielfunktion (2.4.11) nach den dualen Variablen $\boldsymbol{\alpha}$ unter Beachtung der Nebenbedingungen (2.4.12)

□

2.4.1 Linear separierbare Daten: Maximal-Margin-SVM

Liegen die Trainingsdaten (z.B. in einem Kern-induzierten Merkmalsraum[171]) in linear separierbarer Form vor, sollen sie nun mit einer SVM linear getrennt werden. Im Folgenden soll diese Trennung anhand des einfachen Klassifizierungsverfahrens der *Maximal-Margin-Klassifizierung* dargestellt werden. In diesem Verfahren wird diejenige Trennfunktion bzw. Hyperebene gesucht, die den maximalen Margin zwischen den zu trennenden Gruppen der Trainingsdaten aufweist. Dabei ist der *Margin* der Trennfunktion bezogen auf eine Trainingsmenge T der Abstand zwischen den am dichtesten an der Funktion liegenden Trainingspunkte jeder der beiden Klassen und der Trennfunktion. Ziel dieser Vorgehensweise ist es, die beiden Daten-Gruppen möglichst weit voneinander zu trennen und somit die höchstmögliche Generalisierungsfähigkeit zu erreichen. Abb. 2.17 stellt das Problem im zweidimensionalen Eingaberaum grafisch dar.

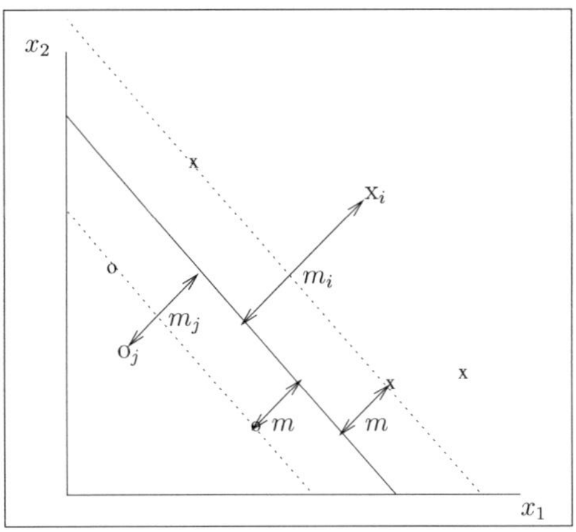

Abbildung 2.17: Geometrischer Margin m_i bzw. m_j zweier Einzelobjekte. x bzw. o bezeichnen die beiden Ausprägungen der binären Klassifikationsvariable in Abhängigkeit von zwei Inputvariablen x_1 und x_2. Die optimale Maximal-Margin-Trennfunktion (durchgezogene Gerade) weist einen maximalen geometrischen Margin m bezogen auf die vorhandenen Trainingsdaten auf.

Sämtliche Trennfunktionen, die zwischen den beiden am dichtesten an der Funktion liegenden Daten der beiden zu separierenden Klassen liegen, kommen

[171] Vgl. weiter unten Abschnitt 2.4.3.

als Klassifizierungsfunktion in Frage. Der Fehler, den die entsprechende Funktion in den Trainingsdaten macht, ist für diese Funktionen jeweils Null, da alle beobachteten Objekte korrekt klassifiziert wurden. Für neu hinzukommende Daten gibt die geschätzte Trennfunktion an, in welche der beiden Gruppen die Objekte einzuordnen sind. Damit dieser Prognosefehler, der auch als Generalisierungsfehler[172] bezeichnet wird, ebenfalls möglichst klein wird, ist diejenige Trennfunktion zu wählen, die am weitesten sowohl von den Trainingsdaten der positiven, als auch von denen der negativen Klasse entfernt liegt und somit den maximalen Margin für jede der beiden Klassen aufweist. Da die gesuchte Funktion den maximalen Abstand zu den am dichtesten an ihr liegenden Objekten beider Klassen aufweisen sollte, liegt sie genau in der Mitte zwischen diesen beiden Punkten und ist in der Abb. 2.17 als durchgezogene Linie eingezeichnet.

Da die lineare Trennfunktion $\beta_0 + \boldsymbol{x}'\boldsymbol{\beta} = 0$ beliebig skaliert werden kann, ohne dass sich die Funktion bzw. die Trennung der beiden Klassen ändert, was aber zu veränderten funktionalen Margins der Funktion führt, ist die Suche nach der Funktion mit der maximalen funktionalen Margin nicht eindeutig. Daher wird der Parametervektor $\boldsymbol{\beta}$ zunächst normiert bzw. normalisiert, d.h durch seine quadratische Norm $||\boldsymbol{\beta}||^2$ geteilt. Die funktionale Margin des i-ten Objektes der Trainingsmenge bezogen auf den normierten Parametervektor wird als geometrische Margin m_i bezeichnet.[173] Die Norm des normierten Parametervektors ist dann $||\boldsymbol{\beta}||^2 = 1$.[174] Analog zur oben beschriebenen funktionalen Margin einer Trennfunktion (vgl. Gl. (2.4.2)) gibt die geometrische Margin m einer Trennfunktion die minimale euklidische Distanz der dichtesten Objekte der beiden Klassen einer Trainingsmenge zu dieser Funktion an. Die Funktion, die die maximale geometrische Margin bezogen auf die Trainingsmenge T aufweist, ist die hier gesuchte *Maximal-Margin-Klassifikationsfunktion.*

Im Fall des Maximal-Margin-Klassifikators soll also die geometrische Margin maximiert werden unter der Nebenbedingung der korrekten Klassifizierung aller Trainingsdaten. Im binären linearen Klassifikationsfall nehmen alle Daten der positiven Klasse den Wert $y_i = +1$ und alle Daten der negativen Klasse den Wert $y_i = -1$ an, d.h. die Nebenbedingungen lauten $m_i = y_i(\beta_0 + \boldsymbol{x}_i'\boldsymbol{\beta}) \geq 0, i = 1, \ldots, n$. Es kann gezeigt werden, dass der Abstand bzw. der funktionale Margin des am dichtesten an der Trennfunktion liegenden Datensatzes jeder Klasse zur Trennfunktion durch die Normalisierung des Parametervektors 1 beträgt.[175] Dann gilt bei korrekter Klassifikation für die positiven Datensätze $\boldsymbol{x}_+$ und die negativen Da-

---

[172] Vgl. weiter unten Abschnitt 3.2.1.

[173] An dieser Stelle und im Folgenden wird aus Gründen der Übersichtlichkeit weiterhin die Bezeichnung m_i für die geometrische Margin benutzt, die vorher auch für die funktionale Margin verwendet wurde.

[174] Vgl. [Kockelkorn 2005].

[175] Vgl. u.a. [Kockelkorn 2005, Vapnik 1995, Suykens et al. 2002].

tensätze $\boldsymbol{x}_-$

$$\begin{aligned} \beta_0 + \boldsymbol{x}'_+\boldsymbol{\beta} &\geq +1 \\ \beta_0 + \boldsymbol{x}'_-\boldsymbol{\beta} &\leq -1 \end{aligned}$$

und somit

$$y_i(\beta_0 + \boldsymbol{x}'\boldsymbol{\beta}) \geq 1 \quad , \tag{2.4.13}$$

wobei die jeweils am dichtesten an der Trennfunktion liegenden Objekte beider Klassen die Bedingung $y_i(\beta_0 + \boldsymbol{x}'\boldsymbol{\beta}) = 1$ erfüllen und den funktionalen Margin von 1 angeben.

Wie groß ist nun der geometrische Margin m der (normierten) Trennfunktion? Um diese zu bestimmen, muss die Funktion normalisiert werden. Es ergibt sich:[176]

$$\begin{aligned} \frac{\beta_0}{||\boldsymbol{\beta}||^2} + \boldsymbol{x}'_+\frac{\boldsymbol{\beta}}{||\boldsymbol{\beta}||^2} &= +m \\ \frac{\beta_0}{||\boldsymbol{\beta}||^2} + \boldsymbol{x}'_-\frac{\boldsymbol{\beta}}{||\boldsymbol{\beta}||^2} &= -m \end{aligned}$$

Durch Subtraktion der Gleichungen und Umstellen ergibt sich die geometrische Margin m wie folgt:

$$\begin{aligned} \boldsymbol{x}'_+\frac{\boldsymbol{\beta}}{||\boldsymbol{\beta}||^2} - \boldsymbol{x}'_-\frac{\boldsymbol{\beta}}{||\boldsymbol{\beta}||^2} &= 2m \\ \frac{1}{2||\boldsymbol{\beta}||^2}(\boldsymbol{x}'_+\boldsymbol{\beta} - \boldsymbol{x}'_-\boldsymbol{\beta}) &= m \\ \frac{1}{||\boldsymbol{\beta}||^2} &= m \end{aligned}$$

Der geometrische Margin ist also von der Norm des Parametervektors abhängig. Eine Maximierung des geometrischen Margins $m = 1/||\boldsymbol{\beta}||^2$ kann somit durch die Minimierung der quadratischen Norm $||\boldsymbol{\beta}||^2 = \boldsymbol{\beta}'\boldsymbol{\beta}$ bzw. des Skalarproduktes des Parametervektors erreicht werden.[177] Dies bedeutet inhaltlich die Suche nach einer möglichst wenig komplexen Trennfunktion mit minimaler Norm, die die Trainingsdaten zudem möglichst weit voneinander trennt. Beide Aspekte wirken auf eine möglichst hohe Generalisierungsfähigkeit der gefundenen Klassifikationsfunktion hin.[178]

Es ergibt sich somit das folgende primale Optimierungsproblem[179] für eine li-

---

[176] Vgl. auch Abb. 2.17.

[177] Vgl. u.a. [Cristianini und Shawe-Taylor 2000], S. 94 ff.

[178] Zum Generalisierungsprobelm vgl. weiter unten Abschnitt 3.2.1 dieser Arbeit.

[179] Es handelt sich dabei um ein quadratisches Programm mit linearen Nebenbedingungen; vgl. weiter oben die Ausführungen auf den Seiten 75 ff.

near separierbare Trainingsmenge T:[180]

$$\min_{\beta_0,\boldsymbol{\beta}} : \quad \frac{1}{2}\boldsymbol{\beta}'\boldsymbol{\beta} \tag{2.4.14}$$

$$\text{u.d.NB:} \quad y_i(\beta_0 + \boldsymbol{x}_i'\boldsymbol{\beta}) \geq 1, \quad i = 1, \ldots, n \tag{2.4.15}$$

Die zugehörige primale Lagrange-Funktion lautet

$$L(\beta_0, \boldsymbol{\beta}, \boldsymbol{\alpha}) = \frac{1}{2}\boldsymbol{\beta}'\boldsymbol{\beta} - \sum_{i=1}^{n} \alpha_i[y_i(\beta_0 + \boldsymbol{x}_i'\boldsymbol{\beta}_i) - 1] \quad , \tag{2.4.16}$$

wobei α_i die Lagrange-Multiplikatoren darstellen. Wie weiter oben auf den Seiten 75 ff. beschrieben, muss die primale Funktion nach den gesuchten Parametern minimiert und die anschließend ermittelte duale Funktion nach den Lagrange-Multiplikatoren maximiert werden. Ableiten und Umstellen von (2.4.16) nach β_0 und $\boldsymbol{\beta}$ ergibt

$$\frac{\delta L(\beta_0, \boldsymbol{\beta}, \boldsymbol{\alpha})}{\delta \boldsymbol{\beta}} = \boldsymbol{\beta} - \sum_{i=1}^{n} y_i \alpha_i \boldsymbol{x}_i = \mathbf{0} \;\Leftrightarrow\; \boldsymbol{\beta} = \sum_{i=1}^{n} y_i \alpha_i \boldsymbol{x}_i \tag{2.4.17}$$

$$\frac{\delta L(\beta_0, \boldsymbol{\beta}, \boldsymbol{\alpha})}{\delta \beta_0} = -\sum_{i=1}^{n} y_i \alpha_i = 0 \;\Leftrightarrow\; 0 = \sum_{i=1}^{n} y_i \alpha_i \quad . \tag{2.4.18}$$

Aus Gl. (2.4.17) ist ersichtlich, dass sich der Parametervektor als Linearkombination der Trainingsdaten darstellen lässt. Einsetzen dieser Ergebnisse in Gl. (2.4.16) ergibt die duale Lagrange-Funktion

$$\begin{aligned} L(\beta_0, \boldsymbol{\beta}, \boldsymbol{\alpha}) &= \frac{1}{2}\left(\sum_{i=1}^{n} y_i \alpha_i \boldsymbol{x}_i\right)' \sum_{j=1}^{n} y_j \alpha_j \boldsymbol{x}_j \\ &\quad - \sum_{i=1}^{n} \alpha_i \left[y_i \left(\beta_0 + \boldsymbol{x}_i' \sum_{j=1}^{n} y_j \alpha_j \boldsymbol{x}_j \right) - 1 \right] \\ &= \frac{1}{2} \sum_{i,j=1}^{n} y_i y_j \alpha_i \alpha_j \boldsymbol{x}_i' \boldsymbol{x}_j - \sum_{i,j=1}^{n} y_i y_j \alpha_i \alpha_j \boldsymbol{x}_i' \boldsymbol{x}_j + \sum_{i=1}^{n} \alpha_i \\ &= \sum_{i=1}^{n} \alpha_i - \frac{1}{2} \sum_{i,j=1}^{n} y_i y_j \alpha_i \alpha_j \boldsymbol{x}_i' \boldsymbol{x}_j = D(\boldsymbol{\alpha}) \quad . \end{aligned} \tag{2.4.19}$$

Es ergibt sich somit das folgende quadratische duale Optimierungsproblem für eine linear separierbare Trainingsmenge T:

$$\max_{\boldsymbol{\alpha}} : \quad D(\boldsymbol{\alpha}) = \sum_{i=1}^{n} \alpha_i - \frac{1}{2} \sum_{i,j=1}^{n} y_i y_j \alpha_i \alpha_j \boldsymbol{x}_i' \boldsymbol{x}_j \tag{2.4.20}$$

$$\text{u.d.NB:} \quad \sum_{i=1}^{n} y_i \alpha_i = 0 \tag{2.4.21}$$

$$\alpha_i \geq 0, \quad i = 1, \ldots, n \tag{2.4.22}$$

[180] Die Halbierung der quadratischen Norm in der Zielfunktion erfolgt aus rechentechnischen Gründen und hat keinen Einfluss auf das Optimum der Funktion.

Maximierung der dualen Zielfunktion nach $\boldsymbol{\alpha}$ führt zur Lösung des primalen Optimierungsproblems. Sei $\boldsymbol{\alpha}^* = (\alpha_1^*, \ldots, \alpha_n^*)'$ die Lösung dieses Optimierungsproblems, dann realisiert laut Gl. (2.4.17) der Parametervektor

$$\boldsymbol{\beta}^* = \sum_{i=1}^{n} y_i \alpha_i^* \boldsymbol{x}_i \tag{2.4.23}$$

die gesuchte SVM-Klassifikationsfunktion mit dem maximalen geometrischen Margin von $m = 1/\|\boldsymbol{\beta}^*\|^2$.

Ein nützliche Vereinfachung des Berechnungsaufwandes lässt sich aus der Betrachtung der KKT-Bedingung[181] ableiten. Diese besagt für dieses Optimierungsproblem, dass die optimalen Lösungen $\alpha_i^*, \beta_0^*, \boldsymbol{\beta}^*$ die Bedingung

$$\alpha_i^*[y_i(\beta_0^* + \boldsymbol{x}_i'\boldsymbol{\beta}^*) - 1] = \alpha_i^*[m_i - 1] = 0, \quad i = 1, \ldots, n \tag{2.4.24}$$

erfüllen müssen. Das bedeutet, dass nur für Trainingsobjekte $\boldsymbol{x}_i$, die eine funktionale Margin von 1 haben, d.h. die am nächsten zur optimalen Hyperebene liegen, die zugehörigen α_i^* ungleich Null sind. In die Bestimmung der optimalen Trennfunktion gehen somit nur diese sog. *Support-Vektoren* ein. Alle anderen Objekte, die eine funktionale Margin von $m_i \neq 1$ haben, sind nicht relevant. Wenn sv die Menge der Support-Vektoren bezeichnet, lautet die Maximal-Margin-Trennfunktion

$$f(\boldsymbol{x}, \beta_0^*, \boldsymbol{\alpha}^*) = \beta_0^* + \sum_{i \in sv} y_i \alpha_i^* \boldsymbol{x}' \boldsymbol{x}_i \quad . \tag{2.4.25}$$

Der optimale Parametervektor (2.4.23) und somit die optimale Klassifikationsfunktion ist somit eine Linearkombination der Support-Vektoren $\boldsymbol{x}_i \in sv$.

Da β_0 in der dualen Darstellung nicht mehr enthalten ist, wird der Wert aus den Nebenbedingungen (2.4.15) des primalen Optimierungsproblems wie folgt anhand der Support-Vektoren geschätzt:[182]

$$\beta_0^* = -\frac{(\boldsymbol{x}_{-sv}' + \boldsymbol{x}_{+sv}')\boldsymbol{\beta}^*}{2} \tag{2.4.26}$$

Dabei sind $\boldsymbol{x}_{-sv}$ und $\boldsymbol{x}_{+sv}$ zwei Support-Vektoren aus jeweils einer der beiden Klassen. Die optimale Trennfunktion lässt sich somit wie folgt aus den Trainingsdaten bestimmen:

$$f(\boldsymbol{x}, \beta_0^*, \boldsymbol{\beta}^*) = \beta_0^* + \boldsymbol{x}'\boldsymbol{\beta}^* \tag{2.4.27}$$

$$f(\boldsymbol{x}, \beta_0^*, \boldsymbol{\alpha}^*) = \beta_0^* + \sum_{i=1}^{n} y_i \alpha_i^* \boldsymbol{x}' \boldsymbol{x}_i \tag{2.4.28}$$

Für das Klassifikationsproblem ergibt sich die Entscheidungsfunktion damit zu

$$g[f(\boldsymbol{x}_j)] = \begin{cases} +1 & \text{für} \quad y_j \geq \beta_0^* + \sum_{i=1}^{n} y_i \alpha_i^* \boldsymbol{x}' \boldsymbol{x}_i \\ -1 & \text{für} \quad y_j < \beta_0^* + \sum_{i=1}^{n} y_i \alpha_i^* \boldsymbol{x}' \boldsymbol{x}_i \end{cases} \quad . \tag{2.4.29}$$

[181] Vgl. Gl. (2.4.10) auf Seite 76.

[182] Vgl. u.a. [Cristianini und Shawe-Taylor 2000], S. 96 und [Härdle, Moro et al. 2005], S. 13.

Aus der KKT-Bedingung (2.4.24) folgt weiterhin, dass für ein Objekt $j \in sv$

$$y_j f(\boldsymbol{x}, \beta_0^*, \boldsymbol{\alpha}^*) = y_j \left(\beta_0^* + \sum_{i \in sv} y_i \alpha_i^* \boldsymbol{x}_j' \boldsymbol{x}_i \right) = 1 \tag{2.4.30}$$

gilt, und damit

$$\begin{aligned} \boldsymbol{\beta}^{*\prime} \boldsymbol{\beta}^* &= \sum_{i,j=1}^{n} y_i y_j \alpha_i^* \alpha_j^* \boldsymbol{x}_i' \boldsymbol{x}_j \\ &= \sum_{j \in sv} y_j \alpha_j^* \sum_{i \in sv} y_i \alpha_i^* \boldsymbol{x}_i' \boldsymbol{x}_j \\ &= \sum_{j \in sv} \alpha_j^* (1 - y_j \beta_0^*) \\ &= \sum_{i \in sv} \alpha_i^* \quad . \end{aligned} \tag{2.4.31}$$

Für die geometrische Margin der Maximal-Margin-Trennfunktion gilt damit $m = 1/\|\boldsymbol{\beta}\|^2 = \left(\sum_{i \in sv} \alpha_i^*\right)^{-1/2}$.

Sowohl die duale Zielfunktion als auch die Trennfunktion haben die wichtige Eigenschaft, dass die Trainingsdaten nur als Skalarprodukt eingehen. Damit hängt das Entscheidungsproblem nur von der Anzahl der Trainingsdaten und nicht von der Dimension (Anzahl der Einflussgrößen) der Datenvektoren $\boldsymbol{x}$ ab. Dies führt zu einer mit begrenztem Rechenaufwand gut lösbaren Problemsituation, die zudem eine konvexe Form besitzt und damit eine eindeutige Lösung hat.[183]

Des Weiteren wird es durch die ausschließliche Verwendung von Skalarprodukten möglich, optimale Trennfunktionen auch in höherdimensionalen Merkmalsräumen zu schätzen. Dies geschieht durch die weiter unten in Abschnitt 2.4.3 näher beschriebene Kern-Methode.

2.4.2 Nicht linear separierbare Daten: Soft-Margin-SVM

Bei der in Abschnitt 2.4.1 beschriebenen Maximal-Margin-Klassifizierung tritt in dem zugehörigen Optimierungsproblem (2.4.14) eine entscheidende Beschränkung in Form der Nebenbedingung (2.4.15) auf: Die optimale Trennfunktion kann nur dann gefunden werden, wenn die Trainingsdaten in einer linear separierbaren Form vorliegen. Dies ist aber in vielen praktischen Fällen zum Beispiel durch exogene Störeinflüsse oder möglicherweise auftretende Beobachtungs- und Messfehler nicht der Fall. Zwar können die Daten durch die Wahl einer Kernfunktion[184] evtl. vollständig linear separierbar gemacht werden, dies kann jedoch u.U. zu einer nicht gewünschten Überanpassung der Daten führen, was wiederum die Generalisierungsfähigkeit der gefundenen Lösung verringert.

---

[183] Im Gegensatz zu den lokalen und damit nicht eindeutigen Optima der künstlichen keuronalen Netze; vgl. Abschnitt 2.3.

[184] Vgl. weiter unten Abschnitt 2.4.3.

Das robustere *Soft-Margin-Klassifizierungsverfahren* erlaubt daher eine Verletzung der Nebenbedingungen des primalen Optimierungsproblems durch die Verwendung der *Slack-Variable*

$$\xi_i = \max[0, m - y_i(\beta_0 + \boldsymbol{x}_i'\boldsymbol{\beta})] \quad . \tag{2.4.32}$$

Bei dieser Vorgehensweise wird zunächst eine Zielmargin m vorgegeben. Für korrekt klassifizierte Trainingsobjekte mit einer positiven funktionalen Margin, die größer ist als m, wird die Slack-Variable $\xi_i = 0$. Für missklassifizierte Trainingspunkte mit einer negativen funktionalen Margin wird die Slack-Variable dagegen größer als m. Dies ist für den zweidimensionalen Fall beispielhaft in Abb. 2.18 dargestellt.

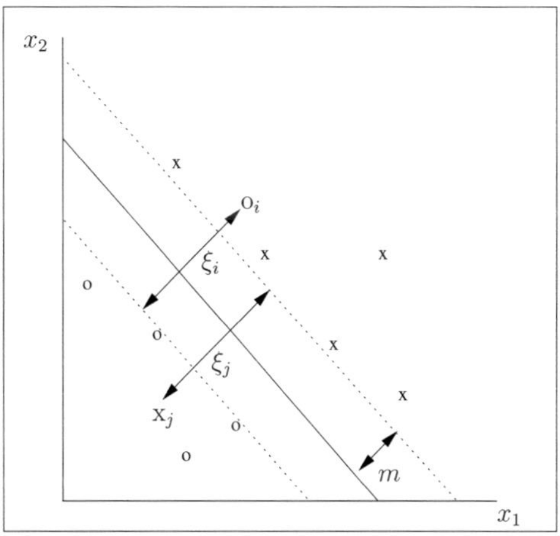

Abbildung 2.18: Slack-Variablen zweier fehlklassifizierter Punkte einer Soft-Margin-SVM. x bzw. o bezeichnen die beiden Ausprägungen der binären Klassifikationsvariable in Abhängigkeit von zwei Inputvariablen x_1 und x_2. Die Margins ξ_i und ξ_j der beiden fehlklassifizierten Punkte o_i bzw. x_j sind nur positiv, wenn sie größer als die funktionale Margin m sind.

Für den Fall der Betrachtung der Quadrate von ξ hat das Optimierungsproblem nun die folgende Form:

$$\min_{\beta_0,\boldsymbol{\beta},\xi} : \quad \frac{1}{2}\boldsymbol{\beta}'\boldsymbol{\beta} + C\sum_{i=1}^{n}\xi_i^2 \tag{2.4.33}$$

$$\text{u.d.NB:} \quad y_i(\beta_0 + \boldsymbol{x}_i'\boldsymbol{\beta}) \geq 1 - \xi_i \tag{2.4.34}$$

$$\xi_i \geq 0, \quad i = 1, \ldots, n \tag{2.4.35}$$

Im Gegensatz zum linear separierbaren Fall (2.4.14) besteht nun innerhalb der Zielfunktion (2.4.33) ein Trade-Off zwischen der Minimierung der Norm des Parametervektors (und damit der Komplexität des Modells) und des Zulassens eventuell fehlklassifizierter Trainingsobjekte.[185] Diese verfehlen die geforderte Margin m um den Wert ξ_i. Das gesamte Ausmaß der Fehlklassifizierung der Trainingsmenge wird durch den Term $\sum_{i=1}^{n} \xi_i^2 = \boldsymbol{\xi}'\boldsymbol{\xi}$ bzw. durch die quadratische Norm $\|\boldsymbol{\xi}\|^2$ des Vektors der Slack-Variablen ausgedrückt. Die Konstante $C > 0$ nimmt eine relative Gewichtung der Minimierung der Fehlklassifizierung, d.h. des empirischen Risikos, und der Minimierung der Komplexität des Modells vor.

Die Nebenbedingung (2.4.34) fordert nicht mehr die korrekte Klassifizierung aller Trainingsdaten (wie bei der Maximal-Margin-Klassifizierung, vgl. Abschnitt 2.4.1), sondern erlaubt eine Fehlklassifizierung einzelner Objekte. Auf die zweite Nebenbedingung kann verzichtet werden, da bei $\xi_i < 0$ die erste Nebenbedingung erfüllt wäre, wenn $\xi_i = 0$ gesetzt wird, und sich dann der Wert der Zielfunktion verringern würde.

Die optimale Wahl des Wertes von C hängt mit der Norm des Parametervektors $\boldsymbol{\beta}$ zusammen. Zur Lösung des Problems kann daher ein Wert für $\|\boldsymbol{\beta}\|^2$ gewählt und für diesen Wert die quadratische Norm des Vektors der Slack-Variablen $\|\boldsymbol{\xi}\|^2$ minimiert werden.[186]

Die primale Lagrange-Funktion der Soft-Margin-SVM lautet

$$L(\beta_0, \boldsymbol{\beta}, \boldsymbol{\xi}, \boldsymbol{\alpha}) = \frac{1}{2}\boldsymbol{\beta}'\boldsymbol{\beta} + \frac{C}{2}\sum_{i=1}^{n} \xi_i^2 - \sum_{i=1}^{n} \alpha_i[y_i(\beta_0 + \boldsymbol{x}_i'\boldsymbol{\beta}_i) - 1 + \xi_i] \quad . \tag{2.4.36}$$

Ableiten und Nullsetzen nach den primären Variablen ergibt

$$\frac{\delta L(\beta_0, \boldsymbol{\beta}, \boldsymbol{\xi}, \boldsymbol{\alpha})}{\delta \beta_0} = \sum_{i=1}^{n} y_i \alpha_i = 0 \tag{2.4.37}$$

$$\frac{\delta L(\beta_0, \boldsymbol{\beta}, \boldsymbol{\xi}, \boldsymbol{\alpha})}{\delta \boldsymbol{\beta}} = \boldsymbol{\beta} - \sum_{i=1}^{n} y_i \alpha_i \boldsymbol{x}_i = \mathbf{0} \tag{2.4.38}$$

$$\frac{\delta L(\beta_0, \boldsymbol{\beta}, \boldsymbol{\xi}, \boldsymbol{\alpha})}{\delta \boldsymbol{\xi}} = C\boldsymbol{\xi} - \boldsymbol{\alpha} = \mathbf{0} \quad . \tag{2.4.39}$$

Einsetzen der Ergebnisse in die primale Lagrange-Funktion ergibt dann die folgende duale Lagrange-Funktion[187]:

$$L(\beta_0, \boldsymbol{\beta}, \boldsymbol{\xi}, \boldsymbol{\alpha}) = \sum_{i=1}^{n} \alpha_i - \frac{1}{2}\sum_{i,j=1}^{n} y_i y_j \alpha_i \alpha_j \boldsymbol{x}_i'\boldsymbol{x}_j - \frac{1}{2C}\boldsymbol{\alpha}'\boldsymbol{\alpha} = D(\boldsymbol{\alpha}) \tag{2.4.40}$$

[185] Aus Gründen der späteren Generalisierungsfähigkeit des Modells ist es sinnvoller, Fehlklassifizierungen zuzulassen als alle Daten perfekt zu klassifizieren und dazu eine hochkomplexe Funktion zu schätzen; eine Ausnahme stellt die in Abschnitt 2.4.3 beschriebene Kern-Methode dar.

[186] Vgl. [Cristianini und Shawe-Taylor 2000], S. 104.

[187] Vgl. auch die Herleitung von Gl. (2.4.19) in Abschnitt 2.4.1.

Damit ergibt sich das folgende quadratische duale Optimierungsproblem:[188]

$$\begin{aligned} \max_{\boldsymbol{\alpha}}: \quad & D(\boldsymbol{\alpha}) = \sum_{i=1}^{n} \alpha_i - \frac{1}{2} \sum_{i,j=1}^{n} y_i y_j \alpha_i \alpha_j \boldsymbol{x}_i' \boldsymbol{x}_j - \frac{1}{2C} \boldsymbol{\alpha}' \boldsymbol{\alpha} \qquad (2.4.41) \\ \text{u.d.NB:} \quad & \sum_{i=1}^{n} y_i \alpha_i = 0 \\ & \alpha_i \geq 0, \quad i = 1, \ldots, n \end{aligned}$$

Sei $\boldsymbol{\alpha}^*$ die Lösung dieses Optimierungsproblems, dann realisiert der optimale Parametervektor

$$\boldsymbol{\beta}^* = \sum_{i=1}^{n} y_i \alpha_i^* \boldsymbol{x}_i \qquad (2.4.42)$$

die optimale Trennfunktion

$$f(\boldsymbol{x}, \beta_0^*, \boldsymbol{\alpha}^*) = \beta_0^* + \sum_{i=1}^{n} y_i \alpha_i^* \boldsymbol{x}_i' \boldsymbol{x} \quad . \qquad (2.4.43)$$

Die zu diesem Problem gehörende KKT-Bedingung lautet

$$\alpha_i [y_i (\beta_0 + \boldsymbol{x}_i' \boldsymbol{\beta}) - 1 + \xi_i] = 0, \quad i = 1, \ldots, n \quad . \qquad (2.4.44)$$

Für die Support-Vektoren mit $\alpha_i \neq 0$ [189] ergibt sich nach Umformung

$$y_i (\beta_0 + \boldsymbol{x}_i' \boldsymbol{\beta}) = m_i = 1 - \xi_i \quad . \qquad (2.4.45)$$

Die die Klassifikationsfunktion bestimmenden Support-Vektoren einer Soft-Margin-SVM umfassen somit alle Datensätze auf der Trennfunktion (mit $\xi_i = 0$) sowie alle fehlklassifizierten Datensätze (mit $\xi_i > 0$).

Aus den Gleichungen (2.4.39) und (2.4.45) folgt, dass β_0^* so gewählt werden muss, dass die Gleichung

$$y_i (\beta_0^* + \boldsymbol{x}_i' \boldsymbol{\beta}^*) = 1 - \frac{\alpha_i^*}{C} \qquad (2.4.46)$$

für die Support-Vektoren ($\alpha_i \neq 0 \quad \forall i \in sv$) erfüllt ist.

Die geometrische Margin der Soft-Margin-Trennfunktion ist definiert durch die Norm $\|\boldsymbol{\beta}^*\|^2$ des optimalen Paramtervektors. Diese lässt sich unter Benutzung der

---

[188] Da auch dieses Problem die Trainingsdaten nur noch in Form von Skalarprodukten enthält, können für diese Kernfunktionen $k(x_i, x_j)$ substituiert werden, was die implizite Lösung in hochdimensionalen Merkmalsräumen ermöglicht, vgl. weiter unten Abschnitt 2.4.3.

[189] Vgl. die Ausführungen im Zusammenhang mit Gl. (2.4.24) auf Seite 81.

Gleichungen (2.4.37), (2.4.39), (2.4.42) und (2.4.45) wie folgt bestimmen:

$$\begin{aligned}
\boldsymbol{\beta}^{*\prime}\boldsymbol{\beta}^{*} &= \sum_{i,j=1}^{n} y_i y_j \alpha_i^* \alpha_j^* \boldsymbol{x}_i^\prime \boldsymbol{x}_j \\
&= \sum_{i\in sv} y_i \alpha_i^* \sum_{j\in sv} y_j \alpha_j^* \boldsymbol{x}_i^\prime \boldsymbol{x}_j \\
&= \sum_{i\in sv} \alpha_i^* (1 - \xi_i^* - y_i \beta_0^*) \\
&= \sum_{i\in sv} \alpha_i^* - \sum_{i\in sv} \alpha_i^* \xi_i^* \\
&= \sum_{i\in sv} \alpha_i^* - \frac{1}{C} \boldsymbol{\alpha}^{*\prime} \boldsymbol{\alpha}^* \qquad (2.4.47)
\end{aligned}$$

Damit ist die geometrische Margin der Soft-Margin-Trennfunktion $m = 1/\|\boldsymbol{\beta}\|^2 = (\sum_{i\in sv} \alpha_i^* - \frac{1}{C}\boldsymbol{\alpha}^{*\prime}\boldsymbol{\alpha}^*)^{-1/2}$.

2.4.3 Nichtlineare SVM: Die Kern-Methode

Neben der Möglichkeit, nicht linear separierbare Daten mit einer linearen Maschine, die Fehlklassifikationen erlaubt[190], zu klassifizieren bzw. anzupassen, kann ein weiterer bzw. zusätzlicher Weg gewählt werden. Dazu werden die nicht linear trennbaren Eingabedaten $\boldsymbol{x}_i^\prime = (x_{i1}, \ldots, x_{iK})$ in einen höherdimensionalen Merkmalsraum $\phi(\boldsymbol{x}_i^\prime) = (\phi(x_{i1}), \ldots, \phi(x_{iK}))$ transformiert. Dabei ist $\phi : X \to F$ eine (i.A. nichtlineare) Abbildungsfunktion vom Eingaberaum X in einen Merkmalsraum F. Anhand dieser so im Merkmalsraum entstandenen höherdimensionalen Daten $(\phi(\boldsymbol{x}_1), y_1), \ldots, (\phi(\boldsymbol{x}_i, y_i)), \ldots, (\phi(\boldsymbol{x}_n), y_n)$ wird dann eine linear lernende Maschine trainiert, die die Entscheidungsfunktion

$$\begin{aligned}
f(\phi(\boldsymbol{x}_i), \beta_0, \boldsymbol{\beta}) &= \beta_0 + \sum_{i=1}^{n} \beta_k \phi(x_{ik}) \qquad (2.4.48) \\
&= \beta_0 + \phi(\boldsymbol{x}_i^\prime)\boldsymbol{\beta} \qquad (2.4.49)
\end{aligned}$$

erlernt. Falls die Daten im Merkmalsraum F nun vollständig linear separierbar sind, kann dort die Maximal-Margin-SVM[191] trainiert werden, anderenfalls weiterhin eine Soft-Margin-SVM[192], die ein gewisses Ausmaß an Fehlklassifikationen erlaubt.

Hierbei entsteht jedoch zunächst das Problem, dass der für eine Klassifikation von z.T. mehreren Tausend Objekten anhand einer linearen Trennfunktion benötigte Merkmalsraum u.U. eine extrem hohe Dimension aufweisen muss. Dadurch wird der Berechnungsaufwand stark erschwert, da der Vektor der zu bestimmenden Modellparameter $\boldsymbol{\beta}$ in diesem hochdimensionalen Merkmalsraum mit der Anzahl der

[190] Die Soft-Margin-SVM, vgl. Abschnitt 2.4.2.

[191] Vgl. Abschnitt 2.4.1.

[192] Vgl. Abschnitt 2.4.2.

Dimensionen in die Berechnung der Entscheidungsfunktion (2.4.49) eingeht. Dieses Problem wird in der Statisktik als *Curse of Dimensionality* bezeichnet.

Eine wichtige Eigenschaft von Support-Vektor-Maschinen ist jedoch, dass sie in einer dualen Form ausgedrückt werden können. Der zu berechnende Parametervektor $\boldsymbol{\beta}$ und damit die Entscheidungsfunktion lässt sich in dieser als Linearkombination der Trainingsdaten y_i und der Eingabedaten $\boldsymbol{x}_i$ bzw. der Merkmalsdaten $\phi(\boldsymbol{x}_i)$ darstellen:[193]

$$\boldsymbol{\beta} = \sum_{i=1}^{n} y_i \alpha_i \phi(\boldsymbol{x}_i) \tag{2.4.50}$$

Die Entscheidungsfunktion im hochdimensionalen Merkmalsraum hat somit für ein Objekt i die folgende, aus Skalarprodukten der Merkmalsdaten $\phi(\boldsymbol{x}_i') = \phi(x_{1i}, \ldots, x_{Ki})$ bestehende duale Form:

$$f(\boldsymbol{x}_i) = \beta_0 + \sum_{i=1}^{n} y_i \alpha_i \phi(\boldsymbol{x}_i')\phi(\boldsymbol{x}_i) \tag{2.4.51}$$

Die Skalarprodukte im Merkmalsraum $\phi(\boldsymbol{x}_i')\phi(\boldsymbol{x}_i)$ in Gl. (2.4.51) können nun direkt als Funktion der Eingabedaten $\boldsymbol{x}_i$ dargestellt werden. Für zwei Datenvektoren $\boldsymbol{x}_i$ und $\boldsymbol{x}_j$ mit $i, j = 1, \ldots, n$ geschieht dies über die Definition einer sog. *Kernfunktion*

$$k(\boldsymbol{x}_i, \boldsymbol{x}_j) = \phi(\boldsymbol{x}_i')\phi(\boldsymbol{x}_j) \quad \text{mit} \quad \boldsymbol{x}_i, \boldsymbol{x} \in X \quad . \tag{2.4.52}$$

In der hier vorliegenden SVM-Formulierung sind Kernfunktionen somit definiert als Skalarprodukte der in hochdimensionale Merkmalsräume transformierten Eingabedaten $\boldsymbol{x}_i$. Die zur linearen Trennung nötigen und oft komplexen Merkmalstransformationen $\phi(\boldsymbol{x}_i)$ müssen somit nicht direkt durchgeführt werden, das Abbilden der Eingabedaten in den Merkmalsraum kann implizit erfolgen. Jeder lineare Algorithmus, der sich durch Skalarprodukte formulieren lässt, kann mit Hilfe von Kernfunktionen implizit in hochdimensionalen Merkmalsräumen ausgeführt und damit nichtlinear verallgemeinert werden, ohne die eigentliche Abbildung ϕ kennen zu müssen.[194] Das duale Optimierungsproblem der Maximal-Margin-SVM[195]

$$\max_{\boldsymbol{\alpha}} : \quad D(\boldsymbol{\alpha}) = \sum_{i=1}^{n} \alpha_i - \frac{1}{2} \sum_{i,j=1}^{n} y_i y_j \alpha_i \alpha_j k(\boldsymbol{x}_i, \boldsymbol{x}_j) \tag{2.4.53}$$

$$\text{u.d.NB:} \quad \sum_{i=1}^{n} y_i \alpha_i = 0 \tag{2.4.54}$$

$$\alpha_i \geq 0, \quad i = 1, \ldots, n \tag{2.4.55}$$

und die zugehörige lineare Entscheidungsfunktion[196]

$$f(\boldsymbol{x}) = \beta_0 + \sum_{i=1}^{n} y_i \alpha_i k(\boldsymbol{x}_i, \boldsymbol{x}) \quad , \tag{2.4.56}$$

[193] Vgl. die Gleichungen (2.4.23) und (2.4.25) in Abschnitt 2.4.1.

[194] Zur ausführlichen Darstellung der Kern-Methode vgl. u.a. [Bishop 2006, Burges 1998, Schölkopf, Burges et al. 1999, Schölkopf, Müller et al. 1999].

[195] Vgl. weiter oben die Gleichungen (2.4.20), (2.4.21) und (2.4.22).

[196] Vgl. Gl. (2.4.25) in Abschnitt 2.4.1.

lassen sich dann direkt mit der Kernfunktion $k(\boldsymbol{x}_i, \boldsymbol{x})$ darstellen und hängen nun über diese wieder direkt von den ursprünglichen Eingabedaten $\boldsymbol{x}_i$ ab. Das Problem der hohen Datendimension im Merkmalsraum wird somit bei der Berechnung der Entscheidungsfunktion umgangen.

Im Hinblick auf die weiter unten in Abschnitt 3.2.1 dargestellte Problematik des Erreichens der beiden sich eigentlich entgegenstehenden Ziele einer möglichst guten Erklärung der Trainingsdaten bei gleichzeitig möglichst hoher Generalisierungsfähigkeit bzw. geringer Komplexität der Lösung ist die Kern-Methode eine sehr wirksame Vorgehensweise. Durch die Verwendung von Kernfunktionen können einerseits hinreichend reichhaltige Funktionenklassen[197] (die in der Abbildung ϕ stecken) verwendet werden, um praktische und komplexe Lernprobleme zu lösen. Andererseits können im Merkmalsraum weiterhin wenig komplexe lineare Entscheidungsfunktionen verwendet werden, die das Problem des *Curse of Dimensionality* umgehen.

Die Aufgabe besteht nun darin, eine geeignete Kernfunktion zu finden, um die Suche nach einem geeigneten Merkmalsraum umgehen zu können. Die lineare Maschine wird dann im Merkmalsraum trainiert, ohne die Merkmalsvektoren explizit zu verwenden. Lediglich die sog. *Kern-Matrix*

$$\boldsymbol{K}(\boldsymbol{x}_i, \boldsymbol{x}_j) = \begin{pmatrix} k(x_1, x_1) & \cdots & \cdots & k(x_1, x_n) \\ k(x_2, x_1) & k(x_2, x_2) & \cdots & \vdots \\ \vdots & \vdots & \ddots & \vdots \\ k(x_n, x_1) & \cdots & \cdots & k(x_n, x_n) \end{pmatrix} , \qquad (2.4.57)$$

in der die Kernfunktionen aller Vektorenpaare $(\boldsymbol{x}_i, \boldsymbol{x}_j)$ enthalten sind, muss bestimmt werden.[198]

Neben der expliziten, auf die konkrete Problemstellung abgestimmten Konstruktion von Kernfunktionen[199] haben sich in der Praxis einige spezielle Kernfunktionen als besonders leistungsfähig erwiesen. Häufig verwendete Kernfunktionen sind u.a. die[200]

- *lineare Kernfunktion* $k(\boldsymbol{x}_i, \boldsymbol{x}_j) = \boldsymbol{x}_i'\boldsymbol{x}_j$,
- *polynomiale Kernfunktion* $k(\boldsymbol{x}_i, \boldsymbol{x}_j) = (\boldsymbol{x}_i'\boldsymbol{x}_j + 1)^p$, wobei der Parameter p die Ordnung der Polynomfunktion angibt und extern vorgegeben bzw. bestimmt werden muss,
- *Radial-Basis-Kernfunktion (Gauss-Kern)* $k(\boldsymbol{x}_i, \boldsymbol{x}_j) = \exp\{-\gamma||\boldsymbol{x}_i - \boldsymbol{x}_j||^2\}$,

[197] Vgl. auch die Ausführungen in Abschnitt 2.2.5 zur strukturellen Risikominimierung.

[198] Als Bedingung, dass die Funktion $k(\boldsymbol{x}_i, \boldsymbol{x}_j)$ eine gültige Kernfunktion darstellt, muss die Symmetrie, d.h. $k(\boldsymbol{x}_i, \boldsymbol{x}_j) = k(\boldsymbol{x}_j, \boldsymbol{x}_i)$, und die positive Semidefinitheit der Kern-Matrix für alle möglichen Werte von $\boldsymbol{x}$ sichergestellt sein, vgl. [Cristianini und Shawe-Taylor 2000].

[199] Zur Konstruktion von Kernfunktionen vgl. u.a. [Bishop 2006], S. 294 ff. und [Cristianini und Shawe-Taylor 2000], S. 30 ff.

[200] Vgl. u.a. [Hsu et al. 2003, Karatzoglou et al. 2005].

wobei der Parameter γ die funktionale Form des Gauss-Kerns bestimmt und extern vorgegeben werden muss,

– *tangens-typerbolicus-Kernfunktion* $k(\boldsymbol{x}_i, \boldsymbol{x}_j) = \tanh(\beta_0 + \beta_1 \boldsymbol{x}_i' \boldsymbol{x}_j)$, wobei β_0 und β_1 Parameter der tanh-Funktion darstellen und wiederum vorgegeben werden müssen.[201]

Man beachte hier den Zusammenhang zwischen der Kern-Methode und den Vorgehensweisen anderer statistischer Methoden: In der parametrischen Statistik werden oft Variablentransformationen wie bspw. die Box-Cox-Transformation[202] oder die Polynomtransformation[203] der unabhängigen Variablen durchgeführt, um die Komplexität bzw. Flexibilität der parametrischen Modelle zu erweitern und damit die Anpassungs- und Prognosequalität zu erhöhen. Analog werden in der Theorie der künstlichen keuronalen Netze[204] durch die Aktivierungs- bzw. Transferfunktionen der in den Netzen enthaltenen Neuronen die Modelle an die Eingabedaten angepasst bzw. die Daten so transformiert, dass die Netzwerkmodelle die vorliegenden Klassifikationsprobleme lösen können. Die in der Theorie der Support-Vektor-Maschinen verwendeten Kernfunktionen transformieren die Daten implizit und stellen damit den Zusammenhang zwischen den Daten und einer "virtuellen" Transformation dieser in den Merkmalsraum, in dem die Modelle dann geschätzt werden, her.

Erweiterung: Support-Vektor-Regression Die Idee und Vorgehensweise der Support-Vektor-Maschinen zur Klassifizierung vorgegebener Datenmengen kann auf die Anpassung eines funktionalen Zusammenhanges zwischen einer Menge von Einflussvariablen und einer zu erklärenden Zielvariable erweitert werden. Dazu wird wiederum eine Datenmenge $\{(\boldsymbol{x}_1, y_1), \ldots, (\boldsymbol{x}_i, y_i), \ldots, (\boldsymbol{x}_n, y_n)\}$ betrachtet. Ziel ist es nun, anhand dieser Daten eine lineare Funktion $f(\boldsymbol{X})$ der Einflussvariablen $\boldsymbol{X}$ zu schätzen, so dass eine optimale Anpassung der Zielvariable Y erreicht wird. Es wird somit analog zur klassischen linearen Regression[205] das folgende lineare Regressionsmodell spezifiziert:

$$Y_i = f(\boldsymbol{X}_i) + u_i = \beta_0 + \boldsymbol{X}_i' \boldsymbol{\beta} + u_i \tag{2.4.58}$$

Die Parameter β_0 und $\boldsymbol{\beta}$ dieses linearen Modells sollen nun so aus den Trainingsdaten gelernt werden, dass zum einen die Fehlerfunktion (ausgedrückt als Funktion

[201]Im Gegensatz zu den anderen Kernfunktionen ist die tanh-Funktion für bestimmte Parameterkonstellationen von $\{\beta_0, \beta_1\}$ keine zulässige Kernfunktion, vgl. [Vapnik 1995]. Zur tangens-hyperbolicus-Funktion bzw. -Transformation vgl. auch die Ausführungen im Zusammenhang mit Transferfunktionen innnerhalb der Theorie künstlicher neuronaler Netze in Abschnitt 2.3.

[202]Vgl. weiter oben Abschnitt 2.1.1.2.

[203]Vgl. die Schätzung eines logistischen Polynommodells weiter unten in Abschnitt 4.4.1 dieser Arbeit.

[204]Vgl. Abschnitt 2.3.2.1.

[205]Vgl. Gl. (2.1.11) in Abschnitt 2.1.2.

der Residuen $\widehat{u}_i = y_i - f(\boldsymbol{x}_i)$ über alle Beobachtungen $i = 1, \ldots, n$) möglichst minimal wird, und zum anderen die euklidische Norm des Parametervektors $||\boldsymbol{\beta}||^2 = \boldsymbol{\beta}'\boldsymbol{\beta}$ nicht zu groß wird. Dies hat seine Gründe in der in Abschnitt 3.2.1 beschriebenen Generalisierungsfähigkeit des geschätzten Modells. Ein parameterreiches Modell erlaubt zwar eine hohe Anpassung der Funktion an die Trainingsdaten, jedoch ist die korrekte Vorhersage von Werten der Zielvariable für neu hinzukommende Daten dann nicht mehr in dem gewünschten Maß gewährleistet. Dieser Sachverhalt ist für den Fall einer Einfachregression in der Abb. 2.19 dargestellt. Dabei wird aus Gründen der Darstellbarkeit in einem zweidimensionalen Raum zwischen einem im linken Teil der Abbildung dargestellten linearen Modell (stellvertretend für "Parameter-Sparsamkeit") und einem im rechten Teil der Abbildung dargestellten nichtlinearen Modell (stellvertretend für "Parameter-Reichtum") unterschieden. Die SVM passt jedoch ausschließlich lineare Funktionen in ggf. höherdimensionalen Merkmalsräumen an, wobei die Anzahl der Dimensionen des Raumes der Anzahl der Parameter der linearen Funktion und damit der Komplexität der SVM entspricht.[206]

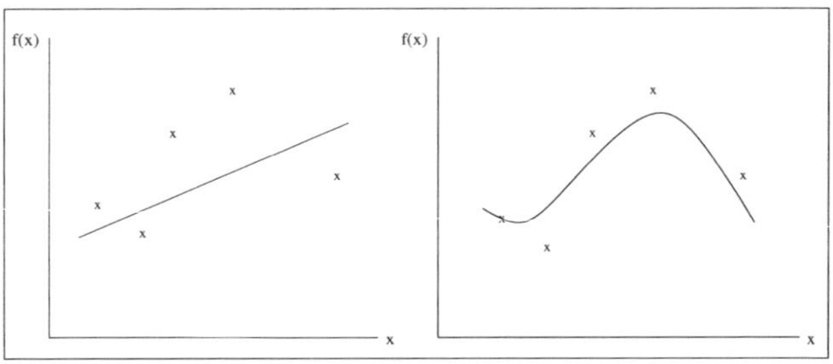

Abbildung 2.19: Eventuelle Überanpassung an die Trainingsdaten. Bei der Modellwahl muss zwischen der Anpassung an die Trainingsdaten und einer möglichst sparsamen Modellspezifikation abgewogen werden.

Im Gegensatz zur klassischen linearen Regression[207], bei der für ein fest spezifiziertes Modell lediglich die Störungen u_i minimiert werden, herrscht im Fall der Support-Vektor-Regression ein Trade-Off zwischen der Minimierung der Fehlerfunktion und einer möglichst "sparsamen" Parameterlösung des geschätzten Regressionsmodells. Als Fehlerfunktion[208] kann zum einen die Summe der absoluten

[206]Das im rechten Teil von Abb. 2.19 dargestellte nichtlineare Modell im zweidimensionalen Raum kann in einem höherdimensionalen Raum als lineares Modell (eine sog. Hyperebene) dargestellt werden. Diese Dimensionserhöhung wird durch Variablentransformationen und damit durch zusätzliche Modellparameter im linearen Modell erreicht. Vgl. auch die Ausführungen im Zusammenhang mit der Darstellung von linearen Modellen im Merkmalsraum und der damit zusammen hängenden Kern-Methode in Abschnitt 2.4.3 dieser Arbeit.

[207]Vgl. Abschnitt 2.1.2.

[208]Zu Fehlerfunktionen vgl. weiter oben Abschnitt 2.2.3.

Residuen *(Sum of Absolute Errors)*

$$SAE = \sum_i |u_i| = \sum_i |y_i - \beta_0 - \boldsymbol{x}_i'\boldsymbol{\beta}| \qquad (2.4.59)$$

oder die Summe der quadrierten Residuen *(Sum of Squared Errors)*

$$SSE = \sum_i u_i^2 = \sum_i (y_i - \beta_0 - \boldsymbol{x}_i'\boldsymbol{\beta})^2 \qquad (2.4.60)$$

verwendet werden. Es ergibt sich somit je nach Art der Fehlerfunktion die folgende Zielfunktion eines quadratischen Optimierungsproblems:

$$\min: \frac{1}{2}\boldsymbol{\beta}'\boldsymbol{\beta} + C\sum_{i=1}^{n}|u_i| \quad \text{bzw.} \quad \min: \frac{1}{2}\boldsymbol{\beta}'\boldsymbol{\beta} + C\sum_{i=1}^{n}u_i^2 \qquad (2.4.61)$$

Der Parameter C gibt wie bei der Soft-Margin-SVM[209] das Ausmaß des Trade-Off zwischen einer aus stabilitäts- und rechentechnischen Gründen und aus Gründen der Generalisierungsfähigkeit möglichst kleinen quadratischen Norm des Parametervektors und dem Ausmaß, in dem Anpassungsfehler der Funktion toleriert werden, an.

Eine Grundidee der Support-Vektor-Regression, die von [Vapnik 1998] formuliert wurde, ist nun, dass aus Gründen der möglichst zu vermeidenden Überanpassung der geschätzten Funktion an die Beobachtungsdaten kleine Abweichungen bzw. Fehlerterme erlaubt sind. Es wird dazu ein Bereich in Höhe von $\pm\ \epsilon$ um die Funktion $f(\boldsymbol{x})$ festgelegt, innerhalb dessen die Residuen nicht in das Optimierungsproblem einfließen. Abb. 2.20 stellt diese Vorgehensweise grafisch dar.

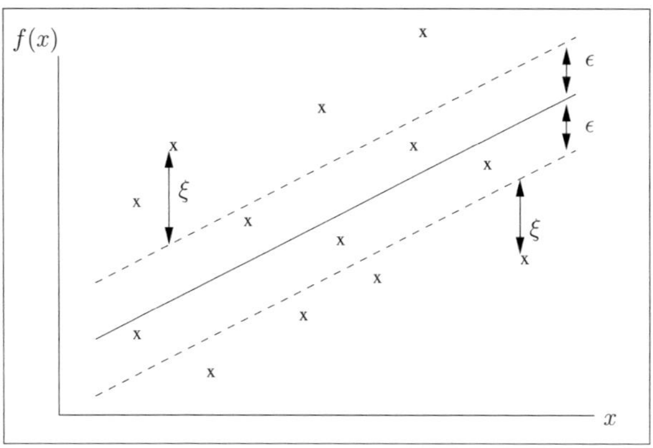

Abbildung 2.20: ϵ - unempfindliche Anpassung an die Trainingsdaten.

[209] Vgl. Abschnitt 2.4.2.

Um das Ausmaß der durch die zu schätzende Funktion verursachten Fehler (die Differenz zwischen dem beobachteten und dem von der Funktion aus den Eingabedaten geschätzten Wert) zu quantifizieren, wird bspw. die Summe der *absoluten* ϵ *- unempfindlichen* Fehler

$$SAE_\epsilon = \sum_{i=1}^{n} |y_i - f(\boldsymbol{x}_i)|_\epsilon = \sum_{i=1}^{n} \xi_i \tag{2.4.62}$$

bzw. die Summe der *quadratischen* ϵ *- unempfindlichen* Fehler

$$SSE_\epsilon = \sum_{i=1}^{n} (y_i - f(\boldsymbol{x}_i))^2_\epsilon = \sum_{i=1}^{n} \xi_i^2 \tag{2.4.63}$$

mit

$$\xi_i = \begin{cases} |u_i| - \epsilon & \text{für} \quad |u_i| > \epsilon \\ 0 & \text{sonst} \end{cases} \tag{2.4.64}$$

als Fehlermaß definiert.[210] Nur Residuen, die größer sind als ϵ, gehen positiv in die Fehlerfunktion ein und haben damit Einfluss auf die Wahl der optimalen Regressionsfunktion.

In Abb. 2.21 sind im linken Teil (a) die in der klassischen Regressionsanalyse verwendete KQ-Verlustfunktion, im mittleren Teil (b) die quadratische ϵ - unempfindliche sowie im rechten Teil (c) die absolute ϵ - unempfindliche Fehlerfunktion dargestellt.

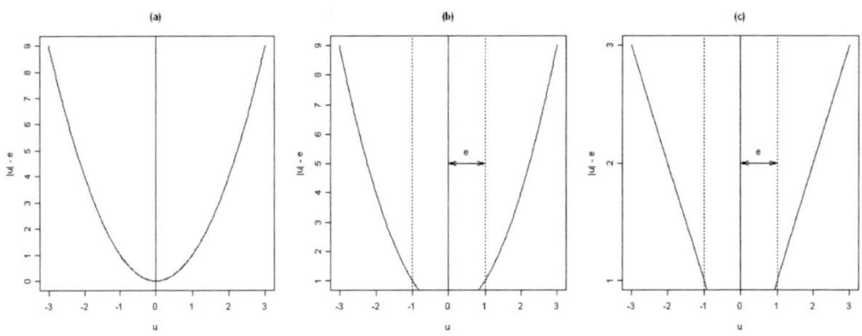

Abbildung 2.21: Verschiedene Fehlerfunktionen. In den beiden rechts in Teil (b) und (c), ϵ - unempfindlichen quadratischen bzw. absoluten Fehlerfunktionen werden erst für Beträge der Fehler u, die größer sind als der hier beispielhafte ϵ-Wert von 1 im Ausmaß $|u|-\epsilon$ (vgl. Gl. (2.4.64)) bestraft. Im linken Teil (a) ist die KQ-Fehlerfunktion ohne ϵ - Unempfindlichkeit dargestellt.

[210] Die Fehler ξ_i entsprechen den bei der Soft-Margin-Klassifikation verwendeten Slack-Variablen, vgl. Abschnitt 2.4.2.

Wird als Fehlerfunktion die lineare ϵ-unempfindliche Fehlerfunktion (2.4.62) verwendet, hat das Optimierungsproblem die folgende Form:[211]

$$\text{min :} \quad \frac{1}{2}\boldsymbol{\beta}'\boldsymbol{\beta} + C\sum_{i=1}^{n}(\xi_i + \xi_i^*) \tag{2.4.65}$$

$$\text{u.d.NB:} \quad y_i - \beta_0 - \boldsymbol{x}_i'\boldsymbol{\beta} \leq \epsilon + \xi_i \tag{2.4.66}$$

$$\beta_0 + \boldsymbol{x}_i'\boldsymbol{\beta} - y_i \leq \epsilon + \xi_i^* \tag{2.4.67}$$

$$\xi_i, \xi_i^* \geq 0, \quad i = 1, \ldots, n \tag{2.4.68}$$

Dabei wurde unterschieden in Fehler ξ_i, die den beobachteten Wert um mehr als ϵ überschreiten und Fehler ξ_i^*, die den beobachteten Wert um mehr als ϵ unterschreiten. □

[211] Zur Lösung dieses Optimierungsproblems vgl. u.a. [Smola und Schölkopf 1998].

Kapitel 3

Bewertung und Auswahl statistischer Modelle

Bei der Modellspezifikation und auch nach der eigentlichen Modellschätzung muss geprüft werden, wie gut die Qualität des geschätzten Modells ist, d.h. wie gut die zur Schätzung verwendeten Daten durch das Modell erklärt wurden und ob die geschätzten Parameter und damit die unabhängigen Variablen einzeln bzw. als Ganzes einen signifikanten Einfluss auf die Zielvariable bzw. die Klassifikation ausüben. Die Abwägung dieser Schätzqualität und einer Komplexitätsbetrachtung gibt die sog. *In-Sample-Qualität* eines Modells an. Eine andere Art der Modellbewertung setzt an der direkten Beurteilung der sog. Generalisierungsfähigkeit des geschätzten Modells im Hinblick auf die Prognose der Zielgröße für neue Daten an. Dies wird als *Out-Of-Sample-Qualität* oder *Prognosequalität* des Modells bezeichnet. Wie weiter unten in diesem Kapitel noch ausführlich dargelegt wird, kann ein zu komplexes Modell über eine zu gute Anpassung an die zur Schätzung verwendeten Trainingsdaten dazu führen, dass über den grundlegenden Zusammenhang zwischen den betrachteten Variablen hinaus auch zufällige Effekte mit angepasst werden. Dies könnte dann u.U. zu einer Verringerung der Prognosequalität führen. Somit muss bei der Modellbewertung zwischen der Anpassungs- und der Prognosequalität abgewogen werden, wobei letztlich im Hinblick auf die praktische Solvenzprognose die Prognosequalität das entscheidende Gütekriterium darstellt.

Die Möglichkeiten der Modellbeurteilung hängen dabei u.a. von der Art der verwendeten Schätzmethoden, den verwendeten Funktionsformen und der damit verbundenen Modellkomplexität sowie von der Verteilung der Schätzungen ab. In diesem Kapitel werden zunächst einige wichtige, in dieser Arbeit zwecks Modellvergleich bzw. -evaluation verwendete Maße und Methoden zur Bestimmung der Schätz- und Anpassungsqualität sowie statistische Signifikanzanalysen für lineare und nichtlineare Modelle beschrieben. Darauf aufbauend wird auf den Zusammenhang zwischen der Komplexität eines Modells und der damit verbundenen Anpassungsgüte und Prognosequalität eingegangen.

3.1 Schätzqualität und Anpassungsgüte

Nach der Schätzung eines Approximations- oder Klassifikationsmodells aus den Trainingsdaten stellt sich zunächst die Frage, wie gut die zur Schätzung verwendeten Beobachtungen durch das geschätzte Modell interpoliert und damit erklärt werden konnten. Wie weiter oben in Abschnitt 2.1.1.1 dargelegt wurde, wird in der parametrischen statistischen Analyse der Zusammenhang zwischen den Einflussgrößen und der Zielgröße vor der Modellschätzung funktional und was die einbezogenen Variablen betrifft genau spezifiziert. Unter der damit getroffenen Annahme, dass dieser spezifizierte Zusammenhang tatsächlich dem wahren Zusammenhang entspricht, ist die möglichst gute Anpassung des zu schätzenden Modells an die Trainingsdaten alleinige Voraussetzung für eine gute Prognosequalität des entsprechenden Modells. Bspw. entspricht bei der in Abschnitt 2.1.2 dargestellten linearen Regressionsanalyse aufgrund der ausschließlich betrachteten linearen Funktionenklasse das hinsichtlich der Generalisierungsfähigkeit eigentlich zu minimierende strukturelle Risiko der dort durchgeführten Minimierung des empirischen Risikos, da die Komlexität der Funktion vorgegeben ist.[1]

In der statistischen Lerntheorie dagegen ist die Art und damit die Komplexität des an die Daten anzupassenden Modells hinsichtlich der funktionalen Spezifikation offen.[2] Daher kann die Prognosequalität nicht allein anhand der Anpassungsqualität des Modells an die Trainingsdaten beurteilt werden, da eine zu gute Interpolation der Trainingsdaten die Prognose neuer Daten u.U. erschwert. Eine einfache Möglichkeit zur Bestimmung der Prognosequalität besteht z.B. darin, vor der Schätzung des Modells eine Teilmenge aus der gesamten Datenmenge zu entnehmen, die dem Schätzverfahren bzw. dem Lernalgorithmus vorenthalten wird. Anhand der Anwendung des geschätzten Modells auf diese separierten Daten kann dann die Out-Of-Sample- bzw. Prognosequalität abgeschätzt werden. Ist die verfügbare Datenmenge jedoch nicht groß genug, um auf Daten bei der Schätzung zu verzichten, muss die Prognosequalität auf eine andere Art bestimmt werden. Auf die Problematik und Bestimmung der Prognosequalität wird weiter unten in Abschnitt 3.2 näher eingegangen.

3.1.1 Prüfung des linearen ökonometrischen Modells

3.1.1.1 Streuungs- und Residualanalyse

Eine wichtige Maßzahl zur Beurteilung der Anpassungsgüte im klassischen linearen Regressionsmodell stellt das sog. *Bestimmtheitsmaß* R^2 dar. Dieses lässt sich aus der Zerlegung der Streuungs-Quadratsumme der abhängigen Variable in einen durch die Regressionsfunktion erklärten Teil und eine nicht erklärte zufällige Rest-

[1] Vgl. Abschnitt 2.2.5.

[2] Vgl. Abschnitt 2.2.

streuung herleiten. Diese Streuungszerlegung lässt sich wie folgt formalisieren:

$$SST = SSR + SSE \tag{3.1.1}$$

$$\sum_{i=1}^{n}(y_i - \bar{y})^2 = \sum_{i=1}^{n}(\widehat{y}_i - \bar{y})^2 + \sum_{i=1}^{n}(\underbrace{y_i - \widehat{y}_i}_{\widehat{u}_i})^2 \tag{3.1.2}$$

$$(\boldsymbol{y} - \bar{\boldsymbol{y}})'(\boldsymbol{y} - \bar{\boldsymbol{y}}) = (\widehat{\boldsymbol{y}} - \bar{\boldsymbol{y}})'(\widehat{\boldsymbol{y}} - \bar{\boldsymbol{y}}) + \widehat{\boldsymbol{u}}'\widehat{\boldsymbol{u}} \tag{3.1.3}$$

Dabei bezeichnet der linke Teil der Gleichungen die Gesamtstreuung der Zielvariable (*Sum of Squares Total (SST)*). Der rechte Teil der Gleichungen stellt die additive Zerlegung dieser Streuung in einen durch die Regressionsschätzung erklärten Teil (*Sum of Squares of Regression (SSR)*), der die Streuung der Regressionsfunktion darstellt, und einen unerklärt bleibenden Rest (*Sum of Squared Errors (SSE)*), der die Reststreuung bzw. die Streuung des Störterms beschreibt, dar. Diese Reststreuung wurde bei der in Abschnitt 2.1.2 beschriebenen KQ-Schätzung minimiert. Der Vektor $\widehat{\boldsymbol{u}}$ enthält somit die durch die konkret geschätzte Regressionsfunktion (2.1.13) (vgl. Seite 21) erhaltenen *Residuen* $\widehat{u}_i = y_i - \widehat{y}_i$ für alle $i = 1, \ldots, n$ Stichprobendaten. Der Vektor $\bar{\boldsymbol{y}}$ enthält n mal das arithmetische Mittel der abhängigen Variable.

Die Streuungszerlegung ist grafisch für zwei verschiedene Modelle in Abb. 3.1 dargestellt. Beide Modelle sind bzgl. der durch die KQ-Methode minimierten Fehlerquadrate optimal geschätzt. Das rechts dargestellte Modell weist aber durch den höheren Erklärungsanteil an der Varianz der Zielvariable eine größere Anpassungs- und damit Prognosequalität auf.

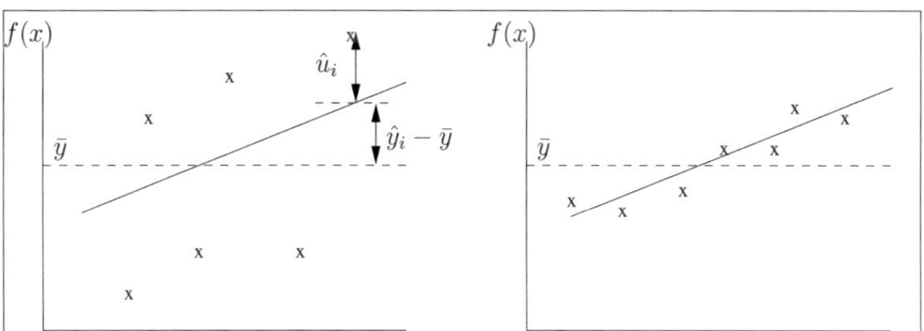

Abbildung 3.1: Streuungszerlegung und Bestimmtheitsmaß.

Das (multiple) Bestimmtheitsmaß R^2 gibt nun den Anteil der durch die geschätzte Regressionsfunktion - und damit durch die im Modell enthaltenen Einflussvariablen - erklärten Streuung an der Gesamtstreuung der abhängigen Variable an:

$$R^2 = \frac{SSR}{SST} = \frac{(\widehat{\boldsymbol{y}} - \bar{\boldsymbol{y}})'(\widehat{\boldsymbol{y}} - \bar{\boldsymbol{y}})}{(\boldsymbol{y} - \bar{\boldsymbol{y}})'(\boldsymbol{y} - \bar{\boldsymbol{y}})} \tag{3.1.4}$$

bzw.

$$R^2 = 1 - \frac{SSE}{SST} = 1 - \frac{\widehat{\boldsymbol{u}}'\widehat{\boldsymbol{u}}}{(\boldsymbol{y}-\bar{\boldsymbol{y}})'(\boldsymbol{y}-\bar{\boldsymbol{y}})} \tag{3.1.5}$$

Durch identische Erweiterung lässt sich das Bestimmtheitsmaß auch als Verhältnis der geschätzten Varianzen der Regressionsgleichung (*Mean Squares of Regression (MSR)*) bzw. Störgröße (*Mean Squared Error (MSE)*) zur geschätzten Gesamtvarianz der Zielvariable (*Mean Squares Total (MST)*) darstellen:

$$R^2 = \frac{MSR}{MST} = \frac{\widehat{\sigma}^2_{\widehat{y}}}{\widehat{\sigma}^2_y} = \frac{[(\widehat{\boldsymbol{y}}-\bar{\boldsymbol{y}})'(\widehat{\boldsymbol{y}}-\bar{\boldsymbol{y}})]/[n-1]}{[(\boldsymbol{y}-\bar{\boldsymbol{y}})'(\boldsymbol{y}-\bar{\boldsymbol{y}})]/[n-1]} \tag{3.1.6}$$

bzw.

$$R^2 = 1 - \frac{MSE}{MST} = \frac{\widehat{\sigma}^2_u}{\widehat{\sigma}^2_y} = 1 - \frac{[\widehat{\boldsymbol{u}}'\widehat{\boldsymbol{u}}]/[n-1]}{[(\boldsymbol{y}-\bar{\boldsymbol{y}})'(\boldsymbol{y}-\bar{\boldsymbol{y}})]/[n-1]} \tag{3.1.7}$$

Je größer dieser Anteil ist, desto mehr Varianz der Zielvariable lässt sich durch die Regressionsschätzung erklären, bzw. desto besser lässt sich der beobachtete Zusammenhang durch das geschätzte Modell approximieren.

Die Dimensionalität des Datenvektors $\boldsymbol{x}_i$ der Einflussvariablen bzw. deren Anzahl hat dabei einen entscheidenden Einfluss auf das Bestimmtheitsmaß, da mit einer Erhöhung der Anzahl der Einflussvariablen stets eine Erhöhung des Bestimmtheitsmaßes einhergeht.[3] Aus diesem Grund wird bei der multiplen Regressionsanalyse oft das sog. *korrigierte Bestimmtheitsmaß* R_k^2

$$\begin{aligned} R_k^2 &= 1 - \frac{\widehat{\sigma}^2_u}{\widehat{\sigma}^2_y} = 1 - \frac{SSE/[n-K-1]}{SST/[n-1]} && (3.1.8)\\ &= 1 - \frac{\widehat{\boldsymbol{u}}'\widehat{\boldsymbol{u}}}{(\boldsymbol{y}-\bar{\boldsymbol{y}})'(\boldsymbol{y}-\bar{\boldsymbol{y}})} \cdot \frac{n-1}{n-K-1} && (3.1.9)\\ &= 1 - \frac{n-1}{n-K-1}(1-R^2) && (3.1.10) \end{aligned}$$

betrachtet.[4] Dieses stellt das Verhältnis der aufgrund der Korrektur der Freiheitsgrade erwartungstreu geschätzten Varianz der Störgröße zur Gesamtvarianz der abhängigen Variable dar.[5] Durch die rechnerische Einbeziehung der Anzahl der Freiheitsgrade der Regressionsschätzung können korrigierte Bestimmtheitsmaße verschiedener Modelle hinsichtlich der einbezogenen unabhängigen Variablen miteinander verglichen werden. Dieses Maß kann daher auch als Selektionskriterium im Hinblick auf die korrekte Variablenspezifikation des Modells verwendet wer-

---

[3] Dies folgt aus der Tatsache, dass die minimale Residuenquadratsumme $\widehat{\boldsymbol{u}}'\widehat{\boldsymbol{u}}$ eines Modells mit mindestens einer zusätzlichen unabhängigen Variable niemals größer sein kann als die Residuenquadratsumme des Modells ohne diese Variable/n, da Schätzwerte von $\beta_k = 0$ für die zusätzlichen Variable/n immer die minimale Residuenquadratsumme des kleineren Modells erreichen könnten; vgl. u.a. [Greene 2000], S. 239 f. und [Kennedy 2003], S. 90 f.

[4] Vgl. [Theil 1971].

[5] Vgl. u.a. [Assenmacher 2002, Friedrich 1991, Greene 2000].

den, indem dasjenige Modell gewählt wird, das den höchsten Wert des korrigierten Bestimmtheitsmaßes aufweist.[6]

Weitere wichtige Aufschlüsse über die Qualität des geschätzten Modells insb. im Hinblick auf die Spezifikation liefert die Betrachtung der Residuen $\widehat{\boldsymbol{u}}$. Da sich jedes ökonometrische Modell[7] aus einem funktionalen Teil und einer Störung zusammensetzt, deutet eine nach der Schätzung verbliebene Struktur in den Residuen (als Schätzung der Störung) auf die Verletzung einer oder mehrerer der in Abschnitt 2.1.2 dargestellten Annahmen an die Störgröße $\boldsymbol{u}$ bzw. an die Spezifikation des Modells hin. So könnte es - was die betrachteten Einflussvariablen und die angenommene Funktionsform betrifft - fehlspezifiziert sein, da in dem Fall verbliebener Residuenstruktur offensichtlich noch funktionale Elemente in der Störgröße enthalten sind. Zur korrekten Spezifikation müsste man diese funktionalen Elemente in den systematischen Teil des Modells integrieren. Des Weiteren kann anhand bestimmter statistischer Tests[8] geprüft werden, ob die Annahmen der Abwesenheit von Autokorrelation oder der Homoskedastizität der Störgröße eventuell verletzt sind. Letztlich kann durch grafische Betrachtung der Residuen unter Umständen erkannt werden, ob die Annahmen über den Erwartungswert der Störgröße zutreffend sind, z.B. ob dieser tatsächlich als Null angenommen werden kann.

3.1.1.2 Signifikanzanalyse

Zusätzlich zur Betrachtung der Anpassungsqualität des geschätzten Modells als Ganzes bspw. anhand des Bestimmtheitsmaßes (3.1.4) stellt sich in einem weiteren Schritt die Frage nach den unterschiedlichen Erklärungsbeiträgen der einzelnen bzw. mehrerer unabhängiger Variablen. Aus der Tatsache, dass das Bestimmtheitsmaß beim Hinzufügen weiterer Einflussvariablen stets ansteigt, ist ersichtlich, dass ein hohes Bestimmtheitsmaß allein keine Aussage über die Relevanz der einzelnen Variablen erlaubt.[9]

Ist das ökonometrische Modell geschätzt, d.h. sind die Schätzwerte aller in der Regressionsfunktion enthaltenen Parameter bestimmt, soll mit Hilfe der *Signifikanzanalyse* geprüft werden, ob die im Modell enthaltenen Einflussgrößen tatsächlich einen Beitrag zur Erklärung der Zielvariable leisten. Dazu werden parametrische Testverfahren angewandt. Diese statistischen Signifikanztests testen i.d.R. die Nullhypothese $H_0 : \beta_k = 0$ der Parameter einer bzw. mehrererer unabhängiger Variablen X_k. Kann die Nullhypothese verworfen werden, sind die entsprechenden Koeffizienten signifikant von Null verschieden, d.h. die zugehörigen Einflussgrößen beeinflussen die Zielgröße entsprechend statistisch signifikant.

[6]Zur Modellselektion anhand dieses und weiterer Selektions- und Informationskriterien vgl. Abschnitt 3.3.

[7]Vgl. bspw. das lineare Modell (2.1.2) auf Seite 10.

[8]Z.B. White-, Durbin-Watson- oder Goldfeld-Quandt-Test; vgl. u.a. [Greene 2000, Hackl 2005].

[9]Anders verhält es sich bei der Betrachtung des korrigierten Bestimmtheitsmaßes, vgl. zum Problem der Variablenspezifikation auch Abschnitt 3.3.

In einem engen Zusammenhang mit dem Bestimmtheitsmaß (3.1.4) bzw. dem korrigierten Bestimmtheitsmaß (3.1.8) steht der *F-Test.* Dieser testet die Signifikanz mehrerer Regressionsparameter eines beliebigen geschätzten linearen Regressionsmodells gleichzeitig. Dabei wird überprüft, ob sich das betrachtete Modell gegen ein in den Parametern *restringiertes Modell*[10] hinsichtlich der Verringerung des unerklärten Varianzanteils (dies entspricht einer Vergrößerung des Bestimmtheitsmaßes R^2) durchsetzen kann. Bei dem restringierten Modell werden die Regressionskoeffizienten β_k einer beliebigen Anzahl von "echten" unabhängigen Variablen auf Null gesetzt. Dann wird die unerklärte Reststreuung SSE_r dieses restringierten mit der Reststreuung SSE des unrestringierten Modells verglichen. Ist die Reststreuung des unrestringierten Modells im Vergleich zum restringierten Modell signifikant niedriger[11], ist mindestens einer der im restringierten Modell auf Null gesetzten Parameter signifikant. Das bedeutet wiederum, dass die zugehörigen Einflussvariablen insgesamt signifikant zur Erklärung der Zielvariable beitragen. Die Prüfgröße des F-Testes lautet

$$F = \frac{(SSE_r - SSE)/L}{SSE/[n-K-1]} = \frac{\widehat{\boldsymbol{u}}_r'\widehat{\boldsymbol{u}}_r - \widehat{\boldsymbol{u}}'\widehat{\boldsymbol{u}}}{\widehat{\boldsymbol{u}}'\widehat{\boldsymbol{u}}} \cdot \frac{n-K-1}{L} \quad , \tag{3.1.11}$$

wobei L die Anzahl der auf Null gesetzten Parameter bzw. Restriktionen ist. Die Nullhypothese des Testes lautet

$$H_0 : \beta_l = 0 \quad \text{mit} \quad l = 1, \ldots, L \quad \text{und} \quad L \subseteq K \quad . \tag{3.1.12}$$

Um einen Ablehnbereich konstruieren zu können, muss an dieser Stelle eine Verteilungsannahme der Prüfgröße getroffen werden. Diese kann wiederum nur hergeleitet werden, wenn eine Verteilungsannahme der Störgröße $\boldsymbol{u}$ getroffen werden kann. Da die Störungen sich annahmegemäß aus vielen kleinen unabhängigen Effekten zusammensetzen, werden diese aufgrund des Zentralen Grenzwertsatzes der Statistik oft als näherungsweise normalverteilt angenommen.[12] Da die Prüfgröße des F-Testes (3.1.11) sowohl im Zähler als auch im Nenner aus einer Summe der quadrierten (normalverteilten) Störungen besteht, kann diese als F-verteilt angenommen werden.[13]

Die Prüfgröße ist somit unter H_0 F-verteilt mit L Zähler- und $n-K-1$ Nennerfreiheitsgraden. Der Ablehnbereich liegt bei $F > F_{1-\alpha,L,n-K-1}$[14].

Werden die Regressionsparameter aller echten erklärenden Einflussgrößen auf Null gesetzt, wird also das gesamte Modell auf Signifikanz getestet, vereinfacht sich

[10] Von einer Parameterrestriktion wird gesprochen, wenn der entsprechende Regressionsparameter auf Null gesetzt wird und damit die zugehörige unabhängige Variable aus dem Modell entfernt wird.

[11] Dies entspricht einer "signifikanten" Erhöhung des Bestimmtheitsmaßes R^2 bzw. einer Erhöhung des korrigierten Bestimmtheitsmaßes R_k^2.

[12] Vgl. auch Abschnitt 2.1.2.

[13] Vgl. u.a. [Bosch 1998, Friedrich 2000].

[14] Dies ist das $1-\alpha$ - Quantil der entsprechenden F-Verteilung, α ist das gewünschte Signifikanzniveau des Testes.

die Prüfgröße in Abhängigkeit vom Bestimmtheitsmaß (3.1.6) des unrestringierten Modells zu

$$F = \frac{R^2}{1-R^2} \cdot \frac{n-K-1}{K} \quad . \tag{3.1.13}$$

Die Nullhypothese des Testes lautet dann

$$H_0 : \beta_k = 0 \quad \forall \quad k = 1, \ldots, K \tag{3.1.14}$$

und die Prüfgröße (3.1.13) ist unter H_0 F-verteilt mit K Zähler- und $n-K-1$ Nennerfreiheitsgraden. Werte der Prüfgröße im Ablehnbereich von $F > F_{1-\alpha,K,n-K-1}$ führen somit zu einer Ablehnung der Nullhypothese.

Sollen einzelne unabhängige Variablen auf Signifikanz geprüft werden, kommt der *t-Test* zur Anwendung. Die Nullhypothese dieses Testes lautet

$$H_0 : \beta_k = 0 \quad . \tag{3.1.15}$$

Als Prüfgröße wird die standardisierte Parameterschätzung

$$t = \frac{\widehat{\beta}_k - \beta_k}{\sqrt{\widehat{\sigma}^2_{\widehat{\beta}_k}}} = \frac{\widehat{\beta}_k}{\widehat{\sigma}_{\widehat{\beta}_k}} \tag{3.1.16}$$

verwendet, wobei sich die geschätzte Varianz der Parameterschätzung im klassischen Regressionsmodell zu

$$\widehat{\sigma}^2_{\widehat{\beta}_k} = \widehat{\sigma}^2 (\boldsymbol{X}'\boldsymbol{X})^{-1}_{k,k} = \frac{\widehat{\boldsymbol{u}}'\widehat{\boldsymbol{u}}}{n-K-1} (\boldsymbol{X}'\boldsymbol{X})^{-1}_{k,k} \tag{3.1.17}$$

ergibt. $(\boldsymbol{X}'\boldsymbol{X})^{-1}_{k,k}$ ist das zur k-ten "echten" erklärenden Variable gehörende Diagonalelement der Inversen der Matrix $\boldsymbol{X}'\boldsymbol{X}$ und $\widehat{\sigma}^2_{\widehat{\beta}_k}$ das entsprechende Diagonalelement der geschätzten Varianz-Kovarianz-Matrix $\widehat{\boldsymbol{\Sigma}}_{\widehat{\boldsymbol{\beta}}\widehat{\boldsymbol{\beta}}}$ der Parameterschätzungen. Wiederum unter der Annahme der normalverteilten Störgröße ist auch die Parameterschätzung $\widehat{\beta}_k$ normalverteilt. Damit ist die Prüfgröße (3.1.16) unter H_0 t-verteilt mit $n-K-1$ Freiheitsgraden.[15] Ist der errechnete t-Wert bei einem Signifikanzniveau von α dem Betrag nach größer als der kritische Wert $t_{1-\frac{\alpha}{2},n-K-1}$[16], kann die Nullhypothese verworfen werden , d.h. die entsprechende Variable übt einen signifikanten Einfluss auf die zu erklärende Variable aus.

3.1.2 Prüfung der varianzanalytischen Streuungszerlegung

Im Rahmen der Varianzanalyse[17] wurde die Stärke des Einflusses von kategorialen Merkmalen, sog. Faktoren, auf eine metrische Zielgröße anhand einer Streuungszerlegung geschätzt. Die sich dabei im Rahmen der statistischen Signifikanzprüfung

[15] Vgl. u.a. [Bosch 1998, Friedrich 2000].

[16] Dies ist das $1-\frac{\alpha}{2}$ - Quantil der entsprechenden t-Verteilung.

[17] Vgl. Abschnitt 2.1.4.2.

stellende Frage ist dann, ab welcher Streuungssumme zwischen den Faktorstufen der Faktoren (bzw. Klassenausprägungen der kategorialen Merkmale) man von einem tatsächlichen Einfluss des jeweiligen Faktors ausgehen kann. Im Fall der einfaktoriellen Varianzanalyse kann diese Prüfung auch dazu dienen, die Unterschiedlichkeit der Erwartungswerte von bestimmten Modellvariablen in den Gruppen einer Klassifikations(hier: Faktor-)variable zu testen. Dies spielt vor allem bei der Bewertung von Klassifikationsmodellen eine Rolle.[18]

Zur besseren Vergleichbarkeit der Streuungszerlegung der Varianzanalyse werden zunächst die mittleren Streuungen (*Mean Squares (MS)*) gebildet. Dabei werden die Streuungssummen durch die Anzahl ihrer Freiheitsgrade[19] geteilt:

	mehrfaktoriell	einfaktoriell
MSF_1:	$SSF_1/(G-1)$	$SSF/(G-1)$
MSF_2:	$SSF_2/(H-1)$	
MSI:	$SSI/[(G-1)(H-1)]$	
MSE:	$SSE/[GH(n_{gh}-1)]$	$SSE/[G(n_g-1)]$

Es wird dabei davon ausgegangen, dass in allen Faktorstufen jeweils die gleiche Anzahl n_{gh} bzw. n_g von Beobachtungen vorliegt. Die Faktoren üben einen speziellen einzelnen und/oder gemeinsamen Einfluss auf die Gesamtvarianz (MST) der abhängigen Variable aus, wenn ein verhältnismäßig großer Teil dieser Streuung durch die Streuung zwischen den Faktorstufen (MSF_1 und MSF_2 bzw. MSI) verursacht wird und ein geringerer Teil durch die zufällige Streuung innerhalb der Faktorstufen (MSE).

Zur Prüfung des systematischen Einflusses des ersten Faktors im mehrfaktoriellen Modell wird bspw. das Verhältnis der mittleren quadratischen Abweichung zwischen den Faktorstufen dieses Faktors zur unsystematischen Streuung innerhalb der Faktorstufen berechnet:

$$F = \frac{MSF_1}{MSE} = \frac{GH(n_{gh}-1)}{G-1} \cdot \frac{SSF_1}{SSE} \tag{3.1.18}$$

Im einfaktoriellen Modell ergibt sich die Prüfgröße entsprechend zu

$$F = \frac{MSF_1}{MSE} = \frac{G(n_g-1)}{G-1} \cdot \frac{SSF}{SSE} \quad . \tag{3.1.19}$$

Ist dieses Verhältnis groß, d.h. dominiert der systematische Einfluss des Faktors die zufällige Streuung, beeinflusst der Faktor die Zielvariable.[20] Um dieses statistisch zu überprüfen, wird die Hypothese

$$\begin{aligned} H_0 &: \mu_g = \mu, \quad \forall \quad \text{g} \\ H_1 &: \mu_g \neq \mu \quad \text{für mindestens ein } g \end{aligned}$$

[18] Vgl. dazu die Ausführungen weiter unten in Abschnitt 3.1.3.3.

[19] Vgl. u.a. [Backhaus et al. 2002, Friedrich 2000].

[20] Wird das einfaktorielle Modell zur Prüfung der Diskriminanzanalyse verwendet (vgl. Abschnitt 3.1.3.3), ist in dem dortigen Zusammenhang die Unterschiedlichkeit der Klassenmittelwerte im Verhältnis zur Innergruppenstreuung groß und damit trägt die betrachtete Variable signifikant zur Diskriminierung der Klassen bei.

bzw.

$$H_0: \ \alpha_g = 0, \quad \forall g$$
$$H_1: \ \alpha_g \neq 0 \quad \text{für mindestens ein } g$$

getestet. Falls die Faktoren keinen Einfluss auf die Zielvariable ausüben, müssten die Erwartungswerte der Zielvariable in allen Faktorstufen bzw. Klassen g des betrachteten Faktors gleich bzw. die Einflussstärken in allen Klassen Null sein. Unter der Annahme der Normalverteilung innerhalb der Gruppen ist die Prüfgröße (3.1.18) bzw. (3.1.19) unter H_0 F-verteilt mit $G-1$ Zähler- und $GH(n_{gh}-1)$ bzw. $G(n_g-1)$ Nennerfreiheitsgraden. Ist der errechnete F-Wert bei einem Signifikanzniveau von α größer als der kritische Wert $F_{1-\alpha,G-1,G[H](n_{g[h]}-1)}$[21], kann die Nullhypothese verworfen werden , d.h. der entsprechende Faktor übt einen signifikanten Einfluss auf die zu erklärende Variable aus.

3.1.3 Klassifikationsgüte

3.1.3.1 Treffer- bzw. Fehlerquoten

Die Qualität einer geschätzten Klassifikationsfunktion lässt sich an dem Ausmaß des Erreichens der folgenden zwei Ziele festmachen. Erstens: Die Funktion soll die beobachteten Daten möglichst gut in die betrachteten Gruppen trennen und zweitens: Für neu hinzukommende Objekte soll anhand deren Merkmalsausprägungen die Gruppenzugehörigkeit möglichst richtig vorhergesagt werden.

Ein einfaches Verfahren zur Beurteilung des Ausmaßes der Erreichung des ersten Zieles durch die gefundene Trennfunktion ist der Anteil der Elemente der beobachteten Objekte der Trainingsmenge, die durch die Funktion in die richtige bzw. falsche Gruppe eingeordnet werden. Man bestimmt zunächst anhand der Entscheidungsregeln des Klassifikationsmodells[22] für jedes der beobachteten Trainingsobjekte die Klasse $\widehat{y}_i \in \{0,1\}$, in die es laut Klassifikationsfunktion einzuordnen ist und vergleicht diese mit der Klasse $y_i \in \{0,1\}$, die tatsächlich bei dem jeweiligen Objekt beobachtet wurde. Das Verhältnis der Anzahl der korrekt eingeordneten Objekte zur Anzahl aller Objekte der Trainingsmenge ergibt als Gütemaß die sog. *Trefferquote (TQ)* des betrachteten Klassifikationsmodells. Dabei entspricht die Trefferquote bei absoluten, quadratischen oder Indikator-Fehlerfunktionen[23] $l(y_i - \widehat{y}_i)$ genau dem empirischen Risiko[24]

$$TQ = \widehat{R}_f = \frac{1}{n}\sum_{i=1}^{n} l(y_i - \widehat{y}_i) \quad , \tag{3.1.20}$$

des Klassifikationsmodells f in den betrachteten n Datensätzen.

---

[21] Dies ist das $1-\alpha$ - Quantil der entsprechenden F-Verteilung.

[22] Vgl. z.B. die Klassifikationsregeln (2.1.51) auf Seite 35 für die LDA oder (2.4.29) auf Seite 81 einer Maximal-Margin-SVM.

[23] Zu Fehlerfunktionen vgl. weiter oben Abschnitt 2.2.3.

[24] Vgl. weiter oben Gl. (2.2.10) in Abschnitt 2.2.4.

3.1.3.2 Receiver Operating Characteristic

Bei Klassifikationsproblemen allgemein und insb. dann, wenn die beobachteten Datensätze in den einzelnen Klassen der kategorialen Zielvariable nicht in gleicher Zahl vorhanden sind, stellt die Gesamttreffer- bzw. Gesamtfehlerquote $FQ = 1 - TQ$ über alle Klassen nicht immer ein ausreichendes Gütemaß zur Beurteilung der Qualität des geschätzten Klassifikationsmodells dar. Für den in dieser Arbeit vorliegenden Fall zweier Klassen der Zielvariable kann eine Fehlerbetrachtung getrennt nach Klassen anhand einer wie in Tab. 3.1 dargestellten 4-Felder-Klassifikationsmatrix erfolgen.

		Prognostizierte Klasse	
		0	1
Beobachtete Klasse	0	*Richtig Positiv (TP)*	*Falsch Negativ (FN)*
	1	*Falsch Positiv (FP)*	*Richtig Negativ (TN)*

Tabelle 3.1: Klassifikationsmatrix für eine binäre Zielvariable.

Dabei sind in den Zellen die ürsprünglich aus der medizinischen Diagnostik stammenden Bezeichnungen der Entscheidungssituationen bei binären Klassifikationsproblemen angegeben. *Falsch Positiv* bezeichnet die Zahl des Auftretens der einen (evtl. schwerwiegenderen) der beiden möglichen Fehlentscheidungen, wohingegen *Falsch Negativ* die Häufigkeit der entgegengesetzten Fehlentscheidung angibt. Die jeweiligen Klassenausprägungen im Kopf der Tabelle sind somit spezifisch je nach Art des Klassifikationsproblems anzugeben.[25]

Die Gesamtfehlerquote des Modells ergibt sich aus der gewichteten Summe der Fehlerquoten getrennt nach Klasse zu

$$FQ = \frac{1}{TP + FN} \cdot FQ_{\,Klasse\ 0} + \frac{1}{FP + TN} \cdot FQ_{\,Klasse\ 1} \quad , \qquad (3.1.21)$$

wobei sich die einzelnen Klassenfehlerquoten zu

$$FQ_{\,Klasse\ 0} = 1 - \frac{TP}{TP + FN} \qquad (3.1.22)$$

$$FQ_{\,Klasse\ 1} = 1 - \frac{TN}{FP + TN} \qquad (3.1.23)$$

ergeben. Sind die Klassenhäufigkeiten nun ungleich verteilt, würde ein Klassifikationsmodell für zwei Klassen den Gesamtfehler bspw. dann auf 10% minimieren, wenn die in der kleineren Klasse 0 insgesamt vorhandenen 100 = 10% der

[25] In der im Verlauf dieser Arbeit untersuchten Solvenzanalyse entspricht *Falsch Positiv* aus der Sicht eines Kreditinstituts der Einstufung eines Unternehmens als solvent, obwohl es in Wahrheit insolvenzgefährdet ist, da diese Entscheidung aus der Sicht eines die Kreditvergabe prüfenden Kreditinstitutes evtl. schwerwiegendere Konsequenzen nach sich zieht. Aus der Kundensicht würden sich die Fehler hingegen genau umgekehrt darstellen.

gesamten 1000 Objekte alle fälschlich als der größeren Klasse zugehörig klassifiziert werden würden ($FN = 100$). In der kleineren Klasse würde damit eine Fehlerquote von $FQ_{\;Klasse\;0} = 1 - \frac{0}{0+100} = 1$ und in der größeren Klasse eine von $FQ_{\;Klasse\;1} = 1 - \frac{900}{900+0} = 0$ erreicht werden. Dieses Ergebnis erscheint aus praktischer Sicht für ein sinnvolles Klassifikationsmodell nicht geeignet.

Die ebenfalls aus der medizinischen Diagnostik stammende *Receiver Operating Characteristic (ROC)* - Analyse stellt nun alle durch ein bestimmtes Klassifikationsmodell erreichbaren Klassen-spezifischen Fehlerquoten einander gegenüber und grafisch in einer sog. *ROC-Kurve* dar.[26] Dies soll an einem Beispiel kurz dargestellt werden: Gegeben seien zwei medizinische Tests (Klassifikationsmodelle), die $i = 1, \ldots, 5$ Patienten mit bestimmten Wahrscheinlichkeiten p_i als gesund diagnostizieren (klassifizieren). Je nach Einschätzung der Schwere einer Fehlentscheidung[27] werden verschiedene Entscheidungsregeln in Abhängigkeit von einem - in der medizinischen Diagnostik auch als *Cut-Off-Punkt* bezeichneten[28] - Schwellenwert p verwendet:

$$f(p_i) = \begin{cases} gesund, & \text{wenn} \quad p_i \geq p \\ krank, & \text{wenn} \quad p_i < p \end{cases} \tag{3.1.24}$$

In diesem Fall ist somit *Richtig Positiv (TP)* die Entscheidung, einen in Wahrheit gesunden Patienten als gesund zu diagnostizieren und *Richtig Negativ (TN)* die Entscheidung, einen kranken Patienten als krank zu diagnostizieren. Die Entscheidungen und die zugehörigen Klassentrefferquoten der beiden Klassifikationsmodelle, die in diesem Zusammenhang als

$$\textit{Spezifität} = \frac{TP}{TP + FN} \tag{3.1.25}$$

und

$$\textit{Sensitivität} = \frac{TN}{FP + TN} \tag{3.1.26}$$

bezeichnet werden, sind für ein fiktives Beispiel getrennt für ausgewählte Cut-Off-Punkte in Tab. 3.2 dargestellt.

Die unterschiedlichen Klassifikationsergebnisse bzgl. der Klassentrefferquoten eines Modells können somit bspw. durch eine Reihe unterschiedlicher Entscheidungsregeln bzw. Fehlerbewertungsmodelle innerhalb des Klassifikationsmodells erreicht werden und werden üblicherweise für viele dieser Regeln in bestimmten intervallskalierten Schritten in Form einer sog. *ROC-Kurve* grafisch dargestellt. Dies führt bspw. zu einer wie im rechten Teil (c) von Abb. 3.2 dargestellten ROC-Kurve, die sich weiter unten in dieser Arbeit bei der Schätzung einer SVM für das vorliegende Solvenzklassifikationsproblem ergab.

In den in Abb. 3.2 Teil (a) und (b) dargestellten ROC-Kurven werden für alle Entscheidungsregeln des obigen Beispiels die jeweils erzielten Klassentrefferquoten in der Form $1-$*Spezifität* (Anteil der krank diagnostizierten von allen in Wahrheit

[26] Zur ROC-Analyse vgl. u.a. [Abel 1993, Köbberling et al. 1991].

[27] Vgl. dazu auch die Verwendung einer Kostenmatrix, Abschnitt 4.3.

[28] Vgl. u.a. [Köbberling et al. 1991].

Patient	1	2	3	4	5		
In Wahrheit gesund	ja	ja	nein	nein	ja	Spezifität	Sensitivität
p_i (Modell 1)	0.8	0.7	0.2	0.6	0.9		
Entscheidung ($p = 0.5$)	gesund	gesund	krank	gesund	gesund	1	1/2
Entscheidung ($p = 0.6$)	gesund	gesund	krank	gesund	gesund	1	1/2
Entscheidung ($p = 0.7$)	gesund	gesund	krank	krank	gesund	1	1
Entscheidung ($p = 0.8$)	gesund	krank	krank	krank	gesund	2/3	1
Entscheidung ($p = 0.9$)	krank	krank	krank	krank	gesund	1/3	1
p_i (Modell 2)	0.6	0.5	0.4	0.6	0.7		
Entscheidung ($p = 0.5$)	gesund	gesund	krank	gesund	gesund	1	1/2
Entscheidung ($p = 0.6$)	gesund	krank	krank	gesund	gesund	2/3	1/2
Entscheidung ($p = 0.7$)	krank	krank	krank	krank	gesund	1/3	1
Entscheidung ($p = 0.8$)	krank	krank	krank	krank	krank	0	1

Tabelle 3.2: Beispiel für die ROC-Analyse zweier fiktiver Klassifikationsmodelle aus der medizinischen Diagnostik.

gesunden Patienten) und *Sensitivität* (Anteil der krank diagnostizierten von allen in Wahrheit kranken Patienten) einander gegenübergestellt. Es ist ersichtlich, dass in dem im linken Teil (a) dargestellten Modell 1 eine perfekte Klassifikation aller Patienten erfolgen kann, da bei einer bestimmten Regel ($p = 0.7$, vgl. Tab. 3.2) in beiden Klassen Trefferquoten von 100% erreicht wurden. Im Gegensatz dazu muss bei dem im mittleren Teil (b) dargestellten Modell 2 zwischen den Klassentrefferquoten abgewogen werden. Entweder bei der Sensitivität oder bei der Spezifität kann auf Kosten des jeweils anderen Wertes eine Trefferquote von 100% erreicht werden oder ein Kompromissmodell wird gewählt, welches dem Punkt in der Mitte der Grafik entspricht.

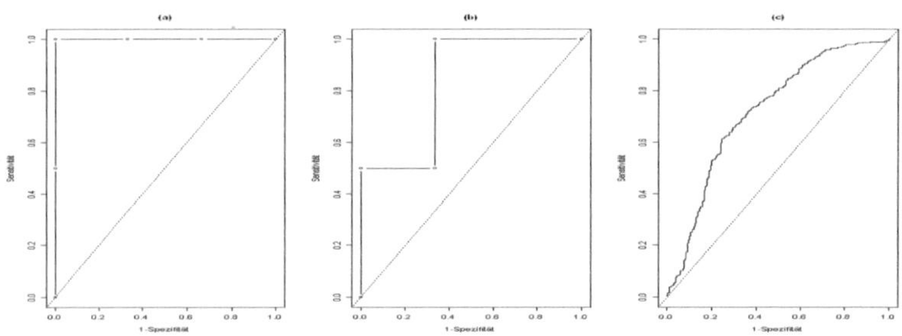

Abbildung 3.2: Beispiel für die ROC-Kurven dreier Klassifikationsmodelle. In Teil (a) und (b) sind die zu den in Tab. 3.2 beispielhaft aufgeführten Diagnosemodellen 1 bzw. 2 zugehörigen ROC-Kurven und in Teil (c) eine ROC-Kurve aus dem weiter unten in dieser Arbeit geschätzten Insolvenzklassifikationsmodell einer Support-Vektor-Maschine dargestellt.

Ein Klassifikationsmodell ist dann einem anderen *vollständig überlegen*, wenn die zugehörige ROC-Kurve im gesamten Bereich oberhalb der des anderen Modells liegt.[29] Im vorliegenden Beipiel ist sowohl anhand der ROC-Kurven als auch

[29]Ein perfekt trennendes Modell weist die in Abb. 3.2 Teil (a) dargestellte Form auf. Im Gegen-

anhand der geschätzten Wahrscheinlichkeiten p_i (vgl. Tab. 3.2) eindeutig ersichtlich, dass das Modell 1 die betrachteten Patienten (bei entsprechender Wahl eines Entscheidungsmodells) besser in die richtigen Klassen einteilen kann als das Modell 2. Je nach praktischer Anwendung können jedoch auch *teilweise überlegene* Modelle präferiert werden, wenn nur in einem bestimmten Spezifitäts- bzw. Sensitivitäts-Teilbereich die ROC-Kurve des betreffenden Modells oberhalb derer des Referenzmodells liegt. Dies könnte z.B. bei der medizinischen Prüfung der Wirksamkeit einer Therapie oder auch der Solvenzprognose der Fall sein. Dort ist bei der Modellbewertung eine bestimmte Fehlersituationen (natürlich je nach Standpunkt bspw. des Patienten oder der kreditgebenden Bank) meist sehr viel kritischer bzw. relevanter als die andere.

Ein aus der ROC-Kurve abgeleitetes quantitatives Gütemaß zur Beurteilung der Klassifikationsgüte eines Modells stellt die Fläche unter der ROC-Kurve dar.[30] Dieses Maß wird als *Area Under The Curve (AUC)* bezeichnet und nimmt Werte im Intervall $[0.5; 1]$ an, wobei ein Wert von 0.5 einer diagonalen ROC-Kurve und damit einer willkürlichen Klassenzuordnung und ein Wert von 1 einem perfekt trennenden Modell mit einer *Spezifität* und *Sensitivität* von jeweils 100% entspricht. Aufgrund der möglichen Überschneidung von ROC-Kurven von teilweise verschieden gut klassifizierenden Modellen sollte der AUC-Wert allerdings nicht ohne gleichzeitige Betrachtung der grafischen Darstellung als Gütemaß verwendet werden.

3.1.3.3 Prüfung der linearen Diskriminanzfunktion

Zur Prüfung der Diskriminierungsqualität der in Abschnitt 2.1.3.2 dargestellten geschätzten LDA, bietet sich das Ausmaß an, in dem die Trennung der Gruppen bezüglich der interessierenden Diskriminanzvariable gelungen ist; d.h. in welchem Ausmaß die Optimierung des dort verwendeten Zielkriteriums (2.1.46) erreicht worden ist. Je größer dieses Verhältnis letztendlich ausfällt, desto eindeutiger sind die Gruppen voneinander getrennt.

Hierzu kann die in Abschnitt 3.1.2 dargestellte Vorgehensweise zur Prüfung der Streuungszerlegung der Varianzanalyse herangezogen werden. Dabei wird im Falle zweier Gruppen die Hypothese

$$\begin{aligned} H_0 &: \quad \boldsymbol{\mu}_1 = \boldsymbol{\mu}_2 \\ H_1 &: \quad \boldsymbol{\mu}_1 \neq \boldsymbol{\mu}_2 \end{aligned}$$

getestet, d.h. ob ein signifikanter Unterschied aller erwarteten Merkmalsmittelwerte $\boldsymbol{\mu}_g = (\mu_{X_{1g}}, \ldots, \mu_{X_{Kg}})'$ bzgl. der untersuchten $g = 1, 2$ Gruppen vorliegt. Es wird davon ausgegangen, dass die Einflussgrößen $\boldsymbol{X}_g = (X_{1g}, \ldots, X_{Kg})$ in allen Gruppen normalverteilt sind mit $\mathrm{E}[\boldsymbol{X}_g] = \boldsymbol{\mu}_g$ und insb. gleichen Varianz-Kovarianzmatrizen

satz dazu weist ein auf einer rein zufälligen Klassenzuordnung basierendes Klassifikationsmodell eine diagonal lineare ROC-Kurve auf, daher sind ausschließlich Klassifikationsmodelle von Bedeutung, die eine ROC-Kurve oberhalb der Diagonalen aufweisen.

[30] Vgl. u.a. [Hanley und McNeil 1982].

$\mathbf{\Sigma}_{gg}$. Als Indikator für die Hypothesenprüfung kann das nach Schätzung der Diskriminanzfunktion realisierte Zielkriterium der Diskriminanzanalyse für zwei Gruppen[31]

$$\frac{SSB}{SSW} = \frac{(\widehat{\overline{y}}_1 - \widehat{\overline{y}}_2)^2}{\sum_{g=1}^{2}\sum_{i=1}^{n_g}(\widehat{y}_{gi} - \widehat{\overline{y}}_g)^2} \tag{3.1.27}$$

verwendet werden, welches bei guter Klassentrennung möglichst groß werden sollte. Um die relative Stärke des Ausmaßes der Anpassung interpretieren zu können, wird der auf das Intervall [0; 1] normierte Koeffizient

$$\lambda_W = \frac{1}{1 + \frac{SSB}{SSW}} = \frac{SSW}{SSB + SSW} = \frac{SSW}{SST} \tag{3.1.28}$$

gebildet, der als *Wilks' Lambda* bezeichnet wird und den Anteil der durch die Diskriminanzfunktion nicht erklärten Reststreuung innerhalb der Gruppen SSW an der Gesamtstreuung $SST = SSB + SSW$ der Diskriminanzvariable Y angibt.[32] Kleine Werte von λ_W bedeuten somit eine höhere Trennkraft bzw. eine höhere Güte der Diskriminanzfunktion.[33]

Für den Fall nur zweier Klassifikationsgruppen kann die Transformation

$$F = \frac{(n - K - 1)}{K} \cdot \frac{(1 - \lambda_W)}{\lambda_W} \tag{3.1.29}$$

zur Hypothesenprüfung verwendet werden. Diese ist F- verteilt mit K Zähler- und $n-K-1$ Nennerfreiheitsgraden[34], wobei K die Anzahl der unabhängigen Variablen und n die Anzahl der Beobachtungen angeben.

Eine weitere mögliche Prüfgröße ist die *Bartlett-χ^2-Statistik*

$$\chi_B^2 = -\left(n - 1 - \frac{K + G}{2}\right) \ln \lambda_W \quad , \tag{3.1.30}$$

welche approximativ χ^2-verteilt ist mit im Falle zweier Gruppen K Freiheitsgraden.[35] Übersteigen die empirisch ermittelten Werte für (3.1.29) bzw. (3.1.30) die jeweiligen kritischen Werte $F_{1-\alpha,K,n-K-1}$ bzw. $\chi^2_{1-\alpha,K}$ der entsprechenden F- bzw. χ^2- Verteilungen, kann die Hypothese, dass sich die Gruppen nicht unterscheiden, statistisch widerlegt werden; der gewählte Diskriminanzansatz ist dann als Ganzes zur Klassifikation bzw. Prognose der Zielvariable geeignet.

Die vorgestellten Testverfahren sind jedoch nur bei Vorliegen gleicher Varianz-Kovarianzmatrizen der Merkmale in den betrachteten G Klassen anwendbar. Die

[31] Vgl. Abschnitt 2.1.3.2.

[32] Im Fall von zwei Gruppen ergibt sich ein enger Zusammenhang mit der Bewertung der Anpassungsqualität der Regressionsanalyse, da dann $\lambda_W/(1+\lambda_W)$ das dortige Bestimmtheitsmaß R^2 ergibt; vgl. [Friedrich 2000], S. 362.

[33] Zu weiteren Prüfmaßen der Diskriminanzanalyse vgl. u.a. [McLachlan 1992].

[34] Vgl. [Friedrich 2000], S. 360.

[35] Vgl. u.a. [Fahrmeir et al. 1996], S. 382 und [Friedrich 2000], S. 361.

zugehörige Hypothese bei zwei Gruppen

$$\begin{aligned} H_0: &\quad \boldsymbol{\Sigma_{11}} = \boldsymbol{\Sigma_{22}} = \boldsymbol{\Sigma} \\ H_1: &\quad \boldsymbol{\Sigma_{11}} \neq \boldsymbol{\Sigma_{22}} \end{aligned}$$

kann mit einem ebenfalls von [Bartlett 1937] entwickelten Testverfahren mit der Prüfgröße

$$B = (n-2)\ln|\widehat{\boldsymbol{\Sigma}}| - \sum_{g=1}^{2}(n_g - 1)\ln|\widehat{\boldsymbol{\Sigma}}_{\boldsymbol{gg}}| \qquad (3.1.31)$$

getestet werden[36], wobei $|\widehat{\boldsymbol{\Sigma}}|$ die Determinante der gepoolten empirischen Varianz-Kovarianzmatrix der beiden Gruppen und $|\widehat{\boldsymbol{\Sigma}}_{\boldsymbol{gg}}|$ die Determinanten der empirischen Varianz-Kovarianzmatrizen in den jeweiligen Gruppen bezeichnen.[37] n_g und n geben die Anzahl der Beobachtungen in Gruppe g und die Gesamtzahl der Beobachtungen an. (3.1.31) ist approximativ χ^2-verteilt mit $K(K+1)/2$ Freiheitsgraden.[38] Empirische Werte, die größer als der kritische Wert $\chi^2_{1-\alpha,K(K+1)/2}$ sind, deuten auf einem Signifikanzniveau α auf eine Verschiedenheit der Merkmalsvarianzen in den betrachteten Gruppen hin.

Zur Prüfung der diskriminatorischen Relevanz einzelner unabhängiger Variablen und damit zur Variablenselektion können sog. *partielle F-Werte* der einzelnen Merkmale berechnet werden. Ähnlich der Vorgehensweise beim F-Test der linearen Regression werden dabei die Streuungen der Daten bzgl. eines vollständigen, mit der entsprechenden Variable spezifizierten und eines ohne diese Variable spezifizierten Modells miteinander verglichen.

Im 2-Klassen-Fall wird bei dem *partiellen F-Test* für jede unabhängige Variable X_k die Hypothese

$$\begin{aligned} H_0: &\quad \mu_{1,X_k|\boldsymbol{X}} = \mu_{2,X_k|\boldsymbol{X}} \\ H_1: &\quad \mu_{1,X_k|\boldsymbol{X}} \neq \mu_{2,X_k|\boldsymbol{X}} \end{aligned}$$

getestet, wobei $\mu_{g,X_k|\boldsymbol{X}}$ der Erwartungswert der bedingten Verteilung der Variable X_k in der Klasse g, gegeben die übrigen unabhängigen Variablen $\boldsymbol{X}$, ist. Als Prüfgröße wird die entsprechende F-Statistik der Varianzanalyse verwendet[39], d.h. das mittlere Verhältnis der durch den Faktor (die Klassenvariable) verursachten Streuung zwischen den Gruppen zur Reststreuung innerhalb der Gruppen[40]:

$$F_k = \frac{G(n_g - 1)}{G - 1} \cdot \frac{SSF}{SSE} \qquad (3.1.32)$$

---

[36] Vgl. u.a. [Friedrich 2000] sowie die Streuungsberechnungen (2.1.42) bzw. (2.1.43) innerhalb der Diskriminanzanalyse auf Seite 34 in Abschnitt 2.1.3.2 dieser Arbeit.

[37] Die Determinante einer Varianz-Kovarianzmatrix mehrerer Zufallsvariablen wird als sog. *verallgemeinerte Varianz* dieser mehrdimensionalen Zufallsvariable aufgefasst, vgl. u.a. [Krafft 1978], S. 31-36.

[38] Vgl. [Friedrich 2000], S. 363.

[39] Vgl. Abschnitt 3.1.2.

[40] Welches in der Diskriminanzanalyse dem Verhältnis der Zwischen- zur Innergruppenstreuung entspricht. Zur Berechnung der Streuungssummen der einfaktoriellen Varianzanalyse vgl. Abschnitt 2.1.4.2 dieser Arbeit.

Übt die Variable X_k einen signifikanten diskriminatorischen Einfluss auf die Klasseneinteilung aus, ist die durch ihre Zunahme bewirkte relative Streuungsbeeinflussung zwischen den Gruppen signifikant positiv, und die Erwartungswerte der betrachteten Variable in den beiden Klassen sind signifikant verschieden. Der empirische partielle F_k-Wert übersteigt in diesem Fall den kritischen Wert $F_{1-\alpha,G-1,G(n_g-1)}$ der zugehörigen F-Verteilung.

3.1.4 Likelihood-Analyse

Bei der in Abschnitt 2.1.3.1 beschriebenen Schätzung der Parameter des logistischen Regressionsmodells werden diese so bestimmt, dass die Likelihood-Funktion, d.h. die Wahrscheinlichkeit, aufgrund der geschätzten Parameter die zur Schätzung verwendete empirische Stichprobe zu erhalten, maximal ist. Diese Modellschätzung nach der sog. *Maximum-Likelihood (ML)- Methode* kann ebenso bei vielen anderen statistischen Modellen zur Schätzung der Modellparameter angewendet werden, insb. dann, wenn kategoriale Zielgrößen geschätzt und im Modell auch Nichtlinearitäten abgebildet werden sollen. Die Bewertung der Qualität solcher mit der ML-Methode geschätzten Klassifikationsmodelle wird in diesem Abschnitt kurz dargestellt.

Der aufgrund der optimalen Schätzwerte $\widehat{\boldsymbol{\beta}}$ vorliegende Wert der Likelihood-Funktion kann als ein Maß für die Qualität des geschätzten Modells dienen. Um eine Signifikanzaussage treffen zu können, wird die folgende Hypothese getestet:

$$H_0 : L(\widehat{\boldsymbol{\beta}}|\boldsymbol{y}) = 1 \quad \text{bzw.} \quad \ln L(\widehat{\boldsymbol{\beta}}|\boldsymbol{y}) = 0 \tag{3.1.33}$$

Im Fall der Nullhypothese weist die Likelihood-Funktion für die beobachtete Stichprobe $\boldsymbol{y} = (y_1, \ldots, y_n)'$ einen Wert von Eins auf, was bedeutet, dass die Wahrscheinlichkeit, aufgrund des geschätzten Modells die zur Schätzung verwendete Stichprobe zu erhalten, bei 100% liegt. Die LogLikelihood-Funktion nimmt in diesem Fall den Wert Null an. Somit liegt durch dieses Modell eine perfekte Trennung der beiden Klassen (im Fall eines Klassifikationsproblems, wie bspw. der logistischen Regression) bzw. eine perfekte Anpassung des Modells an die Zielvariable (im Fall eines Approximationsproblems, wie bspw. der linearen Regression) vor. Als Prüfgröße dieses Testes wird die sog. *Deviance*

$$\begin{aligned} D = -2 \cdot \ln L(\widehat{\boldsymbol{\beta}}|\boldsymbol{y}) &= -2 \cdot \sum_{i=1}^{n} \ln \Pr\left(y_i, \widehat{\boldsymbol{\beta}}\right) \qquad (3.1.34) \\ &= -2 \cdot \sum_{i=1}^{n} \left(y_i \ln(\Pr(Y_i = 1)) + (1 - y_i) \ln(1 - \Pr(Y_i = 1))\right) \end{aligned}$$

verwendet. Die Deviance ist unter der Nullhypothese approximativ[41] χ^2-verteilt

[41] Alle in diesem Abschnitt dargestellten Tests sind jeweils approximativ, d.h. nur für große Stichprobenumfänge, anwendbar, da nur dann die Verteilungen der jeweiligen Prüfgrößen wie angegeben χ^2-verteilt sind. Da in dieser Arbeit hinreichend große Datenmengen zur Modellschätzung verwendet werden, ist die Anwendung der hier behandelten asymptotischen Testverfahren jedoch ohne Weiteres möglich.

mit $n - K - 1$ Freiheitsgraden und nimmt im Fall der perfekten Klassentrennung bzw. Anpassung den Wert $D = 0$ an. Je größer der Wert der Prüfgröße, desto weniger tragen die im Modell enthaltenen unabhängigen Variablen zu einer Erklärung der Zielvariable bei. Im Falle einer Signifikanz ist das geschätzte Modell somit zu verwerfen.

Voraussetzung für diesen Test ist jedoch eine annähernd gleiche Verteilung der beobachteten Häufigkeiten beider Klassen der Zielvariable. So kann bei einer sehr schiefen Klassenverteilung - wie sie auch bei den hier beobachteten Solvenzdaten der betrachteten Unternehmen auftritt[42] - allein dadurch eine starke Beeinflussung des Wertes der LogLikelihood-Funktion auftreten, der nicht durch die Güte der Schätzung hervorgerufen wird. So nimmt bspw. bei 900 solventen und nur 100 insolventen Unternehmen in einem Klassifikationsmodell mit nur einer Einflussvariable die Deviance laut Gl. (3.1.34) bei einer geschätzten Wahrscheinlichkeit von bspw. $\Pr(Y_i = 1) = 0.9$ den Wert

$$D = -2 \cdot (900 \cdot \ln 0.9 + 100 \cdot \ln 0.1) = 650.2$$

an, wohingegen sich bei einer Gleichverteilung der Beobachtungen für den gleichen Sachverhalt hinsichtlich der Zielvariable ein Wert von

$$D = -2 \cdot (500 \cdot \ln 0.9 + 500 \cdot \ln 0.1) = 2407.9$$

ergeben würde. Der kritische Wert der χ^2-Verteilung auf einem Signifikanzniveau von 5% bei in diesem Fall $1000 - 1 - 1 = 998$ Freiheitsgraden beträgt $\chi^2_{0.95,998} = 1072.6$. Somit würde allein durch die Verteilung der Klassen das Modell im zweiten Fall verworfen werden, wobei es im ersten Fall beibehalten werden würde.

Um das eben beschriebene Problem zu umgehen, wird bei dem *Likelihood-Quotienten (LQ)-Test* ein restringiertes Modell mit dem geschätzten Modell verglichen. Das restringierte Modell entspricht dabei entweder einem trivialen Modell, in dem alle Parameter der erklärenden Variablen[43] auf Null gesetzt werden[44], oder einem beliebigen teilweise restringierten Modell, in dem einzelne Parameter auf Null gesetzt werden. Der Vorteil der im Folgenden vorgestellten Testverfahren ist insbesondere die Anwendbarkeit auch bei nichtlinearen Modellen bzw. Parameterkonstellationen und nicht normalverteilten Störgrößen.[45]

Im Fall eines vollständig restringierten Modells wird die Hypothese

$$H_0 : \beta_k = 0 \quad \forall \quad k = 1, \ldots, K \quad , \tag{3.1.35}$$

d.h. dass keine der unabhängigen Variablen einen Einfluss auf die Zielvariable ausübt, getestet. Des Weiteren können beliebige Restriktionen einzelner Parameter

[42]Vgl. bspw. die Tab. 5.19 weiter unten auf Seite 269.

[43]Mit Ausnahme des Parameters des Absolutgliedes.

[44]Die Idee und Vorgehensweise des Likelihood-Quotienten-Testes für alle Parameter ist dabei der des F-Testes innerhalb der linearen Regressionsanalyse sehr ähnlich, vgl. dazu weiter oben Abschnitt 3.1.1.2.

[45]Dies hebt sie von den weiter oben beschriebenen, ausschließlich in linearen Modellen anwendbaren Testverfahren ab; vgl. u.a. [Kennedy 2003], S. 66 ff. und [Frohn 1995], S. 113 f.

getestet werden. Die entsprechende Hypothese lautet dann

$$H_0 : \beta_k = 0 \quad , \tag{3.1.36}$$

wobei ein einzelner Parameter β_k auf Signifikanz getestet wird. Zur Durchführung des LQ-Testes wird die Likelihood-Funktion des geschätzten vollständigen Modells zur Likelihood-Funktion des restringierten Modells L_r ins Verhältnis gesetzt. Die Prüfgröße des LQ-Testes lautet

$$LQ = 2 \cdot \ln \frac{L(\widehat{\boldsymbol{\beta}}|\boldsymbol{y})}{L_r} = 2 \cdot (\ln L(\widehat{\boldsymbol{\beta}}|\boldsymbol{y}) - \ln L_r) \tag{3.1.37}$$

und ist approximativ χ^2-verteilt mit K Freiheitsgraden, wobei K der Anzahl der getesteten Parameter bzw. Restriktionen entspricht.

Da im Falle einer Signifikanz der jeweiligen getesteten Parameter der Wert der LogLikelihood-Funktion $\ln L(\widehat{\boldsymbol{\beta}}|\boldsymbol{y})$ des unrestringierten Modells bedeutend näher an Null liegt als der Wert der LogLikelihood-Funktion $\ln L_r$ des restringierten Modells, m.a.W. die beiden Werte sich stark voneinander unterscheiden, spricht ein großer Wert der Prüfgröße (3.1.37) für die Ablehnung der Nullhypothese. Im Fall der Nullhypothese (3.1.35) bedeutet dies somit einen signifikanten Einfluss mindestens einer der insgesamt betrachteten Einflussgrößen und im Fall der Nullhypothese (3.1.36) einen signifikanten Einfluss der entsprechenden unabhängigen Variable X_k.

Weitere Maßzahlen, die die Qualität der erreichten Anpassung an die Stichprobendaten ausdrücken sollen, stellen die sog. *Pseudo-Bestimmtheitsmaße* dar. Diese sind von der Idee dem Bestimmtheitsmaß des linearen Modells ähnlich[46] und beruhen wiederum auf einem Vergleich des LogLikelihood-Wertes des geschätzten Modells mit dem entsprechenden Wert eines restringierten Modells und/oder dem maximal möglichen Wert. Zu beachten ist allerdings, dass diese Pseudo-Maße sog. relative Gütemaße darstellen, da sie lediglich die Anpassungqualität bezogen auf ein alternatives Modell bewerten; das absolute Ausmaß der Anpassung an die Daten wird - im Gegensatz zum Bestimmtheitsmaß im linearen Modell - nicht beurteilt. Vorteil der Pseudo-Bestimmtheitsmaße, die ursprünglich für lineare Logit-Modelle entwickelt wurden, ist, dass sie im Wesentlichen auch für alle nichtlinearen Modelle, die auf der Schätzung und Optimierung der Likelihood-Funktionen beruhen, anwendbar sind.

Eine Maßzahl, die insbesondere den Vergleich verschiedener Modelle möglich macht, beruht auf einem direkten Vergleich der LogLikelihood-Werte des geschätzten und eines restringierten Modells. *McFaddens* R^2 wurde von [McFadden 1974] entwickelt und berechnet sich zu

$$R^2_{McF} = 1 - \frac{\ln L(\widehat{\boldsymbol{\beta}}|\boldsymbol{y})}{\ln L_r} \quad . \tag{3.1.38}$$

Besitzt das geschätzte Modell gegenüber dem restringierten Modell einen erhöhten Erklärungsgehalt, ist der Zähler auf der rechten Seite von (3.1.38) im Vergleich

[46] Vgl. Abschnitt 3.1.1.1.

zum Nenner relativ klein, da das geschätzte Modell gegenüber dem restringierten Modell einen kleineren LogLikelihood-Wert aufweist. Oft wird als Referenzmodell das vollständig restringierte Modell, bei dem alle Koeffizienten der erklärenden Variablen Null gesetzt sind, verwendet. Je größer somit R^2_{McF}, desto besser ist die Anpassungsqualität des geschätzten Modells. Die Realisationen des Maßes sind jedoch bei vergleichbarer Anpassung deutlich kleiner als die entsprechenden Werte des Bestimmtheitsmaßes im linearen Modell. Laut [Urban 1993] sprechen Realisationen von R^2_{McF} zwischen 0.2 und 0.4 bereits für einen hohen Erklärungsgehalt des jeweiligen unrestringierten Modells. Setzt man im restringierten Modell lediglich den Parameter einer unabhängigen Variable X_k auf Null, kann die Differenz der R^2_{McF}-Werte des restringierten mit dem vollständigen Modell auch als Maß zur Beurteilung der Einflussstärke dieser einzelnen Variable verwendet werden, da diese Differenz dann als durch die dementsprechende Variable verursacht angesehen wird.[47]

Ein weiteres Pseudo-Bestimmtheitsmaß, das auf der LQ-Statistik (3.1.37) beruht, ist das von [Aldrich und Nelson 1984] entwickelte *Aldrich-Nelson Pseudo-R^2*, welches sich nach Normierung auf einen Wertebereich zwischen Null und Eins zu

$$R^2_{AN} = \frac{2(\ln L(\widehat{\boldsymbol{\beta}}|\boldsymbol{y}) - \ln L_r)}{2(\ln L(\widehat{\boldsymbol{\beta}}|\boldsymbol{y}) - \ln L_r) + n} \cdot \frac{-2\ln L_r}{n - 2\ln L_r} = \frac{LQ}{LQ+n} \cdot \frac{D_r}{D_r+n} \qquad (3.1.39)$$

ergibt, wobei n den Stichprobenumfang, $\ln L_r$ den Loglikelihood-Wert und D_r den Wert der Deviance des vollständig restringierten Modells bezeichnen.[48]

Eine Möglichkeit, die Signifikanz einzelner Parameter in nichtlinearen Modellen statistisch zu testen, stellt die *Wald-Statistik*

$$w_k = \frac{\widehat{\beta}_k^2}{\widehat{\sigma}^2_{\widehat{\beta}_k}} \qquad (3.1.40)$$

dar. Diese ist das Quadrat der in der linearen Regressionsanalyse verwendeten t-Statistik[49], die dort zur Signifikanzprüfung einzelner Regressionsparameter verwendet wird. Die t-Statistik ist jedoch nur im Falle einer linearen Funktionsschätzung t-verteilt und kann deshalb in nichtlinearen Modellen nicht verwendet werden. Die Wald-Statistik (3.1.40) ist approximativ χ^2-verteilt mit einem Freiheitsgrad; somit führen Wald-Werte, die größer sind als $\chi^2_{0.95,1} = 3.84$ auf einem Signifikanzniveau von 5% zur Ablehnung der Nullhypothese[50]

$$H_0 : \beta_k = 0 \quad , \qquad (3.1.41)$$

womit die entsprechende Variable X_k einen signifikanten Einfluss auf die Zielvariable hat.

---

[47]Vgl. [Urban 1993], S. 58 f.

[48]Vgl. [Veall und Zimmermann 1994] und [Veall und Zimmermann 1996], S. 10 f.

[49]Vgl. die t-Statistik (3.1.16) auf Seite 101.

[50]Im Fall des Logit-Modells (vgl. Abschnitt 2.1.3.1) wird damit alternativ die Hypothese H_0 : $e^{\beta_k} = 1$ getestet, d.h. dass der Effektkoeffizient e^{β_k} der Variable X_k gleich 1 ist.

3.2 Prognosequalität

Wesentliches Ziel der statistischen Analyse bzw. Schätzung von Zusammenhängen stellt neben der eigentlichen Modellschätzung die Generierung von Prognosen der abhängigen Variable für einen oder mehrere neue Prognoseobjekte anhand des geschätzten Modells dar. Bei den meisten ökonomischen Fragestellungen werden dabei die Werte der Einflussvariablen dem geschätzten Modell vorgegeben. So werden bei dem in dieser Abeit vorwiegend untersuchten Fall der Solvenzprognose die Jahresabschlussdaten eines Unternehmens dem Prognosemodell präsentiert und unter diesen Angaben eine bedingte Vorhersage der zukünftigen Insolvenzgefahr getroffen. In diesem Fall spricht man von einer sog. *ex-post-Prognose*. Im Gegensatz dazu handelt es sich bei einer *ex-ante-Prognose* um eine Vorhersage der Zielvariable, wobei die Werte der unabhängigen Variablen für den Prognosezeitraum unbekannt sind und demzufolge selbst erst geschätzt werden müssen.[51]

An dieser Stelle soll noch einmal auf die Grundproblematik der klassischen parametrischen Statistik hingewiesen werden, welche sich aus der notwendigen Formulierung eines unter teilweise restriktiven Annahmen aufgestellten theoretischen Modells für das analysierte Problem ergibt. Mit diesen Annahmen steht und fällt die Qualität der Modellschätzung und der damit verbundenen Prognose. Ist die modelltheoretische sowie funktionale Spezifikation des dem datengenerierenden theoretischen Zusammenhang zugrunde liegenden Modells nicht korrekt, sind sämtliche Schätz- und Prognoseergebnisse verzerrt bzw. unsicher und im schlimmsten Fall grundlegend falsch.

Beim lerntheoretischen Ansatz ergibt sich aufgrund der zunächst offenen Modellspezifikation neben der Frage nach der geeigneten Variablenspezifikation[52] das Problem, eine geeignete Komplexität des Modells zu finden, um die beobachteten Daten anzupassen und darüber hinaus gute Prognosen für neu hinzukommende Daten zu generieren. Dazu müssen die zur Modellierung des zu lösenden Approximations- bzw. Klassifikationsproblems in Frage kommenden Funktionen hinsichtlich ihrer "Optimalität" beurteilt werden, um das richtige Modell zur Schätzung auswählen zu können. Der Begriff der Optimalität erfordert dabei eine genauere Betrachtung.

3.2.1 Modellkomplexität und Generalisierungsfähigkeit

Wie in Kapitel 2 bereits dargestellt wurde, besteht das Ziel einer Modellschätzung einerseits in der möglichst guten Anpassung der zur Schätzung benutzten Trainingsdaten, um ein möglichst geringes empirisches Risiko zu erreichen. Dies ist im Fall eines vor der Schätzung spezifizierten parametrischen Modells die übliche

[51] Im Fall einer ex-ante-Prognose sind die Annahmen des klassischen ökonometrischen Modells teilweise verletzt und es ergeben sich Konsequenzen für die Eigenschaften der Regressionsschätzung. Auf diese wird jedoch in dieser Arbeit nicht eingegangen, da hier ex-post-Prognosen getroffen werden.

[52] Vgl. zur Variablenspezifikation weiter oben Abschnitt 2.1.1.1.

Vorgehensweise, da dort i.d.R. ein bestimmtes Optimalitätskriterium wie z.B. der quadratische Fehler oder die Likelihood-Funktion für die zur Schätzung verwendeten Daten optimiert wird. Besteht - wie in der statistischen Lerntheorie - die grundsätzliche Möglichkeit, eine beliebig komplexe Funktionsform zur Anpassung zu verwenden, stellt die bestmögliche Anpassung an die Trainingsdaten jedoch nicht das alleinige Optimierungskriterium dar.

Aus praktischer Sicht ist das Ziel eines "optimalen" Modells somit nicht nur die gute Anpassung an die Trainingsdaten, sondern vor allem die gute Vorhersage unbekannter Daten, also eine hohe Prognosequalität bzw. sog. *Generalisierungsfähigkeit*. Dies bedeutet inhaltlich gleichzeitig das Suchen des zugrunde liegenden wahren Zusammenhanges zwischen den Modellvariablen, da dieser nicht nur für die vorliegenden Stichprobendaten, sondern auch für unbekannte Daten der betrachteten Grundgesamtheit gilt.

Im Fall der Klassifikation durch eine Maximal-Margin-SVM[53] wird bspw. die Funktion gesucht, die die größte Trennbreite (Minimum der Beträge der Abstände aller Trainingsdaten von der zu schätzenden Trennfunktion) aufweist. Je größer dieser Abstand der zu trennenden Klassen ist, desto zuverlässiger ist die Trennung, was wiederum zu einer besseren Prognosefähigkeit führt.[54]

Im Fall der Funktionsapproximation der Stichprobendaten wird durch die Minimierung der Fehlerfunktion (z.B. die Summe der quadrierten Differenzen zwischen Trainingsdaten und geschätzten Daten) versucht, eine möglichst hohe Anpassung zu erreichen.[55] Wiederum soll jedoch gleichzeitig die Größe des Modells beschränkt werden, da ein zu "parameterreiches" und damit komplexes Modell die Generalisierungsfähigkeit vermindert.[56]

Zur Abschätzung der Prognosequalität muss somit das strukturelle Risiko[57] bzw. die Generalisierungsfähigkeit der gefundenen Lösung betrachtet werden. Diese gibt an, in wieweit für unbekannte neue Daten der Einflussvariablen die Werte der abhängigen Variable ebenfalls möglichst richtig klassifiziert bzw. vorhergesagt werden können. Die Generalisierungsfähigkeit ist dabei eng mit der Komplexität der gefundenen Prognosefunktion verbunden, was bei der praktischen Modellschätzung zu folgendem Problem führt: Ein einfaches "parameterarmes" Modell kann zwar numerisch leichter geschätzt werden und hat unter Umständen eine bessere Generalisierungsfähigkeit für neue Daten, jedoch beschreibt es die beobachteten Daten in den meisten Fällen nur unzureichend. Im entgegengesetzten Fall einer durch ein sehr komplexes "parameterreiches" Modell sehr gut an die Daten angepassten

---

[53] Vgl. Abschnitt 2.4.1.

[54] Es kann gezeigt werden, dass die Maximierung des Klassenabstandes der Minimierung der Vapnik-Chervonenkis (VC)-Dimension, die ein Maß für die Reichhaltigkeit bzw. Komplexität einer Klasse von Funktionen darstellt, entspricht. Zur VC-Dimension vgl. auch Abschnitt 2.2.5, sowie [Schölkopf, Burges et al. 1999, Vapnik 1995, Vapnik 1998].

[55] Prinzip der empirischen Risikominimierung, vgl. Abschnitt 2.2.4.

[56] Des Weiteren können sich bei der Schätzung eines solchen komplexen Modells aufgrund der hohen Parameterzahl numerische und stabilitätsbedingte Probleme ergeben.

[57] Vgl. weiter oben Abschnitt 2.2.5.

Funktion können die Trainingsdaten zwar gut erklärt werden, aber für neu hinzukommende Daten wird der Schätzfehler in der Regel relativ groß. Damit ist die Generalisierungsfähigkeit des Modells evtl. nicht ausreichend.

Zur grafischen Veranschaulichung zeigt Abb. 3.3 für eine Menge von beobachteten Trainingsdaten $(y_i, \boldsymbol{x}_i)$, die aufgrund einer unbekannten gemeinsamen Wahrscheinlichkeitsverteilung $\Pr(\boldsymbol{X}, Y)$ erzeugt wurden, drei mögliche Funktionen f_j, die zur Schätzung des Zusammenhanges zwischen den Variablen $\boldsymbol{X}$ und Y in Betracht kommen.

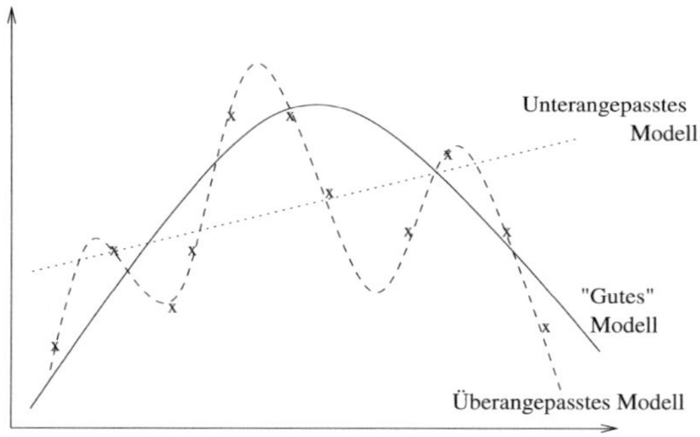

Abbildung 3.3: Unterschiedliche Anpassungsqualität und damit verbundene Generalisierungsfähigkeit dreier Modelle.

Wenn von einem zugrunde liegenden Zusammenhang zwischen den $\boldsymbol{X}$- und Y-Variablen ausgegangen wird, stellt die (geschätzte) Funktion diesen Zusammenhang dar und die beobachteten Daten werden als zufällige Abweichungen von dieser Funktion aufgefasst. Wie in Abschnitt 2.2 beschrieben, ist aus Sicht der statistischen Lerntheorie diejenige Schätzung die beste, die das geringste erwartete Risiko bzw. den geringsten *erwarteten Prognosefehler*

$$R_f = \int l(Y - f(\boldsymbol{X}))\Pr(\boldsymbol{X}, Y)\, dxdy \tag{3.2.1}$$

und somit eine höchst mögliche Generalisierungsfähigkeit bzw. Prognosequalität aufweist. Zur Konstruktion einer Schätzfunktion aus den Trainingsdaten wird das empirische Risiko bzw. der *Trainingsfehler*

$$\widehat{R}_f = \frac{1}{n}\sum_{i=1}^{n} l(y_i - \widehat{f}(\boldsymbol{x}_i)) \tag{3.2.2}$$

bestimmt. Eine Minimierung des Trainingsfehlers $\widehat{R}_f$ würde allerdings eine eher komplexe Funktion bevorzugen. Diese Funktion ("Überangepasstes Modell" in Abb. 3.3) kann zwar die Trainingsdaten perfekt erklären, der erwartete Prognosefehler würde jedoch aufgrund der zu hohen Komplexität des Modells relativ groß werden. M.a.W.: Die gesuchte Funktion sollte neben einem möglichst geringen empirischen Risiko auch eine möglichst geringe Komplexität aufweisen, wobei eine zu geringe Komplexität (die lineare Funktion "Unterangepasstes Modell" in Abb. 3.3) eine hohe systematische Verzerrung aufweist und damit den wahren Zusammenhang u.U. ebenfalls nur unzureichend erklären würde. Hier würde somit einer Funktion ("Gutes Modell" in Abb. 3.3) der Vorzug gegeben werden, die aus einem "optimalen" Kompromiss der beiden Teile Komplexität und empirischem Risiko besteht.

3.2.2 Erwarteter Prognosefehler

Wie kann nun der erwartete Prognosefehler eines geschätzten Modells bestimmt werden? Für ein beliebiges Prognoseobjekt i ergibt sich der Prognosefehler aus der Differenz des geschätzten Prognosewertes $\widehat{y}_i = f(\boldsymbol{x}_i, \widehat{\boldsymbol{\beta}}) = \widehat{f}_i$, welcher als Realisation des bedingten Erwartungswertes der Zielvariable

$$\mathrm{E}\left[Y_i | \boldsymbol{X} = \boldsymbol{x}_i\right] \tag{3.2.3}$$

aufgefasst wird, und des tatsächlichen Wertes $y_i = f(\boldsymbol{x}_i, \boldsymbol{\beta}) + u_i = f_i + u_i$, der sich aus der (unbekannten) wahren funktionalen Beziehung und einer nicht beobachtbaren Zufallsstörung. Für ein allgemeines ökonometrisches Modell ergibt sich somit ein Prognosefehler von

$$e_i = y_i - \widehat{y}_i = f_i - \widehat{f}_i + u_i \quad . \tag{3.2.4}$$

Üblicherweise wird bei der Bewertung des Prognosefehlers eines geschätzten Modells $\widehat{f}_i$ der *erwartete quadratische Prognosefehler* (engl. expected prediction error)

$$EPE(\widehat{f}_i) = \mathrm{E}\left[(y_i - \widehat{y}_i)^2\right] \tag{3.2.5}$$

betrachtet, welcher auch als *Generalisierungsfehler* bezeichnet wird. Dieser lässt sich unter Verwendung von (3.2.4) und der Annahmen $\mathrm{E}\left[u_i | \boldsymbol{X} = \boldsymbol{x}_i\right] = 0$ und $\mathrm{Var}[u_i] = \sigma^2$ in einen unsystematischen Teil, der der Varianz der zufälligen Störung u_i entspricht, und in einen systematischen Teil, den mittleren quadratischen Schätzfehler $MSE(\widehat{f}_i)$, zerlegen:[58]

$$\begin{aligned}
EPE(\widehat{f}_i) &= \mathrm{E}\left[(f_i + u_i - \widehat{f}_i)^2\right] \\
&= \mathrm{E}\left[(f_i + u_i - f_i + f_i - \widehat{f}_i)^2\right] \\
&= \mathrm{E}\left[(f_i + u_i - f_i)^2\right] + \mathrm{E}\left[(f_i - \widehat{f}_i)^2\right] + \underbrace{2\mathrm{E}\left[(f_i + u_i - f_i)(f_i - \widehat{f}_i)\right]}_{=0} \\
&= \mathrm{E}\left[u_i^2\right] + \mathrm{E}\left[(f_i - \widehat{f}_i)^2\right] \\
&= \mathrm{Var}\left[u_i\right] + \mathrm{E}\left[(f_i - \widehat{f}_i)^2\right] \\
&= \sigma^2 + MSE(\widehat{f}_i)
\end{aligned} \tag{3.2.6}$$

[58] Vgl. u.a. [Anders 1997], S. 11 und [Hastie et al. 2001], S. 197.

Sowohl aus dem absoluten Prognosefehler (3.2.4) als auch aus dem erwarteten quadratischen Prognosefehler (3.2.6) ist erkennbar, dass zwei grundlegende Ursachen den Fehler einer Prognose bestimmen:

1. Die geschätzten Parameterwerte $\widehat{\boldsymbol{\beta}}$ und damit das geschätzte Modell $\widehat{f}$ entsprechen nicht dem wahren Zusammenhang $f(\boldsymbol{\beta})$.

2. Die zufällige Störvariable u_i verursacht einen unsystematischen Zufallsfehler in Höhe ihrer Varianz σ^2 , der jedoch nicht durch das Modell erklärt bzw. geschätzt werden kann.

Da sich der unsystematische Prognosefehler nicht kontrollieren bzw. beeinflussen lässt, verbleibt die anhand der Trainingsdaten bewertete Prognosequalität des geschätzten Modells $\widehat{f}_i = f(\boldsymbol{x}_i, \widehat{\boldsymbol{\beta}})$ in Form der erwarteten mittleren quadratischen Abweichung (*Mean Squared Error (MSE)*) der Funktionswerte des Modells von den wahren Funktionswerten $f_i = f(\boldsymbol{x}_i, \boldsymbol{\beta})$ für die einzelnen $i = 1, \ldots, n$ Beobachtungen:

$$\begin{aligned}
MSE(\widehat{f}_i) &= \mathrm{E}\left[(\widehat{f}_i - f_i)^2\right] && (3.2.7)\\
&= \mathrm{E}\left[(\widehat{f}_i - \mathrm{E}[\widehat{f}_i] + \mathrm{E}[\widehat{f}_i] - f_i)^2\right]\\
&= \mathrm{E}\left[(\widehat{f}_i - \mathrm{E}[\widehat{f}_i])^2\right] + \mathrm{E}\left[2(\widehat{f}_i - \mathrm{E}[\widehat{f}_i])(\mathrm{E}[\widehat{f}_i] - f_i)\right] + \left[\mathrm{E}[\widehat{f}_i] - f_i\right]^2\\
&= \mathrm{Var}[\widehat{f}_i] + 2\mathrm{E}\left[\widehat{f}_i - \mathrm{E}[\widehat{f}_i]\right]\left[\mathrm{E}[\widehat{f}_i] - f_i\right] + \left[\mathrm{Bias}(\widehat{f}_i)\right]^2\\
&= \mathrm{Var}[\widehat{f}_i] + 2\underbrace{\left[\mathrm{E}[\widehat{f}_i] - \mathrm{E}[\mathrm{E}[\widehat{f}_i]]\right]}_{=0}\left[\mathrm{E}[\widehat{f}_i] - f_i\right] + \left[\mathrm{Bias}(\widehat{f}_i)\right]^2\\
&= \mathrm{Var}[\widehat{f}_i] + \left[\mathrm{Bias}(\widehat{f}_i)\right]^2 && (3.2.8)
\end{aligned}$$

Dieser sog. *erwartete theoretische Schätzfehler* eines Modells $\widehat{f}$ setzt sich somit wiederum aus zwei Effekten zusammen: Zum einen ist die Schätzung unsicher im Ausmaß der quadrierten Abweichung von ihrem Erwartungswert, welcher der Varianz der Schätzfunktion

$$\mathrm{Var}[\widehat{f}_i] = \mathrm{E}\left[\left(\widehat{f}_i - \mathrm{E}[\widehat{f}_i]\right)^2\right] \quad (3.2.9)$$

entspricht. Zum anderen schätzt die Funktion evtl. tendenziell falsch, d.h. der punktweise Erwartungswert der geschätzten Funktion enspricht nicht dem jeweiligen gesuchten wahren Funktionswert. Das Ausmaß dieser systematischen Abweichung wird als *Bias* bzw. Verzerrung bezeichnet und geht quadriert in den theoretischen Schätzfehler ein:[59]

$$\left[\mathrm{Bias}(\widehat{f}_i)\right]^2 = \left[\mathrm{E}[\widehat{f}_i] - f_i\right]^2 \quad (3.2.10)$$

[59]Der hier bezeichnete Bias ist klar abzugrenzen von dem vor allem im Zusammenhang mit künstlichen neuronalen Netzen verwendeten und ebenfalls als Bias bezeichneten konstanten Term eines Netzinputs; vgl. Kapitel 4.

Das Problem dieser beiden gegenläufigen Effekte wird auch als *Bias-Varianz-Tradeoff* bezeichnet und stellt sich wie folgt dar: Wird ein in den betrachteten Variablen und/oder der Funktionsform zu einfaches Modell spezifiziert, kann dieses sich nur relativ unflexibel und mit einer systematischen Verzerrung an die wahre Funktion anpassen, was zu einem relativ großen Bias führt. Die Varianz des Modells ist in diesem Fall aufgrund der höheren Anzahl von Freiheitsgraden jedoch vergleichsweise klein. Andererseits kann eine weit mehr komplexe Spezifikation mit vielen unabhängigen Variablen und/oder einer komplexeren Funktionsform sich relativ genau an die einzelnen Beobachtungen anpassen, was zwar zu einer kleineren systematischen Verzerrung, aber gleichzeitig zu einer größeren Schätzvarianz und damit Unsicherheit der Schätzungen führt.[60]

Exkurs: Erwarteter Prognosefehler im linearen Modell Bei der Bestimmung des Prognosefehlers im linearen ökonometrischen Modell wird von der mit der KQ- bzw. ML-Methode geschätzten[61] linearen Regressionsfunktion

$$\widehat{f}_i = \widehat{y}_i = \boldsymbol{x}_i'\widehat{\boldsymbol{\beta}} = \boldsymbol{x}_i'(\boldsymbol{X}'\boldsymbol{X})^{-1}\boldsymbol{X}'\boldsymbol{y} \tag{3.2.11}$$

ausgegangen. Der erwartete quadratische Prognosefehler für ein Trainingsobjekt i ergibt sich laut Gl. (3.2.6) und (3.2.8) zu

$$EPE(\widehat{f}_i) = \sigma^2 + \mathrm{Var}[\widehat{f}_i] + \left[\mathrm{Bias}(\widehat{f}_i)\right]^2 \quad . \tag{3.2.12}$$

Die Regressionsfunktion (3.2.11) ist aufgrund der Annahmen an die Störgröße[62]

$$\begin{aligned} \mathrm{E}\left[u_i\right] &= 0 \quad \forall i \\ \mathrm{Var}[u_i] &= \sigma^2 \quad \forall i \\ \mathrm{Cov}[X_k, u_i] = \mathrm{E}\left[X_k \cdot u_i\right] &= 0 \quad \forall i, k \end{aligned}$$

im klassischen linearen Modell erwartungstreu für den wahren linearen Zusammenhang, da gilt:

$$\mathrm{E}[\widehat{f}_i] = \mathrm{E}[\boldsymbol{x}_i'(\boldsymbol{X}'\boldsymbol{X})^{-1}\boldsymbol{X}'\boldsymbol{y}] = \mathrm{E}[\boldsymbol{x}_i'(\boldsymbol{X}'\boldsymbol{X})^{-1}\boldsymbol{X}'(\boldsymbol{X}\boldsymbol{\beta}+\boldsymbol{u})] = \boldsymbol{x}_i'\boldsymbol{\beta} = f_i, \tag{3.2.13}$$

woraus sich ein $\mathrm{Bias}(\widehat{f}_i)$ von $\mathrm{E}[\widehat{f}_i] - f_i = 0$ ergibt. Die Varianz des linearen Modells ergibt sich für jede Beobachtung i zu

$$\begin{aligned} \mathrm{Var}[\widehat{f}_i] &= \mathrm{Var}\left[\boldsymbol{x}_i'(\boldsymbol{X}'\boldsymbol{X})^{-1}\boldsymbol{X}'\boldsymbol{y}\right] = \mathrm{Var}\left[\boldsymbol{x}_i'(\boldsymbol{X}'\boldsymbol{X})^{-1}\boldsymbol{X}'(\boldsymbol{X}\boldsymbol{\beta}+\boldsymbol{u})\right] \\ &= \mathrm{Var}\left[\boldsymbol{x}_i'(\boldsymbol{X}'\boldsymbol{X})^{-1}\boldsymbol{X}'\boldsymbol{u}\right] \\ &= \boldsymbol{x}_i'(\boldsymbol{X}'\boldsymbol{X})^{-1}\boldsymbol{X}'\boldsymbol{\Sigma}_{\boldsymbol{uu}}\boldsymbol{X}(\boldsymbol{X}'\boldsymbol{X})^{-1}\boldsymbol{x}_i \\ &= \sigma^2\boldsymbol{x}_i'(\boldsymbol{X}'\boldsymbol{X})^{-1}\boldsymbol{x}_i \quad , \end{aligned} \tag{3.2.14}$$

[60] Vgl. dazu u.a. [Anders 1997], S. 11 ff., [Hastie et al. 2001], S. 193 ff. und wiederum Abb. 3.3 auf Seite 116.

[61] Vgl. Abschnitt 2.1.2 sowie Anhang A.

[62] Vgl. Abschnitt 2.1.2.

wobei $\boldsymbol{\Sigma_{uu}}$ die Varianz-Kovarianzmatrix der Störgrößen des Modells darstellt. Damit ergibt sich der erwartete Prognosefehler des linearen Modells laut Gl. (3.2.12) für jedes Objekt i zu

$$EPE(\boldsymbol{x}_i'\widehat{\boldsymbol{\beta}}) = \sigma^2 \left[\boldsymbol{x}_i'(\boldsymbol{X}'\boldsymbol{X})^{-1}\boldsymbol{x}_i + 1\right] \quad . \tag{3.2.15}$$

An dieser Stelle ist nochmals ersichtlich, dass der erwartete Prognosefehler des Modells umso größer ist, je länger der Vektor $\boldsymbol{x}_i' = (1, x_{1i}, \ldots, x_{Ki})$ ist, was unmittelbar im Zusammenhang mit einer größeren Anzahl an verwendeten Einflussgrößen und damit einer höheren Komplexität des Modells steht. □

3.2.3 Schätzung des Prognosefehlers

Voraussetzung für die Bewertung eines Modells stellt nun die empirische Schätzung des Prognosefehlers (3.2.5) aus den Daten dar. Dabei kann der erwartete Prognosefehler entweder durch den sog. *In-Sample-Fehler*, der die Prognosequalität aus den zur Schätzung verwendeten Trainingsdaten schätzt, oder durch den sog. *Out-Of-Sample-Fehler*, der die Qualität der Prognose direkt aus der Anwendung des Modells auf neue Werte der unabhängigen Variablen beurteilt, geschätzt werden. Im Folgenden wird beschrieben, wie aus den zur Schätzung verwendeten Daten sowie neuen Prognosedaten der erwartete Prognosefehler eines statistischen Modells geschätzt werden kann.

Ausgangspunkt für die Messung des Fehlers stellt eine vom konkreten Schätzproblem abhängige Fehlerfunktion

$$l_i = l(f_i(\boldsymbol{x}_i, \boldsymbol{\beta}), \widehat{f}_i(\boldsymbol{x}_i, \widehat{\boldsymbol{\beta}})) \tag{3.2.16}$$

zur Bewertung des Fehlers für jedes betrachtete Objekt i dar. Für eine quantitative Zielvariable wird meist die quadrierte Differenz

$$l_i = (f_i - \widehat{f}_i)^2 \tag{3.2.17}$$

zwischen dem tatsächlichen und dem geschätzten Wert der Zielvariable betrachtet, wohingegen bei kategorialen Zielgrößen die Indikatorfunktion

$$l_i = I_{i,g\neq\widehat{g}} = \begin{cases} 0 & \text{für} \quad f_{ig} = \widehat{f}_{ig} \\ 1 & \text{für} \quad f_{ig} \neq \widehat{f}_{ig} \end{cases} \tag{3.2.18}$$

oder die LogLikelihood-Funktion bzw. *Deviance*

$$l_i = D_i = -2 \cdot \sum_{g=1}^{G} I_{i,g=\widehat{g}} \cdot \ln L(\widehat{\boldsymbol{\beta}}|\widehat{f}_{ig}) \tag{3.2.19}$$

verwendet werden können.[63] In (3.2.19) gibt $L(\widehat{\boldsymbol{\beta}}|\widehat{f}_{ig})$ die von den jeweiligen Parameterschätzungen abhängige Likelihoodfunktion bzw. geschätzte Wahrscheinlichkeit für die Gruppenzugehörigkeit $\widehat{f}_{ig} \in \{g_{i1}, \ldots, g_{iG}\}$ des Objektes i in eine der

[63]Zu Fehlerfunktionen vgl. auch Abschnitt 2.2.3 dieser Arbeit. Zur Interpretation der Deviance im Hinblick auf die Schätzqualität vgl. auch die Ausführungen auf Seite 110 f.

$g = 1, \ldots, G$ Kategorien der Zielgröße an. $I_{i,g=\hat{g}}$ ist die Indikatorfunktion, die den Wert Eins annimmt, falls die Klassenzugehörigkeit des Objekts i korrekt geschätzt wurde. Bei der Solvenzprognose liegen i.d.R. $G = 2$ Klassen, nämlich die zu prognostizierende Solvenz oder Insolvenz, vor. Ein kleiner Likelihoodwert und damit ein hoher Wert der Deviance bedeutet eine geringe Klassifikationsgüte bzw. einen hohen Fehlerwert für das entsprechende Objekt.

3.2.3.1 In-Sample-Fehler

Zur Schätzung des In-Sample-Fehlers wird zunächst das empirische Risiko in Form des durchschnittlichen Fehlers über alle zur Schätzung verwendeten Trainingsdaten ermittelt. I.d.R. wird für quantitative abhängige Variablen der mittlere quadratische Trainingsfehler[64]

$$\widehat{MSE}(\widehat{f}) = \frac{1}{n} \sum_{i=1}^{n} (f_i - \widehat{f}_i)^2 \tag{3.2.20}$$

oder der mittlere absolute Trainingsfehler

$$\widehat{MAE}(\widehat{f}) = \frac{1}{n} \sum_{i=1}^{n} |f_i - \widehat{f}_i| \tag{3.2.21}$$

und für qualitative Zielgrößen die durchschnittliche Fehlklassifikationsrate[65]

$$\widehat{MSE}(\widehat{f}) = \frac{1}{n} \sum_{i=1}^{n} I_{i,g\neq\hat{g}} \tag{3.2.22}$$

oder die mittlere Deviance

$$\widehat{MSE}(\widehat{f}) = \frac{-2}{n} \sum_{i=1}^{n} \left(\sum_{g=1}^{G} I_{i,g=\hat{g}} \cdot \ln L(\boldsymbol{\beta}|\widehat{f}_{ig}) \right) \tag{3.2.23}$$

verwendet.

Der durchschnittliche Trainingsfehler stellt jedoch eine zu optimistische Schätzung des In-Sample-Fehlers dar, da dieser aus den selben Daten berechnet wurde, mit denen auch das Modell selbst optimal geschätzt wurde. Des Weiteren nimmt, wie in den Abschnitten 2.2.5 und 3.2.1 bereits erläutert, in vor der Schätzung nicht genau funktional spezifizierten Modellen das empirische Risiko durch eine immer höhere Komplexität des Modells immer weiter ab, was jedoch ab einer bestimmten optimalen Komplexität zu einem erhöhten strukturellen Risiko führt. [Hastie et al. 2001] bezeichnen die erwartete Differenz zwischen dem

---

[64]Die "Hats" ($\widehat{\ }$) veranschaulichen, dass es sich bei den Fehlermaßen um empirische Schätzungen der unbekannten wahren Fehler des geschätzten Modells $\widehat{f}$ in der Grundgesamtheit handelt.

[65]Für eine binäre Zielvariable mit lediglich zwei Ausprägungen $f_{ig} \in \{0, 1\}$ führt die Berechnung der mittleren quadratischen Abweichung (3.2.20) ebenfalls zum Anteil der fehlklassifizierten Objekte.

interessierenden In-Sample-Fehler und dem erwarteten Trainingsfehler als sog. *Optimismus*

$$op(\widehat{f}) = EPE(\widehat{f}) - \mathrm{E}\left[\widehat{MSE}(\widehat{f})\right] \tag{3.2.24}$$

des geschätzten Modells $\widehat{f}$. Der Optimismus gibt somit das (erwartete) Ausmaß der Unterschätzung des erwarteten Prognosefehlers durch den Trainingsfehler an. Für die oben beschriebenen Fehlerfunktionen kann generell gezeigt werden, dass der Optimismus wie folgt ausgedrückt werden kann:[66]

$$op(\widehat{f}) = \frac{2}{n}\sum_{i=1}^{n} \mathrm{Cov}[\widehat{f}_i, f_i] \tag{3.2.25}$$

Mit Hilfe von (3.2.24) und (3.2.25) lässt sich der In-Sample-Fehler dann wie folgt darstellen:

$$EPE(\widehat{f}) = \mathrm{E}\left[\widehat{MSE}(\widehat{f})\right] + \mathrm{op}(\widehat{f}) \tag{3.2.26}$$

$$= \mathrm{E}\left[\widehat{MSE}(\widehat{f})\right] + \frac{2}{n}\sum_{i=1}^{n} \mathrm{Cov}[\widehat{f}_i, f_i] \quad , \tag{3.2.27}$$

wobei (3.2.27) das strukturelle Risiko des Modells abbildet. An dieser Stelle ist ersichtlich, dass mit steigender Komplexität und damit Anpassung des geschätzten Modells an die Trainingsdaten (steigende Kovarianz zwischen den geschätzten und den wahren Funktionswerten in (3.2.27)) eine steigende Unterschätzung der Qualität des Modells durch den Trainingsfehler einhergeht. Der Optimismus kann somit als *Regularisierungsterm* aufgefasst werden, der die durch ein komplexeres Modell verursachten Kosten angibt. Das Optimum aus einer möglichst hohen Anpassung an die Daten und möglichst geringer Komplexität drückt sich in dem Minimum des In-Sample-Fehlers bzw. des strukturellen Risikos aus und stellt somit das Zielkriterium einer guten Modellauswahl dar.

Nach der Berechnung des durchschnittlichen Trainingsfehlers muss nun der Optimismus des betrachteten Modells geschätzt werden, um den erwarteten In-Sample-Fehler zu bestimmen. Für ein in den Parametern durch KQ-Schätzung geschätztes lineares Modell mit einem additiven Störterm und K (evtl. transformierten) unabhängigen Variablen und einem Absolutglied, kann gezeigt werden, dass der Optimismus durch

$$\widehat{op}(\widehat{f}) = \frac{2(K+1)}{n}\widehat{\sigma}^2 \tag{3.2.28}$$

geschätzt werden kann, was unter Berücksichtigung von (3.2.20) und (3.2.28) zu einem geschätzten In-Sample-Fehler von

$$\widehat{EPE}(\widehat{f}) = \frac{1}{n}\sum_{i=1}^{n}(f_i - \widehat{f}_i)^2 + \frac{2(K+1)}{n}\widehat{\sigma}^2 \tag{3.2.29}$$

[66] Vgl. [Hastie et al. 2001], S. 202.

führt.[67] Dabei gilt (3.2.28) approximativ auch für andere Fehlerfunktionen, wie z.B. (3.2.22) und (3.2.23).[68] Hier ist nochmals ersichtlich, dass bei unverändertem Stichprobenumfang n durch eine steigende Anzahl K von Variablen und damit Parametern der Trainingsfehler das strukturelle Risiko in stärker werdendem Ausmaß unterschätzt.

Weitere Schätzungen des erwarteten In-Sample-Fehlers über die Bestimmung von Regularisierungstermen führen zu den sog. *Informationskriterien*. Diese werden in Abschnitt 3.3.2 im Rahmen der Auswahl von geeigneten Modellen näher dargestellt.

3.2.3.2 Out-Of-Sample-Fehler

Neben der Möglichkeit der Schätzung des erwarteten Prognosefehlers durch den geschätzten In-Sample-Fehler, die vor allem zum Vergleich und der damit verbundenen Auswahl eines geeigneten Modells zur Schätzung des interessierenden Zusammenhanges in Frage kommt, kann für neue Werte der Einflussvariablen die Prognosequalität anhand des geschätzten Out-Of-Sample-Fehlers beurteilt werden. Dieser entspricht nicht unbedingt dem geschätzten In-Sample-Fehler, da die neuen Werte der Einflussgrößen nicht zwingend mit den zur Schätzung des Modells verwendeten Daten stark zusammenhängen müssen.

Liegt eine hinreichend große Anzahl von Beobachtungen vor, besteht die einfachste Möglichkeit zur Messung des Out-Of-Sample-Fehlers darin, eine Teilmenge der Daten, die sog. *Test- oder Prognosemenge* $P = \{(y_1, \boldsymbol{x}_1), \ldots, (y_p, \boldsymbol{x}_p), \ldots, (y_P, \boldsymbol{x}_P)\}$ abzuspalten. Diese Testdaten werden dem Schätzverfahren vorenthalten und nach der Schätzung dem geschätzten Modell als unbekannte und somit neue Daten präsentiert. Wenn, wie es bei überwachten Lernverfahren der Fall ist, für diese Testdaten der tatsächliche Wert der Zielvariable $y_p = f_p$ ebenfalls vorhanden ist, kann dieser direkt mit dem prognostizierten Wert $\widehat{y}_p = \widehat{f}_p = \widehat{f}(\boldsymbol{x}_p, \widehat{\boldsymbol{\beta}})$ verglichen werden. Dabei wird als Schätzung des erwarteten strukturellen Risikos bzw. Prognosefehlers der durchschnittliche Fehler

$$\widehat{R}_f(\widehat{f}) = \frac{1}{P} \sum_{p=1}^{P} l(f_p - \widehat{f}_p) \tag{3.2.30}$$

in den Testdaten verwendet. Für den Fall einer quadratischen Fehlerfunktion ergibt sich bspw. dieser sog. durchschnittliche quadratische *Testfehler* zu

$$\widehat{MSE}_{Test}(\widehat{f}) = \frac{1}{P} \sum_{p=1}^{P} (f_p - \widehat{f}_p)^2 \quad . \tag{3.2.31}$$

In Klassifikationsproblemen können die Fehlerquoten bzw. die ROC-Kurve in den Testdaten als Out-Of-Sample-Prognosekriterien verwendet werden.[69]

[67] Vgl. [Hastie et al. 2001], S. 203.

[68] Vgl. [Hastie et al. 2001].

[69] Vgl. Abschnitt 3.1.3.2.

Zu beachten ist, dass der mittlere Fehler (3.2.31) in den Testdaten lediglich eine einzelne Schätzung des erwarteten Risikos bzw. Out-Of-Sample-Fehlers darstellt. Insbesondere, wenn die Testmenge aufgrund einer relativ geringen Stichprobengröße nur verhältnismäßig wenige Beobachtungen enthält, ist die Schätzung des Testfehlers evtl. mit hoher Unsicherheit behaftet. Um in diesem Fall eine bessere Schätzung zu erreichen, kann die Methode der sog. *Kreuzvalidierung*[70] angewendet werden. Dabei wird die Menge aller Daten in $m = 1, \ldots, M$ disjunkte Mengen unterteilt. Nun wird jede der erhaltenen Teilmengen einmal als Testmenge P_m betrachtet und anhand der jeweils verbleibenden Trainingsmenge wird das Modell geschätzt und der empirische Fehler $\widehat{MSE}_{P_m}$ in der jeweiligen Testmenge berechnet. Der mittlere erwartete Prognosefehler wird dann als Durchschnitt der Testfehler über alle innerhalb der Kreuzvalidierung verwendeten Testmengen als

$$\widehat{MSE}(\widehat{f}) = \frac{1}{M} \sum_{m=1}^{M} \widehat{MSE}_{P_m} \tag{3.2.32}$$

berechnet und weist aufgrund einer M-fach erhöhten Testmengengröße eine geringere Schätzvarianz und damit eine erhöhte Schätzsicherheit gegenüber (3.2.31) auf.

Exkurs: Out-Of-Sample-Qualität im linearen Modell In dem Spezialfall eines in den Parametern linearen ökonometrischen Modells kann die Out-Of-Sample-Prognosequalität zusätzlich anhand einer sog. *Intervallprognose* beurteilt werden. Dazu wird für den Prognosezeitraum bzw. für das interessierende neue Prognoseobjekt p zunächst eine *bedingte Punktprognose*

$$\widehat{y}_p = \boldsymbol{x}_p' \widehat{\boldsymbol{\beta}} \tag{3.2.33}$$

der Zielvariable für einen vorgegebenen Prognosevektor $\boldsymbol{x}_p$ der zur Prognose vorgegebenen Realisationen der K Einflussvariablen erstellt. Diese Punktprognose wird dabei aufgefasst als die Realisation des bedingten Erwartungswertes $E(y_p|\boldsymbol{X} = \boldsymbol{x}_p')$ der abhängigen Variable.[71] Laut dem vorausgesetzten linearen ökonometrischen Modell (vgl. Gl. 2.1.10 auf Seite 18) ergibt sich der tatsächliche Wert der zu prognostizierenden Variable zu

$$y_p = \boldsymbol{x}_p' \boldsymbol{\beta} + u_p \quad , \tag{3.2.34}$$

woraus sich für jedes Prognoseobjekt p ein Prognosefehler von

$$e_p = y_p - \widehat{y}_p = \boldsymbol{x}_p' \boldsymbol{\beta} + u_i - \boldsymbol{x}_p' \widehat{\boldsymbol{\beta}} = \boldsymbol{x}_p' (\boldsymbol{\beta} - \widehat{\boldsymbol{\beta}}) + u_p \tag{3.2.35}$$

[70] Vgl. u.a. [Bishop 1995], S. 372 ff. und [Hastie et al. 2001], S. 214 ff.

[71] Sollen für $P = (1, \ldots, p, \ldots, P)$ neue Objekte bzw. Zeitpunkte gleichzeitig Prognosen erstellt werden, lauten die bedingten Punktprognosen $\widehat{\boldsymbol{y}}_p = \boldsymbol{X}_p \widehat{\boldsymbol{\beta}}$, wobei in der $(P \times K + 1)$-Matrix $\boldsymbol{X}_p$ der Einsvektor für das Absolutglied und die P Prognosevektoren $\boldsymbol{x}_p'$ enthalten sind. Der Vektor $\widehat{\boldsymbol{y}}_p$ enthält dann die P Punktprognosen für die Zielgröße.

ergibt. Der Wert der Punktprognose allein erlaubt jedoch noch keine Aussage über die Qualität bzw. Verlässlichkeit der Prognose. Um diese zu beurteilen, benötigt man die Wahrscheinlichkeitsverteilung des Prognosefehlers (3.2.35). Im klassischen linearen Modell gelten für alle Beobachtungen die Annahmen[72] $\mathrm{E}[u_i] = 0$, $\mathrm{Var}[u_i] = \sigma^2$ und die Eigenschaft $\mathrm{E}[\widehat{\boldsymbol{\beta}}] = \boldsymbol{\beta}$, d.h. die Parameterschätzungen sind bei KQ- oder ML-Schätzung erwartungstreu für die unbekannten Funktionsparameter.[73] Daraus folgt, dass der Erwartungswert des Prognosefehlers

$$\mathrm{E}[e_p] = \mathrm{E}[y_p - \widehat{y}_p] = \boldsymbol{x}_p' \cdot \mathrm{E}[\boldsymbol{\beta} - \widehat{\boldsymbol{\beta}}] + \mathrm{E}[u_p] = 0 \tag{3.2.36}$$

ist. Es kann weiterhin gezeigt werden, dass sich die Varianz des Prognosefehlers zu

$$\mathrm{Var}[e_p] = \sigma_{e_p}^2 = \sigma^2 \left[\boldsymbol{x}_p'(\boldsymbol{X}'\boldsymbol{X})^{-1}\boldsymbol{x}_p + 1\right] \tag{3.2.37}$$

ergibt.[74] Wird wiederum angenommen, dass die Störgrößen normalverteilt sind und die unabhängigen Variablen deterministisch oder ebenfalls annähernd normalverteilt, folgt für die Verteilung des Prognosefehlers ebenfalls eine Normalverteilung

$$e_p \sim \mathrm{N}\left(0, \sigma^2[\boldsymbol{x}_p'(\boldsymbol{X}'\boldsymbol{X})^{-1}\boldsymbol{x}_p' + 1]\right) \quad . \tag{3.2.38}$$

Aus der Verteilung des standardisierten Prognosefehlers für eine Punktprognose

$$\frac{e_p}{\widehat{\sigma}_{e_p}} = \frac{y_p - \widehat{y}_p}{\widehat{\sigma}_{e_p}} \sim \mathrm{t}(n-K-1) \tag{3.2.39}$$

kann nun ein zentrales $1-\alpha$ - Schwankungsintervall

$$\Pr\left(-t_{1-\alpha/2,n-K-1} \le \frac{y_p - \widehat{y}_p}{\widehat{\sigma}_{e_p}} \le +t_{1-\alpha/2,n-K-1}\right) = 1-\alpha \tag{3.2.40}$$

abgeleitet werden. Dabei wurde die (unbekannte) Standardabweichung des Prognosefehlers σ_{e_p} durch ihre Schätzung

$$\widehat{\sigma}_{e_p} = \sqrt{\widehat{\sigma}^2 \left[\boldsymbol{x}_p'(\boldsymbol{X}'\boldsymbol{X})^{-1}\boldsymbol{x}_p + 1\right]} \tag{3.2.41}$$

mit $\widehat{\sigma}^2 = \widehat{\boldsymbol{u}}'\widehat{\boldsymbol{u}}/(n-K-1)$ ersetzt. Aus diesem Intervall kann dann nach Umformung für jede Punktschätzung ein *Prognoseintervall*

$$\Pr\left(\widehat{y}_p - t_{1-\alpha/2,n-K-1} \cdot \widehat{\sigma}_{e_p} \le y_p \le \widehat{y}_p + t_{1-\alpha/2,n-K-1} \cdot \widehat{\sigma}_{e_p}\right) = 1-\alpha \tag{3.2.42}$$

angegeben werden, welches den zu schätzenden Wert y_p der Zielvariable mit einer vorgegebenen Wahrscheinlichkeit $1-\alpha$ enthält. Die Breite des so erhaltenen Prognoseintervalls erlaubt nun im Zusammenhang mit inhaltlich-theoretischen Kenntnissen bezüglich der Ausprägungen der prognostizierten Variable eine Einschätzung der Verlässlichkeit der ex-post-Punktprognose. □

[72] Vgl. u.a. [Greene 2000], S. 213 ff. und Abschnitt 2.1.2 dieser Arbeit.

[73] Zu den Eigenschaften der KQ- und ML-Schätzungen im klassischen linearen Modell vgl. u.a. [Friedrich 1991] und [Greene 2000], S. 242 ff.

[74] Die ausführliche Herleitung der Varianz des Prognosefehlers im linearen ökonometrischen Modell findet sich in Anhang A.3.

3.3 Modellauswahl

Ist aus inhaltlich-theoretischen Vorüberlegungen nicht vollständig klar, welche bzw. wie viele unabhängige Variablen zur Erklärung der Zielvariable in Betracht kommen bzw. welche optimale funktionale Komplexität das zu schätzende Modell aufweisen soll, muss anhand der in den vorigen Abschnitten skizzierten Anpassungs- und Prognosekriterien ein geeignetes Modell gefunden werden. In der Praxis haben sich dazu einige Vorgehensweisen bzw. Kriterien durchgesetzt, die im Folgenden kurz vorgestellt werden sollen.

3.3.1 Schrittweise Selektion

Durch eine schrittweise Selektion, d.h. ein sukzessives Hinzufügen oder Herausnehmen von einzelnen unabhängigen Variablen, wird versucht, ein in der Schätzqualität bestes bzw. das korrekt spezifizierte Modell zu finden.[75] Bei einer *vorwärtsgerichteten* Auswahltechnik wird mit nur einer unabhängigen Variable begonnen. Dann werden Schritt für Schritt die Variablen mit der größten Signifikanz[76] dem Modell hinzugefügt bis keine weiteren signifikanten Einflussgrößen mehr zur Verfügung stehen. Im Gegensatz dazu werden bei der *rückwärtsgerichteten* Auswahl zunächst alle zur Verfügung stehenden unabhängigen Variablen in das Modell integriert, von denen dann schrittweise jeweils die Variable entfernt wird, die die geringste Signifikanz aufweist bis alle verbliebenen Variablen signifikant sind. Das entscheidende Problem dieser schrittweisen Techniken ist, dass vor allem bei Vorliegen von hohen Multikollinearitäten[77] evtl. eine oder mehrere Variablen, die in einer bestimmten Iteration in das Modell aufgenommen bzw. aus diesem entfernt wurden, in späteren Schritten eine evtl. signifikante Bedeutung aufgrund von neu hinzugekommenen bzw. danach entfernten Variablen verlieren bzw. erst bekommen könnten. So könnte z.B. die unabhängige Variable "Anlagevermögen" eines Unternehmens in einem einfachen Modell zunächst signifikant die Insolvenzwahrscheinlichkeit beeinflussen, wohingegen nach Hinzunahme der Variablen "Kassenbestand" und "Vorräte" diese gemeinsam den eigentlichen Erklärungsgehalt verursachen würden. Aufgrund der zuvor schon erfolgten Berücksichtigung der Variable "Anlagevermögen" sind die neuen Variablen u.U. jedoch einzeln nicht signifikant und werden fälschlicherweise nicht in das Modell aufgenommen. Somit kann die Reihenfolge der Aufnahme bzw. Entfernung der Einflussvariablen einen entscheidenden Einfluss auf die letztendlich gefundene Variablenspezifikation haben, weshalb die Vorgehensweise der schrittweisen Regression in dieser Arbeit nur zu Vergleichszwecken verwendet wird.

---

[75] Zur Diskussion der schrittweisen Selektion vgl. u.a. [Draper und Smith 1980].

[76] Diese wird bspw. anhand des t-Wertes der entsprechenden Variable beurteilt; vgl. dazu Abschnitt 3.1.1.2.

[77] Zum Multikollinearitätsproblem vgl. die Ausführungen in Abschnitt 5.2.1 dieser Arbeit.

3.3.2 Informationskriterien

Ein weiterer Ansatz der Modellauswahl stellt die Bewertung verschiedener Modelle anhand von sog. *Selektions-* oder *Informationskriterien* dar. Diese schätzen das strukturelle Risiko und beurteilen bzw. vergleichen so die verschiedenen Modelle hinsichtlich ihrer Anpassungsgüte im Zusammenhang bzw. Tradeoff mit ihrer Variablenanzahl und damit Modellkomplexität. Ein erstes, oft verwendetes Selektionskriterium stellt das bereits in Abschnitt 3.1.1.1 genauer beschriebene *korrigierte Bestimmtheitsmaß*[78]

$$R_k^2 = 1 - \frac{SSE/[n-K-1]}{SST/[n-1]} \tag{3.3.1}$$

dar. Da das nicht-korrigierte Bestimmtheitsmaß[79] nicht kleiner werden kann, wenn neue unabhängige Variablen in das Modell aufgenommen werden, tendiert es dazu, das Modell zu überparametrisieren und damit überanzupassen. Dies könnte jedoch den Prognosefehler erhöhen, da die Prognosevarianz evtl. vergrößert werden würde.[80] Das korrigierte Bestimmtheitsmaß gibt mit dem Ziel der zu verhindernden Überparametrisierung den Anteil der durch das Modell erklärten Streuung der Zielvariable unter Einbeziehung der Freiheitsgrade des Modells an. Die Reduzierung der Freiheitsgrade durch ein Hinzufügen von unabhängigen Variablen stellt dabei eine Bestrafung für die dadurch erreichte höhere Anpassungsgüte dar. U.a. [Amemiya 1985] wies darauf hin, dass das korrigierte Bestimmtheitsmaß den Verlust der Freiheitsgrade nicht ausreichend bestraft, und schlug das als *Amemiyas Prediction Criterion* bekannt gewordene Kriterium

$$PC = \frac{SSE \cdot (1 + (K+1)/n)}{n-K-1} \tag{3.3.2}$$

vor. Im Gegensatz zum korrigierten Bestimmtheitsmaß spricht hier ein relativ kleiner Wert des PC für ein besseres Modell.

Wiederum vor dem Hintergrund der Abwägung zwischen einer möglichst geringen Verzerrung (bzw. einer möglichst hohen Anpassung) des Modells und der Schätzunsicherheit stellen die Informationskriterien grundsätzlich Schätzungen des strukturellen Riskos bzw. In-Sample-Fehlers (vgl. Gl. (3.2.26) auf Seite 122) eines Modells dar. Dieses besteht im Allgemeinen aus zwei Teilen: Der erste Teil bewertet das Ausmaß der Anpassung der geschätzten Funktion an die Trainingsdaten und ist somit als Schätzung des empirischen Risikos aufzufassen. Der i.d.R. additive zweite Teil stellt einen Regularisierungsterm zur Bestrafung bzw. Bewertung der Komplexität des Modells dar. Die bekanntesten und am weitesten verbreiteten Informationskriterien sind das *Akaike-Informationskriterium*[81]

$$AIC = \ln\left(\frac{SSE}{n}\right) + \frac{2(K+1)}{n} \quad , \tag{3.3.3}$$

[78] Vgl. Gl. (3.1.8) auf Seite 98.

[79] Vgl. Gl. (3.1.4) auf Seite 97.

[80] Vgl. die Gl. (3.2.8) und (3.2.9) in Abschnitt 3.2.2.

[81] Vgl. [Akaike 1973].

und das *Schwarz-Informationskriterium*[82]

$$SIC = \ln\left(\frac{SSE}{n}\right) + \frac{(K+1)\ln n}{n} \quad . \tag{3.3.4}$$

Die Kriterien versuchen somit, eine bestimmte Modellanpassung SSE/n mit einer kleineren Anzahl Parameter pro Beobachtung $(K+1)/n$ zu erreichen. Im Fall des vor allem in nichtlinearen Modellen oft verwendeten Zielkriteriums der maximalen Likelihood-Funktion[83], bei dem Werte der LogLikelihood-Funktion nahe bei Null für eine gute Anpassung sprechen, ergibt sich die Berechnung der Informationskriterien zu[84]

$$AIC = \; = -\frac{2}{n}\ln L(\widehat{\boldsymbol{\beta}}|\boldsymbol{y}) + \frac{2(K+1)}{n} \tag{3.3.5}$$

$$SIC = \; = -\frac{2}{n}\ln L(\widehat{\boldsymbol{\beta}}|\boldsymbol{y}) + \frac{(K+1)\ln n}{n} \quad , \tag{3.3.6}$$

was der mittleren Deviance plus einer Regularisierung entspricht. Das negative Vorzeichen des Likelihood-Fehlermaßes bewirkt dabei die gleiche Richtung der Maße im Vergleich mit der oben verwendeten Residuenquadratsumme.

Alle aufgeführten Kriterien stellen in unterschiedlicher Art und Weise ein Fehlermaß des geschätzten Modells als Kriterium für die Anpassungsgüte der Anzahl der im Modell zu schätzenden Parameter gegenüber.[85] Die in den obigen Kriterien auf unterschiedliche Art verarbeitete Parameteranzahl gilt dabei als Indikator für die Komplexität des Modells und damit die Unsicherheit der Schätzungen, da durch eine steigende Anzahl der im Modell zu schätzenden Parameter der Optimismus steigt, was neben einer steigenden Varianz der Parameterschätzungen zu einer Unterschätzung des erwarteten Prognosefehlers führt.[86] Im Vergleich von hinsichtlich der Parameterzahl unterschiedlich komplexen Modellen spricht der kleinste Wert des Informationskriteriums für das relativ beste Modell, da für dieses sowohl der Approximationsfehler als auch die Komplexitätsbestrafung insgesamt am geringsten sind.

[82] Vgl. [Schwarz 1978].

[83] Vgl. z.B. die Likelihood-Schätzung der Koeffizienten der logistischen Regression in Abschnitt 2.1.3.1

[84] Vgl. u.a. [Anders 1997], S. 77 und [Hastie et al. 2001], S. 204.

[85] Zu den einzelnen Informationskriterien vgl. u.a. [Amemiya 1980].

[86] Vgl. u.a. [Hastie et al. 2001], S. 193 ff. und die Ausführungen in Abschnitt 3.2.3.1 dieser Arbeit.

Kapitel 4

Parametrische Statistik und statistische Lerntheorie im Data Mining: Ein Methodenvergleich

In diesem Kapitel werden die in Kapitel 2 vorgestellten Verfahren der klassischen parametrischen Statistik sowie der statistischen Lerntheorie auf das Problem der Solvenzprognose im Rahmen einer empirischen Schätzung von Klassifikationsmodellen unter praktischen Gesichtspunkten ausführlich dargestellt und zur Prognose der Insolvenzgefahr der betrachteten Unternehmen angewendet. Dabei werden in Abschnitt 4.1 zunächst die Grundlagen eines statistischen Data Mining gelegt und der Ablauf des Data-Mining-Prozesses beschrieben. Daran anschließend wird das Problem einer unternehmerischen Solvenzanalyse anhand von veröffentlichten Jahresabschlüssen dargelegt und die in dieser Arbeit verwendeten Daten sowie die zur Analyse verwendete Software beschrieben. In Abschnitt 4.4 werden dann zunächst die in der empirischen Praxis häufig verwendeten parametrischen statistischen Verfahren der logistischen Regressionsanalyse und der linearen Diskriminanzanalyse zur Klassifikation der binären Zielgröße des Insolvenzkriteriums entwickelt. Anschließend werden in den Abschnitten 4.5 und 4.6 statistische neuronale Netze und Support-Vektor-Maschinen als sehr populäre Vertreter der statistischen maschinellen Lerntheorie zur Solvenzklassifikation verwendet und hinsichtlich ihrer Anpassungs- und Prognosequalität bewertet und mit den klassischen parametrischen Verfahren verglichen.

4.1 Statistisches Data Mining: Begriffsbestimmung und Ablauf

Die computergestützte Entscheidungsunterstützung im Bereich der ökonomischen Tätigkeit hat in den letzten Jahren stark an Bedeutung gewonnen. Seit ca. Mitte der 1990er Jahre wurden unter dem Oberbegriff *Business Intelligence (BI)* neue Lösungsentwürfe zur Bereitstellung bzw. zum Aufbau sog. *entscheidungsorientierter Informationssysteme (EIS)* entwickelt. Solche EIS setzen sich im Wesentlichen aus Systemen zur Speicherung entscheidungsrelevanter Informationen bzw. Daten sowie Werkzeugen zur Modellierung bzw. Auswertung dieser Informationen zusammen. Die Daten werden dabei in einem sog. *Data Warehouse (DWH)* erfasst und integriert und anhand sog. *Online Analytical Processing (OLAP)- Tools* gefiltert und analysiert.[1] Über die in einem DWH erfassten Datenmengen sind jedoch oft nur wenig Informationen bzgl. der Struktur und Verteilung der Daten vorhanden. Quantitative computergestützte Analyseverfahren, die zur Entdeckung und Prüfung evtl. vorhandener Strukturen in solchen Datenmengen verwendet werden und damit die Generierung von verdichteten, aussagefähigen und entscheidungsrelevanten Informationen zum Ziel haben, werden unter dem Begriff *Data Mining (DM)* zusammengefasst. Die für die vorliegende Arbeit relevanten konkreten Ziele einer DM-Analyse sind neben in der Praxis vielen weiteren Anwendungsmöglichkeiten u.a.[2]

- die explorative Aufbereitung und Visualisierung der Daten,
- die Dimensionsreduktion sowohl der erfassten Objektmerkmale als auch der Objekte selbst,
- die Analyse und eventuelle Beseitigung von Datenqualitätsmängeln,
- die Erkennung entscheidungsrelevanter Merkmale sowie die Erkennung der Struktur der Beeinflussung einer problemrelevanten Zielvariable, und
- die Klassifikation und/oder Prognose der interessierenden Daten bzw. der Zielvariable.

Aus der eben gegebenen Definition und Aufzählung der Anwendungsmöglichkeiten ist ersichtlich, dass unter dem Begriff Data Mining Methoden aus verschiedenen, bereits seit langem bekannten quantitativen Forschungsgebieten, wie z.B. der explorativen Datenanalyse, der (inferenziellen) Statistik, der Mustererkennung oder des maschinellen Lernens, zusammengefasst werden können.

Der in Abb. 4.1 schemenhaft dargestellte (modellbasierte) DM-Prozess lässt sich grundsätzlich in verschiedene Phasen unterteilen, die theoretisch nacheinander und möglichst automatisiert durchlaufen werden (durchgezogene Pfeile). In der

[1] Vgl. u.a. [Bauer und Günzel 2004, English 1999]

[2] Vgl. [Han und Kamber 2000, Hand et al. 2001].

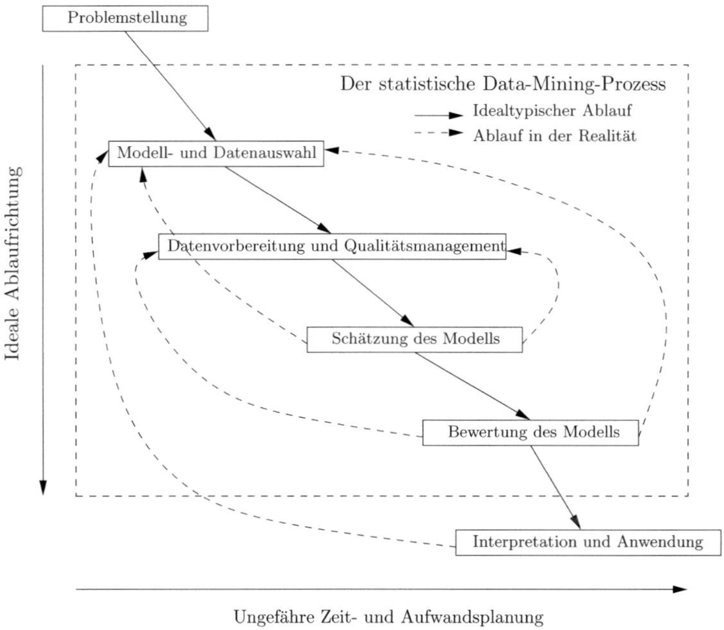

Abbildung 4.1: Der Ablauf des Data-Mining-Prozesses in Theorie und Praxis. Der anhand der durchgezogenen Pfeile angegebene theoretische Ablauf einer DM-Analyse stellt sich in der praktischen Anwendung als iterativer und vielfach rückgekoppelter Prozess dar, was hier durch die gestrichelten Pfeile angedeutet ist.

Praxis hat sich jedoch ein iterativer und rückgekoppelter Prozess als relevant erwiesen; d.h. aufgrund der Ergebnisse einzelner Zwischenschritte ist es oft notwendig, aufgrund oft subjektiv bewerteter Zwischenergebnisse oder bestimmter Gegebenheiten bzw. auftauchender Probleme in vorhergehende Phasen zurück zu gehen (gestrichelte Pfeile), um die Analyseergebnisse durch eventuelle Modell- und/oder Datenänderungen anzupassen und ggf. zu verbessern. Im weiteren Sinn umfasst der DM-Prozess das Vorliegen bzw. die Definition einer konkreten Problemstellung, die durch den statistischen DM-Prozess anhand der vorliegenden Datenmenge gelöst, interpretiert und zur praktischen Problemlösung angewendet werden soll. Dabei wird - wie in dem in den einleitenden Absätzen in Kapitel 2 dieser Arbeit dargestellten ökonometrischen Analyseprozess - ein theoretisches ökonomisches Problem durch statistische Modellierung in ein ökonometrisches Modell überführt. Der (statistische) DM-Prozess im engeren Sinn besteht aus den Phasen der Datenvorbereitung, der Modellauswahl, der Modellschätzung sowie der Modellbewertung. In Abgrenzung zur klassischen (multivariaten) statistischen Vorgehensweise wird im DM ein entscheidendes Augenmerk auf die Daten selbst gelegt. Da diese in den oben erwähnten EIS i.d.R. in großer Anzahl und evtl. unstrukturierter Form vorliegen sowie meist keine Informationen über die Verteilung der Daten vorhanden sind, kommt der analysevorbereitenden Bearbeitung der Daten eine entscheidende Bedeutung im Hinblick auf die erfolgreiche Modellschätzung zu.[3] Dabei können schon an dieser Stelle verschiedene - in diesem Fall struktur-entdeckende - Methoden des statistischen DM zur Datenvorbereitung eingesetzt werden, bevor die eigentliche modellbasierte DM-Analyse vorgenommen wird.

Im Folgenden werden die wesentlichen Inhalte der einzelnen Phasen des DM-Prozesses, speziell im Rahmen der Zielsetzung der vorliegenden Arbeit, kurz dargestellt. Die folgenden Abschnitte dieses Kapitels befassen sich dann ausführlich mit der Phase der Modellschätzung, -bewertung und -interpretation, die unter Verwendung der in Kapitel 2 vorgestellten klassischen sowie neueren lerntheoretischen Methoden anhand des Problems der statistischen Solvenzanalyse ausführlich beschrieben bzw. durchgeführt wird. Auf die Phase der Datenvorbereitung wird im Rahmen eines statistischen Datenqualitätsmanagements erst im folgenden Kapitel 5 ausführlich eingegangen. Dies geschieht entgegen der hier beschriebenen Ablaufrichtung mit dem Ziel, die Effekte einer Datenqualitätsanalyse auf die erfolgreiche Durchführung des DM-Prozesses untersuchen zu können, da im vorliegenden Kapitel die Modellentwicklung ohne eine wesentliche Datenvorbereitung erfolgt, wobei hier zunächst der erwähnte statistische Methodenvergleich im Vordergrund steht.

Modell- und Datenauswahl aufgrund der Problemstellung In der ersten Phase des engeren statistischen DM-Prozesses steht die Auswahl eines statistischen Modells zur Beschreibung und Lösung eines konkreten Anwendungsproblems. So soll in dieser Arbeit das durch einen bestimmten Anwender (z.B. ein Kreditinstitut) vorgegebene Problem der Einschätzung der Insolvenzgefahr eines Unternehmens anhand der zur Verfügung stehenden Jahresabschlussdaten statistisch modelliert und eine Prognose der Insolvenzwahrscheinlichkeit abgegeben werden. Hierzu muss zunächst eine problemadäquate Datenauswahl aus bspw. einem DWH des Kreditinstituts erfolgen. Je nach Problem und Datenmaterial in Frage kommende statistische Modelle bzw. Methoden können verschiedene lineare oder nichtlineare Approximations- (z.B. lineare/nichtlineare Regression, statistische neuronale Netze, lineare oder nichtlineare (Kernel-) Support-Vektor-Regression) und Klassifikationsmodelle (z.B. logistische Regression, lineare/nichtlineare Diskriminanzanalyse, statistische neuronale Netze, lineare oder nichtlineare (Kernel-) Support-Vektor-Klassifikation) sein.

Innerhalb der DM-Analyse erfolgt somit immer eine Auswahl aus der Vielzahl der mit dem Begriff Data Mining umschriebenen Methoden und Techniken zur Datenanalyse hinsichtlich des jeweils zu lösenden Problems und der zur Verfügung

[3]Die Länge der in Abb. 4.1 dargestellten Boxen spiegelt das ungefähre relative Verhältnis des Zeit- und Arbeitsaufwandes der einzelnen Phasen im DM-Prozess wieder. So ist vor allem die Phase der Datenvorbereitung durch einen erheblichen Aufwand gekennzeichnet, wohingegen die eigentliche Modellschätzung (bei entsprechender Daten- und Modellvorbereitung) mit den modernen Computerhardware und -softwaresystemen relativ schnell durchgeführt werden kann.

stehenden Daten. Der in Theorie und Praxis häufig vorliegende begriffliche Unterschied zwischen Data Mining und einer multivariaten statistischen Analyse entsteht dabei hauptsächlich aus der Art und Struktur der zu analysierenden Daten: Während sich die klassischen statistischen Verfahren vorwiegend zur Analyse überschaubarer und weitgehend vorstrukturierter Daten verwenden lassen, kommen Methoden des Data Mining bei der Analyse umfangreicher, schlecht strukturierter und verrauschter Daten zur Anwendung.[4]

Die in dieser Arbeit untersuchte Problemstellung und die diesbzgl. Datenauswahl wird im folgenden Abschnitt 4.2 beschrieben, wobei die vorliegende Unternehmensstichprobe bereits außerhalb dieser Arbeit erhoben wurde und damit hier vorgegeben ist. Die Modellauswahl wurde hier in Form der in Kapitel 2 beschriebenen Methoden eingegrenzt.

Datenvorbereitung und Datenqualitätsmanagement Innerhalb dieses DM-Schrittes werden die problemrelevanten Daten mit dem Ziel der Generierung einer auswertungsfähigen Datenmenge vorverarbeitet.[5] Dazu kommen u.a. Methoden der Datenbereinigung bzw. Ausreißerbeseitigung[6], der Datenreduktion (z.B. Dimensionreduktion durch Cluster- und Faktorenbildung[7]), der Datentransformation und zur Behandlung fehlender Werte[8] zur Anwendung. Die Anwendung der eben erwähnten Auswahl von DM-Methoden zur Datenvorbereitung bzw. Sicherung der zur Durchführung der eigentlichen DM-Analyse notwendigen Datenqualität wird in der neueren Literatur als *Data Quality Mining (DQM)*[9] bezeichnet.

In dieser Arbeit wird der Datenvorbereitung besondere Bedeutung beigemessen, auch da sich in der Praxis gezeigt hat, dass diese einen Großteil der im gesamten DM-Prozess verbrauchten Zeit bzw. des getätigten Aufwandes in Anspruch nimmt. Weiterhin hängt der Erfolg des DM-Projektes in entscheidendem Maß von der Qualität der zur Problemlösung bereitgestellten Datenmenge ab. Kapitel 5 dieser Arbeit stellt dazu ein Konzept eines statistischen Datenqualitätsmanagements vor, welches anhand des konkreten Solvenzproblems praktisch umgesetzt und evaluiert wird.

Modellschätzung und -bewertung In dieser Phase wird je nach Vorliegen eines konkreten Approximations- oder Klassifikationsproblems das in den vorherigen Schritten entsprechend ausgewählte und formal spezifizierte statistische Modell anhand der zur Analyse vorbereiteten Daten geschätzt und hinsichtlich seiner Anpassungs- und Prognosequalität bewertet.[10] An dieser Stelle werden oft ver-

---

[4]Vgl. [Hand 1982], S. 18 ff.

[5]Vgl. [Pyle 1999].

[6]Vgl. weiter unten Abschnitt 5.3.1.

[7]Vgl. weiter unten die Abschnitte 5.2.2 und 5.3.2.

[8]Vgl. weiter unten Abschnitt 5.4.

[9]Vgl. u.a. [Hipp et al. 2001].

[10]Zur Modellbewertung vgl. Kapitel 3 dieser Arbeit.

schiedene Modelle bzw. Modellspezifikationen sowie unterschiedliche statistische Methoden und Algorithmen miteinander verglichen, um das vorliegende Prognoseproblem, z.B. die hier behandelte Solvenzprognose, bestmöglich abbilden zu können.

Im vorliegenden Kapitel dieser Arbeit wird im Rahmen der Modellschätzung und -bewertung insb. die klassische parametrische bzw. modellbasierte Vorgehensweise mit der Methodik der statistischen Lerntheorie verglichen.

Interpretation und Anwendung Den letzten Schritt der DM-Analyse und gleichzeitig die Verbindung des statistischen DM-Prozesses mit der ökonomischen Theorie und Praxis stellt die Interpretation der Modell- bzw. Analyseergebnisse hinsichtlich der (hoffentlich) erreichten Lösung des Ausgangsproblems und die Anwendung der entwickelten Modelle und entdeckten bzw. geprüften Strukturen in der Praxis dar.

4.2 Problemstellung: Solvenzanalyse anhand von Jahresabschlüssen

Die Prognose der Solvenz bzw. der Insolvenzgefährdung von Unternehmen anhand statistischer Methodik stellt eine bedeutende Aufgabe einer statistischen DM-Analyse dar. Die der Solvenzanalyse zugrunde liegende Generierung von Aussagen über die Ertragslage von Unternehmen betrifft sowohl gesamtwirtschaftliche als auch betriebswirtschaftliche Fragestellungen. So wird eine sinnvolle Konjunkturprognose ohne die Berücksichtigung der Ertragslage der Gesamtheit der Unternehmen nicht möglich sein. Bei den betriebswirtschaftlichen Aspekten spielen insb. die Bereiche Risikofrüherkennung, Kreditwürdigkeitsprüfung, Ratingverfahren sowie die Solvenzprognose eine wichtige Rolle.

Vor allem die Prognose einer eventuellen Insolvenzgefahr ist für viele Unternehmen von unmittelbarer praktischer Bedeutung. So ist es etwa für Unternehmen, die die deutsche Rechtsform der Aktiengesellschaft (AG) besitzen, verpflichtend, ein sog. Insolvenzfrühwarnsystem in ihr internes Rechnungswesen zu integrieren. $ 91 II AktG schreibt hierzu vor: "Der Vorstand hat geeignete Maßnahmen zu treffen, insb. ein Überwachungssystem einzurichten, damit den Fortbestand der Gesellschaft gefährdende Entwicklungen früh erkannt werden." Nach deutschem Gesellschaftsrecht kann sowohl die Zahlungsunfähigkeit der Gesellschaft als auch die Überschuldung zur Insolvenz führen.[11] Zahlungsunfähigkeit ist hierbei definiert als die Unfähigkeit der Unternehmung, rechtlich oder ökonomisch zwingend fällige Zahlungen leisten zu können.[12] Der Tatbestand der Überschuldung ist erfüllt, wenn die Verbindlichkeiten der Unternehmung den Wert der vorhandenen Aktiva übersteigen.[13] Bei Personengesellschaften führt lediglich die Zahlungsunfähigkeit zur Insolvenz.

Die ökonomische Bedeutung einer möglichst guten Prognose der Insolvenzgefahr ist unmittelbar ersichtlich, da die Unfähigkeit eines Unternehmens, Verbindlichkeiten zu bedienen, meist den Ausfall oder zumindest die Reduzierung der entsprechenden Forderungen des Vertragspartners zur Folge hat. Hat der Vertragspartner wiederum Verbindlichkeiten zu bedienen, könnte dieser Forderungsausfall auch ihn in Schwierigkeiten bringen. Somit kann die Insolvenz eines Unternehmens eine Kettenreaktion bezüglich der Insolvenzgefahr vieler weiterer mittelbar oder unmittelbar mit diesem Unternehmen verbundenen Unternehmen auslösen. Eine entsprechende Betrachtung der Vertragspartner hinsichtlich deren Insolvenzgefahr ist somit als essentiell wichtig einzustufen.[14]

Von wesentlicher Bedeutung für die Kreditrisikobewertung ist weiterhin die seit

[11] Vgl. $ 92 II AktG.

[12] Vgl. $ 17 InsO.

[13] Vgl. $ 19 InsO.

[14] Dies stellt auch den Unternehmenszweck des "Verbandes der Vereine Creditreform e.V." dar, von dem die in dieser Arbeit verwendeten Jahresabschlussdaten zur Verfügung gestellt wurden, vgl. weiter unten Abschnitt 4.2.2.

Ende 2006 geltende, vom Baseler Ausschuss für Bankenaufsicht herausgegebene "Baseler Rahmenvereinbarung über die Eigenkapitalempfehlung für Kreditinstitute" (Basel II)[15], die die Notwendigkeit einer Risikobewertung der Kreditvergabe von Unternehmen des Finanz- und Bankensektors neu regelt. Dabei wurde u.a. festgelegt, dass die "Eigenkapitalanforderungen an Banken stärker als bisher vom eingegangenen Risiko abhängig zu machen"[16] sind. In diesem Zusammenhang kann die Insolvenzwahrscheinlichkeit von kreditanfragenden Unternehmen als Risikomaß in die Kreditvertragsgestaltung einfließen, z.B. bei der Festlegung risikoabhängiger Zinssätze (Credit Scoring).

Ziel der hier durchzuführenden DM-Analyse ist es, anhand der beobachteten Jahresabschlussdaten einer Auswahl von 21000 deutschen Unternehmen Klassifikations- und damit Prognosemodelle für die zukünftige Ertragslage und damit verbunden einer Solvenzprognose zu entwickeln. Dabei sollen die in dieser Arbeit vorgestellten parametrischen statistischen Methoden, insb. die logistische Regression und die LDA, hinsichtlich der Zielstellung mit den in der jüngeren Vergangenheit stark verbreiteten lerntheoretischen Modellen verglichen und evaluiert werden.

4.2.1 Externe Bilanzanalyse

Unter einer *externen Bilanzanalyse* versteht man die Analyse eines Unternehmens ausschließlich anhand publizierter Informationsquellen wie z.B. Jahresabschlüssen, Geschäftsberichten und ggf. Presseberichten. Betriebsinterne Informationsquellen werden dabei nicht herangezogen.[17]

Zu den grundlegenden Aufgaben des von einem Unternehmen zu verfassenden Jahresabschlusses[18] zählt, Aufschluss über die Vermögenslage, die Finanzlage und die Ertragslage des betreffenden Unternehmens zu geben.[19] Der Jahresabschluss spiegelt dabei das Ergebnis sämtlicher Geschäftsvorfälle eines Geschäftsjahres wieder.

Die Darstellung der *Vermögenslage* soll darüber informieren, wie "reich" bzw. "arm" das Unternehmen ist, d.h. wie groß der Saldo zwischen den ihm gehörenden Besitzpositionen und seinen Verbindlichkeiten im weitesten Sinne ist. Die Darstellung der *Finanzlage* soll über die Herkunft und Verwendung der im Unterneh-

[15]Vgl. [Basel II].

[16]Vgl. [Deutsche Bundesbank].

[17]Vgl. [Schult 2003], S. 5. Im Gegensatz dazu kann in einer internen Bilanzanalyse auf sämtliche Informationen bezüglich des Jahresabschlusses des jeweiligen Unternehmens zugegriffen werden. Dazu gehören bspw. das umfassend verfügbare Datenmaterial aus Kontennachweisen, der Finanzbuchhaltung und -planung, der Kostenrechnung und sonstiger Auswertungen und Plandaten.

[18]Der Jahresabschluss einer Kapitalgesellschaft besteht aus der Bilanz, der Gewinn- und Verlustrechnung, dem Anhang und dem Lagebericht. Dieser Jahresabschluss hat unter Beachtung der Grundsätze ordnungsmäßiger Buchführung ein den tatsächlichen Verhältnissen entsprechendes Bild der Vermögens-, Finanz- und Ertragslage zu vermitteln ($ 264 HGB).

[19]Vgl. $ 264 Abs.2 HGB, Generalklausel.

men eingesetzten Mittel sowie über deren Fristigkeiten Auskunft geben. Letztlich soll die Darstellung der *Ertragslage* darüber informieren, in welchem Umfang und aus welchen Gründen sich das Reinvermögen (Eigenkapital) des Unternehmens innerhalb eines bestimmten Zeitraumes verändert hat. Das zentrale Instrument zur Darstellung der Ertragslage ist die zeitraumbezogene Gewinn- und Verlustrechnung (GuV). Darin sind einerseits die Quellen und das Zustandekommen des Ertrages[20] sowie andererseits die Aufwandsstruktur aus gewöhnlicher und außergewöhnlicher Geschäftstätigkeit im abgelaufenen Geschäftsjahr ersichtlich zu machen.

Somit kann der Jahresabschluss eine Grundlage für die Schätzung der Ertragslage des Unternehmens unter Berücksichtigung der finanziellen Stabilität des Unternehmens bilden.[21] Unter dem Begriff der finanziellen Stabilität wird insb. die nachhaltige Sicherung der Liquidität, d.h. der Zahlungsfähigkeit des Unternehmens verstanden. Beide Aspekte sind voneinander abhängig, denn die finanzielle Stabilität ist Voraussetzung für das Erreichen von nachhaltigen Gewinnen und Wachstum eines Unternehmens.

Allgemein ist die Aussagekraft der externen Bilanzanalyse durch verschiedene Faktoren begrenzt. Einige davon sollen im Folgenden angesprochen werden.

Die wichtigste Beschränkung liegt in der Mangelhaftigkeit der Informationsquelle Jahresabschluss. Diese hat verschiedene Ursachen. Zum einen sind Bilanzgrößen durch Ausübung von Bilanzierungs- und Bewertungsrichtlinien in gewissem Umfang beeinflussbar. Es ist davon auszugehen, dass diese Spielräume genutzt werden, da ein Unternehmen bei negativer Geschäftslage einen Anreiz hat, diese gegenüber den Anteilseignern besser darzustellen, um seinen Marktwert nicht negativ zu beeinflussen. Andererseits besteht bei positiver Geschäftslage evtl. ein Anreiz, die Situation z.B. gegenüber der Steuerbehörde oder den Anteilseignern schlechter darzustellen, um Zahlungsansprüche niedrig zu halten. Hinzu kommt, dass diese Bilanzierungs- und Bewertungsspielräume zwischen den verschiedenen Rechnungslegungsnormen variieren. So ist bspw. im deutschen Handelsrecht der Gläubigerschutz das bestimmende Prinzip. Daher sind die Wertansätze für Vermögensgegenstände eher niedrig zu wählen. In den IAS/IFRS [22] hingegen ist es gestattet, Vermögensgegenstände neu zu bewerten und so stille Reserven aufzudecken.[23] Dies führt dazu, dass die Wertansätze auf der Aktivseite der Unternehmen, die nach HGB bilanzieren, tendenziell niedriger sein werden als die der nach IAS/IFRS bilanzierenden Unternehmen.

---

[20]Der Begriff der Ertragslage im betriebswirtschaftlichen Sinn bezieht sich auf den Ertrag, der den Wert aller während einer Periode erbrachten Leistungen umfasst. Dieser setzt sich aus Erträgen, die durch die typischen Leistungen des Betriebes entstanden sind und aus neutralen Erträgen wie Gewinne aus außerordentlicher, betriebs- und periodenfremder Leistung zusammen, vgl. [Coenenberg 2005], S. 597 ff.

[21]Vgl. [Jerschensky 1998], S. 80.

[22]International Accounting Standards / International Financial Reporting Standards, internationale Standards und Interpretationen zur externen Rechnungslegung von Unternehmen, vgl. `http://www.iasifrs.de`.

[23]Vgl. [Pellens et al. 2004], S. 290 ff.

Des Weiteren resultieren die Positionen der Bilanz und der GuV aus der Periodenabgrenzung von Aufwendungen und Erträgen. Es handelt sich hierbei also nicht um reine Zahlungsstromgrößen, wie sie für eine sinnvolle Analyse der Liquidität nötig wären. Weiterhin ist unklar, in welchem Umfang die Jahresabschlussdaten Einflüsse konzerninterner Verflechtungen enthalten, die die Vergleichbarkeit der Daten hinsichtlich der Ertragskraft beeinflussen könnten.

Schließlich können im Rahmen der hier durchzuführenden unternehmensübergreifenden externen Bilanzanalyse keine zeitlichen Entwicklungen der Unternehmen beobachtet werden. Im Folgenden wird daher eine statische Bilanzanalyse durchgeführt.

4.2.2 Datenbasis

Bei den zu analysierenden Rohdaten handelt es sich um eine vom *Sonderforschungsbereich 649 "Ökonomisches Risiko"* der *Humboldt Universität zu Berlin* für Forschungszwecke zur Verfügung gestellte Stichprobe des *Verbandes der Vereine Creditreform e. V.*[24] im Umfang von 21000 Jahresabschlüssen von in Deutschland ansässigen Unternehmen, welche jeweils durch die in Tab. 4.1 aufgelisteten Merkmale charakterisiert sind.[25] Bei den Merkmalen handelt es sich um Jahresabschlusspositionen, die in Positionen der Bilanz und der GuV untergliedert werden können. Darüber hinaus sind in den Daten Informationen über die Branchenzugehörigkeit der Unternehmen und ihre Größe enthalten. Rechtsform, Rechtskreis und die Regulierungsvorschrift, nach der die Unternehmen bilanzieren, werden ebenfalls benannt. Das Merkmal "Insolvenzkriterium" beinhaltet die Information, ob das entsprechende Unternehmen innerhalb der nach dem Erhebungszeitpunkt liegenden 2 folgenden Jahre insolvent wurde (KRIT= 1) oder nicht (KRIT= 0). Dabei sind genau 1000 Unternehmen in der Stichprobe insolvent und 20000 Unternehmen nicht insolvent geworden.

Aus den zur Verfügung stehenden Variablen der beobachteten Jahresabschlüsse werden zunächst die in Tab. 4.2 dargestellten zusätzlichen Kennzahlen gebildet, die aufgrund der weiter unten in Abschnitt 4.2.3 in Abb. 4.2 dargestellten vereinfachten Bilanzstruktur für die Jahresabschlussanalyse relevant sind.

Einige Merkmale der Rohdatenmenge weisen sehr hohe Anteile fehlender Werte auf. Die in der weiteren Analyse im Rahmen eines Datenqualitätsmanagements

---

[24]Zu den Aufgaben der Creditreform vgl. das Internetangebot des "Verbandes der Vereine Creditreform e.V." unter `http://www.creditreform.de`.

[25]Die Anzahl der Unternehmen entspricht nicht der Anzahl der 21000 Jahresabschlüsse, d.h. es sind teilweise Bilanzdaten von Unternehmen aus mehreren Jahren enthalten. Die genaue Unternehmensanzahl in der Stichprobe ist nicht bekannt. Jeder Jahresabschluss wird als einzelnes Untersuchungsobjekt betrachtet; wenn im Folgenden von Unternehmen gesprochen wird, sind somit die von diesen repräsentierten Bilanzdaten eines Jahres gemeint.

[26]Klassifikation der Wirtschaftszweige in der Fassung von 2003 (WZ 2003) des Statistischen Bundesamtes Deutschland.

Label	Variable bzw. Variablenbedeutung
ID	Unternehmens-Identifikationsnummer
KRIT	Insolvenzkriterium
JAHR	Bilanzjahr des beobachteten Jahresabschlusses
BRANCHE	Branchenschlüssel[26]
REF	Rechtsform
REK	Rechtskreis
ABSCHLUSS	Abschlussart
SAV	Sachanlagevermögen
GRSTBA	Grundstücke und Bauten
IMMA	Immaterielle Vermögensgegenstände
KASSE	Kassenbestand, Zahlungsmittelbestand
FLL	Forderungen aus Lieferung und Leistung
FORDBET	Forderungen gegenüber Unternehmen mit denen Beteiligungsverhältnis besteht
VOR	Vorräte
UV	Umlaufvemögen
BILS ≡ GK	Bilanzsumme ≡ Gesamtkapital
EK	Eigenkapital
PRST	Pensionsrückstellungen und andere Aufwendungen für Alterssicherung
KVERB	Kurzfristige Verbindlichkeiten (gesamt)
LVERB	Langfristige Verbindlichkeiten (gesamt)
BAVERB	Bankschulden in den kurz- und langfristigen Verbindlichkeiten
VERBBET	Verbindlichkeiten gegenüber Unternehmen mit denen Beteiligungsverhältnis besteht
GESDAHR	Gesellschafterdahrlehen
VLL	Verbindlichkeiten aus Lieferung und Leistung
U	Umsätze
VERW	Vertriebs- und Verwaltungsaufwand
AFA	Abschreibungen
EBIT	Earnings before Interest and Taxes (Betriebsergebnis)
ZINS	Zinsaufwand
EBT	Earnings before Taxes (Gewinn aus ordentlicher Geschäftstätigkeit)
JE	Jahresergebnis
LAGV	(Lager)- Bestandsveränderung
VERBV	Veränderung der kurz- und langfristigen Verbindlichkeiten
KASSEV	Veränderung Kassenbestand
MA	Anzahl Mitarbeiter

Tabelle 4.1: In der Creditreform-Datenmenge enthaltene Jahresabschlussvariablen.

Variable	Label	Berechnung
Anlagevermögen	AV	SAV(inkl. GRSTBA)+IMMA
Fremdkapital	FK	PRST+LVERB+KVERB
Gesamtleistung	GL	U+LAGV

Tabelle 4.2: Definition weiterer Jahresabschlussvariablen.

durchgeführte Ersetzung von fehlenden Werten[27] ist nur für Merkmale, die über einen relativ hohen Anteil vorhandener Werte verfügen, sinnvoll durchführbar, da die Ersetzung grundsätzlich aufgrund der Strukturen in den vorhandenen Daten erfolgt. Würden die aufgrund relativ weniger Daten erkannten Strukturen auf relativ viele (fehlende) Daten übertragen werden, könnten sich im späteren Modellschätzungsprozess Zusammenhänge - sog. Artefakte - in der Gesamtdatenmenge ergeben, die durch die Ersetzung erst künstlich generiert wurden. Dieser hohe Anteil fehlender Werte (zum Teil mehr als 50%) betrifft die Merkmale GRSTBA, IMMA, FORDBET, VERBBET, PRST, GESDAHR, VERW und MA, weshalb

[27]Vgl. weiter unten Abschnitt 5.4.

diese Variablen aus den genannten Gründen der möglichen Ergebnisverzerrung aus der weiteren Analyse ausgeschlossen werden. Aus Tab. 4.2 ist ersichtlich, dass einige dieser Variablen auch aus Redundanzgründen entfernt werden können, so sind bspw. die "Grundstücke und Bauten" bereits im Sachanlagevermögen enthalten.

Alle in der Stichprobe enthaltenen Unternehmen haben einen Einzelabschluss[28] nach deutschem Handelsrecht in Euro erstellt, weshalb auch die Merkmale REK und ABSCHLUSS aus der Datenmenge entfernt werden, da alle Objekte die gleiche Ausprägung "HGB" bzw. "Einzelabschluss" aufweisen. Ebenso werden das Jahr des beobachteten Jahresabschlusses und die Rechtsform nicht explizit in die weitere Analyse einbezogen. Die Branchenzugehörigkeit der Unternehmen wird weiter unten - im Rahmen des Qualitätsmanagements in Form der Homogenisierung der Datenmenge - zu Branchen- bzw. Wirtschaftszweigen in Form von Dummyvariablen verdichtet und so bei den Modellschätzungen berücksichtigt.[29]

Es verbleiben für die weitere Verwendung in dieser Arbeit die in Tab. 4.3 aufgeführten - nach Bilanz- und GuV-Bestandteilen getrennten und sortierten[30] - absoluten Jahresabschlussvariablen:

Label	Variable bzw. Variablenbedeutung
KRIT	Insolvenzkriterium
SAV	Sachanlagevermögen
AV	Anlagevermögen
KASSE	Kassenbestand, Zahlungsmittelbestand
KASSEV	Veränderung Kassenbestand
FLL	Forderungen aus Lieferung und Leistung
VOR	Vorräte
UV	Umlaufvemögen
BILS $\equiv$ GK	Bilanzsumme $\equiv$ Gesamtkapital
EK	Eigenkapital
VLL	Verbindlichkeiten aus Lieferung und Leistung
KVERB	Kurzfristige Verbindlichkeiten (gesamt)
BAVERB	Bankschulden in den kurz- und langfristigen Verbindlichkeiten
LVERB	Langfristige Verbindlichkeiten (gesamt)
VERBV	Veränderung der kurz- und langfristigen Verbindlichkeiten
FK	Fremdkapital
U	Umsätze
LAGV	(Lager)- Bestandsveränderung
GL	Gesamtleistung
AFA	Abschreibungen
EBIT	Earnings before Interest and Taxes (Betriebsergebnis)
ZINS	Zinsaufwand
EBT	Earnings before Taxes (Gewinn aus ordentlicher Geschäftstätigkeit)
JE	Jahresergebnis

Tabelle 4.3: Für die Analyse verwendete absolute Jahresabschlusskennzahlen.

[28]Innerhalb des deutschen Bilanzrechts wird zwischen Einzelabschlüssen und Konzernabschlüssen unterschieden. Im Gegensatz zum Einzelabschluss werden innerhalb eines Konzernabschlusses alle in dem betreffenden Konzern verbundenen Unternehmen bei der Bilanzerstellung und -bewertung eines Einzelunternehmens berücksichtigt; vgl. u.a. [Coenenberg 2005].

[29]Vgl. Abschnitt 5.3.2 in Kapitel 5.

[30]Vgl. die Ausführungen weiter unten in Abschnitt 4.2.3.

4.2.3 Aufbereitung der Positionen der Bilanz und GuV

Die Datenbasis ist nun so aufzubereiten, um die für die Abbildung der Finanz-, Vermögens- und Ertragslage notwendigen absoluten Kennzahlen zu erhalten. Dazu sind die Jahresabschlüsse in die sog. *Strukturbilanz* und in die *Erfolgsspaltung* zu überführen. Um die Aussagefähigkeit und Vergleichbarkeit der im Rahmen dieser Arbeit untersuchten Jahresabschlussanalysen zu gewährleisten, werden im Folgenden ausschließlich Kapitalgesellschaften betrachtet, für die bestimmte einheitliche Bilanzierungsvorschriften gelten. In der Ausgangsdatenmenge vorhandene Unternehmen anderer Unternehmensformen wie Verbände, Genossenschaften, offene Handelsgesellschaften, Körperschaften des öffentlichen Rechts, Freiberufler, Vereine, Gesellschaften bürgerlichen Rechts, sonstige Gewerbetreibende u.a. werden aus der Datenmenge entfernt. Es verbleiben für die weiteren Analysen in dieser Arbeit 17739 Kapitalgesellschaften der Formen AG (Aktiengesellschaft), GmbH (Gesellschaft mit beschränkter Haftung) und KGaA (Kommanditgesellschaft auf Aktien).

Für die Bilanzerstellung von Kapitalgesellschaften ist das je nach Größe der Gesellschaft gesetzlich vorgeschriebene Gliederungsschema nach $ 266 HGB maßgebend. Für kleine Kapitalgesellschaften beschränkt sich die Gliederungstiefe auf die in Abb. 4.2 dargestellte Form. Aufgrund der in der hier zur Verfügung stehenden Datenmenge enthaltenen Variablen[31] ist diese Darstellung für die weitere Bilanzanalyse dieser Arbeit ausreichend.

Bilanz	
Aktiva	Passiva
A. Anlagevermögen: I. Immaterielle Vermögensgegenstände II. Sachanlagen III. Finanzanlagen	A. Eigenkapital B. Rückstellungen C. Fremdkapital: I. kurzfristige Verbindlichkeiten
B. Umlaufvermögen: I. Vorräte II. Forderungen und sonst. Vermögensgegenstände III. Wertpapiere IV. Kassenbestand, Schecks, Bankguthaben	II. langfristige Verbindlichkeiten III. sonst. Verbindlichkeiten
C. Rechnungsabgrenzungsposten	D. Rechnungsabgrenzungsposten
= Bilanzsumme	= Gesamtkapital

Abbildung 4.2: Gliederungsschema der Strukturbilanz für die kleine Kapitalgesellschaft.

Auf der *Aktivseite* der Strukturbilanz ist das Vermögen des Unternehmens ausgewiesen.[32] Dieses wird untergliedert in die drei Hauptposten Anlagevermögen (AV), Umlaufvermögen (UV) und (aktive) Rechnungsabgrenzungsposten. Das Anlagevermögen setzt sich aus den Posten Immaterielle Vermögensgegenstände (IMMA) sowie Sach- und Finanzanlagen zusammen. In den Sachanlagen (SAV) sind die evtl. vorhandenen Grundstücke und Bauten (GRSTBA) enthalten. Unter dem

[31] Vgl. weiter oben Abschnitt 4.2.2 Tabelle 4.1.

[32] Im Folgenden werden die hier in der Datenmenge zur Verfügung stehenden Variablen durch die in Klammern stehenden Labels gekennzeichnet.

Umlaufvermögen werden die Positionen Vorräte (VOR), Forderungen - (darunter Forderungen aus Lieferung und Leistung (FLL) und Forderungen gegen Unternehmen, mit denen ein Beteiligungsverhältnis besteht (FORDBET)) und sonstige Vermögensgegenstände, Wertpapiere, Kassenbestand (KASSE), Schecks und Bankguthaben aufgeführt.

Auf der *Passivseite* ist das dem Unternehmen zur Verfügung stehende Kapital ausgewiesen. Dieses wird unterteilt in Eigenkapital (EK), evtl. vorhandene Rückstellungen (u.a. Pensionsrückstellungen (PRST)) und das von Dritten befristet zur Verfügung gestellte Fremdkapital (FK). Das Eigenkapital umfasst die Mittel, über die das Unternehmen unbeschränkt verfügen kann, insb. das eingebrachte Grund- und Stammkapital.[33] Das Fremdkapital kann weiter untergliedert werden in kurz- (KVERB) und langfristige (LVERB) Verbindlichkeiten. Darin sind je nach Fristigkeit u.a. Bankverbindlichkeiten (BAVERB), Verbindlichkeiten aus Lieferung und Leistung (VLL), Gesellschafterdahrlehen (GESDAHR) und Verbindlichkeiten gegenüber Unternehmen, mit denen ein Beteiligungsverhältnis besteht (VERBBET) enthalten. Die Summe aus Eigen- und Fremdkapital bildet das Gesamtkapital bzw. die Bilanzsumme (GK $\equiv$ BILS) des Unternehmens. Dieses entspricht ebenfalls der Summe aus Anlage- und Umlaufvermögen der Aktivseite der Bilanz.

In der *Gewinn- und Verlustrechnung* (GuV) werden die Erträge und die Aufwendungen einer Periode - hier eines Geschäftsjahres - einander gegenübergestellt.[34] Die gesetzlich vorgeschriebene Gliederung der GuV nach dem Gesamtkostenverfahren[35] ist im linken Teil der Abb. 4.3 dargestellt. Die im rechten Teil dargestellten Zwischenergebnisse stellen die in dieser Arbeit verwendeten Komponenten der sog. *Erfolgsspaltung* dar. Darin werden allgemein wichtige betriebliche Erfolgsgrößen kumuliert und zusammengefasst dargestellt.[36] In den Klammern des linken Teiles der Abb. 4.3 sind die in der hier verwendeten Datenmenge vorhandenen absoluten Jahresabschlusskennzahlen (vgl. weiter oben Tabelle 4.3) angegeben. Die im rechten Teil gelisteten Bestandteile Betriebsergebnis, Gewinn aus ordentlicher Geschäftstätigkeit und Jahresergebnis sind ebenfalls in der Original-Datenmenge angegeben. Die Gesamtleistung wird hier aus der Summe der Umsatzerlöse und der Lagerbestandsveränderung errechnet.

Somit wurde der oben in Tabelle 4.3 für die weitere Analyse aufbereitete *absolute Kennzahlenkatalog* inhaltlich aus der Strukturbilanz und Guv bzw. Erfolgsspaltung hergeleitet und für die betrachteten Unternehmen in der Datenmenge `abs` erstellt.

---

[33]Das Eigenkapital dient ebenso als Korrekturposten zur Wahrung der Identität von Aktiva und Passiva.

[34]Vgl. $ 275 HGB.

[35]Vgl.$ 275 Abs. 2 HGB.

[36]Bei der hier dargestellten Erfolgsspaltung wird nicht dem handelsrechtlich vorgeschriebenen Gliederungsschema gefolgt, die das Ergebnis in gewöhnliche und außergewöhnliche Bestandteile aufspaltet (vgl. [Coenenberg 2005], S. 251), sondern in Ansätzen dem Vorgehen von [Jerschensky 1998], S. 101.

	GuV	Erfolgsspaltung
	Umsatzerlöse (U)	
+/-	Bestandsveränderungen (LAGV)	
+	andere aktivierte Eigenleistungen	
		= Gesamtleistung (GL)
+	sonst. betriebliche Erträge	
-	Materialaufwand	
-	Personalaufwand	
-	Abschreibungen (AFA)	
-	sonst. betriebliche Aufwendungen (u.a. VERW)	
		= Betriebsergebnis (EBIT)
+	Erträge aus Beteiligungen	
+	andere Erträge des Finanzanlagevermögens	
+	sonst. Zinsen und ähnliche Erträge	
-	Abschreibungen auf Wertpapiere	
-	Zinsen und ähnliche Aufwendungen (ZINS)	
		= Gewinn aus ordentl. Geschäftstätigkeit (EBT)
+	außerordentliche Erträge	
-	außerordentliche Aufwendungen	
-	Steuern vom Einkommen und vom Ertrag	
-	sonst. Steuern	
=	Jahresergebnis (JE)	= Jahresergebnis (JE)

Abbildung 4.3: Gliederungsschema der GuV nach dem Gesamtkostenverfahren und Erfolgsspaltung.

4.2.4 Ableitung von relativen Bilanzkennzahlen

Mit der Anwendung von Verhältniszahlen zur Beschreibung der Ertragslage und der finanziellen Stabilität können die relevanten Informationen des Jahresabschlusses gebündelt werden.[37]

Der Vergleich von relativen Kennzahlen hat gegenüber dem Vergleich von absoluten Jahresabschlussgrößen zum einen den Vorteil, dass mehrere Informationen zu einer Größe aggregiert werden, und zum anderen, dass hinsichtlich ihrer Größe und anderer grundlegender Kriterien unterschiedliche Unternehmen dennoch miteinander verglichen werden können. Dabei kann jedoch das Problem auftreten, dass eine Vielzahl unterschiedlicher Sachverhalte im Ergebnis zu der gleichen Kennzahl führt. Daher werden häufig Kennzahlensysteme verwendet, die einzelne Einflussfaktoren und deren Beziehungen untereinander explizit berücksichtigen.[38]

Im Folgenden können nur die relativen Kennzahlen gebildet werden, die sich mit dem vorhandenen Datenmaterial nach der in den vorherigen Abschnitten durchgeführten Merkmalsbereinigung aus den absoluten Kennzahlen (vgl. Tabelle 4.3) bilden lassen. Im Hinblick auf die gewünschte Abbildung der Vermögens- und der Ertragslage sowie der finanziellen Stabilität wird unterschieden in Vermögensstrukturkennzahlen, Rentabilitätskennzahlen und Liquiditätskennzahlen.

Die *Vermögensstrukturkennzahlen* beziehen sich auf die Passivseite der Bilanz (vgl. Abb. 4.2) und sollen dazu dienen, die Gefahr einer Überschuldung in die Analyse einzubeziehen. Im Einzelnen werden hierfür die in Tab. 4.4 dargestellten

[37]Die Aussagefähigkeit von betrieblichen Kennzahlen ist dennoch aus verschiedenen Gründen begrenzt, vgl. dazu u.a. [Schott 1988] und [Wöhe 1996].

[38]Vgl. [Schult 2003], S. 15.

Kennzahlen gebildet.

Kennzahl	Label	Berechnung
Eigenkapitalquote	EKQ	EK/GK
Fremdkapitalquote	FKQ	FK/GK
Verschuldungsgrad	VG	FK/EK
Deckungsgrad des Anlagevermögens durch Eigenkapital	DG1	EK/AV
Deckungsgrad des Anlagevermögens durch langfristiges Kapital	DG2	(EK+LVERB)/AV
Vermögensaufbau (Konstitution)	KON	AV/UV

Tabelle 4.4: Relative Vermögensstrukturkennzahlen.

Die Eigenkapitalquote sollte hier aus theoretischer Sicht möglichst hoch sein, die Fremdkapitalquote möglichst niedrig. Entsprechend ist ein relativ niedriger Verschuldungsgrad positiv zu beurteilen. Es werden außerdem Kennzahlen berechnet, die die Deckung der Vermögensgegenstände durch lang- und kurzfristiges Kapital beschreiben. Dabei sollte das Anlagevermögen möglichst durch langfristig zur Verfügung stehendes Kapital gedeckt sein, während das Umlaufvermögen auch kurzfristig gedeckt sein kann.[39] Die (Vermögens-) Konstitution gibt an, wie hoch der Anteil des Anlagevermögens am Umlaufvermögen ist.

Die in Tab. 4.5 dargestellten *Rentabilitätskennzahlen* dienen dazu, die Ertragskraft des Unternehmens zu beurteilen.

Kennzahl	Label	Berechnung
Eigenkapitalrentabilität	EKR	EBT/EK
Gesamtkapitalrentabilität	GKR	EBT/GK
(Brutto-) Umsatzrentabilität	BUR	EBT/U
(Netto)- Umsatzrentabilität	NUR	JE/U
Ergebnisrentabilität	JER	JE/GK
Abschreibungsintensität	AFAI	AFA/GK
Anteil Abschreibungen an Gesamtleistung	AFAGL	AFA/GL
Anteil Gesamtleistung an Gesamtkapital	GLGK	GL/GK

Tabelle 4.5: Relative Rentabilitätskennzahlen.

Je besser sich das eingesetzte Kapital rentiert, desto unwahrscheinlicher erscheint eine Insolvenz. Hierbei werden Gewinngrößen aus der GuV einbezogen. Die (Brutto- bzw. Netto-) Umsatzrentabilitätskennzahlen geben an, wieviel Ertrag (Brutto bzw. Netto) mit einer Geldeinheit Umsatz erzielt wurde. Die Abschreibungsintensität wird berechnet, um den Anteil der Gewinnminderung, die jährlich aus Wertminderungen der Vermögensgegenstände entsteht, quantifizieren zu können. Weiterhin werden die Anteile der Abschreibungen an der Gesamtleistung und der Gesamtleistung am Gesamtkapital berechnet.

Die in Tab. 4.6 dargestellten *Liquiditätskennzahlen* können sinnvoll unterteilt werden in Größen, die den Zahlungsmittelbestand im weitesten Sinne beschreiben

[39] Die innerhalb der Betriebs- bzw Finanzwirtschaftslehre bekannte sog. *goldene Bilanzregel* fordert, dass das langfristig gebundene Vermögen mit langfristigem Kapital, das aus Eigenkapital und/oder langfristigem Fremdkapital besteht, finanziert werden soll, vgl. u.a. [Wöhe 1996], S. 887.

und solche Größen, die die Liquidierbarkeit der Vermögensgegenstände beschreiben. Erstere werden durch die ersten drei Liquiditätsgrade beschrieben und letztere durch die Anlage- bzw. Umlaufintensität. Weiterhin werden die Anteile der einzelnen zum Umlaufvermögen gehörenden Positionen (Zahlungsmittelbestand, kurzfristige Forderungen, Vorräte) an der Gesamtposition berechnet und als Liquiditätskennzahlen in die Analyse einbezogen.

Kennzahl	Label	Berechnung
Liquidität 1. Grades	LIQ1	KASSE/KVERB
Liquidität 2. Grades	LIQ2	(KASSE+FLL)/KVERB
Liquidität 3. Grades (Current Ratio)	LIQ3	(KASSE+FLL+VOR)/KVERB
Anlagenintensität	AI	AV/GK
Umlaufintensität	UI	UV/GK
Vorratsanteil	VORA	VOR/UV
Forderungsanteil	FLLA	FLL/UV
Kassenanteil	KASA	KASSE/UV

Tabelle 4.6: Relative Liquiditätskennzahlen.

Die Liquidität ersten Grades ist dabei eine strengere Bedingung als die Liquiditäten zweiten und dritten Grades. Allgemein ist die Liquidität eines Unternehmens umso besser, je höher die Werte sind, die diese drei Kennzahlen annehmen. Die Anlage- und Umlaufintensität beschreiben die Liquidierbarkeit des Unternehmensvermögens. Dabei ist davon auszugehen, dass die Liquidität eher gewährleistet ist, wenn eine hohe Umlaufintensität vorliegt. Die Intensitätskennzahlen machen in einem unternehmensübergreifenden Vergleich mehr Sinn als auf ein einzelnes Unternehmen bezogen.

Die gebildeten 22 relativen Kennzahlen bilden den für die hier durchzuführende Datenanalyse aufgestellten *relativen Kennzahlenkatalog*[40], welcher für die betrachteten Unternehmen in der Datenmenge `rel` erstellt wird.

[40]Zu Gründen und Aussagefähigkeit der hier gebildeten relativen Kennzahlen wird auf die betriebswirtschaftliche Literatur verwiesen, u.a. [Coenenberg 2005] und [Wöhe 1996], S. 1055 ff.

4.3 Datenvorbereitung und verwendete Software

In den folgenden Abschnitten 4.4 bis 4.6 wird eine statistische DM-Analyse zur Schätzung der Insolvenzgefahr unter Verwendung der in Kapitel 2 beschriebenen Methodik durchgeführt. Dazu wird zunächst die in den vorherigen Abschnitten dieses Kapitels beschriebene Ausgangsdatenmenge `rel` der relativen Jahresabschlussvariablen von 17739 zufällig ausgewählten deutschen Kapitalgesellschaften, von denen 861 im Zeitraum zwischen 1996 und 2002 insolvent i.S.v. zahlungsunfähig wurden, verwendet. Ziel der in diesem Kapitel durchzuführenden Klassifikationsanalysen ist vorwiegend der Vergleich der verschiedenen statistischen Verfahren, die in Kapitel 2 vorgestellt wurden. Die zweite Zielsetzung dieser Arbeit, die Durchführung und anschließende Evaluierung der Schätzeffekte eines statistischen Datenqualitätsmanagements, wird in dem folgenden Kapitel 5 verfolgt. Dort werden Modellanalysen weitergehend und ausführlich beschrieben und anhand qualitätsbereinigter Datenmengen durchgeführt, weshalb die Analysen des vorliegenden Kapitels anhand der "unsauberen" Ausgangsdaten vorwiegend mit dem Ziel des Modellvergleiches hinsichtlich der Klassifikaktionsergebnisse erfolgen. Hierbei steht die Fragestellung im Vordergrund, ob die modernen Verfahren der statistischen Lerntheorie ihre vermuteten Vorteile gegenüber den parametrischen statistischen Verfahren bei der Analyse großer Datenmengen bestätigen können.

Um die Daten für die Modellentwicklung zur Solvenzklassifikation verwenden zu können, müssen unabhängig von einem erweiterten Datenqualitätsmanagement jedoch noch einige Datenvorbereitungen erfolgen:

Unterteilung der Menge in Trainings- und Testdaten Zur Schätzung der Klassifikationsmodelle und anschließenden Prüfung der Prognosegüte wird die Datenmenge[41] aufgrund ihrer ausreichend großen Objektanzahl an dieser Stelle ad hoc im Verhältnis 70%/30% in eine Trainings- und eine Testmenge aufgeteilt. Die Datensätze der Testmenge werden dabei zur Beurteilung der Out-Of-Sample-Prognosequalität der - anhand der Trainingsmenge geschätzten - Modelle verwendet und werden daher in diesem Zusammenhang auch als Prognosedaten bezeichnet.[42] Die Prognosedaten werden anhand einer einfachen Zufallsauswahl ohne Zurücklegen aus der Gesamtdatenmenge ausgewählt, d.h. jedes Objekt hat die gleiche, von Null verschiedene Wahrscheinlichkeit, in eine der beiden Mengen zu gelangen. Für die Menge `rel` ergibt sich eine Testmenge im Umfang von 5382 Datensätzen (davon 291 insolvent). Die verbleibenden 70% = 12555 der Objekte (davon 570 insolvent) werden als Trainingsmenge für die Schätzung der Klassifikationsmodelle verwendet.

---

[41] Und alle im weiteren Verlauf dieser Arbeit im Rahmen des Datenqualitätsmanagements bereitgestellten Datenmengen; vgl. Tab. 5.19 auf Seite 269 in Kapitel 5.

[42] Zur Modellschätzung und -bewertung sowie der Bestimmung der Out-Of-Sample-Prognosegüte anhand einer Trainings- und Testmenge vgl. die Ausführungen in Abschnitt 3.2.3.2 dieser Arbeit.

Berücksichtigung unterschiedlicher Klassenhäufigkeiten Durch die stark ungleiche Verteilung der Häufigkeiten der beiden Klassen der Zielvariable in der zur Schätzung verwendeten Datenmenge (nur $861/17739 \approx 4.85\%$ Unternehmen der Datenmenge `rel` sind im Untersuchungszeitraum insolvent gegangen) ergibt sich das folgende Problem:[43] Die Schätzalgorithmen der Klassifikationsmodelle minimieren bzw. verringern sukkzessive den Klassifikationsfehler in den Trainingsdaten, um die Modelle zu optimieren.[44] Dies führt jedoch dazu, dass das globale Optimum dann erreicht wird, wenn alle insolventen Unternehmen fälschlicherweise als solvent klassifiziert werden, da in diesem Fall die Fehlerquote insgesamt bei einem sonst nicht zu erreichenden Minimum von FQ$= 0.0485$ liegt. Dieses Problem kann auf zwei Arten umgangen werden: Zum einen kann aus den solventen Unternehmen eine Zufallsstichprobe im Umfang der Anzahl der insolventen Unternehmen gezogen werden, um eine Gleichverteilung hinsichtlich der Klassenausprägungen der Zielvariable zu erreichen. Nachteil dieses Verfahrens ist jedoch die dann stark abnehmende Menge an insgesamt zur Schätzung zur Verfügung stehenden Daten. Im Fall der - im Vergleich mit den im weiteren Verlauf dieser Arbeit generierten Datenmengen zahlenmäßig größten - Menge `rel` verbleiben bspw. lediglich $861 \cdot 2 = 1722$ Unternehmen, von denen weiterhin noch eine Testmenge von ca. 30% abgespaltet werden muss. Zu Vergleichszwecken und um den Rechenaufwand speicheraufwändiger Verfahren wie bspw. die Optimierung von Support-Vektor-Maschinen zu begrenzen, werden in dieser Arbeit jedoch z.T. gleichverteilte Datenmengen verwendet. Diese werden durch den Zusatz `eq` gekennzeichnet; bspw. ergibt sich für die Datenmenge `rel` eine bzgl. der Ausprägungen der Zielvariable gleichverteilte Datenmenge `rel_eq` im Umfang von 1722 Unternehmen.

Als zweite Möglichkeit kann versucht werden, durch das Aufstellen einer sog. *Entscheidungs- oder Kostenmatrix* die beiden möglichen Klassifikationsfehler durch eine asymmetrische Fehlerfunktion unterschiedlich stark zu bewerten.[45] Im hier untersuchten Fall müsste der Fehler, ein insolventes Unternehmen irrtümlich als solvent zu klassifizieren, höher bewertet werden als umgekehrt ein solventes Unternehmen als insolvent einzustufen. Diese Vorgehensweise hat auch eine inhaltliche Rechtfertigung: Wenn bspw. ein Kreditinstitut anhand des Klassifikationsmodells eine Entscheidung für eine evtl. Kreditbewilligung treffen will, wäre der erstgenannte Fehler auch inhaltlich als schwerwiegender einzuschätzen, da in dem Fall ein laut Modell insolvenzgefährdetes Unternehmen einen Kredit eingeräumt bekommt, den es evtl. später nicht tilgen kann. Umgekehrt würde einem "gesunden" Unternehmen fälschlicherweise ein Darlehen verweigert werden, was (aus der Sicht

[43] Vgl. auch die Ausführungen weiter oben in Abschnitt 3.1.3.2 zur Fehlerbewertung in Klassifikationsmodellen.

[44] Bei den Algorithmen der maschinellen Lernverfahren in den Abschnitten 4.5 und 4.6 werden die Fehler in den Validierungs- bzw. Kreuzvalidierungsdaten minimiert, was das angesprochene Problem jedoch grundsätzlich nicht beeinflusst, da das Verhältnis von insolventen zu solventen Unternehmen in allen Teildatenmengen annähernd gleich ist.

[45] Vgl. bspw. eine asymmetrische Ausrichtung der beim Training neuronaler Netzwerke verwendeten Fehlerfunktionen in Abschnitt 2.3.2.2 dieser Arbeit.

des Kreditinstituts) i.d.R. nicht so gravierende Folgen haben wird. Der Nachteil dieser Vorgehensweise ist die durch theoretisch inhaltliche Vorüberlegungen evtl. nicht vollständig zu beseitigende Subjektivität beim Erstellen der Fehlerfunktion, da es hierbei immer auch auf die konkrete Sichtweise des Untersuchenden auf das entsprechende Klassifikationsproblem ankommt. In der Praxis müsste somit an dieser Stelle durch eine genauere Analyse der Klassifikationsfehler und ihrer Auswirkungen eine inhaltlich begründete asymmetrische Kostenfunktion erstellt werden, anhand derer die Modelle dann optimiert werden. An dieser Stelle wird vor allem aufgrund des Zieles der möglichst objektiven Vergleichbarkeit der verschiedenen anhand der gesamten Datenmenge entwickelten Klassifikationsmodelle die folgende Überlegung angestellt, die zu einer vorzugsweise aufgestellten Kostenmatrix führt: Da das ungleiche Verhältnis der Ausprägungen der Zielvariable in den Trainingsdaten für das beschriebene Problem verantwortlich ist, wird die Zahl der solventen zur Zahl der insolventen Unternehmen ins Verhältnis gesetzt und das Ergebnis als Faktor der stärkeren Bewertung des ["Entscheidung Solvent"| Insolvent]-Fehlers verwendet, um so einen Ausgleich der Entscheidungssituationen herbeizuführen. Es ergibt sich für die bei den unteren Schätzungen verwendeten 8287 vollständigen Trainingsdatensätze der Menge `rel` die in Tab. 4.7 dargestellte Kostenmatrix für die vier möglichen Entscheidungssituationen.

Minimiere Kosten für ...		Entscheidung KRIT= 1	Entscheidung KRIT= 0
Ziel	KRIT= 1	0	$\frac{7884}{403} \approx 19.56$
	KRIT= 0	1	0

Tabelle 4.7: Kostenmatrix für ein Solvenzprognosemodell anhand der Datenmenge `rel` von 12555 Trainingsdatensätzen. Bei der Berechnung der Kostenwerte wurden ausschließlich die 8287 vollständigen Datensätze betrachtet, da nur diese bei der Schätzung der Modelle verwendet werden.

An dieser Stelle sei erwähnt, dass die oben beschriebene vorzugsweise durchgeführte Fehlerbewertung aufgrund der Klassenanteile einer unterschiedlichen Gewichtung der Datensätze entspricht. Dies ist in einigen Software-Tools vor einer Modellschätzung einfacher durchzuführen als ein Fehlerbewertungsmodell zu integrieren. Dabei werden die $i = 1, \ldots, n$ Beobachtungen vor ihrer Verarbeitung durch das Klassifikationsmodell mit dem reziproken Gewicht $1/w_{gi}$ multipliziert, wobei das Gewicht dem Anteil der bei Beobachtung i vorliegenden Klasse der Zielvariable an der Gesamtdatenmenge entspricht. Das einfache lineare Regressionsmodell[46] hätte dann bspw. die folgende Form:

$$f(\boldsymbol{x}_i, \beta_0, \boldsymbol{\beta}) = \beta_0 + \sum_{k=1}^{K} \beta_k \left(\frac{x_{ki}}{w_{gi}} \right) + u_i \quad , \tag{4.3.1}$$

[46]Vgl. Gl. (2.1.10) Abschnitt 2.1.2.

mit

$$w_g = \frac{\text{Anzahl Datensätze in Klasse } g}{\text{Anzahl Datensätze in gesamter Datenmenge}}$$

und im hier bearbeiteten Insolvenzklassifikationsproblem

$$g \in \{\text{KRIT} = 0, \text{KRIT} = 1\} \quad .$$

Standardisierung Aus verschiedenen Gründen wie bspw. der Beurteilung und der Vergleichbarkeit der Einflüsse der Einflussvariablen auf die Zielgröße werden die Daten für einige der folgenden praktischen Analysen, insb. in den Abschnitten 4.5 bzw. 4.6 dieses Kapitels, standardisiert, indem die Beobachtungen eines Merkmals zentriert und durch ihre jeweilige empirische Standardabweichung $\widehat{\sigma}_{x_k}$ normiert werden. Damit haben die standardisierten Beobachtungen

$$x_k^{(s)} = \frac{x_k - \bar{x}_k}{\widehat{\sigma}_{x_k}} \tag{4.3.2}$$

einen Mittelwert von

$$\bar{x}_k^{(s)} = \frac{1}{\widehat{\sigma}_{x_k}}(\bar{x}_k - \bar{x}_k) = 0 \tag{4.3.3}$$

und eine empirische Standardabweichung von

$$\widehat{\sigma}_{x_k^{(s)}} = \sqrt{\frac{1}{\widehat{\sigma}^2_{x_k}}(\widehat{\sigma}^2_{x_k} - \widehat{\sigma}^2_{\bar{x}_k})} = \sqrt{\frac{\widehat{\sigma}^2_{x_k}}{\widehat{\sigma}^2_{x_k}}} = 1 \quad , \tag{4.3.4}$$

da die empirische Varianz $\widehat{\sigma}^2_{\bar{x}_k}$ des (konstanten) empirischen Mittelwertes Null ist. Die Werte der standardisierten Beobachtungen liegen im Wesentlichen im Intervall $[-3; +3]$, wobei die Korrelationsstrukturen der Variablen untereinander unverändert bleiben.

Die Standardisierung ist weiterhin aus modelltheoretischen Gründen wie z.B. im Hinblick auf die Stabilität der Netzwerkgewichte von künstlichen neuronalen Netzen[47] oder die Wertebereiche der bei der Schätzung der Support-Vektor-Maschinen verwendeten Kernfunktionen[48] von Bedeutung. Des Weiteren wird sie bspw. bei der Modellierung mit künstlichen neuronalen Netzen im Rahmen der Merkmalstransformation anhand der verwendeten Aktivierungsfunktionen[49] benötigt.

Verwendete Software Die softwaregestützten quantitativen Datenanalysen dieser Arbeit erfolgen mit der Data-Mining-Software *SAS® Enterprise Miner® 5.2* und der Statistik-Analysesoftware *SAS® Enterprise Guide® 3.0* der Firma *SAS® Institute GmbH Deutschland.*[50] Außerdem wird das frei verfügbare Statistik-Softwarepaket *R 2.6.0* des *R Project for Statistical Computing*[51] verwendet. Als

---

[47] Vgl. u.a. [Hastie et al. 2001], S. 355 u. 359.

[48] Vgl. weiter oben Abschnitt 2.4.

[49] Vgl. weiter oben Abschnitt 2.3 und insb. die Abb. 2.14 auf Seite 64.

[50] Vgl. `http://www.sas.com/technologies/analytics/datamining/miner/` bzw. `http://www.sas.com/technologies/bi/query_reporting/guide/`.

[51] Vgl. [R Development Core Team 2007]. Informationen und Download von R auf `http://www.r-project.org`.

Schnittstelle beim In- und Export von Datenmengen zwischen den verschiedenen Softwaretools und Datenformaten hat sich weiterhin *Microsoft® Office Excel®*[52] als sehr nützlich erwiesen.

Aus Gründen der verschiedenartigen Funktionalitäten mussten für verschiedene Analysemethoden die verschiedenen o.g. Software-Pakete angewendet werden.[53] So wurde im Rahmen eines auf ein Jahr begrenzten Kooperationsvertrages des *Fachgebietes Statistik und Ökonometrie* der *Technischen Universität Berlin* mit der *SAS® Institute GmbH Deutschland* die Data-Mining-Software *SAS® Enterprise Miner® 5.2* bspw. für die Datenpartitionierung, die Clusteranalyse und teilweise für die durchgeführten Analysen anhand künstlicher neuronaler Netze genutzt. Die Software hat sich dabei als leistungsfähiges Tool vor allem für die Darstellung, Bearbeitung und Analyse großer Datenmengen erwiesen.

Die ebenfalls im Rahmen des Kooperationsvertrages zur Verfügung gestellte Software *SAS® Enterprise Guide® 3.0* wurde vorwiegend für die klassischen parametrischen Modellanalysen verwendet, da die entsprechenden Funktionalitäten in dieser Software unter praktischen Gesichtspunkten intuitiv und übersichtlich integriert sind.

Die Methodik der Support-Vektor-Maschinen ist bis zum jetzigen Zeitpunkt kaum in größere kommerzielle Analysetools integriert worden. Aus diesem Grund wurden die entsprechenden Datenanalysen mit R durchgeführt, wobei die SVM-Funktionalitäten aus der frei verfügbaren Software *LIBSVM*[54], die Schnittstellen zu vielen anderen Programmiersprachen bzw. Softwareumgebungen aufweist, stammen. In R kann LIBSVM über das R-Paket *e1071*, das am *Institut für Statistik und Wahrscheinlichkeitstheorie* der *Technischen Universität Wien* entwickelt wurde, eingebunden werden. Im Rahmen der Diplomarbeit von [Heimann 2007] am *Fachgebiet Statistik und Ökonometrie* der *Technischen Universität Berlin* wurden die Funktionalitäten des e1071-Paketes[55] um einige spezielle Funktionen erweitert. Dabei handelt es sich vor allem um Methoden zur Integration der Ersetzung fehlender Werte in den Schätzprozess und Methoden zur Parameterselektion sowie Gütebeurteilung einer SVM.[56]

[52]Vgl. `http://office.microsoft.com/de-de/excel`.

[53]Dies führte leider auch teilweise zu unterschiedlichen Ergebnisdarstellungen, bspw. der im Folgenden immer wieder auftauchenden ROC-Kurven.

[54]Vgl. [Chang und Lin 2001].

[55]Zur Paketbeschreibung vgl. [Dimitriadou et al. 2007].

[56]Zu den genauen Funktionalitätserweiterungen vgl. [Heimann 2007], S. 40 ff.

4.4 Klassische statistische Solvenzanalyse

4.4.1 Logistische Regression zur Solvenzklassifikation

Wie in Abschnitt 2.1.3.1 dieser Arbeit detailliert beschrieben wurde, stellt das binäre logistische Regressionsmodell die (nichtlinear abgebildete) Wahrscheinlichkeit der Zugehörigkeit eines Objektes zu einer von zwei Klassen einer Zielvariable in linearer Abhängigkeit von den betrachteten Einflussvariablen dar. Im Kontext der Solvenzanalyse nimmt die Zielvariable im Falle der Insolvenz eines Unternehmens die Ausprägung 1 und im Falle der Solvenz die Ausprägung 0 an und stellt somit eine binäre Variable dar.[57] Das Modell der logistischen Regression stellt das in der parametrischen Statistik am besten geeignete Modell zur Solvenzprognose dar und lautet formal

$$\Pr(Y_i = 1) = \frac{e^{\boldsymbol{x}_i'\boldsymbol{\beta}}}{1 + e^{\boldsymbol{x}_i'\boldsymbol{\beta}}} = \frac{1}{1 + e^{-\boldsymbol{x}_i'\boldsymbol{\beta}}} \quad , \tag{4.4.1}$$

d.h. die logistische Transformation der Linearkombination der unabhängigen Variablen[58] $\boldsymbol{x}'\boldsymbol{\beta}$ bildet die Wahrscheinlichkeit eines Unternehmens, der Klasse der insolventen Unternehmen zugeordnet zu werden, ab. Dabei hat die in Abb. 4.4 dargestellte logistische Funktionsform auch einen inhaltlichen Bezug zur Insolvenzgefährdung: Es ist davon auszugehen, dass es unter den verwendeten Datensätzen Unternehmen gibt, die aufgrund ihrer Merkmalskombination entweder sehr stark bzw. nur sehr gering insolvenzgefährdet sind. Diese Unternehmen nehmen Werte der Linearkombination $\boldsymbol{x}'\boldsymbol{\beta}$ ganz rechts bzw. ganz links auf der Abszisse in Abb. 4.4 ein. Dort ist die Wahrscheinlichkeit, der insolventen Gruppe anzugehören, entweder nahe bei Eins oder nahe bei Null. Auch Änderungen ihrer Jahresabschlussdaten führen zu keiner wesentlichen Änderung der Insolvenzgefährdung. Unternehmen jedoch, die aufgrung ihrer Bilanzdaten sowohl nicht besonders gut als auch nicht besonders schlecht "dastehen", befinden sich im (standardisierten) Wertebereich der Linearkombination auf der Abszisse relativ nahe bei Null. Dort ist die Gefahr einer Änderung der Insolvenzwahrscheinlichkeit in positiver wie negativer Weise stärker gegeben. Ein gutes Klassifikationsmodell sollte somit nicht nur eine hohe Trefferquote aufweisen, d.h. viele Unternehmen richtig in eine der Klassen einordnen, sondern auch bzgl. der Verteilung der Wahrscheinlichkeiten möglichst viele kleine bzw. große Schätzungen ergeben. Sind jedoch viele der Unternehmen im Wahrscheinlichkeitsbereich um 0.5 angesiedelt, nimmt die Klassifikationsgüte ab, obwohl theoretisch eine Trefferquote von 100% möglich ist, wenn alle insolventen Unternehmen eine geschätzte Wahrscheinlichkeit von 51% und alle solventen eine von 49% aufweisen. In diesem Zusammenhang kommt den Regressionsparametern β_k des logistischen Regressionsmodells eine wichtige Bedeutung zu, da diese die Steigung der Funktion in Richtung der jeweiligen unabhängigen Variable X_k bei

[57] Im Zusammenhang mit der Solvenzanalyse wurde der logistische Ansatz erstmals angewendet von [Martin 1977] und [Ohlson 1980].

[58] In diesem Fall der verwendeten Jahresabschlussgrößen, vgl. Abschnitte 4.2.3 und 4.2.4.

$x_k = 0$ angeben.[59] Die Regressionsparameter können somit neben ihrer inhaltlichen Interpretation hinsichtlich der Wirkung der zugehörigen Variablen auf die Insolvenzwahrscheinlichkeit als verursachend für die Trennschärfe des geschätzten Modells angesehen werden. Große Werte der Beträge von $\boldsymbol{\beta}$ bewirken eine steilere logistische Funktion und damit eine bessere, dh. sicherere Klassifikation der Unternehmen in eine der beiden Gruppen.[60]

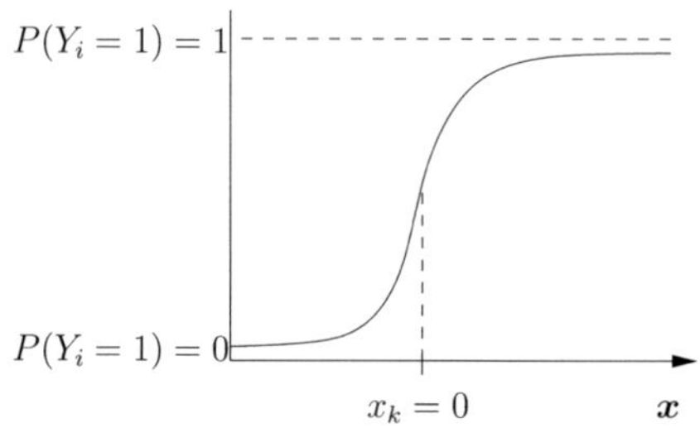

Abbildung 4.4: Die logistische Transformation in Abhängigkeit einer unabhängigen Variable.

Trotz der logistischen Abbildung der Zielvariable ist bei der logistischen Regression zu beachten, dass zwischen den Einflussvariablen und der Insolvenzgefährdung lediglich lineare Zusammenhänge modelliert werden, da die unabhängigen Variablen letztlich ausschließlich in Form einer linearen Kombination Einfluss auf die Insolvenzwahrscheinlichkeit nehmen.[61] Die logistische Transformation stellt dabei lediglich eine (nichtlineare) Normierung auf das Intervall $[0, 1]$ in der im vorigen Absatz und in Abschnitt 2.1.3.1 beschriebenen Art dar.[62] Somit werden insb. eventuelle nichtlineare Abhängigkeiten der unabhängigen Variablen untereinander bzw. direkte und indirekte nichtlineare Einflüsse einzelner Einflussgrößen auf die Zielvariable nicht berücksichtigt.[63]

Die Schätzergebnisse der Regressionsparameter der logistischen Regression für die Datenmenge `rel` sind in Tab. 4.8 im linken Teil aufgeführt. Für die geschätz-

[59]Vgl. dazu auch die drei Grafiken des oberen Teils der Abb. 2.14 auf Seite 64.

[60]Die unabhängigen Variablen sollten jedoch vor der Transformation standardisiert werden, da anderenfalls die Funktionswerte und damit die Parameterschätzungen der logistischen Funktion stark vom Wertebereich der Variablen beeinflusst werden und hinsichtlich ihrer Größenordnung nicht interpretierbar bzw. vergleichbar sind.

[61]Vgl. [Anders 1997], S. 166.

[62]Dies zeigt auch die mögliche Auffassung bzw. Darstellung eines logistischen Regressionsmodells als statistisches neuronales Netz ohne verdeckte Schicht in Abb. 4.5 auf Seite 164 weiter unten in Abschnitt 4.5. Zur grundsätzlichen Spezifikation eines Multi-Layer-Perzeptrons vgl. Abschnitt 2.3.

[63]Die Berücksichtigung von wechselseitigen Abhängigkeiten kann durch das Hinzufügen von Interaktions- bzw. Polynomtermen bei der Spezifikation der unabhängigen Modellvariablen erfolgen; vgl. dazu der Exkurs weiter unten auf den Seiten 156 ff.

ten Regressionsparameter wurden Wald-Tests auf Signifikanz[64] durchgeführt, wobei die ein Signifikanzniveau von 5% unterschreitenden Werte hervorgehoben sind. Die zugehörigen Einflussvariablen X_k bestimmen die Solvenzklassifikation in der jeweiligen Datenmenge signifikant. Eine Interpretation der konkreten Schätzwerte der Regressionsparameter gestaltet sich schwierig, da der partielle Einfluss der entsprechenden Variable auch vom Niveau der übrigen Einflussvariablen abhängt.[65] Eine genauere Analyse und Interpretation der Parameterschätzungen - durch die Parameterschätzungen der standardisierten Variablen und die Effektkoeffizienten[66] - erfolgt weiter unten in Abschnitt 5.5.1 im Rahmen der erneuten Schätzung des logistischen Modells anhand der qualitätsbereinigten Datenmengen, da erst nach einer Variablenreduktion bzw. -konsolidierung eine Interpretation der Modellvariablen sinnvoll möglich ist.[67]

	`rel`			`rel_eq`		
X_k	$\widehat{\beta}_k$	w_k	$\Pr(w > w_k)$	$\widehat{\beta}_k$	w_k	$\Pr(w > w_k)$
AFAGL	-0.1523	0.1055	0.7453	-4.6009	3.6390	0.0564
AFAI	2.9740	4.5831	**0.0323**	6.1975	5.1987	**0.0226**
AI	-1.5960	13.7903	**0.0002**	-1.7142	7.5874	**0.0059**
BUR	0.3044	1.0712	0.3007	6.7224	7.5103	**0.0061**
DG1	0.0012	0.0713	0.7895	0.0102	0.9742	0.3236
DG2	-0.0002	0.0707	0.7903	-0.0016	0.2846	0.5937
EKQ	2.5693	25.0514	**<0.0001**	1.8771	5.9629	**0.0146**
EKR	<0.0001	0.0003	0.9853	0.0050	0.0811	0.7758
FKQ	0.0283	0.0070	0.9333	-0.4599	0.7166	0.3973
FLLA	-2.3798	33.3348	**<0.0001**	-1.9192	8.1508	**0.0043**
GKR	3.2458	35.3624	**<0.0001**	15.4290	18.1545	**<0.0001**
GLGK	0.2646	27.5813	**<0.0001**	0.2174	8.0501	**0.0046**
JER	-0.3228	0.2830	0.5948	-11.8438	9.1875	**0.0024**
KASA	2.3784	14.8634	**0.0001**	2.4574	7.3850	**0.0066**
KON	0.2035	9.6539	**0.0019**	0.1812	5.4401	**0.0197**
LIQ1	-0.9920	32.2495	**<0.0001**	-0.6993	5.5498	**0.0185**
LIQ2	0.8123	18.6318	**<0.0001**	0.5185	3.4174	0.0645
LIQ3	0.0795	1.2308	0.2673	0.0724	0.6336	0.4260
NUR	-0.2374	1.0084	0.3153	-7.2738	9.3672	**0.0022**
UI	-2.3225	12.0994	**0.0005**	-3.2408	10.4688	**0.0012**
VG	<0.0001	0.0105	0.9182	-0.0015	1.5679	0.2105
VORA	-1.0512	8.6068	**0.0033**	-0.6871	1.3524	0.2449
X_0	4.1438	37.9980	**<0.0001**	2.2446	4.6523	**0.0310**

Tabelle 4.8: Schätzergebnisse des logistischen Regressionsmodells. Auf der linken Seite sind die Ergebnisse für die Datenmenge `rel` von 17739 Unternehmen, von denen 8287 vollständige Trainingsdatensätze zur Schätzung und 3552 vollständige Testdatensätze verwendet wurden, und auf der rechten Seite die Ergebnisse für die bzgl. der Zielvariable gleichverteilte Datenmenge `rel_eq` von 1722 Unternehmen, von denen 830 vollständige Trainingsdatensätze zur Schätzung und 356 vollständige Testdatensätze verwendet wurden, dargestellt.

[64]Vgl. Abschnitt 3.1.4.

[65]Vgl. dazu die Herleitung der partiellen Ableitung der abhängigen Variable Insolvenzwahrscheinlichkeit nach einer einzelnen unabhängigen Variable in Anhang A.4 und die Ausführungen in Abschnitt 2.1.3.1.

[66]Vgl. die Ausführungen auf den Seiten 28 ff. in Abschnitt 2.1.3.1.

[67]Vgl. die Ausführungen zur Multikollinearität zwischen den unabhängigen Variablen weiter unten in Abschnitt 5.2.1.

Die Qualität des geschätzten logistischen Modells wird anhand verschiedener Modellanpassungs- und Gütemaße, der Fehlklassifikations- bzw. Trefferquoten für die möglichen Entscheidungskonstellationen, der damit zusammenhängenden ROC-Kurve und der Verteilung der geschätzten Insolvenzwahrscheinlichkeiten evaluiert.[68] Die für das eben geschätzte logistische Modell erreichten Modellanpassungsstatistiken sind in Tab. 4.9 dargestellt.

Gütemaß	Berechnung	Wert
Mittlerer quadratischer Trainingsfehler	$\widehat{MSE} = \frac{1}{T}\sum_{i=1}^{T}(y_i - \widehat{y}_i)^2$	0.0488
Mittlerer quadratischer Testfehler	$\widehat{MSE}_{Test} = \frac{1}{P}\sum_{i=1}^{P}(y_i - \widehat{y}_i)^2$	0.0543
Deviance	$D = -2 \cdot \ln L(\widehat{\boldsymbol{\beta}}\|\boldsymbol{y})$	2831.4010
Mittlere Deviance	$\overline{D} = D/T$	0.3417
LQ-Test	$LQ = -2 \cdot (\ln L(\widehat{\boldsymbol{\beta}}\|\boldsymbol{y}) - \ln L_r)$	391.6215
McFadden-R^2	$R^2_{McF} = 1 - \frac{\ln L(\widehat{\boldsymbol{\beta}}\|\boldsymbol{y})}{\ln L_r}$	0.1215
Aldrich-Nelson Pseudo-R^2	$R^2_{AN} = \frac{LQ}{LQ+T}\frac{D_r}{D_r+T}$	0.2800
Akaike-Informationskriterium	$AIC = -\frac{2}{T}\ln L(\widehat{\boldsymbol{\beta}}\|\boldsymbol{y}) + \frac{2(K+1)}{T}$	0.3473
Schwarz-Informationskriterium	$SIC = -\frac{2}{T}\ln L(\widehat{\boldsymbol{\beta}}\|\boldsymbol{y}) + \frac{(K+1)\ln T}{T}$	0.3667

Tabelle 4.9: Güte- bzw. Anpassungsstatistiken der logistischen Regressionsanalyse für die relativen Jahresabschlussdaten der Datenmenge `rel` von 17739 Unternehmen, von denen 8287 vollständige Datensätze zum Training und 3552 vollständige Testdatensätze verwendet wurden.

Die Deviance bzw. mittlere Deviance sind hier allerdings nur eingeschränkt zur Beurteilung der Anpassungsqualität geeignet, da - wie in Abschnitt 3.1.4 beschrieben - allein durch die starke Ungleichverteilung der beiden Ausprägungen der Zielvariable in den Daten der Likelihoodwert sehr hohe Werte annimmt, die stets zu einer Verwerfung der Nullhypothese, dass das Modell insgesamt einen Erklärungsbeitrag leistet, führen würde. Dieses Problem wird umgangen durch die Durchführung des Likelihood-Quotienten (LQ)-Testes. Der Wert der Prüfgröße von 391.6215 ist bei $K = 22$ Freiheitsgraden dabei hoch signifikant auf einem Signifikanzniveau von weniger als 0.01%; das Modell leistet somit insgesamt einen signifikanten Erklärungsbeitrag der Zielvariable. Die durch das McFadden-Bestimmtheitsmaß R^2_{McF} gemessene relative Anpassungsgüte des geschätzten Modells an die Daten ist jedoch bezogen auf das vollständig restringierte Modell[69] mit 0.1215 relativ gering.[70] Dieser Eindruck wird bestätigt durch den Wert des auf einen Wertebereich von [0;1] normierten Aldrich-Nelson Pseudo-R^2 von 0.28.

Die Informationskriterien sind aufgrund der Tatsache, dass die hier verwendete, theoretisch begründete Variablenanzahl von 22 einer sehr hohen Anzahl von $T = 8287$ Beobachtungen gegenübersteht, zur Modellauswahl nicht angemessen

[68] Zu den theoretischen Hintergründen der Modellbeurteilungsmöglichkeiten vgl. die Ausführungen in Kapitel 3 dieser Arbeit.

[69] Vgl. Abschnitt 3.1.4.

[70] Laut [Urban 1993] sind jedoch Werte ab 0.2 bereits als vergleichsweise hohe Anpassungsqualität aufzufassen.

verwendbar.[71] Sie können jedoch in ihrer hier verwendeten Durchschnittsform als Schätzung des durch das mittlere quadratische Fehlermaß $\widehat{MSE}$ in den Trainingsdaten unterschätzten In-Sample-Fehlers des geschätzten Modells in Betracht gezogen werden[72]; hier verstärkend auch aufgrund der Tatsache, dass die mittleren quadratischen Fehler aus den im nächsten Absatz aufgeführten Gründen nur sehr beschränkt aussagefähig sind.

Die Klassifikationsergebnisse des logistischen Modells für die Datenmenge `rel` zeigt Tab. 4.10. Es ist ersichtlich, dass wie erwartet bei der Fehlerminimierung alle insolventen Unternehmen als solvent klassifiziert wurden, was zu einer Fehlerquote des ["0"|1]-Fehlers von 100% sowohl in den Trainings- als auch in den Testdaten geführt hat. Die minimierte Gesamtfehlerquote in den Trainingsdaten, welche bei einer 0-1-Indikatorfehlerfunktion dem mittleren quadratischen Trainingsfehler entspricht[73], beträgt $FQ_{Train} = 0.0486 + 0.0002 = 0.0488$, da von den solventen Unternehmen nur 0.03% als insolvent fehlklassifiziert wurden. Der erwartete Out-Of-Sample-Prognosefehler des Modells, der aus der Fehlerquote in den Testdaten geschätzt wird, ergibt sich entsprechend zu $FQ_{Test} = 0.0543$.

	Zielwert	Schätzwert	Anzahl	Anteil Zielwert	Anteil Insgesamt
	0	0	7882	0.9997	0.9511
Training	1	0	403	1.0000	0.0486
	0	1	2	0.0003	0.0002
	1	1	0	0	0
	0	0	3359	0.9991	0.9457
Test	1	0	190	1.0000	0.0535
	0	1	3	0.0009	0.0008
	1	1	0	0	0

Tabelle 4.10: Klassifikationsergebnisse des logistischen Regressionsmodells für die Datenmenge `rel`.

Da trotz des sehr niedrigen geschätzten Prognosefehlers das Modell anhand der auf diesem beruhenden Kriterien kaum zu beurteilen und weiterhin aus praktischen Gesichtspunkten höchst ungeeignet für neu hinzu kommende Daten ist, sollte bei der Optimierung entweder eine asymmetrische Kostenmatrix zur Fehlerbewertung oder eine bzgl. der Zielvariable gleichverteilte Datenmenge verwendet werden.[74] In diesem Kapitel werden die Analysen anhand der gesamten Datenmenge aus dem Grund der erwähnten nicht vollständig vermeidbaren Subjektivität einer Kostenmatrix wie der in Tab. 4.7 auf Seite 148 ausschließlich zu Vergleichszwecken durchgeführt. Da in diesem Kapitel der Methodenvergleich im Vorder-

[71]Wie in Abschnitt 3.3.2 beschrieben, dienen die Informationskriterien dazu, verschiedene Modelle hinsichtlich der Gegenüberstellung der durch die Parameteranzahl ausgedrückten Komplexität und der u.a. durch die Anzahl der Beobachtungen erreichten Anpassungsgüte zu vergleichen und das geeignetste Modell auszuwählen. Hier ist die Modellkomplexität jedoch inhaltlich vorgegeben und ein diesbezüglicher Modellvergleich demzufolge nicht erforderlich.

[72]Vgl. die Ausführungen weiter oben in den Abschnitten 3.2.3 und 3.3.2.

[73]Vgl. die Gleichungen (3.2.20) und (3.2.22) in Abschnitt 3.2.3.1.

[74]Vgl. dazu die Ausführungen weiter oben in Abschnitt 4.3.

grund steht, werden im Folgenden alle Klassifikationsmodelle und an dieser Stelle zunächst das logistische Modell aufgrund einer bzgl. der Kategorien der Zielvariable gleichverteilten Trainings- und Testmenge entwickelt und bewertet.[75] Die Schätzergebnisse und Anpassungsstatistiken für die gleichverteilte Datenmenge `rel_eq` im Umfang von 1722 Unternehmen sind im rechten Teil der obigen Tab. 4.8 und in Tab. 4.12 zusammengefasst. Man erkennt gegenüber der im linken Teil der Tab. 4.8 ausgewerteten großen Datenmenge eine veränderte Situation der geschätzten und signifikanten Parameterwerte, die vor allem auf die stark verringerte Datenbasis zurückzuführen sein dürfte. Auffällig ist, dass in der gleichverteilten und somit kleineren Datenmenge die Rentabilitätsvariablen Bruttoumsatzrentabilität (BUR), Nettoumsatzrentabilität (NUR) und Ergebnisrentabilität (JER) zusätzlich signifikant sind. Dies könnte ein Hinweis darauf sein, dass diese Variablen inhaltlich und empirisch miteinander korreliert sind.[76] Hier zeigt sich deutlich der Einfluss der empirischen Datenbasis auf die Modellergebnisse bzgl. der Parameterschätzungen. Die Klassifikationsergebnisse sind in Tab. 4.11 dargestellt; das oben beobachtete Problem einer symmetrischen Fehlerbewertung bei gleichzeitig starker Ungleichverteilung der Klassenhäufigkeiten wirkt sich nun nicht mehr verzerrend auf die Fehlerquoten aus.

	Zielwert	Schätzwert	Anzahl	Anteil Zielwert	Anteil Insgesamt
	0	0	221	0.6190	0.2923
Training	1	0	77	0.1930	0.1019
	0	1	136	0.3810	0.1799
	1	1	322	0.8070	0.4259
	0	0	106	0.6347	0.3183
Test	1	0	37	0.2229	0.1111
	0	1	61	0.3653	0.1832
	1	1	129	0.7771	0.3874

Tabelle 4.11: Klassifikationsergebnisse des logistischen Regressionsmodells für die bzgl. der Zielvariable gleichverteilte Menge `rel_eq` von 1722 Unternehmen, von denen 830 vollständige Datensätze zum Training und 356 vollständige Testdatensätze verwendet wurden.

Bzgl. der in Tab. 4.12 dargestellten Deviancewerte und der Klassifikationsquoten ist trotz der im Vergleich zur ungleichverteilten Menge durchgängig schlechteren Werte hier überhaupt erst eine sinnvolle Interpretation dieser möglich. Das Modell ist aufgrund des Ergebnisses des LQ-Testes bei $K = 22$ Freiheitsgraden ebenfalls hoch signifikant auf einem Niveau von weniger als 0.01%, und beide Pseudo-R^2-Werte sowie die Informationskriterien sind gegenüber der obigen Regression deutlich höher.

Erweiterung des logistischen Modells durch Polynomterme Um die Flexibilität des logistischen Modells zu erhöhen und damit das Ergebnis ggf. weiter

[75] Die Verwendung einer Kostenmatrix bei der Modellschätzung wird in Kapitel 5 anhand der qualitätsbereinigten Datenmengen beispielhaft dargestellt; vgl. Abschnitt 5.5.1.

[76] Vgl. auch weiter unten Abschnitt 5.2.1 bzgl. des Problems der Korrelation zwischen unabhängigen Variablen eines statistischen Modells.

Gütemaß	Wert
Mittlerer quadratischer Trainingsfehler	$\widehat{MSE} = 0.2818$
Mittlerer quadratischer Testfehler	$\widehat{MSE}_{Test} = 0.2943$
Deviance	$D = 883.937$
Mittlere Deviance	$\overline{D} = 1.0650$
LQ-Test	$LQ = 266.1044$
McFadden-R^2	$R^2_{McF} = 0.2314$
Aldrich-Nelson Pseudo-R^2	$R^2_{AN} = 0.1410$
Akaike-Informationskriterium	$AIC = 1.1204$
Schwarz-Informationskriterium	$SIC = 1.2513$

Tabelle 4.12: Güte- bzw. Anpassungsstatistiken der logistischen Regressionsanalyse für die relativen Jahresabschlussdaten der bzgl. der Zielvariable gleichverteilten Datenmenge `rel_eq` von 1722 Unternehmen, von denen 830 vollständige Datensätze zum Training und 356 vollständige Testdatensätze verwendet wurden.

zu verbessern, werden in einem nächsten Schritt zusätzlich Polynome zweiten Grades, d.h. die Quadrate und die Kreuzprodukte der unabhängigen Variablen, in das Modell zur Erklärung einbezogen.[77] Dabei wird die Anpassungsfähigkeit des parametrischen Logit-Modells erhöht und insb. die Abbildung eventueller nichtlinearer Zusammenhänge und Interaktionen zwischen den Variablen ermöglicht. Auch aus inhaltlichen Gründen ist bei der Kennzahlenanalyse davon auszugehen, dass sich verschiedene relative Kennzahlen gegenseitig bedingen bzw. gegebenenfalls gemeinsam die Zielvariable beeinflussen, auch weil teilweise die gleichen absoluten Kennzahlen bei ihrer Berechnung verwendet wurden.[78]

Bei der Betrachtung der in Tab. 4.13 dargestellten Anpassungsstatistiken des Polynommodells ist ersichtlich, dass die Trainingsdaten sehr viel besser angepasst werden konnten als durch das Modell ohne Polynom- bzw. Interaktionsterme.[79] Sowohl das McFadden- als auch das Aldrich-Nelson-Pseudo-R^2 fallen hier deutlich höher aus als im obigen Modell. Auch die Fehlerquoten in den Trainings- und Testdaten sowie die Deviance bzw. mittlere Deviance sind im Polynommodell deutlich niedriger. Das Akaike-Informationskriterium zur Messung des In-Sample-Fehlers ist nur leicht gestiegen. Der die Komplexität bestrafende Regularisierungsterm des Kriteriums hat sich zwar durch die erfolgte Einbeziehung der hier sehr hohen Zahl von $K + 1 = 243$ Modellparameter stark erhöht, die erreichte höhere Anpassungsgüte des Modells kann diesen Effekt jedoch fast überkompensieren. Das Schwarz-Informationskriterium zur Messung des strukturellen Risikos bestraft die

[77] Es werden somit $K = 242$ Einflussgrößen bei der Schätzung verwendet, wobei sich die Polynomterme AFAGL·GLGK, AI·DG1, EKQ·EKR, EKQ·VG, GKR·VG, JER·NUR, KASA·LIQ2, KON·UI, LIQ1·VORA und LIQ2·VORA aus Linearkombinationen mehrerer anderer Variablen bzw. Polynome zweiten Grades ergeben und deshalb aufgrund einer zu vermeidenden hohen Multikollinearität (vgl. Abschnitt 5.2.1) aus dem Modell ausgeschlossen werden.

[78] Vgl. zur absoluten und relativen Kennzahlenerstellung die Abschnitte 4.2.3 und 4.2.4.

[79] Vgl. weiter oben die Tabellen 4.11 und 4.12.

stark gestiegene Komplexität des Polynommodells im Regularisierungsterm noch stärker und ist daher im Vergleich zu dem weniger komplexen logistischen Modell stark gestiegen.

Gütemaß	Wert
Mittlerer quadratischer Trainingsfehler	$\widehat{MSE} = 0.1229$
Mittlerer quadratischer Testfehler	$\widehat{MSE}_{Test} = 0.1798$
Deviance	$D = 454.68$
Mittlere Deviance	$\overline{D} = 0.5478$
LQ-Test	$LQ = 695.3611$
McFadden-R^2	$R^2_{McF} = 0.6046$
Aldrich-Nelson Pseudo-R^2	$R^2_{AN} = 0.2648$
Akaike-Informationskriterium	$AIC = 1.1333$
Schwarz-Informationskriterium	$SIC = 2.5156$

Tabelle 4.13: Güte- bzw. Anpassungsstatistiken der logistischen Regressionsanalyse mit Polynomtermen für die relativen Jahresabschlussdaten der bzgl. der Zielvariable gleichverteilten Datenmenge `rel_eq`.

	Zielwert	Schätzwert	Anzahl	Anteil Zielwert	Anteil Insgesamt
	0	0	358	0.8404	0.4313
Training	1	0	34	0.0842	0.0410
	0	1	68	0.1596	0.0819
	1	1	370	0.9158	0.4458
	0	0	131	0.7844	0.3680
Test	1	0	28	0.1481	0.0787
	0	1	36	0.2156	0.1011
	1	1	161	0.8519	0.4522

Tabelle 4.14: Klassifikationsergebnisse des logistischen Regressionsmodells mit Polynomtermen zweiten Grades für die relativen Jahresabschlussdaten der bzgl. der Zielvariable gleichverteilten Datenmenge `rel_eq`.

Beim Vergleich mit den in Tab. 4.11 auf Seite 156 dargestellten Klassifikationsergebnissen des Modells ohne Polynomterme wird das durch den Wert des Schwarz-Kriteriums bereits angedeutete Problem deutlich, dass die Einbeziehung der Polynomterme über die damit einhergehende Komplexitätserhöhung vor allem zu einer Verbesserung des Modells hinsichtlich des Fehlers in den Trainingsdaten führt. Hier ist gleichzeitig jedoch auch in den Testdaten eine Verbesserung der Out-Of-Sample-Prognosegüte auf eine geschätzte Fehlerquote von $FQ_{Test} = 0.1798$ zu erkennen.[80] Das Modell mit Polynomtermen bis zweiten Grades scheint daher die Zusammenhänge in den Jahresabschlussdaten tatsächlich besser abbilden und auch generalisieren zu können als das einfache logistische Modell.

[80]Grundsätzlich gleiche Ergebnisse hinsichtlich der Klassifikationsgüte, allerdings durch die hohe Anzahl von Beobachtungen in weniger gravierendem Ausmaß, ergaben sich bei der Analyse der vollständigen Datenmenge `rel` aller 17739 Unternehmen.

4.4.2 Lineare Diskriminanzanalyse zur Solvenzklassifikation

Die in Abschnitt 2.1.3.2 theoretisch vorgestellte lineare Diskriminanzanalyse (LDA) stellt den ältesten Ansatz zur statistischen Modellierung des Solvenzproblems dar und wurde erstmals auf dieses angewendet von [Beaver 1966] und [Altman 1968]. Die LDA trennt die $i = 1, \ldots, T$ Unternehmen der Trainingsmenge anhand einer linearen Funktion der beobachteten Einflussgrößen in eine der beiden Gruppen *Solvent/Insolvent.* Dabei werden die $K + 1$ - dimensionalen Merkmalsvektoren $\boldsymbol{x}_i \in \mathbb{R}^{K+1}$ der Unternehmen so linear in einen eindimensionalen Raum $y_i \in \mathbb{R}$ transformiert, dass das Verhältnis der Streuung zwischen den beiden Klassen $g = 1, 2$ der Diskriminanzvariable Y zur Streuung innerhalb der einzelnen Klassen maximal wird:[81]

$$\max_{\boldsymbol{\beta}} \quad \frac{SSB}{SSW} = \frac{(\bar{y}_1 - \bar{y}_2)^2}{\sum_{g=1}^{2} \sum_{i=1}^{n_g} (y_{gi} - \bar{y}_g)^2} = \frac{\boldsymbol{\beta}'(\bar{\boldsymbol{x}}_1 - \bar{\boldsymbol{x}}_2)(\bar{\boldsymbol{x}}_1 - \bar{\boldsymbol{x}}_2)'\boldsymbol{\beta}}{\boldsymbol{\beta}'\widehat{\boldsymbol{\Sigma}}\boldsymbol{\beta}} \tag{4.4.2}$$

Somit werden die entstehenden Klassifikationsgruppen so geschätzt, dass sie intern möglichst homogen und extern möglichst heterogen sind.[82]

Der Vorteil des von [Fisher 1936] entwickelten Diskriminanzansatzes ist, dass für die Durchführung der LDA keine Verteilungsannahme mit insb. gleich angenommenen Varianz-Kovarianzmatrizen der Merkmale in den beiden Gruppen der Zielvariable getroffen werden muss.[83] Der demgegenüber entscheidende Vorteil der verteilungsbasierten Diskriminanzverfahren ist jedoch, dass eine Schätzung von Wahrscheinlichkeiten der Klassenzugehörigkeit der betrachteten Objekte aufgrund des bayesianischen Diskriminanzansatzes möglich ist.[84]

Bzgl. der stark ungleichen Verteilung der beiden Klassenausprägungen der Zielvariable in den Trainingsdaten ergibt sich das gleiche Problem bei der Minimierung des Trainingsfehlers des im vorherigen Abschnitt dargestellten logistischen Modells. Zusätzlich erfordert die verteilungsbasierte Diskriminanzanalyse (annähernd) gleiche empirische Varianzen der betrachteten (normalverteilten) Merkmale in den beiden Klassen der Zielvariable. Nur in diesem Fall sind auch die auf der varianzanalytischen Streuungszerlegung basierenden Gütekriterien zur Bewertung der geschätzten Diskriminanzfunktion sinnvoll anwendbar.[85]

Zur Überprüfung der eben genannten Voraussetzungen wird zunächst anhand des Testes von Bartlett die Gleichheit der Varianz-Kovarianzmatrizen geprüft. Für

---

[81] Zur Herleitung des Optimalitätskriteriums vgl. Abschnitt 2.1.3.2 und u.a. [Fahrmeir et al. 1996, McLachlan 1992] und [Rencher 1995].

[82] Die Idee der Diskriminanzanalyse ist somit derer der weiter unten in Abschnitt 5.3.2 angewandten Clusteranalyse ähnlich, mit dem Unterschied, dass hier die Klassen, anhand derer die Unternehmen unterschieden werden sollen, im Vorhinein bekannt sind.

[83] Vgl. u.a. [Fahrmeir et al. 1996], S. 372 ff. und [Handl 2002], S. 324 ff.

[84] Vgl. Abschnitt 2.1.3.2.

[85] Vgl. die Abschnitte 3.1.2 und 3.1.3.3.

die Prüfgröße B des Bartlett-Testes[86] ergaben sich für die Datenmengen `rel` und `rel_eq` die in Tab. 4.15 dargestellten empirischen Werte.

Datenmenge	$\|\widehat{\boldsymbol{\Sigma}}\|$	$\|\widehat{\boldsymbol{\Sigma}}_{\mathbf{00}}\|$	$\|\widehat{\boldsymbol{\Sigma}}_{\mathbf{11}}\|$	B
`rel`	148.3463	149.0187	−28.4853	65934.12
`rel_eq`	−20.5222	−27.1028	−31.8978	7381.14

Tabelle 4.15: Ergebnisse des Bartlett-Tests auf Gleichheit der Varianz-Kovarianzmatrizen in den beiden Klassen der Zielvariable.

Bei einem kritischen Wert von ${\chi^2}_{0.99,20\cdot 21/2} = 260.59$ ist somit für beide Datenmengen auf einem Signifikanzniveau von $\alpha = 0.01$ davon auszugehen, dass sich die Varianzen der betrachteten 22 unabhängigen Variablen in den beiden Klassen insgesamt deutlich unterscheiden. Die auf der Annahme der Gleichheit der Varianz-Kovarianzmatrizen beruhenden Gütemaße und Ergebnisse insb. der (verteilungsbasierten) bayesianischen Diskriminanzanalyse sind daher mit Skepsis zu betrachten. Aufgrund des sehr viel höheren Wertes der Prüfgröße für die gesamte Datenmenge wird diese im Rahmen der Diskriminanzanalyse wiederum nicht für eine Modellbewertung verwendet.

Die Koeffizienten der nach dem Ansatz von Fisher[87] geschätzten linearen Diskriminanzfunktionen für die beiden $(g = 0, 1)$ betrachteten Gruppen[88] sind für die betrachteten Datenmengen in Tab. 4.16 dargestellt. Ebenso sind dort die partiellen F_k-Werte und deren realisierte Signifikanzniveaus $\Pr(F > F_k)$ zwecks der Beurteilung der diskriminatorischen Bedeutung der einzelnen unabhängigen Variablen aufgeführt.[89] In beiden Datenmengen gemeinsam als diskriminatorisch signifikant auf einem Niveau von $\alpha = 5\%$ sind die relativen Kennzahlen AFAI, AI, EKQ, FKQ, GKR, GLGK, JER, KASA, KON, UI und VORA. In der gleichverteilten Datenmenge sind zusätzlich die Variablen DG1, EKR, die drei Liquiditätskennzahlen LIQ1, LIQ2 und LIQ3 sowie der Verschuldungsgrad VG signifikant. Damit identifiziert die LDA bedeutend mehr unabhängige Variablen als die Solvenzklassifikation diskriminatorisch beeinflussend, als das für die entsprechenden Datenmengen im vorherigen Abschnitt geschätzte logistische Modell.[90]

Ein entscheidender Nachteil der LDA ggü. der logistischen Regression ist die inhaltlich kaum mögliche Interpretation der geschätzten Einflüsse der einzelnen unabhängigen Variablen auf die Klassifikationsvariable. Im Gegensatz zu den direkt geschätzten Insolvenzwahrscheinlichkeiten $\Pr(Y = 1)$ bei der logistischen Regressionsanalyse wird hier nur eine abstrakte, nicht interpretierbare Diskriminanzva-

[86] Vgl. Gl. (3.1.31) und die zugehörigen Ausführungen in Abschnitt 3.1.3.3.

[87] Welcher keine Annahmen über die Art der Verteilungen in den beiden Gruppen der Zielvariable erfordert, vgl. die Ausführungen auf den Seiten 33 in Abschnitt 2.1.3.2 dieser Arbeit.

[88] Vgl. die Gl. (2.1.56), (2.1.57) und (2.1.59) auf Seite 37.

[89] Vgl. zur Prüfung der Diskriminanzkoeffizienten Abschnitt 3.1.3.3.

[90] Vgl. die Tab. 4.8 auf Seite 153.

	rel				rel_eq			
X_k	$\widehat{\beta}_{g=0}$	$\widehat{\beta}_{g=1}$	F_k	$\Pr(F > F_k)$	$\widehat{\beta}_{g=0}$	$\widehat{\beta}_{g=1}$	F_k	$\Pr(F > F_k)$
AFAGL	10.17586	10.49356	4.93	0.0264	59.70197	64.45206	3.55	0.0598
AFAI	35.01206	32.83031	11.89	0.0006	41.80891	35.55548	8.10	0.0045
AI	31.01970	31.36739	12.02	0.0005	48.66068	50.22237	5.66	0.0176
BUR	0.82875	0.80986	0.34	0.5623	-0.90968	-1.89310	0.37	0.5433
DG1	7.47579E-6	5.79021E-6	0.15	0.7014	0.07040	0.06472	7.51	0.0063
DG2	-1.5067E-6	-1.4822E-6	0.07	0.7917	-0.0000302	0.00101	0.00	0.9616
EKQ	37.53707	36.05692	119.22	< 0.0001	48.37886	46.38893	94.71	< 0.0001
EKR	-5.236E-15	-4.607E-15	0.00	1.0000	0.02979	0.03215	5.82	0.0161
FKQ	22.12372	22.79645	77.76	< 0.0001	26.07744	26.75569	49.18	< 0.0001
FLLA	12.87365	13.76976	1.10	0.2941	16.10317	17.88014	1.22	0.2702
GKR	1.41736	-1.19199	62.29	< 0.0001	9.56046	3.64886	47.07	< 0.0001
GLGK	-0.58677	-0.74725	6.26	0.0124	-0.42297	-0.65629	7.89	0.0051
JER	-2.78097	-2.30503	28.16	< 0.0001	-8.98340	-4.81202	20.22	< 0.0001
KASA	11.84935	11.13918	69.75	< 0.0001	17.35417	14.91034	60.94	< 0.0001
KON	0.02377	0.00303	10.34	0.0013	0.48647	0.31265	14.79	0.0001
LIQ1	-0.13767	-0.11533	0.74	0.3897	0.33656	1.01396	13.85	0.0002
LIQ2	0.09492	0.08332	0.88	0.3495	-2.12069	-2.53143	21.97	< 0.0001
LIQ3	0.00936	0.00715	0.62	0.4295	0.50432	0.43933	5.16	0.0234
NUR	-0.53451	-0.52049	0.35	0.5550	-2.53838	-1.89069	0.03	0.8587
UI	58.69694	59.86758	36.20	< 0.0001	97.13339	100.13482	20.33	< 0.0001
VG	5.092E-16	4.4612E-16	0.00	1.0000	0.00462	0.00584	11.67	0.0007
VORA	10.50177	11.58559	79.79	< 0.0001	18.94803	19.71980	40.70	< 0.0001

Tabelle 4.16: Schätzergebnisse für die Gruppendiskriminanzfunktionen der LDA der relativen Jahresabschlusskennzahlen. Die Ergebnisse sind dabei jeweils getrennt für die gesamten Daten und für die bzgl. der Zielvariable gleichverteilten Daten dargestellt. Bei leeren Zellen konnten aufgrund fehlender Beobachtungen keine Parameter geschätzt werden.

riable Y geschätzt, anhand derer eine möglichst gute Trennung der beiden Klassen erreicht wird. Die inhaltliche Bedeutung der geschätzten Diskriminanzparameter und die damit verbundene Wirkung der unabhängigen Variablen auf die Diskriminanzvariable kann dagegen nicht sinnvoll interpretiert werden. Es kann lediglich festgestellt werden, welche Einflussgrößen einen signifikanten Einfluss auf die Insolvenzwahrscheinlichkeit ausüben.

Die anhand der in Abschnitt 2.1.3.2 aufgeführten Entscheidungsregeln (2.1.51) bzw. (2.1.61) erhaltenen Klassifikationsergebnisse der LDA sind in Tab. 4.17 aufgeführt.

Datenmenge		Zielwert	Schätzwert	Anzahl	Anteil Zielwert	Anteil Insgesamt
rel_eq	Training	0	0	276	0.6479	0.3325
		1	0	69	0.1708	0.0831
		0	1	150	0.3521	0.1807
		1	1	335	0.8292	0.4036
	Test	0	0	100	0.5988	0.2809
		1	0	38	0.2011	0.1067
		0	1	67	0.4012	0.1882
		1	1	151	0.7989	0.4242

Tabelle 4.17: Klassifikationsergebnisse der LDA für die gleichverteilte Menge der relativen Jahresabschlussdaten.

Zur Messung der In-Sample- und Out-Of-Sample-Qualität des geschätzten Diskriminanzmodells werden wiederum die Fehlerquoten in der Trainings- und Testmenge und weiterhin das Ausmaß des Erreichens des Zielkriteriums (4.4.2) bzw.

die damit verbundenen Prüfkriterien λ_W [91] und die F-Statistik[92] betrachtet. Die realisierten Werte sind in Tab. 4.18 zusammengefasst.

	rel_eq
FQ_{Train}	0.2638
FQ_{Test}	0.2949
λ_W	0.7522
F	12.09
$F_{0.99,K,n-K-1}$	1.85

Tabelle 4.18: Güte- bzw. Anpassungsstatistiken der LDA für die relativen Jahresabschlussdaten.

Das Diskriminanzmodell ist laut dem Ergebnis des F-Testes auf einem Signifikanzniveau von $\alpha = 0.01$ grundsätzlich zur Modellierung der Solvenzklassifikation geeignet. Ggü. den in der Tab. 4.11 auf Seite 156 dargestellten Klassifikationsergebnissen der für die gleichverteilte Datenmenge durchgeführten logistischen Regressionsanalyse sind bei Durchführung einer LDA annähernd gleiche Ergebnisse zu verzeichnen. Vor allem hinsichtlich der durch den Fehler in den Testdaten gemessenen Prognosequalität für neue Daten weisen das logistische Modell und das lineare Diskriminanzmodell eine so gut wie gleiche Qualität auf. Im Vergleich mit dem logistischen Modell mit Polynomtermen[93] fällt die Fehlerquote der LDA jedoch um 11.5% höher aus.[94] Die Diskriminanzanalyse schneidet somit insgesamt etwas schlechter als das logistische Regressionsmodell ab. Die Durchführung einer bayesianischen Diskriminanzanalyse ist jedoch aufgrund der notwendigen Voraussetzung der identischen Varianz-Kovarianzmatrizen in den betrachteten Gruppen streng genommen nicht zulässig. Daher sowie aus Gründen der nicht zu erwartenden Modellverbesserung wird das Modell der linearen parametrischen Diskriminanzanalyse über die Analysen dieses Kapitels hinaus in dieser Arbeit nicht weiter betrachtet.

[91] Wilks' Lambda, vgl. Gl. (3.1.28) auf Seite 108.

[92] Vgl. Gl. (3.1.29) auf Seite 108.

[93] Vgl. weiter oben Tab. 5.23.

[94] Aufgrund softwaretechnischer Gründe war die Durchführung einer Diskriminanzanalyse mit Polynomtermen nicht möglich, obwohl gerade dieses Modell im logistischen Fall die notwendigen Komplexitätsanforderungen im Hinblick auf eventuelle nichtlineare Zusammenhänge in den Daten am besten abbilden konnte.

4.5 Statistische neuronale Netze zur Solvenzklassifikation

In diesem Abschnitt wird ein statistisches neuronales Netz (SNN)zur Klassifikation von Unternehmen in solvente bzw. insolvente Unternehmen und im Weiteren zur Prognose der Insolvenzwahrscheinlichkeit eines Unternehmens anhand dessen Jahresabschlussdaten entwickelt und hinsichtlich der Prognosequalität evaluiert.

Um ein Prognosemodell anhand eines SNN zu entwickeln, muss die Netzwerktopologie spezifiziert und eine Trainingstechnik angewandt werden. Anhand den bereitgestellten relativen Jahresabschlussdaten von zufällig ausgewählten deutschen Unternehmen erlernt das SNN in der Trainingsphase die Zusammenhänge zwischen einer Zielvariable (Insolvenzkriterium) und den Inputvariablen anhand der präsentierten Datensätze[95] durch das iterative Durchlaufen eines vorher festzulegenden Lernverfahrens eigenständig.[96]

4.5.1 Netzwerkspezifikation

Ausgangspunkt der Modellierung des Solvenzklassifikationsproblems durch ein SNN kann bspw. die Abbildung des in Abschnitt 4.4.1 spezifizierten logistischen Regressionsmodells als MLP ohne verdeckte Schichten sein. Die dortigen Regressionsparameter entsprechen hier den Gewichten der Verbindungen der entsprechenden unabhängigen Variablen zum Outputneuron. Die in dieses eingehende Linearkombination der gewichteten Merkmalsausprägungen eines Objektes i wird dann logistisch in den geschätzten Ausgabewert des Netzes a_i transformiert. Dieses (logistische) MLP ist grafisch in Abb. 4.5 dargestellt.

Die formale Netzspezifikation des logistischen SNN lautet

$$a_i = \Pr(Y_i = 1) = f(\boldsymbol{x}_i, \boldsymbol{\omega}) \quad = \quad \varphi\left(\sum_{k=0}^{K} \omega_k x_{ki}\right) = \varphi(\boldsymbol{x}_i' \boldsymbol{\omega}) \quad ,$$

wobei die Aktivierungsfunktion φ des Ausgabeneurons der logistischen Funktion (4.4.1) und der Parameter ω_0 des Bias der Eingabeschicht dem Absolutglied der logistischen Regressionsfunktion entspricht.

Um ein MLP für das konkrete Problem der Solvenzklassifikation zu entwickeln und zu schätzen, welches die Ergebnisse der klassischen parametrischen Solvenzmodelle möglichst verbessert, muss zunächst eine geeignete Spezifikation des Netzwerkes, d.h. die Art und Struktur der Schichten und der in diesen enthaltenen Neuronen, erfolgen.[97] Bei dem in Abb. 4.5 dargestellten logistischen neuronalen Netz

[95]Die Datensätze werden in der Netzwerkliteratur auch als Muster bezeichnet, da die Mustererkennung eines der Hauptanwendungsgebiete der neuronalen Netzwerkanalyse darstellt.

[96]Zu den generellen Eigenschaften der statistischen Lernmethodik vgl. weiter oben Abschnitt 2.2 dieser Arbeit.

[97]Im Rahmen der Netzwerkliteratur wird in diesem Zusammenhang meist von der Festlegung der sog. *Netzwerktopologie* gesprochen.

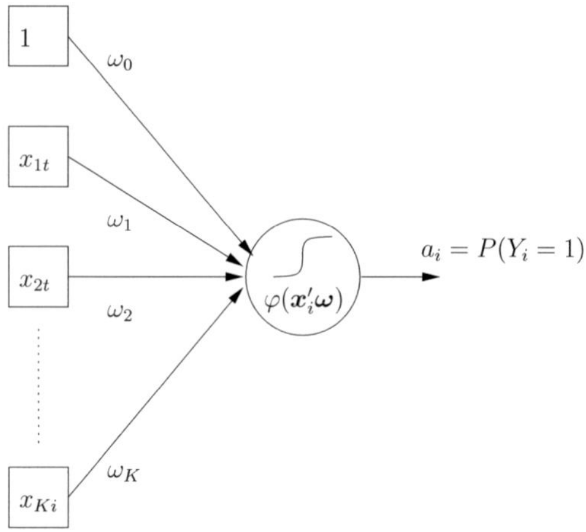

Abbildung 4.5: Die Abbildung des logistischen Regressionsmodells als MLP ohne verdeckte Schichten.

ist die Netzwerkspezifikation durch das logistische Regressionsmodell vorgegeben. Sollen jedoch auch komplexere, vorher unbekannte nichtlineare Zusammenhänge in den Daten berücksichtigt und durch das SNN abgebildet werden, muss die Netzwerkkomplexität erhöht werden. Dabei muss an dieser Stelle wiederum, wie bei allen im Vorhinein nicht parametrisch spezifizierten Modellen, grundsätzlich zwischen zwei gegenläufigen Effekten abgewogen werden. Auf der einen Seite kann ein SNN evtl. durch eine zu hohe Komplexität die Inputvariablen nach zu vielen Regeln in den gewünschten Output transformieren. Dies führt über den systematischen grundlegenden Zusammenhang hinaus zum Erlernen des nicht systematischen Störeffektes bzw. spezieller Effekte zwischen den Daten, was die Prognosefähigkeit für neue Daten vermindert. Im umgekehrten Fall führt eine zu geringe Netzwerkkomplexität evtl. zu einer zu stark vereinfachten bzw. unzureichenden Abbildung des systematischen Zusammenhanges, was den Erklärungsgehalt des Modells und damit auch die Prognosequalität ebenfalls negativ beeinflusst.[98]

Es ist also eine dem Datenumfang und der Problemdefinition angemessene, d.h. sowohl nicht übermäßig komplexe als auch nicht zu einfache Netzwerktopologie zu bestimmen. Dazu existieren zwei grundlegende Ansätze:

– *Network Construction*: Es wird mit einem sehr einfachen unterdimensionierten SNN gestartet, welches dann bei Bedarf sukzessive um zusätzliche Neuronen und/oder Schichten erweitert wird.

– *Pruning (Ausdünnung)*: Es wird mit einem überdimensionierten, sehr kom-

[98] Vgl. dazu auch die Ausführungen zur Generalisierungsfähigkeit in Abschnitt 3.2.1 dieser Arbeit.

plexen SNN gestartet, welches dann sukzessive um überflüssige Neuronen bzw. Schichten reduziert wird.

Das sog. *Identifikationsproblem* bei der Spezifikation neuronaler Netze bezeichnet das Problem, dass der unbekannte wahre Gewichtsvektor $\boldsymbol{\omega}$ eines SNN nicht eindeutig identifiziert ist, wenn das Netz irrelevante verdeckte Neuronen besitzt. Dabei besagt eine eindeutige Identifikation der Parameter eines Modells, dass die unbekannten wahren Parameter überhaupt eindeutig bestimmbar sind, d.h. dass keine mehrdeutigen Parameterkonstellationen möglich sind. Ein irrelevantes Neuron innerhalb eines SNN besitzt jedoch einen wahren Ausgangsparameter und/oder wahre Eingangsparameter von Null. Daraus ergibt sich, dass in einem solchen Netz die zugehörigen Eingangs- bzw. Ausgangsgewichte beliebige Werte annehmen können und demzufolge nicht eindeutig identifiziert sind. Als Folge dessen ist die Durchführung von statistischen Signifikanztests nicht möglich, da die geschätzten Gewichte nicht mehr nur um einen wahren Parameter verteilt und damit auch nicht mehr normalverteilt sind. Somit kann in diesem Fall nicht erkannt werden, welche Gewichte und damit welche Neuronen aufgrund ihrer Nicht-Signifikanz aus dem Netz entfernt werden müssen. Aus diesem Grund sollte die Ausdünnungsstrategie nicht angewendet werden, wenn nicht sicher ist, dass keine irrelevanten verdeckten Neuronen im SNN enthalten sind.[99]

Die Frage nach der Identifikation der für das konkrete Klassifikationsproblem relevanten unabhängigen Variablen stellt ein entscheidendes Problem der Netzwerkanalyse dar. Die beiden oben genannten Techniken der Netzwerkspezifikation können als von dem konkreten Klassifikationsproblem losgelöste Herangehensweisen interpretiert werden, d.h. es erfolgt keine inhaltliche bzw. theoretisch begründete Auswahl der (Input-)Neuronen. Grundsätzlich sollte jedoch im praktischen Data Mining der inhaltlich-theoretischen Fachkenntnis des Anwenders bzgl. des zu modellierenden Solvenzprognoseproblems eine entscheidende Bedeutung zukommen.

Im folgenden Kapitel 5 dieser Arbeit wird im Rahmen eines statistischen Datenqualitätsmanagements eine Variablenreduktion vorgenommen und die so erhaltenen konsolidierten unabhhängigen Variablen als Inputneuronen des SNN vorgegeben. Aus Gründen der Vergleichbarkeit der Modellergebnisse werden somit sämtliche verbleibenden relativen Jahresabschlussvariablen dort bei einer erneuten Schätzung neuronaler Netze anhand qualitätsbereinigter Datenmengen verwendet und die Netzwerkspezifikation wird somit vorher aus bestimmten Anforderungen an das Modell festgelegt.[100]

Als eine andere, theoretisch begründete Möglichkeit der Netzwerkspezifikation kann eine durch inhaltliches Fachwissen und/oder klassische statistische Methodik unterstützte Strategie, bei der ausschließlich relevante Inputneuronen in das Netzwerk eingespeist werden, zur Anwendung kommen. Dabei können die relevanten Inputvariablen entweder durch die theoretische Kenntnis über den Untersuchungs-

[99] Vgl. [Anders 1997], S. 59 f.

[100] Vgl. die Schätzung eines SNN anhand einer qualitätsbereinigten Datenmenge in Abschnitt 5.5.1.

gegenstand oder - bei einer statistisch begründeten Vorgehensweise - bspw. die in den voherigen Abschnitten geschätzten logistischen bzw. linearen Modelle als Referenzmodelle verwendet werden. Dabei sollten jedoch zur Vermeidung des erwähnten Identifikationsproblems ausschließlich die nach den dortigen Schätzungen als signifikant getesteten unabhängigen Variablen dem SNN als Inputvariablen zur Verfügung gestellt werden.[101] Das sich bei dieser Vorgehensweise ergebende Problem stellen die Annahmen bzw. die Modellierung des jeweiligen Referenzmodells dar. So sind sowohl bei der LDA als auch der logistischen Regressionsanalyse ausschließlich die Wirkung von Linearkombinationen der unabhängigen Variablen auf die Zielvariable modelliert worden. Dort nicht signifikante Einflüsse könnten in einem Netzwerk erst durch die mögliche nichtlineare Abbildung der Zusammenhänge klassifikatorische Bedeutung erlangen.

Varianzanalyse zur Identifikation relevanter Inputneuronen Eine einfache Möglichkeit zur Identifikation der als Inputneuronen in Frage kommenden unabhängigen Variablen kann eine Durchführung der weiter oben in Abschnitt 2.1.4.2 beschriebenen einfaktoriellen Varianzanalyse (ANOVA) sein. Dabei werden alle unabhängigen Variablen jeweils auf unterschiedliche Mittelwerte in den beiden Klassen des Insolvenzkriteriums getestet. Anders ausgedrückt wird geprüft, ob die Ausprägung der Faktorstufe (α_0 für solvent und α_1 für insolvent) eines Unternehmens signifikant die Ausprägung der entsprechenden unabhängigen Jahresabschlussvariable bei diesem Unternehmen beeinflusst. Dazu wird die Varianz der Variable in einen vom Insolvenzkriterium verursachten sowie in einen zufälligen Teil zerlegt.[102] Ist die - dem Verhältnis zwischen dem vom Faktor verursachten zum zufälligen Varianzanteil entsprechende - F-verteilte Prüfgröße[103] größer als ein bestimmter kritischer Wert, kann die betrachtete unabhängige Variable als abhängig von der Faktorausprägung des Insolvenzkriteriums und damit als relevant für ein Insolvenzklassifikationsmodell angesehen werden.

Die Ergebnisse einer solchen einfaktoriellen ANOVA sind für die Datenmenge der relativen Jahresabschlussvariablen in Tab. 4.19 zusammengefasst. Wie bereits bei den in den vorherigen Abschnitten erhaltenen Parameterschätzergebnissen der logistischen Regression sowie der LDA[104] zeigen sich in der gesamten und in der gleichverteilten Datenmenge teilweise unterschiedliche Variablen als die Klassifikation beeinflussend. So weisen hier - wie auch bei der LDA - insb. in der gleichverteilten Datenmenge einige zusätzliche Variablen in den beiden Klassen der Zielvariable signifikante Mittelwertunterschiede auf. In beiden Datenmengen signifikant sind die Variablen AFAGL (in der gleichverteilten Menge auf einem Signifikanzniveau von 6%), AFAI, AI, EKQ, FKQ, GKR, GLGK, JER, KASA, KON, UI und VORA.

---

[101] An dieser Stelle wird jedoch daran erinnert, dass sich bei den obigen parametrischen Analysen je nach der angewendeten Methodik teilweise andere signifikante Variablen ergaben.

[102] Zur genauen Vorgehensweise bei der Varianzanalyse vgl. Abschnitt 2.1.4.2 dieser Arbeit.

[103] Vgl. Gl. (3.1.19) auf Seite 102 und die dortigen Ausführungen.

[104] Vgl. die Tabellen 4.8 auf Seite 153 und 4.16 auf Seite 161.

	rel		rel_eq	
X_k	F_k	$\Pr(F > F_k)$	F_k	$\Pr(F > F_k)$
AFAGL	4.9287	**0.0264**	3.5520	0.0598
AFAI	11.8872	**0.0006**	8.1030	**0.0045**
AI	12.0248	**0.0005**	5.6552	**0.0176**
BUR	0.3357	0.5623	0.3698	0.5433
DG1	0.1470	0.7014	7.5089	**0.0063**
DG2	0.0697	0.7917	0.0023	0.9616
EKQ	119.2157	< **0.0001**	94.7061	< **0.0001**
EKR	0.0308	0.8606	5.8162	**0.0161**
FKQ	77.7608	< **0.0001**	49.1774	< **0.0001**
FLLA	1.1011	0.2941	1.2174	0.2702
GKR	62.2889	< **0.0001**	47.0739	< **0.0001**
GLGK	6.2610	**0.0124**	7.8940	**0.0051**
JER	28.1646	< **0.0001**	20.2229	< **0.0001**
KASA	69.7463	< **0.0001**	60.9425	< **0.0001**
KON	10.3398	**0.0013**	14.7859	**0.0001**
LIQ1	0.7399	0.3897	13.8533	**0.0002**
LIQ2	0.8752	0.3495	21.9680	< **0.0001**
LIQ3	0.6243	0.4295	5.1569	**0.0234**
NUR	0.3485	0.5550	0.0317	0.8587
UI	36.1962	< **0.0001**	20.3309	< **0.0001**
VG	0.0589	0.8082	11.6683	**0.0007**
VORA	79.7909	< **0.0001**	40.6965	< **0.0001**

Tabelle 4.19: Ergebnisse der Signifikanzprüfung der einfaktoriellen ANOVA für die relativen Jahresabschlussvariablen. Die p-Werte der auf einem Niveau von $\alpha = 0.05$ signifikanten F-Statistiken sind hervorgehoben.

4.5.2 Training und Bewertung des MLP

Im Gegensatz zur Maximum-Likelihood-Schätzung der Regressionsparameter bei der klassischen logistischen Regression[105] erfolgt die Bestimmung der den dortigen Parametern entsprechenden Netzwerkgewichte eines MLP mit dem Backpropagation-Algorithmus durch ein Gradientenabstiegsverfahren.[106] Dabei wird das KQ-Kriterium verwendet, indem die mittlere quadratische Abweichung zwischen den Netzausgabewerten und den beobachteten Zielwerten des Insolvenzkriteriums minimiert wird.[107]

Da das Training einen iterativen Prozess darstellt, in dem sukzessive die Netzwerkparameter hinsichtlich eines Zielkriteriums angepasst werden, muss weiterhin vorher festgelegt werden, wann das Training beendet werden soll. Aufgrund der universellen Approximationseigenschaft eines hinreichend komplexen SNN, jede beliebige nichtlineare Funktion anpassen zu können, ist die Minimierung des Netzwerkfehlers[108] über alle Stichprobendaten nicht als geeignetes Zielkriterium anzusehen. Aus diesem Grund werden an dieser Stelle wiederum die in Abschnitt 4.3 in zwei Teilmengen aufgeteilten 17739 Unternehmensdatensätze verwendet. An dieser Stelle bzw. im Rahmen der Schätzung neuronaler Netzwerke werden die dort

[105] Vgl. u.a. [Aldrich und Nelson 1984, Fahrmeir et al. 1996] und Abschnitt 2.1.3.1 dieser Arbeit.

[106] Vgl. u.a. [Haykin 1999, Rojas 1993].

[107] Zu den theoretischen Grundlagen des Trainings künstlicher neuronaler Netze vgl. Abschnitt 2.3.

[108] Vgl. Gl. (2.3.30) in Abschnitt 2.3.2.2.

als Testdaten verwendeten 30% der Gesamtdaten neben der Bewertung der Prognosequalität somit auch zur *Validierung*[109] der Netzwerkergebnisse während des Trainingsprozesses genutzt.

Anhand der dem SNN während des Lernvorganges präsentierten Trainingsmenge $T = \{(\boldsymbol{x}_1, y_1), \ldots, (\boldsymbol{x}_T, y_T)\}$ werden die Netzwerkgewichte anhand eines Lernalgorithmus[110] iterativ angepasst. Dabei ist jedoch die Minimierung des Fehlers in den Trainingsdaten nicht das entscheidende Kriterium, da dieser sich bei einer genügend hohen Netzkomplexität so lange immer weiter verringert, bis eine vollständige Erklärung der Trainingsdaten durch das MLP erfolgt ist. Dies würde jedoch die Prognose- bzw. Generalisierungsfähigkeit des Modells negativ beeinflussen.[111] Die Schätzqualität des während des Trainigsprozesses optimierten Netzwerkes wird anhand des Fehlers in den Validierungsdaten beurteilt, da diese dem SNN während des Trainingsprozesses vorenthalten werden. Dazu wird nach jedem Lernschritt das mit den aktuellen Gewichten spezifizierte Netz auf die Daten der Validierungsmenge $V = \{(\boldsymbol{x}_1, y_1, \ldots, (\boldsymbol{x}_V, y_V)\}$ angewendet und es werden für diese die Ausgabewerte der Zielvariable und durch den Vergleich mit den Zielwerten die entsprechenden Fehlerwerte berechnet.

Zu einem bestimmten Zeitpunkt des Trainingsprozesses ist davon auszugehen, dass der Fehler in den Validierungsdaten wieder ansteigt. Dies geschieht dann, wenn das SNN beginnt, die Daten der Trainingsmenge so genau anzunähern, dass über den systematischen Zusammenhang in den Daten hinaus auch unsystematische Störeinflüsse mit angenähert werden. Da der Störeinfluss jedoch nicht beobachtbar bzw. nicht erklärbar ist, kann er in der dem Netz unbekannten Validierungsmenge auch nicht prognostiziert werden. Zu dieser Prognose kann ausschließlich der systematische Zusammenhang in den Daten verwendet werden. Demzufolge steigt in diesem Fall der sog. *Überanpassung* (engl.: overfitting) der durchschnittliche Fehler bzw. das strukturelle Risiko einer Fehlprognose einer bestimmten Netzwerkfunktion f für neue Daten

$$\widehat{R}_f(\boldsymbol{x}_i, \boldsymbol{\omega}) = \frac{1}{V} \sum_{i=1}^{V} l(y_i - f(\boldsymbol{x}_i, \boldsymbol{\omega})) = \frac{1}{V} \sum_{i=1}^{V} l(e_i) \quad , \tag{4.5.1}$$

gemessen in der Validierungsmenge, wieder an. Nach dem als *Early Stopping* bezeichneten Abbruchkriterium sollte das Training des SNN zu diesem Zeitpunkt so-

[109]Validierung bezeichnet allgemein die Bewertung der Güte zur Prüfung der Gültigkeit eines Sachverhaltes und/oder eines Modells zur Abbildung dieses für einen vorgegebenen Zweck. Dies kann durch den Nachweis, dass das Problem bzw. der Sachverhalt durch das Modell abgebildet wird oder auch durch den Vergleich des Modells mit Alternativmodellen geschehen, vgl. u.a. [Krallmann et al. 2007], S. 79. In der Datenanalyse wird der Begriff so verstanden, dass ein geschätztes Modell anhand von Daten, die nicht zur Schätzung des Modells verwendet wurden, validiert und somit auf Allgemeingültigkeit geprüft wird. Diese Datenmenge wird dann in diesem Zusammenhang als Validierungsmenge bezeichnet.

[110]Z.B. eines Gradientenabstiegsverfahrens durch Backpropagation, vgl. u.a. [Bishop 2006, Haykin 1999] und weiter oben Abschnitt 2.3.2.2.

[111]Vgl. Abschnitt 3.2.1.

mit beendet werden. Im Folgenden wird als Kriterium für einen Trainingsabbruch das Minimum

$$\min_{\boldsymbol{\omega}} \quad \widehat{MSE}_{Val}(\boldsymbol{x}_i, \boldsymbol{\omega}) = \frac{1}{V} \sum_{i=1}^{V} (y_i - f(\boldsymbol{x}_i, \boldsymbol{\omega}))^2 \qquad (4.5.2)$$

des durchschnittlichen quadratischen Fehlers in den Validierungsdaten verwendet. Zwecks einer erhöhten Schätzsicherheit des Prognosefehlers kann des Weiteren die Kreuzvalidierung angewendet werden, bei der der Durchschnitt der Validierungsfehler unterschiedlicher Validierungsmengen als Schätzung verwendet wird.[112]

Die Schätzergebnisse der Gewichte des einfachen logistischen MLP aus Abb. 4.5 bzw. Gl. (4.5.1) aufgrund der Trainings- und Validierungsdaten aller in Abschnitt 4.4.1 verwendeten relativen Jahresabschlussdaten der gleichverteilten Menge `rel_eq` sind in Tab. 4.20 dargestellt. Ersichtlich ist die grundsätzliche Übereinstimmung der geschätzten Gewichte $\widehat{\omega}_{kj}$ des MLP mit den geschätzten Regressionsparametern $\widehat{\beta}_k$ der logistischen Regressionsanalyse.[113]

von k	-	nach j	$\widehat{\omega}_{kj}$
AFAGL	-	KRIT	-4.6017
AFAI	-	KRIT	6.1968
AI	-	KRIT	-1.7144
BUR	-	KRIT	6.7225
DG1	-	KRIT	0.0102
DG2	-	KRIT	-0.0016
EKQ	-	KRIT	1.8769
EKR	-	KRIT	0.0049
FKQ	-	KRIT	-0.4599
FLLA	-	KRIT	-1.9193
GKR	-	KRIT	15.4291
GLGK	-	KRIT	0.2173
JER	-	KRIT	-11.8440
KASA	-	KRIT	2.4574
KON	-	KRIT	0.1812
LIQ	-	KRIT	-10.6993
LIQ2	-	KRIT	0.5185
LIQ3	-	KRIT	0.0723
NUR	-	KRIT	-7.2739
UI	-	KRIT	-3.2413
VG	-	KRIT	-0.0015
VORA	-	KRIT	-0.6871
BIAS	-	KRIT	2.2451

Tabelle 4.20: Schätzergebnisse des Logit-MLP aus Abb. 4.5 ohne verdeckte Schichten für die gleichverteilte Menge der relativen Jahresabschlussdaten.

Im Folgenden werden MLP's mit einer - drei verdeckte Neuronen enthaltenen - verdeckten Schicht geschätzt.[114] Aus den in Abschnitt 4.3 angeführten Gründen, vor allem bzgl. der Minimierung des Klassifikationsfehlers über alle Daten, ist die

[112] Zur Kreuzvalidierung vgl. die Ausführungen in Abschnitt 3.2.3.2 sowie weiter unten im Zusammenhang mit der Schätzung der Support-Vektor-Maschine in Abschnitt 4.6 dieser Arbeit.

[113] Die Schätzergebnisse des entsprechenden logistischen Regressionsmodells sind in der rechten Hälfte der Tab. 4.8 auf Seite 153 zu finden.

[114] Es wurden verschiedene Netzwerkarchitekturen mit unterschiedlichen Anzahlen von verdeck-

Anwendbarkeit eines neuronalen Netzwerkmodells auf die gesamte Datenmenge der 17739 Unternehmen aufgrund der starken Ungleichverteilung der Merkmalsausprägungen der Zielvariable auch hier nur eingeschränkt bewertbar. Daher und aus Gründen der besseren Vergleichbarkeit mit den Ergebnissen aus den vorherigen Abschnitten wird an dieser Stelle das Netzwerkmodell wiederum anhand der bzgl. der beiden Ausprägungen der Zielvariable gleichverteilten Zufallsstichprobe von 1722 Unternehmen trainiert.

Bei der Netzwerkspezifikation wird auf zwei Arten vorgegangen: Um das erwähnte Identifikationsproblem bei neuronalen Netzwerken zu vermeiden, werden zum einen nur diejenigen unabhängigen Variablen in das SNN als Inputneuronen eingespeist, die sich durch die im vorherigen Abschnitt durchgeführte Varianzanalyse als signifikant die Klassenzugehörigkeit der Zielvariable beeinflussend erwiesen haben.[115] Andererseits wird hinsichtlich der Bewertung des Erfolges der ANOVA-Spezifikation relevanter Variablen und um die Ergebnisse mit den übrigen in diesem Abschnitt entwickelten Klassifikationsmodellen vergleichen zu können, eine Netzwerktopologie verwendet, die sämtliche zur Verfügung stehende unabhängige Jahresabschlussvariablen in der Eingabeschicht enthält.

Das Training des MLP wird anhand des Backpropagation-Algorithmus[116] anhand der jeweiligen standardisierten[117] Trainingsdaten durchgeführt und nach der Methode des Early Stopping bei einem (lokalen) Minimum des mittleren quadratischen Fehlers in den Validierungsdaten (4.5.2) abgebrochen. Die Out-Of-Sample-Prognosequalität des geschätzten SNN wird anhand der entsprechend erreichten minimalen Fehlerqoten in den Validierungsdaten bewertet, die für ein Zwei-Klassen-Klassifikationsproblem dem durchschnittlichen quadratischen Validierungsfehler (4.5.2) entsprechen.[118]

---

ten Neuronen verwendet, wobei sich herausstellte, dass eine Zahl von drei verdeckten Neuronen für das vorliegende Klassifikationsproblem ausreichend ist und sich für höhere Anzahlen keine wesentlichen Verbesserungen bzgl. der Klassifikationsergebnisse ergaben. Des Weiteren wird die inhaltliche Interpretation des Netzes mit steigender Anzahl verdeckter Neuronen ungleich schwieriger und auch aus diesem Grund sind drei verdeckte Neuronen als ausreichend anzusehen. Die Anzahl der verdeckten Schichten war durch die verwendeten Software-Tools *R* und *SAS* ® *Enterprise Miner* ® *5.2* auf eine beschränkt. Jedoch kann für das vorliegende Problem vermutet werden, dass sich durch die Verwendung mehrerer verdeckter Schichten keine wesentlichen Verbesserungen der Modelle ergeben würden, u.a. da sich in vielen praktischen Anwendungen künstlicher neuronaler Netze eine verdeckte Schicht als ausreichend erwiesen hat.

[115]Vgl. Tab. 4.19 auf Seite 167.

[116]Vgl. weiter oben Abschnitt 2.3.2.2.

[117]Zur Notwendigkeit der Standardisierung der Merkmale bzw. Inputneuronen eines SNN vgl. die Ausführungen weiter oben in Abschnitt 4.3.

[118]Streng genommen wird hier der wahre Prognosefehler durch den mittleren Validierungsfehler unterschätzt, da das geschätzte Netzwerkmodell durch das Early-Stopping-Kriterium anhand des Validierungsfehlers optimiert wurde. M.a.W. gehen die als neue (Prognose-) Daten verwendeten Validierungsdaten über den Validierungsprozess indirekt in den Schätzprozess des Modells ein, weshalb sie keine völlig neuen Daten darstellen. Die Prognosequalität eines Modells sollte jedoch anhand bisher völlig unbekannten Daten, einer sog. Prognose- oder Testmenge, evaluiert werden; vgl. [Hastie et al. 2001], S. 193 ff.

Die Klassifikationsergebnisse des trainierten Netzwerkmodells sind in Tab. 4.21 dargestellt. Für die bzgl. der Zielvariable gleichverteilte Datenmenge aller nach durchgeführter ANOVA verbliebenen signifikanten Inputneuronen wird eine Fehlerquote von $FQ_{Val} = 33.15\%$ erreicht. Anhand der (hier nicht dargestellten) Klassifikationsergebnisse für die Datenmenge mit allen vor der ANOVA vorhandenen unabhängigen Variablen zeigte sich der Erfolg der Srategie einer Varianzanalyse zur Identifikation relevanter Inputneuronen, da die Fehlerquote mit $FQ_{Val} = 32.87\%$ nur unwesentlich niedriger war. Es kann somit davon ausgegangen werden, dass die entfernten unabhängigen Variablen keinen wesentlichen Beitrag zu einer besseren Solvenzklassifikation leisten.

Zu Vergleichszwecken sind in Tab. 4.21 auch die Ergebnisse eines anhand der gesamten Datenmenge `rel` trainierten SNN nach Anwendung der - in Abschnitt 4.3 aufgestellten - Kostenmatrix aufgeführt. Man erkennt die verbleibende Variabilität, da sich in diesem Fall eine minimale Gesamt-Fehlerquote in den Trainingsdaten von $FQ_{Train} = 34.95\%$ und in den Validierungsdaten von $FQ_{Val} = 7.72\%$ ergab. Hier zeigt sich nochmals das Problem der Subjektivität einer Fehlergewichtung bei stark ungleichverteilten Datenmengen. Da die Netzwerkoptimierung nach dem Kriterium des Early-Stopping den Gesamtfehler in den Validierungsdaten minimiert, wird dies auf Kosten des Fehlers in Klasse 1 erreicht, der hier über 95% beträgt. Im Rahmen des weiter unten in Abschnitt 4.8 abschließend durchgeführten Methodenvergleiches wird eine Lösung dieses Problems durch die Ergebnisdarstellung anhand der ROC-Analyse[119] aufgezeigt.

Datenmenge		Zielwert	Schätzwert	Anzahl	Anteil Zielwert	Anteil Insgesamt
`rel` (nach ANOVA)	Training	0	0	5045	0.6399	0.6088
		1	0	57	0.1411	0.0069
		0	1	2839	0.3601	0.3426
		1	1	347	0.8589	0.0419
	Validierung	0	0	3269	0.9723	0.9203
		1	0	181	0.9526	0.0510
		0	1	93	0.0277	0.0262
		1	1	9	0.0474	0.0025
`rel_eq` (nach ANOVA)	Training	0	0	314	0.7371	0.3783
		1	0	48	0.1188	0.0578
		0	1	112	0.2629	0.1349
		1	1	356	0.8811	0.4289
	Validierung	0	0	115	0.6886	0.3230
		1	0	66	0.3492	0.1854
		0	1	52	0.3114	0.1461
		1	1	123	0.6508	0.3455

Tabelle 4.21: Klassifikationsergebnisse des MLP mit einer verdeckten Schicht und drei verdeckten Neuronen für die relativen Jahresabschlussdaten. Die Datenmenge `rel` umfasst alle 17739 Unternehmen, wobei bei der Schätzung die Datensätze entsprechend der Kostenmatrix in Tab. 4.7 in Abschnitt 4.3 gewichtet wurden. Die gleichverteilte Datenmenge enthält 1722 Unternehmen, von denen 830 vollständige Datensätze zur Schätzung verwendet wurden. Das spezifizierte SNN enthält in der ersten Schicht jeweils die nach Durchführung der ANOVA verbliebenen Inputneuronen.

[119] Vgl. Abschnitt 3.1.3.2.

Für die gleichverteilte Datenmenge `rel_eq` ergeben sich die in Tab. 4.22 dargestellten geschätzten Netzwerkgewichte. Dabei wurde die Datenmenge mit den oben durch die ANOVA als Inputneuronen identifizierten unabhängigen Variablen verwendet, da nur in diesem Fall die Netzwerkgewichte eindeutig identifiziert sind und damit korrekt bzw. unverzerrt geschätzt werden können.[120]

Neuron	$\widehat{\omega}_{k1}^{(1)}$	$\widehat{\omega}_{k2}^{(1)}$	$\widehat{\omega}_{k3}^{(1)}$	$\widehat{\omega}_{j}^{(2)}$	RS_k
AFAGL	1467.86	1648.20	968.09		0.0042
AFAI	-3249.82	-635.11	1370.86		0.0632
AI	2471.54	1890.23	-2528.43		-0.0133
DG1	-205.42	53.95	362.32		0.0062
EKR	2319.35	-94.93	4094.72		-0.0599
EKQ	3033.38	-831.19	-1822.12		-0.0935
FKQ	29.69	-133.38	-865.06		-0.0037
GKR	3340.62	-595.44	7053.34		-0.0977
GLGK	507.01	-10.37	1938.48		-0.0131
JER	479.17	483.38	-905.98		0.0004
KASA	-4334.06	-737.46	1477.00		0.0870
KON	1051.27	-1246.85	566.16		-0.0561
LIQ1	-4457.70	-37.61	-120.90		0.1075
LIQ2	-5207.75	-2931.42	3428.80		0.0543
LIQ3	-2190.15	1277.35	2963.87		0.0835
UI	-3871.47	684.57	-4723.08		0.1121
VG	-449.73	-8.58	-1003.92		0.0110
VORA	3872.06	175.04	960.70		-0.0902
BIAS	1513.99	-259.87	-357.81	0.71	-0.0430
H_1				-207.72	
H_2				208.07	
H_3				-2.41	

Tabelle 4.22: Schätzergebnisse des MLP mit drei Neuronen in einer verdeckten Schicht für die gleichverteilte Menge der relativen Jahresabschlussdaten. Das spezifizierte SNN enthält in der ersten Schicht die nach Durchführung der ANOVA verbliebenen relevanten Inputneuronen. H_j bezeichnet das j-te verdeckte Neuron der verdeckten Schicht und $\widehat{\omega}_j^{(2)}$ das Gewicht vom j-ten verdeckten Neuron der Schicht (2) zum Outputneuron, welches die Linearkombination des dortigen Eingangs logistisch transformiert. In der rechten Spalte sind die Werte der relativen Stärke (RS) der betrachteten Inputneuronen aufgeführt.

Interpretation der Schätzungen Innerhalb der klassischen parametrischen Schätzung, so z.B. bei der logistischen Regressionsanalyse und der LDA[121], werden die geschätzten Parameter einer Signifikanz- oder Likelihoodanalyse unterzogen, wodurch die Bedeutung bzw. klassifikatorische Stärke einzelner oder mehrerer Parameter und damit unabhängigen Variablen überprüft werden kann.[122] Diese Bewertung der einzelnen unabhängigen Variablen bzw. Inputneuronen nach der Modellschätzung stellt sich innerhalb der Analyse durch neuronale Netzwerke als schwierig dar, da die Zusammenhänge bzw. Wirkungsrichtungen von den Inputneuronen hin zum Outputneuron innerhalb des Netzes bei Vorhandensein von verdeckten Neuronen nur schwer zu identifizieren bzw. interpretieren sind. Eine einfache

[120]Vgl. die Ausführungen weiter oben auf Seite 165.

[121]Vgl. die Abschnitte 4.4.1 und 4.4.2.

[122]Vgl. Abschnitt 3.1.

Methode zur Messung der *relativen Stärke (RS)* des Zusammenhanges zwischen einem Inputneuron X_k und dem Outputneuron wurde von [Yoon et al. 1993] entwickelt. Dabei wird die Statistik

$$RS_k = \frac{\sum_{j=1}^{J} \widehat{\omega}_{kj}^{(1)} \widehat{\omega}_{j}^{(2)}}{\sum_{k=0}^{K} \left| \sum_{j=1}^{J} \widehat{\omega}_{kj}^{(1)} \widehat{\omega}_{j}^{(2)} \right|} \tag{4.5.3}$$

für jedes Inputneuron berechnet, wobei für das hier verwendete dreilagige MLP $\widehat{\omega}_{kj}^{(1)}$ das geschätzte Gewicht des Inputneurons X_k zum verdeckten Neuron j der (ersten) verdeckten Schicht und $\widehat{\omega}_{j}^{(2)}$ das geschätzte Gewicht des verdeckten Neurons H_j zum Outputneuron bezeichnen. Zur Normierung wird der erhaltene Wert durch die Gesamtstärke der Netzgewichte geteilt, indem im Nenner von (4.5.3) alle Verbindungen von den K Inputneuronen über die J verdeckten Neuronen zum Outputneuron aufsummiert werden. Um eine durch die Vorzeichen der Gewichte gegenseitige Aufhebung einzelner Verbindungen zu vermeiden, werden im Nenner Absolutbeträge verwendet.

In der rechten Spalte in Tab. 4.22 sind die errechneten relativen Stärken (4.5.3) der verwendeten Inputneuronen angegeben. Die Summe aller absoluten Beträge der RS_k-Werte ist 1. Somit können - aufgrund fehlender objektiver Kriterien der Beurteilung der errechneten Werte jedoch lediglich aus einer subjektiven Betrachtung heraus - die Variablen AFAI, EKR, EKQ, GKR, KASA, KON, LIQ1, LIQ2, LIQ3, UI und VORA mit Werten über 0.0526 als relativ bedeutend für das Klassifikationsmodell angesehen werden. Der Wert 0.0526 als Grenzwert der relativen Bedeutung einer Variable ergibt sich dabei aus der folgenden Überlegung: Hätten alle Variablen die gleiche Bedeutung, würde sich für jedes Inputneuron ein Wert von ($RS_k = 1/$Anzahl aller betrachteten Inputneuronen) ergeben, im hier betrachteten Fall $1/19 = 0.0526$. RS_k-Werte, deren Absolutbetrag diesen Grenzwert übersteigen, weisen somit auf eine überdurchschnittliche Bedeutung der entsprechenden Variable X_k hin. Hier ist jedoch trotz allem das Problem ersichtlich, dass bei einer relativ hohen Anzahl von Inputneuronen eine eindeutige Identifikation der bedeutenden unabhängigen Variablen schwer fällt. Das Vorzeichen der Werte kann als Indikator für die Richtung des Zusammenhanges angesehen werden. So verringert bspw. eine Steigerung der Vermögenstrukturkennzahlen EKQ und GKQ das Insolvenzrisiko. Erstaunlicherweise scheinen erhöhte Liqiuditätskennzahlen das Insolvenzrisiko zu erhöhen bzw. wiesen die insolventen Unternehmen der untersuchten Stichprobe im Untersuchungszeitraum erhöhte Liquiditätswerte auf. Die Interpretierbarkeit der Werte der relativen Stärken und damit der geschätzten Gewichte eines SNN erweist sich hier wiederum als schwierig, vor allem da aufgrund des Black-Box-Charakters die Transformation der Inputwerte der unabhängigen Variablen hin zum Output u.U. auf hoch komplexe Art erfolgt. Im Gegensatz dazu kann bspw. im parametrischen Modell der logistischen Regression die Wirkung der Liquiditätskennzahlen leicht interpretiert werden, da laut den dortigen Ergebnissen[123] die Wahrschein-

[123] Vgl. Tab. 4.8 auf Seite 153.

lichkeit der Zugehörigkeit eines Unternehmens der Trainingsmenge zur insolventen Klasse signifikant negativ ist.[124]

[124]Die genaue Wirkung kann in Form des sog. Effektkoeffizienten ermittelt werden. Die Schätzung und Interpretation solcher Effektkoeffizienten wird weiter unten in Abschnitt 5.5.1 des folgenden Kapitels für die Daten einer homogenisierten Datenmenge durchgeführt.

4.6 Support-Vektor-Maschinen zur Solvenzklassifikation

Support-Vektor-Maschinen (SVM) stellen das zu lösende Klassifikationsproblem als quadratisches Optimierungsproblem dar. Dabei werden die zur Schätzung des Modells verwendeten Trainingsdaten anhand einer Kernfunktion implizit in einen höherdimensionalen Merkmalsraum transformiert, um in diesem Raum eine lineare Klassifikationsfunktion so zu schätzen, dass die Daten möglichst optimal in eine der beiden Klassen der Zielvariable getrennt werden können. Die Verwendung einer Kernfunktion $k(\boldsymbol{x})$ ermöglicht dabei die sehr effiziente Fähigkeit einer SVM, die Optimierung anhand der Datensätze des ursprünglichen Eingaberaumes durchführen zu können, obwohl in diesem Eingaberaum die Klassifizierung der Objekte anhand eines einfachen linearen Modells schwierig bis nicht möglich ist.[125]

Die zu optimierende (duale) Zielfunktion einer SVM zur Klassifikation lautet

$$\max_{\boldsymbol{\alpha}}: \quad D(\boldsymbol{\alpha}) = \sum_{i=1}^{n} \alpha_i - \frac{1}{2} \sum_{i,j=1}^{n} y_i y_j \alpha_i \alpha_j k(\boldsymbol{x}_i, \boldsymbol{x}_j) - \frac{1}{2C} \boldsymbol{\alpha}' \boldsymbol{\alpha} \qquad (4.6.1)$$

$$\text{u.d.NB:} \quad \sum_{i=1}^{n} y_i \alpha_i = 0$$

$$\alpha_i \geq 0, \quad i = 1, \ldots, n$$

und findet (im Gegensatz zu künstlichen neuronalen Netzen) aufgrund ihrer quadratischen Form immer ein globales Optimum der Datenklassifikation.[126]

Trotz der dualen Darstellung anhand einer Kernfunktion handelt es sich hierbei um ein sehr großes quadratisches Optimierungsproblem, welches nur schwer analytisch zu lösen ist. Die in dieser Arbeit zur Schätzung einer SVM verwendete Software[127] nutzt zur Optimierung einen von [Platt 1998] vorgestellten Algorithmus. Dieser wird als *Sequential Minimal Optimization (SMO)* bezeichnet und transformiert das Problem (4.6.1) in eine Reihe kleinst möglicher Optimierungsprobleme, die sehr viel einfacher und schneller analytisch gelöst werden können, in dem in jedem dieser Teilprobleme jeweils nur zwei Lagrange-Multiplikatoren bzw. Datensätze simultan betrachtet bzw. optimiert werden.[128]

Im Folgenden wird eine SVM zur Klassifikation der betrachteten Unternehmen anhand der relativen Jahresabschlussvariablen geschätzt. Um die Ergebnisse des SVM-Modells mit den Ergebnissen der Analysen der vorherigen Abschnitte dieses Kapitels vergleichen zu können (und um zu versuchen, die relativ hohe Rechenzeit

[125] Zu den Grundlagen der Klassifikation mit Support-Vektor-Maschinen und der Verwendung von Kernfunktionen vgl. Abschnitt 2.4 dieser Arbeit.

[126] Vgl. die Ausführungen im Zusammenhang mit den Problemen bei der Schätzung neuronaler Netze durch ein Gradientenabstiegsverfahren auf Seite 72 in Abschnitt 2.3 dieser Arbeit.

[127] Die von R innerhalb des Paketes e1071 eingebundene Software LIBSVM, vgl. [Chang und Lin 2001] sowie die Ausführungen in Abschnitt 4.3.

[128] Vgl. [Platt 1998, Platt 1999].

der SVM-Optimierung evtl. ohne Qualitätsverluste bei der Schätzung zu begrenzen), wird weiterhin die in Abschnitt 4.3 generierte, bzgl. der Zielvariable gleichverteilte Datenmenge `rel_eq` für das SVM-Training verwendet. Wie bei den Analysen in den vorherigen Abschnitten wird die Schätzung der SVM vergleichsweise anhand der gesamten Datemenge durchgeführt. Die starke Ungleichverteilung der Klassen der Zielvariable wird dabei - aufgrund der vorhandenen Funktionalitäten der hier verwendeten Software *R* - in Form der Gewichtung der einzelnen Datensätze mit den reziproken Anteilen der bei diesen jeweils vorliegenden Klassenzugehörigkeiten berücksichtigt.[129]

4.6.1 Modellbewertung und Gridsearch

Die Beurteilung der In-Sample-Qualität einer geschätzten SVM erfolgt anhand einer M-fachen Kreuzvalidierung.[130] Bei dieser Vorgehensweise wird die verfügbare Datenmenge in $m = 1, \ldots, M$ disjunkte Teilmengen unterteilt. Die SVM wird nun jeweils anhand der Daten jeder möglichen Kombination von $M - 1$ Teilmengen, die nun die Trainingsmenge darstellen, geschätzt. Die jeweils verbleibende Teilmenge wird dem Schätzprozess somit vorenthalten und als Validierungsmenge V_m mit $i = 1, \ldots, n_m$ Validierungsdatensätzen verwendet, indem der empirische quadrierte Validierungsfehler

$$\widehat{MSE}_{V_m} = TQ_{V_m} = \frac{1}{n_m} \sum_{i=1}^{n_m} \left(f_i - \widehat{f}_i[\mathrm{SVM}_m] \right)^2 \tag{4.6.2}$$

der im m-ten Kreuzvalidierungsschritt geschätzten Support-Vektor-Maschine SVM_m errechnet wird. Dieser ist in Klassifikationsmodellen, bei denen der Schätzwert des Modells $\widehat{f}_i$ für ein Objekt einer der an diesem Objekt beobachteten Klassen $f_i = 0$ oder $f_i = 1$ entspricht, identisch mit der Trefferquote TQ_{V_m} in der jeweiligen Validierungsmenge. Die In-Sample-Qualität der SVM wird dann aus dem Durchschnitt der Validierungsfehler in Form des mittleren quadrierten Kreuzvalidierungsfehlers

$$\widehat{\mathrm{MSE}}_{SVM} = TQ_{Val} = \frac{1}{M} \sum_{m=1}^{M} \widehat{MSE}_{V_m} \tag{4.6.3}$$

über alle verwendeten M Validierungsmengen geschätzt.[131]

Das gesuchte SVM-Klassifikationsmodell hängt von einigen externen Parametern ab, die vor dem Optimierungsprozess, d.h. der Anpassung der SVM an die

[129] Vgl. auch die Ausführungen zu Gl. (4.3.1) weiter oben in Abschnitt 4.3.

[130] In den hier durchgeführten Schätzungen wird eine 3-fache Kreuzvalidierung durchgeführt, da eine ausreichende Größe der einzelnen Kreuzvalidierungsmengen, insb. für die insgesamt relativ geringen Anzahlen der insolventen Unternehmen gewährleistet sein sollte. Vgl. zur Kreuzvalidierung auch die Ausführungen in Abschnitt 3.2.3.2 dieser Arbeit.

[131] Im Gegensatz zur Schätzung des In-Sample-Fehlers in Form der Kreuzvalidierung kann zur Schätzung des Out-Of-Samle-Prognosefehlers der Fehler des geschätzten Modells in einer unabhängigen Testdatenmenge verwendet werden (vgl. Abschnitt 3.2.3.2).

Trainingsdaten, dem Modell vorgegeben werden müssen. Zum einen ist das der Kostenparameter $C > 0$, der den Trade-Off zwischen dem Ausmaß der Anpassung der SVM an die Trainingsdaten und der Generalisierungsfähigkeit regelt. Wie in Abschnitt 2.4.2 beschrieben, muss für eine Soft-Margin-SVM entschieden werden, welches Ausmaß an Fehlklassifizierungen sie während des Trainingsprozesses zulässt, um nicht auf Kosten der Generalisierungsfähigkeit zu stark an die Trainingsobjekte angepasst zu werden.[132] Je größer der Parameter C gewählt wird, desto stärker wird die Fehlklassifikation eines Objektes innerhalb der Zielfunktion bestraft, was zu einer stärkeren Anpassung der SVM an die Trainingsdaten und damit zu einer geringeren Generalisierungsfähigkeit der SVM für neue Daten führt.[133] Andererseits führt eine zu kleine Wahl des Kostenparameters u.U. zu einer zu geringen Bestrafung von Fehlern und damit zu geringen Anpassung der SVM an die Trainingsdaten, was wiederum die Generalisierungsfähigkeit negativ beeinflusst, da in diesem Fall evtl. die strukturellen Zusammenhänge in den Daten nicht ausreichend durch das Modell abgebildet werden.[134]

Weitere externe Parameter stellen die Parameter der innerhalb der SVM verwendeten Kernfunktion dar.[135] Die Schätzungen in dieser Arbeit wurden ausschließlich anhand der Radial-Basis-Kernfunktion (RBF) durchgeführt, da sich in vielen praktischen Anwendungen gezeigt hat, dass diese bei Vorliegen von nichtlinearen Zusammenhängen anderen Kernfunktionen wie der linearen oder der polynomialen Kernfunktion überlegen ist.[136] Der einzige determinierende Parameter der RBF-Kernfunktion ist der die Breite des Normalverteilungskerns

$$k(\boldsymbol{x}_i, \boldsymbol{x}_j) = \exp\left\{-\gamma||\boldsymbol{x}_i - \boldsymbol{x}_j||^2\right\} \tag{4.6.4}$$

bestimmende Parameter γ, welcher in der Form $\gamma = 1/(2\sigma^2)$ mit der Varianz σ^2 einer Normalverteilungsdichte zusammenhängt. Je größer γ, desto schmaler ist somit die "Gauss'sche Glocke" und kleiner die Breite des RBF-Kerns.[137] Um die

[132] Zur Wechselwirkung zwischen der Approximationsfähigkeit eines Modells an die Trainingsdaten einerseits und der Generalisierungsfähigkeit bzgl. neuer Daten andererseits vgl. weiter oben die Ausführungen in Abschnitt 3.2.1 dieser Arbeit.

[133] Vgl. die Zielfunktion (2.4.33) auf Seite 83 sowie die dortigen Ausführungen.

[134] Dies kann auf alle Lernprobleme verallgemeinert werden: Zu wenig Lernen verringert die Fähigkeit, das zu Erlernende wiedergeben zu können (Anpassung), zu viel Lernen führt zwar zu Fachkenntnis, jedoch u.U. zu einer verringerten Verallgemeinerungsfähigkeit des Erlernten (Generalisierung).

[135] Zu den Gründen und der Art der Verwendung von Kernfunktionen bei der Schätzung von Support-Vektor-Maschinen vgl. Abschnitt 2.4.3 dieser Arbeit.

[136] Weiterhin konnte gezeigt werden, dass der RBF-Kern für bestimmte Parameterkonstellationen $\{\gamma, C\}$ die gleichen Eigenschaften wie die lineare und die tangens-hyperbolicus-Kernfunktionen aufweist und diese somit als Spezialfälle enthält; vgl. [Keerthi und Lin 2003] und [Lin und Lin 2003].

[137] Vgl. u.a. [Schölkopf, Williamson et al. 1999] und zur Dichtefunktion der Normalverteilung u.a. [Bamberg und Baur 2007], S. 108 f. Bzgl. der in R verwendeten Funktionsspezifikation der RBF-Kernfunktion vgl. die Dokumentation der Software-Schnittstelle `svm` des R-Paketes e1071 zu LIBSVM, [Chang und Lin 2001, R Development Core Team 2007].

für das vorliegende Klassifikationsproblem optimale Konstellation der beiden externen Parameter zu bestimmen, wird während des Trainigsprozesses der SVM eine sog. *Gridsearch* durchgeführt.[138] Dies wird hier im Gegensatz zur Anwendung aufwändigerer Schätzmethoden zum einen aufgrund des Vorliegens nur zweier, voneinander unabhängiger Parameter und zum anderen aufgrund einer höheren intuitiven Zugänglichkeit dieser Methode durchgeführt. Innerhalb der Gridsearch werden verschiedene Parameterkonstellationen $\{\gamma, C\}$ "ausprobiert", indem zunächst für alle Kombinationen eine SVM trainiert und jeweils anhand des Anteils (4.6.3) der korrekt klassifizierten Objekte der Kreuzvalidierung bewertet wird. Die Parameterkonstellation derjenigen SVM, die die höchste Klassifikationsgüte aufweist, wird dann für die erneute, abschließende Schätzung und Bewertung des SVM-Modells anhand der gesamten Trainigsmenge (inkl. nochmaliger 3-facher Kreuzvalidierung) verwendet.

Für die Datenmenge `rel_eq` wurde zunächst eine grobe Gridsearch über alle Kombinationen der Parameterfolgen $C = \{0.1, \ldots, 10\}$ und $\gamma = \{0, \ldots, 10\}$ jeweils in Schrittweiten von 0.5 durchgeführt, um einen ersten Eindruck zu erhalten. Es ergab sich das in Abb. 4.6 grafisch dargestellte Ergebnis. Dabei wurden die Trefferquoten der SVM nach 3-facher Kreuzvalidierung in Abhängigkeit der Parameter visualisiert, wobei ersichtlich ist, dass für den Kostenparameter C bei kleinen Werten zwischen 0.1 und 2 die Trefferquote relativ hoch ist und für größere Werte kontinuierlich leicht abfällt. Für den Parameter γ scheinen Werte zwischen 0 und 5 zu einer deutlich höheren Trefferquote zu führen. Maximal ist die Trefferquote für die Parameterkonstellation $\{\gamma = 0.2, C = 1.6\}$.

Um die optimale Parameterkonstellation ggf. weiter anzunähern, wird eine feinere Gridsearch durchgeführt, deren Ergebnis getrennt für die beiden Parameter in Abb. 4.7 dargestellt ist. Visualisiert sind neben der Gesamttrefferquote der Kreuzvalidierung ($TQ = TQ_{Val}$, vgl. Gl. (4.6.3)) auch die Trefferquoten getrennt für die einzelnen Klassen der Zielvariable, d.h. die Anteile der insolventen Unternehmen, die korrekterweise durch die SVM als insolvent klassifiziert wurden ($TQ_1 = TQ$_Klasse 1) sowie die korrekt klassifizierten solventen Unternehmen ($TQ_0 = TQ$_Klasse 0). Wie weiter oben in Abschnitt 3.1.3.2 erläutert wurde, stellt die ROC-Analyse für zwei Klassen einer Zielvariable ein geeignetes Gütekriterium dar, da sie zwischen den möglichen Entscheidungssituationen bzw. Klassentrefferquoten eines Klassifikationsproblems abwägt. Innerhalb der ROC-Analyse werden die Konstellationen, in denen eine der beiden Klassentrefferquoten auf Kosten der anderen erhöht wird, in die Gütebetrachtung einbezogen. Das damit zusammen hängende quantitative Gütemaß stellt der Area-Under-The-Curve (AUC)-Wert[139] dar, welcher ebenfalls in Abb. 4.7 abgetragen ist. Der maximale AUC-Wert wurde als Selektionskriterium für die Parameterkonstellation verwendet, da ein Modell mit einem größeren AUC-Wert und damit einer weiter oben liegenden ROC-Kurve insgesamt eine - im Mittel über alle Entscheidungskonstellationen betrachtet - bes-

[138] Vgl. [Hsu et al. 2003].

[139] Vgl. die Ausführungen auf Seite 107 in Abschnitt 3.1.3.2.

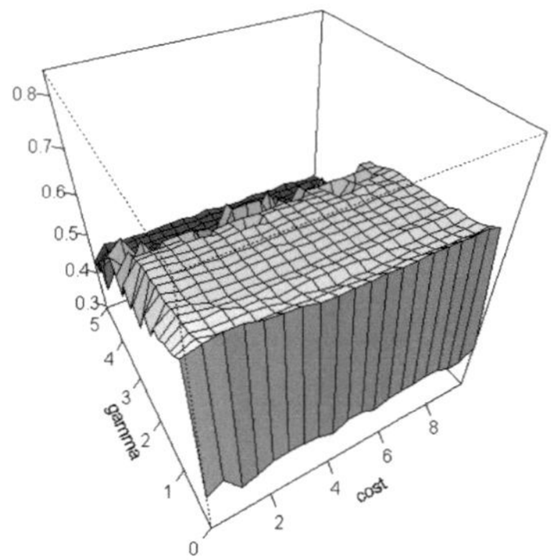

Abbildung 4.6: Klassifikationsergebnisse einer groben Gridsearch für die anhand der Datenmenge `rel_eq` trainierte SVM. Nach oben abgetragen ist die Trefferquote der Kreuzvalidierung (4.6.3) für sämtliche auf den beiden unteren Achsen abgetragenen Parameterkonstellationen.

sere Klassifikationsgüte aufweist. Für die Datenmenge `rel_eq` bestätigt die feinere Gridsearch das Ergebnis der groben Gridsearch. Sowohl die Gesamttrefferquote als auch der AUC-Wert sind bei einer Parameterkonstellation von $\{\gamma = 0.2, C = 1.6\}$ maximal.

Das bestmögliche Klassifikationsergebnis und die ROC-Kurve der mit den Parametern $\gamma = 0.2$ und $C = 1.6$ abschließend anhand der gleichverteilten Datenmenge `rel_eq` geschätzten SVM sind in Tab. 4.23 bzw. in Abb. 4.8 dargestellt. Dieses Ergebnis entspricht grafisch dem Punkt auf der ROC-Kurve, der die höchste Gesamttrefferquote der Kreuzvalidierung in den Trainingsdaten von hier $TQ = 0.7084$ aufweist. Die beiden Klassentrefferquoten sind in Abb. 4.8 durch den Schnittpunkt der gestrichelten Geraden visualisiert und entsprechen (auf der Ordinate) einer Sensitivität von $TQ_1 = 0.8243$ und (auf der Abszisse) einer Spezifität von $TQ_0 = 1 - 0.4014 = 0.5986$.[140] Ebenso sind in Abb. 4.8 in Form der unterbrochenen ROC-Kurve zu Vergleichszwecken die Ergebnisse einer analog trainierten SVM anhand der gesamten Datenmenge `rel` aufgeführt, wobei dort die einzelnen Datensätze mit dem Anteil der bei ihnen jeweils vorliegenden Ausprägung der Zielvariable gewichtet wurden. Die grundsätzliche Ähnlichkeit der Klassifikationsresul-

[140]Die Sensitivität entspricht der Entscheidungskonstellation *Richtig Positiv (TP)* bzw. dem Anteil der korrekt klassifizierten insolventen Unternehmen und 1−Spezifität der Entscheidungskonstellation *Falsch Positiv (FP)* bzw. dem Anteil der fälschlicherweise als insolvent klassifizierten solventen Unternehmen (vgl. Tab. 4.23); vgl. die Ausführungen in Abschnitt 3.1.3.2.

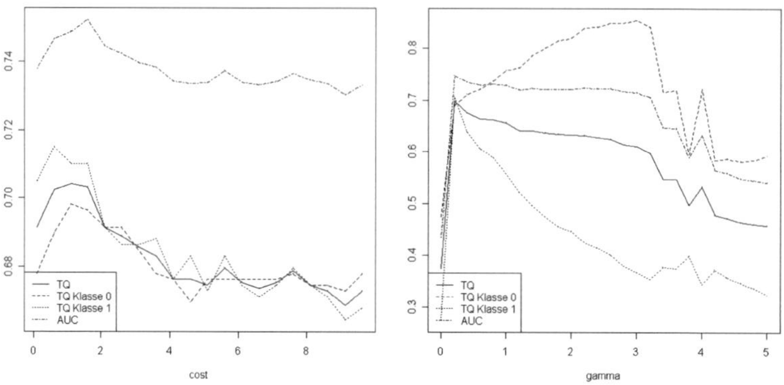

Abbildung 4.7: Klassifikationsergebnisse einer verfeinerten Gridsearch für die anhand der Trainingsdatenmenge von `rel_eq` trainierte SVM. Links sind die Werte der Gesamttrefferquote der Kreuzvalidierung, die Trefferquoten getrennt für die einzelnen Klassen der Zielvariable sowie der AUC-Wert bei Variation des Kostenparameters C dargestellt, rechts entsprechend bei Variation des Parameters γ.

tate beider Datenmengen ist klar ersichtlich, wobei die SVM für die gleichverteilte Menge etwas bessere Resultate erzielt.

Die Out-Of-Sample-Prognosequalität wird wiederum anhand der Gesamtfehlerquote in den unabhängigen Testdaten geschätzt und beträgt hier für die gesamte Menge `rel` $FQ_{Test} = 0.3372$ und für die gleichverteilte Menge `rel_eq` $FQ_{Test} = 0.3342$.

Datenmenge		Zielwert	Schätzwert	Anzahl	Anteil Zielwert	Anteil Insgesamt
`rel`	Training	0	0	5163	0.6549	0.6230
		1	0	88	0.2184	0.0106
		0	1	2721	0.3451	0.3283
		1	1	315	0.7816	0.0380
	Test	0	0	2211	0.6576	0.6225
		1	0	47	0.2474	0.0132
		0	1	1151	0.3424	0.3240
		1	1	143	0.7526	0.0403
`rel_eq`	Training	0	0	255	Spezifität= 0.5986	0.3072
		1	0	71	0.1757	0.0855
		0	1	171	$FP = 0.4014$	0.2060
		1	1	333	Sensitivität= $TP = 0.8243$	0.4012
	Test	0	0	86	0.5150	0.2416
		1	0	38	0.2011	0.1067
		0	1	81	0.4850	0.2275
		1	1	151	0.7989	0.4242

Tabelle 4.23: Klassifikationsergebnisse der SVM für die Datenmengen `rel` und `rel_eq` der relativen Jahresabschlussdaten. Für die Trainingsmengen sind die Trefferquoten nach 3-maliger Kreuzvalidierung angegeben.

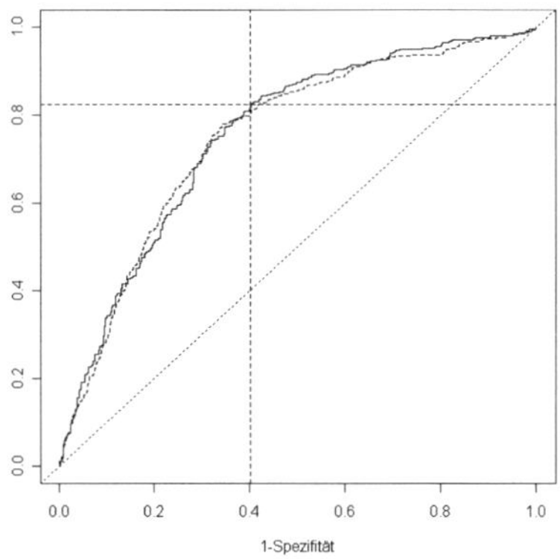

Abbildung 4.8: ROC-Kurven für die anhand der Trainingsdatenmengen `rel_eq` (durchgezogene Kurve) und `rel` (unterbrochene Kurve) und der für diese Mengen laut Gridsearch optimalen Parameterkonstellationen geschätzte SVM.

4.7 Erweiterung: Schätzung von Klassenwahrscheinlichkeiten

Wie weiter oben in Abschnitt 4.4.1 bei der Beschreibung des logistischen Regressionsmodells (4.4.1) bereits angedeutet wurde, sind die erreichten Trefferquoten bei der Klassifikation in die beiden relevanten Zielkategorien allein nicht als Maßstab für die Klassifikationsgüte geeignet. Vielmehr zeichnet sich ein gutes Modell zusätzlich dadurch aus, dass die Verteilung der durch das Modell geschätzten Insolvenz- bzw. Solvenzwahrscheinlichkeiten eine möglichst eindeutige Zuordnung zur jeweiligen Kategorie erlaubt. M.a.W. sollte sowohl ein hoher Anteil von insolventen Unternehmen hohe geschätzte Insolvenzwahrscheinlichkeiten als auch ein möglichst hoher Anteil von solventen Unternehmen niedrige Insolvenzwahrscheinlichkeiten aufweisen, die Verteilung der geschätzten Klassenwahrscheinlichkeiten sollte grafisch somit zu den Rändern möglichst "steil" sein, da eine geschätzte Klassifikation in die insolvente Klasse mit 95% sicherer ist als eine mit nur 55%. Eine erfolgte Gruppenzuordnung aufgrund geschätzter Wahrscheinlichkeiten nahe bei 50% kann dagegen als fast zufällig angesehen werden. Dabei macht die Darstellung der Wahrscheinlichkeitsverteilung wiederum nur für die gleichverteilte bzw. die durch eine asymmetrische Kostenfunktion bewertete Datenmenge Sinn, da anderenfalls alle Unternehmen der solventen Klasse zugeordnet und die Verteilung damit verzerrt werden würde.[141]

Ein weiterer entscheidender Grund für die Schätzung von Insolvenzwahr-

[141]Vgl. z.B. für die logistische Regression die Tab. 4.10 auf Seite 155.

scheinlichkeiten stellt die damit verbundene Möglichkeit der Einschätzung des Insolvenzrisikos eines einzelnen Unternehmens dar. Hierbei kann es sich bspw. um eine Risikobewertung in Form eines Ratingmodells handeln, wenn die Insolvenzwahrscheinlichkeiten bzw. -risken in bestimmte Klassen eingeteilt werden, anhand derer das betreffende Unternehmen eine Bonitätsbewertung erhält.

Für die logistischen Regressionen der gleichverteilten Datenmenge ergeben sich die geschätzten Insolvenzwahrscheinlichkeiten direkt aus der Modellschätzung anhand der ML-Methode.[142] Die Verteilung der Wahrscheinlichkeiten ist für die Trainingsdatenmenge getrennt für das Modell ohne Polynomterme und mit Polynomtermen tabellarisch in Tab. 4.24 und grafisch in Abb. 4.9 dargestellt. Dabei wurde die absolute Verteilung jeweils getrennt für solvente und insolvente Unternehmen erfasst.

	ohne Polynomterme			mit Polynomtermen		
$\Pr(Y_i = 1)$	$y_i = 1$	$y_i = 0$	Anteil	$y_i = 1$	$y_i = 0$	Anteil
0.95 - 1.00	13	0	0.0157	138	4	0.1711
0.90 - 0.95	5	2	0.0084	58	5	0.0759
0.85 - 0.90	18	1	0.0229	31	2	0.0398
0.80 - 0.85	27	12	0.0470	46	6	0.0627
0.75 - 0.80	48	12	0.0723	33	6	0.0470
0.70 - 0.75	56	18	0.0892	16	8	0.0289
0.65 - 0.70	47	25	0.0867	13	9	0.0265
0.60 - 0.65	46	12	0.0699	8	11	0.0229
0.55 - 0.60	39	23	0.0747	20	11	0.0373
0.50 - 0.55	22	19	0.0494	14	6	0.0241
0.45 - 0.50	24	34	0.0699	6	6	0.0145
0.40 - 0.45	13	19	0.0386	4	7	0.0133
0.35 - 0.40	10	27	0.0446	6	2	0.0096
0.30 - 0.35	6	18	0.0289	8	7	0.0181
0.25 - 0.30	11	21	0.0386	1	11	0.0145
0.20 - 0.25	6	32	0.0458	2	16	0.0217
0.15 - 0.20	2	25	0.0325	2	20	0.0265
0.10 - 0.15	1	27	0.0337	4	21	0.0301
0.05 - 0.10	6	54	0.0723	0	27	0.0325
0.00 - 0.05	4	45	0.0590	1	241	0.2916

Tabelle 4.24: Verteilung der durch das logistische Regressionsmodell geschätzten Insolvenzwahrscheinlichkeiten in den 830 Trainingsdatensätzen der bzgl. der Zielvariable gleichverteilten Datenmenge `rel_eq`.

Die linken Histogramme in Abb. 4.9 stellen die (absoluten) Klassifikationshäufigkeiten der in den jeweiligen auf der Abszisse dargestellten Wahrscheinlichkeitsbereich prognostizierten solventen Unternehmen der Trainingsmenge dar, wohingegen die rechten Grafiken die entsprechenden Anzahlen der insolventen Unternehmen angeben. Oben ist das Ergebnis des logistischen Modells ohne Polynomterme und unten jenes mit Polynomtermen dargestellt. Da die Insolvenzwahrscheinlichkeit $\Pr(Y_i = 1)$ modelliert wurde, sind alle Unternehmen, die rechts der in der Mitte der Abszisse abgetragenen 50%-Grenze liegen, als insolvent klassifiziert worden. Bspw. wurden durch das logistische Modell ohne Polynomterme 49 Unternehmen (= 5.9%) der Trainingsdatenmenge von `rel_eq` zu einer Insolvenz-

[142]Vgl. Abschnitt 2.1.3.1.

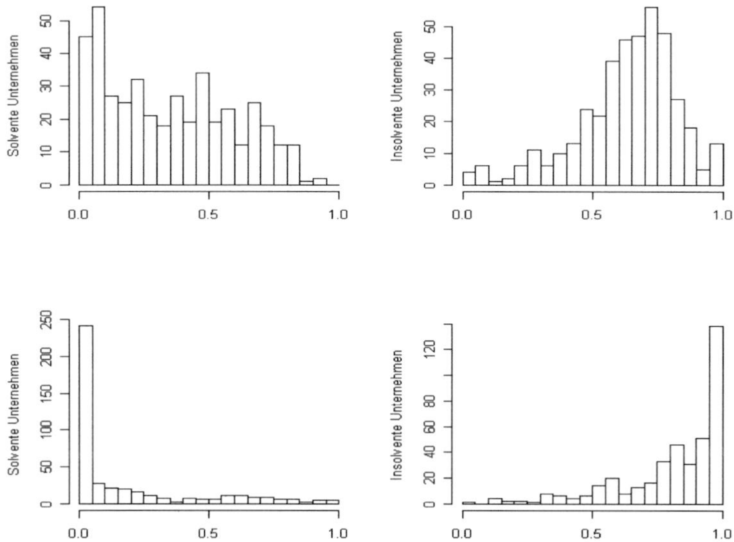

Abbildung 4.9: Verteilung der durch das logistische Regressionsmodell geschätzten Insolvenzwahrscheinlichkeiten in den 830 Trainingsdatensätzen für die bzgl. der kategorialen Klassifikationsvariable gleichverteilten Datenmenge `rel_eq`. Die Verteilung für das Modell ohne Polynomterme ist oben und für das Modell mit Polynomtermen unten dargestellt. Links sind jeweils die (Insolvenz-) Wahrscheinlichkeitsschätzungen für die solventen und rechts für die insolventen Unternehmen dargestellt.

wahrscheinlichkeit zwischen 0 und 5% und damit als solvent prognostiziert, wobei 45 dieser Unternehmen tatsächlich solvent waren (vgl. die beiden linken Balken im oberen Teil der in Abb. 4.9 bzw. die Werte unten links in Tab. 4.24). Im Vergleich dazu klassifizierte das Modell mit Polynomtermen eine bedeutend höhere Anzahl von 241 solventen Unternehmen korrekterweise und nur ein insolventes Unternehmen fälschlicherweise mit einer Wahrscheinlichkeit von höchstens 5% als "insolvent".

Als Indikator für die Trennschärfe eines Modells kann nun die Form der Verteilung betrachtet werden. Wenn die Häufigkeiten prognostizierter Insolvenzwahrscheinlichkeiten $\Pr(Y_i = 1)$ zu den beiden Randbereichen des Wahrscheinlichkeitsintervalls $[0;1]$ hin relativ hoch ausgeprägt sind (vgl. die (relativen) Anteile in Tab. 4.24), kann das betreffende Modell als i.d.S. trennscharf bezeichnet werden. In diesem Zusammenhang soll hier die durchschnittliche absolute Abweichung zwischen den prognostizierten (Insolvenz-)Wahrscheinlichkeiten und den beobachteten

Klassenausprägungen der $i = 1, \ldots, T$ Trainingsdaten, also der geschätzte Mean Absolute Error

$$\widehat{MAE}_{Train}(\boldsymbol{x}_i, \widehat{\boldsymbol{\beta}}) = \frac{1}{T}\sum_{i=1}^{T} |y_i - \widehat{y}_i| \quad (4.7.1)$$

$$= \frac{1}{T}\sum_{i=1}^{T} |y_i - \Pr(Y_i = 1)| \quad (4.7.2)$$

als generelles, die Verteilung der prognostizierten Klassenwahrscheinlichkeiten und die In-Sample-Qualität quantitativ bewertendes Gütemaß herangezogen werden.[143] Je besser ein Klassifikationsmodell ist, desto niedriger ist dieser Fehler, da im gewünschten Fall die geschätzten Insolvenzwahrscheinlichkeiten der solventen Unternehmen nahe bei ihrem Zielwert 0 bzw. die geschätzten Insolvenzwahrscheinlichkeiten für insolvente Unternehmen nahe bei ihrem Zielwert 1 liegen. Für das logistische Modell ohne Polynomterme ergab sich der durchschnittliche absolute Fehler in den Trainingsdaten zu $\widehat{MAE}_{Train} = 0.3570$ und für das Modell mit Polynomtermen zu $\widehat{MAE}_{Train} = 0.1779$. Das komplexere Modell mit Polynomtermen erzielt somit auch hinsichtlich der Trennschärfe das bei Weitem bessere Ergebnis.

Um die Diskriminanzanalyse bzgl. der Trennschärfe beurteilen zu können, wird an dieser Stelle trotz der stark verschiedenen Varianzen der Daten in den beiden Klassen der Zielvariable[144] eine bayesianische Diskriminanzanalyse[145] durchgeführt. Diese ergibt für die bzgl. der kategorialen Klassifikationsvariable gleichverteilte Datenmenge `rel_eq` die in Abb. 4.10 dargestellten empirischen Verteilungen der geschätzten Insolvenzwahrscheinlichkeiten in den Trainingsdaten.[146] Die Verteilung ist dabei der entsprechenden Verteilung der logistischen Regressionsanalyse ohne Polynomterme[147] sehr ähnlich, wobei sowohl für die insolventen, aber auch wiederum für sehr viele solvente Unternehmen die geschätzten Wahrscheinlichkeiten nahe bei der - einer zufälligen Klassifikation entsprechenden - Wahrscheinlichkeitsstufe von 50% liegen.

Die mittlere absolute Abweichung (4.7.2) zwischen den geschätzten Insolvenzwahrscheinlichkeiten und den Klassenausprägungen der Unterneh-

[143] Alternativ kann auch der geschätzte Mean Squared Error ($\widehat{MSE}_{Train}$) herangezogen werden. Zu möglichen Fehlermaßen und der generellen Schätzung des In-Sample-Fehlers vgl. weiter oben die Abschnitte 2.2.3 und 3.2.3.

[144] Vgl. den oben auf Seite 160 durchgeführten Bartlett-Test auf Varianzgleichheit. Aufgrund der dort nachgewiesenen Varianzungleichheit der betrachteten unabhängigen Variablen in den beiden Zielvariablenklassen ist die Durchführung einer bayesianischen Diskriminanzanalyse streng genommen nicht zulässig bzw. führt zu nicht prüfbaren Ergebnissen; vgl. die Ausführungen in den Abschnitten 2.1.3.2 und 3.1.3.3 sowie u.a. [McLachlan 1992].

[145] Vgl. die Ausführungen weiter oben auf den Seiten 36 ff.

[146] Auf die tabellarische Darstellung der Verteilung wird an dieser Stelle und im Folgenden aus Platzgründen verzichtet.

[147] Vgl. Abb. 4.9.

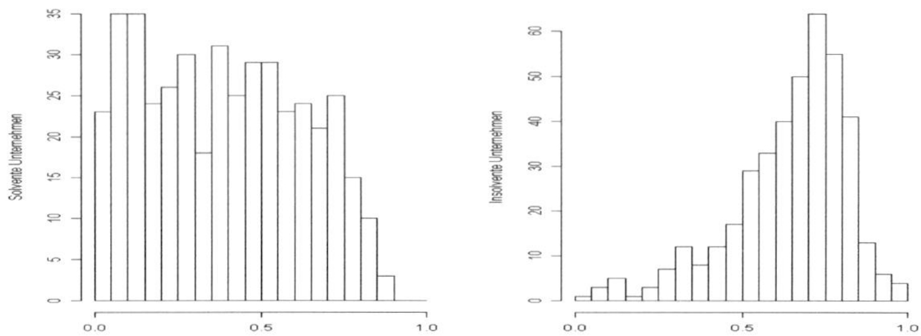

Abbildung 4.10: Verteilung der durch die bayesianische Diskriminanzanalyse geschätzten Insolvenzwahrscheinlichkeiten in den 830 Trainingsdatensätzen der bzgl. der kategorialen Klassifikationsvariable gleichverteilten Datenmenge `rel_eq`. Im linken Teil der Abbildung ist die Verteilung der Wahrscheinlichkeitsschätzungen für die solventen und im rechten Teil für die insolventen Unternehmen dargestellt.

men der Trainingsmenge beträgt für die bayesianische Diskriminanzanalyse $\widehat{MAE}_{Train} = 0.3734$. Der Wert ist etwas höher als der entsprechende Wert bei der logistischen Regression ohne Polynomterme.[148] Bzgl. der Verteilung der geschätzten Insolvenzwahrscheinlichkeiten zeigt sich somit eine Unterlegenheit der bayesianischen Diskriminanzanalyse ggü. der logistischen Regression.

Bei der Spezifikation und Schätzung des in Abschnitt 4.5.2 entwickelten SNN erfolgte durch die Festlegung der logistischen Funktion als Transferfunktion des Outputneurons die Transformation der Outputwerte des Netzes in das Intervall $[0;1]$. Diese Outputwerte stellen zwar streng genommen keine Wahrscheinlichkeiten dar, da dieser Transformation im Gegensatz zur bayesianischen Diskriminanzanalyse sowie der Transformation innerhalb der logistischen Regressionsanalyse kein Wahrscheinlichkeitsmodell zugrunde liegt. Die Verteilung der Werte kann jedoch wiederum als eine "Stärke" bzw. Trennschärfe der erfolgten Solvenzklassifikation durch das SNN interpretiert werden und soll somit an dieser Stelle mit den geschätzten Insolvenzwahrscheinlichkeiten der übrigen in diesem Abschnitt geschätzten Klassifikationsmodelle verglichen werden. Das oben geschätzte SNN mit 3 verdeckten Neuronen in einer verdeckten Schicht weist in den Trainingsdaten der gleichverteilten Menge einen mittleren absoluten Fehler zwischen den Outputwerten des Ausgabeneurons und den beobachteten Zielwerten von $\widehat{MAE}_{Train} = 0.2789$ auf. Die Verteilung der Outputwerte ist grafisch in Abb. 4.11 dargestellt. Obwohl die Ergebnisse wie beschrieben nicht ohne Weiteres mit denen der anderen Modelle vergleichbar sind, zeigt sich hier eine (vorsichtig zu bewertende) Überlegenheit des SNN.

[148]Vgl. Gl. (4.7.2) und die dortigen Ausführungen und Ergebnisse.

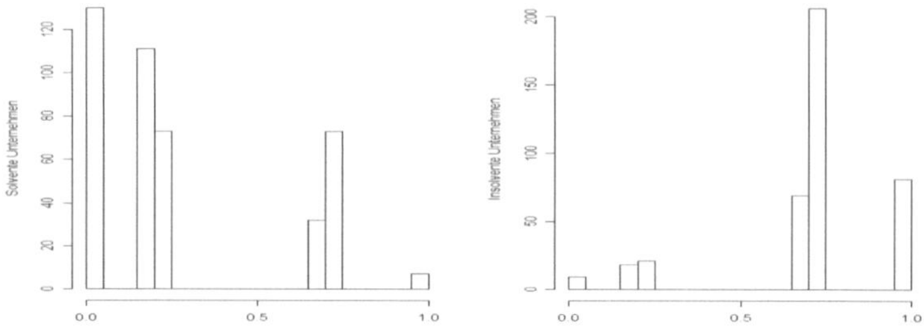

Abbildung 4.11: Verteilung der durch das dreilagige MLP geschätzten Ausgabewerte in den 830 Trainingsdatensätzen der bzgl. der kategorialen Klassifikationsvariable gleichverteilten Datenmenge `rel_eq`. Im linken Teil der Abbildung ist die Verteilung der Outputwerte für die solventen und im rechten Teil für die insolventen Unternehmen dargestellt.

Das logistische Regressionsmodell sowie die Diskriminanzanalyse führen über die logistische Transformation der Linearkombination der unabhängigen Variablen[149] bzw. den bayesianischen Diskriminanzansatz[150] direkt zu einer Schätzung der Wahrscheinlichkeiten der Klassenzuordnung. Im Fall einer SVM zur Klassifikation wurde von [Wu et al. 2004] eine Methodik zur Schätzung von Klassenwahrscheinlichkeiten entwickelt, die in der in dieser Arbeit verwendeten SVM-Software LIBSVM implementiert ist. Dabei werden im Fall von $g = 1, \ldots, G$ Klassen der Zielvariable Y zunächst die paarweisen bedingten Wahrscheinlichkeiten der Klassenzugehörigkeit durch

$$r_{gh} = \Pr\left(Y = g | Y = g \cup h, \boldsymbol{x}\right) \approx \frac{1}{1 + \exp\{A\widehat{f} + B\}} \tag{4.7.3}$$

geschätzt, wobei die Parameter A und B durch ein ML-Schätzverfahren anhand der beobachteten Trainingsdaten und der geschätzten Entscheidungswerte $\widehat{f}$ bestimmt werden.[151] Danach werden die gesuchten Klassenwahrscheinlichkeiten

$$p_g = \Pr\left(Y = g | \boldsymbol{x}\right) \tag{4.7.4}$$

[149]Vgl. Gl. (4.4.1) auf Seite 151.

[150]Vgl. die Ausführungen auf den Seiten 36 ff. in Abschnitt 2.1.3.2.

[151]Vgl. [Lin und Lin 2003] und [Platt 2000].

geschätzt, indem das Optimierungsproblem

$$\begin{aligned} \min_{\boldsymbol{p}} : \quad & \frac{1}{2}\sum_{g=1}^{G}\sum_{h\neq g}(r_{hg}p_g - r_{gh}p_h)^2 \qquad (4.7.5)\\ \text{u.d.NB:} \quad & \sum_{g=1}^{G} p_g = 1 \\ & p_g \geq 0, \quad g = 1,\ldots,G \end{aligned}$$

mit $\boldsymbol{p} = (p_1,\ldots,p_G)'$ gelöst wird.[152] In Abb. 4.12 ist die Verteilung der geschätzten Insolvenzwahrscheinlichkeiten grafisch dargestellt. Dabei ist die Form der Verteilung mit derer der vorherigen Modelle vergleichbar. Die mittlere absolute Abweichung (4.7.2) ergibt sich für die geschätzte SVM in den Trainingsdaten zu $\widehat{MAE}_{Train} = 0.3285$. Hinsichtlich der Trennschärfe weist die SVM somit ein etwas besseres Ergebnis als die logistische Regression ohne Polynomterme und die Diskriminanzanalyse auf.

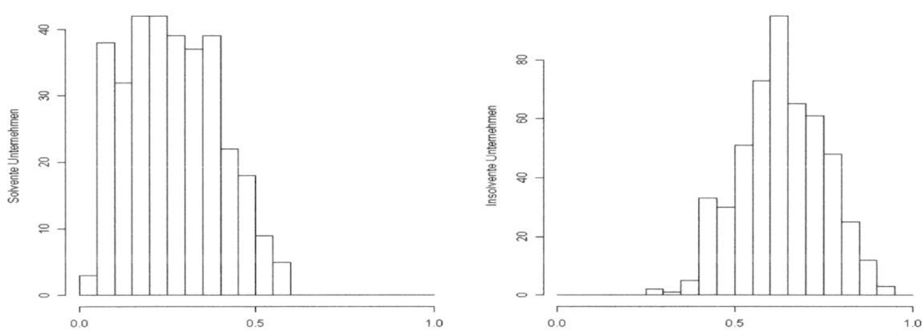

Abbildung 4.12: Verteilung der durch die SVM geschätzten Insolvenzwahrscheinlichkeiten in den 830 Trainingsdatensätzen der bzgl. der kategorialen Klassifikationsvariable gleichverteilten Datenmenge `rel_eq`. Im linken Teil der Abbildung ist die Verteilung der Wahrscheinlichkeitsschätzungen für die solventen und im rechten Teil für die insolventen Unternehmen dargestellt.

Allen Verteilungen der durch die verschiedenen Modelle geschätzten Insolvenzwahrscheinlichkeiten ist gemein, dass die insolventen Unternehmen jeweils besser, dh. mit höheren geschätzten Wahrscheinlichkeiten, als solche klassifiziert werden konnten, wohingegen die solventen Unternehmen ($y_i = 0$) weniger "sicher" in die Gruppe *Solvent* diskriminiert werden konnten.[153] Das komplexere logistische Modell mit Polynomtermen weist als einziges Modell neben den sehr guten absoluten

[152] Vgl. [Wu et al. 2004], S. 980 ff.

[153] Vgl. die jeweils rechts abgebildeten grafischen Verteilungen der Abbildungen 4.9, 4.10, 4.11 und 4.12.

Klassifikationsergebnissen auch für sowohl die insolventen als auch die solventen Unternehmen eine deutlich bessere Trennschärfe ggü. den anderen Modellen auf und ermöglicht damit eine eindeutigere Solvenzklassifikation, was sich in einem deutlich geringeren mittleren absoluten Fehlermaß ausdrückt. Offensichtlich weist das Modell mit Polynomen bis zweiten Grades die nötige Flexibilität auf und ist diesbzgl. besser in der Lage, inhaltliche Unterschiede zwischen den solventen und insolventen Unternehmensgruppen bzgl. der gemessenen Einflüsse zu erkennen und vor allem auch die Strukturen der solventen Unternehmen besser erklären zu können. Weiterhin können evtl. diejenigen Unternehmen eindeutig erkannt bzw. klassifiziert werden, die in den Grenzbereich zwischen solvent und insolvent fallen und von den weniger komplexen Modellen anhand ihrer evtl. ähnlichen Kennzahlenausprägungen schwer zu unterscheiden sind. Insgesamt stellt somit das logistische Modell mit Polynomen bis zweiten Grades sowohl bzgl. der Fehlerquoten als auch der Trennschärfe das beste Klassifikationsmodell dar.

4.8 Vergleich der Klassifikationsergebnisse

In Tab. 4.25 sind die Ergebnisse der in den vorherigen Abschnitten dieses Kapitels entwickelten und geschätzten Klassifikationsmodelle noch einmal zusammengefasst. Dargestellt sind neben der Gesamtfehlerquote auch die Fehlerquoten in den einzelnen Klassen der Zielvariable[154] sowohl für die gleichverteilten Trainings-[155] als auch für die Testdatenmengen, der AUC-Wert sowie der mittlere absolute Fehler bzgl. der geschätzten Klassenwahrscheinlichkeiten in den Trainingsdaten. Da die Ergebnisse für die Gesamtdatenmenge `rel` aus den oben genannten Gründen aufgrund des Fehlens eines objektiven Fehlerbewertungsmodells hinsichtlich eines Modellvergleiches nur bedingt aussagefähig sind, sind diese hier nicht aufgeführt.

Modell	`rel_eq`	FQ	FQ_0	FQ_1	AUC	$\widehat{MAE}_{Train}$
Logit	Training	0.2818	0.3810	0.1930	0.7512	0.3570
	Test	0.2943	0.3653	0.2229	0.7326	
Logit-Polynom	Training	0.1229	0.1596	0.0842	0.8770	0.1779
	Test	0.1798	0.2156	0.1481	0.8238	
LDA	Training	0.2638	0.3521	0.1708	0.7258	0.3734
	Test	0.2949	0.4012	0.2011	0.7306	
SNN	Training	0.1927	0.2629	0.1188	0.8074	0.2789
	Test	0.3315	0.3114	0.3492	0.6875	
SVM	Training	0.2915	0.4014	0.1757	0.7619	0.3285
	Test	0.3342	0.4850	0.2011	0.6518	

Tabelle 4.25: Vergleich der Ergebnisse der in den vorherigen Abschnitten geschätzten Klassifikationsmodelle für die relativen Jahresabschlussdaten in Form der Fehlerquoten und der mittleren absoluten Fehlermaße.

Das SNN und die SVM weisen vor allem in der Testmenge deutlich schlechtere Ergebnisse als die parametrischen Modelle auf. Die Fehlerquoten liegen um ca. 5% über denen der logistischen Regression sowie der linearen Diskriminanzanalyse. Ggü. dem sowohl in den Trainings- als auch in den Tesdaten bei weitem am besten abschneidenden logistischen Modell mit Polynomtermen fallen die Fehlerquoten in den Testdaten sogar um ca. 15% höher aus. Einzig das SNN erreichte in den Trainingsdaten eine Fehlerquote von unter 20% und reicht damit fast an das Ergebnis des Polynommodells heran. Weiterhin fällt auf, dass die Fehlerquoten in den beiden Klassen der Zielvariable z.T. sehr unterschiedlich ausfallen. So erreicht die SVM in der Klasse 1 der insolventen Unternehmen ein sehr gutes Ergebnis mit einer Fehlerquote in den Testdaten von 0.2011, wobei dies auf Kosten der solventen Klasse geschieht, da dort bei einer Fehlerquote von 0.4850 fast jedes zweite Unternehmen falsch klassifiziert wird, was für ein Klassifikationsmodell unzureichend ist.

[154] Im binären Klassifikationsfall entsprechen die Fehlerquoten dem geschätzten Mean Squared Error $\widehat{\text{MSE}}$ des Modells.

[155] Für die SVM wird für die Trainingsdaten die Trefferquote nach 3-facher Kreuzvalidierung angegeben.

In Abschnitt 4.6 bei der Schätzung der SVM wurde bereits eine ROC-Kurve zur Bewertung des Modellergebnisses betrachtet. An dieser Stelle soll die ROC-Analyse für den Modellvergleich herangezogen werden, da die in Tab. 4.25 aufgeführten Trefferquoten relativ schlecht zu beurteilen sind, da sie nur einen Punkt (je nach Optimierungskriterium repräsentiert dieser z.B. die bei den entsprechenden Klassentrefferquoten minimale Gesamttrefferquote des geschätzten Modells) auf der ROC-Kurve eines Klassifikationsmodells betrachten. Die ROC-Analyse kann insb. dann in Betracht gezogen werden, wenn die Wechselbeziehung der beiden Fehlerkonstellationen im Fall zweier Zielvariablenklassen über den gesamten Wertebereich der durch die Modelle erreichten Klassenfehlerquoten bei der Modellbeurteilung berücksichtigt werden soll. Hinsichtlich der Bewertung der Anpassungsqualität in den Trainingsdaten sowie der Prognosequalität in den Testdaten sind die ROC-Kurven aller geschätzten Modelle für die gleichverteilte Menge in Abb. 4.13 dargestellt.

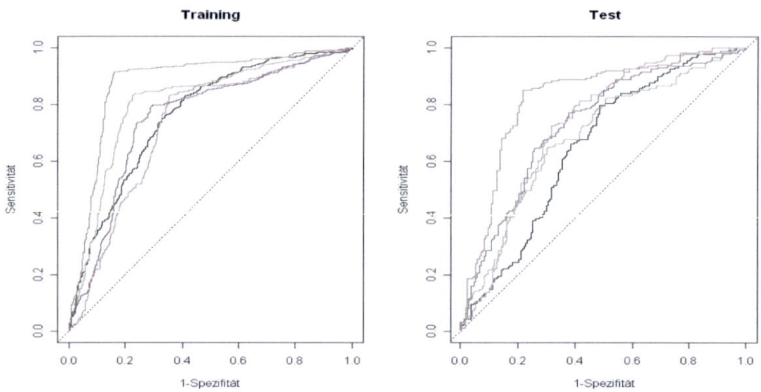

Abbildung 4.13: ROC-Kurven aller in den vorherigen Abschnitten geschätzten Klassifikationsmodelle für die Trainings- und Testdaten der Menge `rel_eq`. Blau: Logistische Regression, Rot: Logistische Regression mit Polynomtermen, Magenta: LDA, Grün: SNN, **Schwarz: SVM**.

Auf der horizontalen Achse der ROC-Darstellung sind die Anteile der fälschlicherweise als insolvent klassifizierten solventen Unternehmen (*Falsch Positiv (FP)*), welche gleich 1− der *Spezifität* (Anteil korrekt solvent klassifizierter Unternehmen) des Modells sind, abgetragen. Auf der vertikalen Achse sind diesen gegenüber die *Sensitivitäten* (*Richtig Positiv (TP)*, welche den Anteilen der korrekt klassifizierten insolventen Unternehmen entsprechen, dargestellt. Die diagonale Achse entspricht als trivialem Vergleichsfall einem rein zufallsorientierten Gruppieren der Unternehmen in beiden Klassen. Ein durch eine ROC-Kurve repräsentiertes Klassifikationsmodell kann - abhängig von der Wahl einer bestimmten Entscheidungsregel - sämtliche auf der Kurve liegenden Entscheidungskonstellationen bzw. die zugehörigen

Klassifikationsfehler realisieren. Dem Anwender bleibt nun die Wahl desjenigen Klassifikationsmodells vorbehalten, welches die beiden Fehlerquoten nach seiner Einschätzung am geeignetsten gegeneinander abwägt.[156]

Das im Zusammenhang mit der ROC-Analyse verwendete quantitative Gütekriterium stellen die AUC-Werte dar. Diese liegen entsprechend zwischen 0.5 bei einer zufälligen Klassenzuordnung der Daten und 1 bei einer perfekten Klassentrennung und sind für die geschätzten Modelle in Tab. 4.25 aufgeführt.[157]

Die Betrachtung der ROC-Kurven bzw. der AUC-Werte bestätigt die Eindrücke der einzelnen Trefferquoten. Das logistische Modell mit Polynomtermen erreicht die besten Ergebnisse, da sowohl in den Trainings- als auch in den Testdaten die Entscheidungshäufigkeiten fast im gesamten Bereich der fälschlichen Einordnung als insolvent (1−Spezifität) links bzw. kleiner und im Bereich der korrekten Einordnung als insolvent (Sensitivität) oberhalb und damit höher als bei den übrigen Modellen sind. Auch das einfache logistische Modell sowie die LDA schneiden nicht wesentlich schlechter ab als die statistischen Lernverfahren. Auffällig ist vor allem die relativ schlechte Generalisierungsfähigkeit des neuronalen Netzes sowie der SVM aufgrund der schlechten Ergebnisse in der Testdatenmenge. Hier scheint sich eine charakteristische Eigenschaft der lerntheoretischen Methoden zu bestätigen: Aufgrund der fehlenden starren parametrischen Spezifikation weisen diese eine erhöhte Flexibilität bzgl. der Anpassungsfähigkeit an die Trainingsdaten auf. Dabei besteht jedoch die Gefahr, dass über die grundlegenden Strukturen in den Trainingsdaten auch spezifische bzw. zufällige Strukturen mit angenähert werden, was für neue Daten zu einer geringeren Prognosefähigkeit führen kann.[158]

Ein weiterer Modellvergleich kann anhand der in Abschnitt 4.7 erfolgten Beurteilung der Trennschärfe der geschätzten Klassifikationsmodelle erfolgen. Diese wurde anhand der Verteilung der geschätzten Insolvenzwahrscheinlichkeiten und des entsprechenden quantitativen Gütekriteriums des mittleren absoluten Fehlers in den Trainingsdaten bewertet und spiegelt - wie aus der Betrachtung der AUC- bzw. $\widehat{MAE}$- Werte in Tab. 4.25 hervorgeht - den Modellvergleich bzgl. der Trefferquoten bzw. der ROC-Analyse in der Trainingsmenge wieder. Hier weisen somit die SVM und das SNN etwas bessere Ergebnisse ggü. der logistischen Regression und insb. der LDA auf, wohingegen das logistische Polynommodell bzgl. der Trennschärfe und damit auch der Anpassungsqualität das wiederum mit Abstand beste Ergebnis erzielen konnte.

Insgesamt kann festgehalten werden, dass die lerntheoretischen Modelle in den hier anhand der Jahresabschlussdaten durchgeführten Solvenzanalysen keine wesentliche Überlegenheit ggü. den klassischen parametrischen Verfahren zeigen konnten. Im Gegenteil, bzgl. der Generalisierungsfähigkeit stellen die modellbasierten

---

[156]Zur ROC-Bewertung von Klassifikationsmodellen vgl. die Ausführungen in Abschnitt 3.1.3.2 dieser Arbeit.

[157]Vgl. ebenfalls Abschnitt 3.1.3.2 dieser Arbeit.

[158]Vgl. zum Overfitting-Problem und der damit zusammen hängenden Generalisierungsfähigkeit die Ausführungen weiter oben in Abschnitt 3.2.1 dieser Arbeit.

Analysen der klassischen parametrischen Statistik eine nach wie vor gute Alternative dar; vor allem vor dem Hintergrund, dass im Fall einer Insolvenzprognose die Vorhersage für (neue) kreditanfragende Unternehmen das wohl vorrangige Ziel der statistischen DM-Analyse darstellt. Hier ist insb. die logistische Regression mit einer genügend hohen Komplexität bzgl. der verwendeten Variablen allen anderen Modellen weit überlegen. Eine durch geeignete Variablentransformationen erreichte adäquate parametrische Modellspezifikation scheint somit für bestimmte Anwendungsfälle wie die hier modellierte unternehmerische Solvenzklassifikation, bei der die Zusammenhänge und Strukturen in den Daten zwar als nicht bekannt, aber auch als nicht hoch komplex angesehen werden können, besser geeignet zu sein als die Verfahren der statistischen Lerntheorie. Dies gilt vor allem auch aufgrund der besseren Interpretierbarkeit der geschätzten parametrischen Modellstrukturen. Diesbzgl. stellen die Lernverfahren weiterhin eine Black Box dar, was insb. bei dem hier betrachteten Solvenzproblem zu einem entscheidenden Nachteil ggü. den modellbasierten statistischen Methoden bzgl. einer inhaltlichen Solvenzanalyse führt.

Kapitel 5

Ein statistisches Datenqualitätsmanagement im Data Mining

Ziel einer Data-Mining (DM)- Analyse ist es, in der vorliegenden Datenmenge durch inhaltlich-theoretische Vorüberlegungen evtl. bereits bekannte oder unbekannte Zusammenhänge bzw. Strukturen zu identifizieren oder zu entdecken, diese statistisch und inhaltlich zu modellieren und zu prüfen. Die meisten in praktischen Umgebungen vorliegenden Daten sind jedoch durch zufällige und/oder systematische "Störungen" verrauscht. In diesem Zusammenhang bedeutet verrauscht, dass die evtl. in den Daten vorhandenen Strukturen durch die Störeinflüsse mehr oder weniger verdeckt bzw. überlagert werden. Um die interessierenden strukturellen Dateninhalte erfassen und analysieren zu können, müssen die Störeinflüsse möglichst erkannt und beseitigt bzw. von den strukturellen Einflüssen getrennt werden.

Bzgl. der im vorherigen Kapitel dieser Arbeit untersuchten statistischen Methodik wird angemerkt, dass die Methoden der statistischen Lerntheorie trotz der im vorhinein nicht notwendigen parametrischen Modellspezifikation ebenfalls statistisch-formale Modelle darstellen und damit ebenso wie die parametrischen statistischen Verfahren anfällig gegenüber Problemen innerhalb und zwischen den zur Modellschätzung verwendeten Daten sind. Da diese Probleme oft durch redundante Informationen, wie bspw. bei Vorliegen von hoher Multikollinearität zwischen den betrachteten Variablen, oder durch hohe Heterogenität in der Datenmenge entstehen, sollte der Bereinigung bzw. Bereitstellung der Daten als Betrachtungsgegenstand aller statistischen DM-Modelle große Aufmerksamkeit beigemessen werden.[1]

[1]Bezogen auf die Methodik der künstlichen neuronalen Netze wurde dies von [Anders 1997], S. 97 ff. besonders thematisiert. Die große Flexibilität neuronaler Netze bedeutet nämlich nicht, wie oft angenommen, dass diese die Relevanz bzw. Irrelevanz verschiedener Variablen selbstständig erkennen können, sondern im Gegenteil, dass sie besonders anfällig gegenüber Datenproblemen wie z.B. evtl. vorhandenen Ausreißern und hohen Korrelationen zwischen einzelnen Variablen einer sehr heterogenen Datenmenge sind.

Über diese aus statistischer Sicht gestellten Forderungen an die für ein praktisches Data Mining notwendige Datenqualität hinaus gibt es einige weitere Qualitätsanforderungen, deren Sicherstellung das Ziel der - vor der eigentlichen DM-Analyse vorzunehmenden - datenvorbereitenden Maßnahmen darstellt. In diesem Kapitel werden die konkreten Anforderungen an die Datenqualität und Maßnahmen zu ihrer Sicherstellung untersucht. Dazu wird ein Vorgehensmodell eines statistischen Datenqualitätsmanagements erstellt und auf die vorliegende Datenmenge und damit auf das Problem der Solvenzanalyse angewendet.

5.1 Data Mining zur Bestimmung und Verbesserung der Datenqualität: Data Quality Mining

5.1.1 Datenqualität als Voraussetzung für Data Mining

Die Eignung einer Datenmenge bzw. der Beobachtungen der Merkmalsmessungen an den Objekten der Datenmenge für eine erfolgreiche DM-Analyse hängt von dessen Qualität hinsichtlich bestimmter Qualitätsanforderungen bzw. -dimensionen ab. Die Datenqualität wird dabei vor allem daran gemessen, ob die konkreten Anforderungen des Datenanalysten bzgl. eines bestimmten Analyseproblems bzw. -ziels dauerhaft erfüllt werden können.[2] Diese Sichtweise macht klar, dass Datenqualität eine u.U. sehr subjektive Komponente enthält, da jede DM-Analyse und damit verbunden jede Datenmenge unterschiedlichen Anforderungen gerecht werden muss. In der Literatur[3] sind eine Vielzahl von Dimensionen der Datenqualität genannt worden, eine Auswahl ist in Tab. 5.1 aufgeführt.

Qualitätsdimension	Definition: Das Ausmaß, in dem ...
Verfügbarkeit	... die Daten verfügbar bzw. einfach und schnell abfragbar sind.
Gültigkeit/Relevanz	... die Daten für die Problemlösung relevant sind.
Geeignete Datenkomplexität	... die vorliegende Datenmenge und die erhobene Variablenanzahl den Problemlösungsanforderungen entspricht.
Glaubhaftigkeit	... die Daten als glaubhaft bzw. echt angenommen werden können.
Vollständigkeit	... die Datenmenge keine fehlende Werte sowohl in den betrachteten Variablen als auch in den Objekten aufweist und - damit zusammenhängend - ausreichend groß ist.
Übersichtlichkeit	... die Daten kompakt und übersichtlich vorliegen.
Konsistenz	... die Daten inhaltlich und formal konsistent zueinander sind.
Beeinflussbarkeit	... die Daten manipulierbar und somit für verschiedene Probleme bzw. Aufgaben anwendbar sind.
Korrektheit/Genauigkeit	... idie Daten korrekt, genau und fehlerfrei sind.
Interpretierbarkeit/Messbarkeit	... die Daten in geeigneten Maßeinheiten dargestellt, definiert und messbar sind.
Verständlichkeit	... die Daten verständlich und nachvollziehbar sind.
Objektivität	... die Daten unverzerrt und damit objektiv sind.
Sicherheit	... die Daten gegen unbefugte Zugriffe geschützt sind.
Aktualität	... die Daten eine für die Problemlösung notwendige Aktualität aufweisen.
Nützlichkeit	... aus der Datenauswertung Nutzen hinsichtlich einer bestimmten Problemstellung gezogen werden kann.

Tabelle 5.1: Anhängig vom konkreten Untersuchungszweck mehr oder weniger stark bedeutende Dimensionen der Datenqualität, angelehnt an [Pipino et al. 2002].

5.1.1.1 Datenqualität in Datenhaltungssystemen

In den letzten Jahren hat die Datenhaltung und -auswertung eine zunehmend starke Bedeutung in der betriebswirtschaftlichen Praxis erlangt. Sie stellt eine wesentliche Komponente des unternehmerischen Informationsmanagements dar, aufgrund

[2] Vgl. [English 1999].

[3] Vgl. u.a. [Berberov et al. 2002, Redman 1996, Hipp et al. 2001, Wand und Wang 1996].

derer sowohl operative als auch strategische Entscheidungen unterstützt werden sollen.

Im Laufe der Zeit kann es in den verwendeten Datenhaltungssystemen, die i.A. aus einem sog. *Data Warehouse (DWH)* oder *Data Marts*[4] bestehen, jedoch oft zu Mängeln in der Qualität der in diesen Systemen gehaltenen Daten kommen. Datenqualitätsmängel sind in vielen praktischen Anwendungen des sog. *Knowledge Discovery in Databases (KDD)*, d.h. des aus Datenhaltungssystemen mit dem Ziel der Entscheidungsunterstützung vorzunehmenden Wissensextraktion, vor allem aus dem Grund anzutreffen, dass die Datenhaltungssysteme ursprünglich oft nicht mit dem primären Ziel erstellt wurden, die aus diesen extrahierten Daten für mathematisch statistische Analysen im Rahmen des DM zu verwenden. Bspw. stammen die Daten oft aus operativen Systemen, die diese nur als Nebenprodukt erfassen. Selbst wenn bei der Erstellung der Datensysteme die Ansprüche an die Qualität der Daten formuliert und gesichert wurden, sind im Lauf der Zeit aufgrund einer Vielzahl operativer Zugriffe und Anpassungen des Systems an das sich stets verändernde Geschäftsumfeld höchst wahrscheinlich negative Veränderungen mindestens einiger der genannten Qualitätsdimensionen zu beobachten.

In DWH-Systemen werden im Rahmen der Transformationsphase des sog. *Extraction-Transformation-Loading (ETL)-* Prozesses die in den quellenspezifischen Datenstrukturen als geändert identifizierten und extrahierten Daten so angepasst bzw. transformiert, dass sie in das DWH intergriert werden können. Schon in dieser Phase muss versucht werden, eventuelle Qualitätsmängel in den Daten festzustellen und ggf. zu beseitigen. Diese Qualitätsmängel bzw. -veränderungen der Daten können im gesamten ETL-Prozess z.B. durch falsche Dateneingaben, Inkompatibilitäten bei dem Zusammenführen bzw. Trennen von Daten, durch fehlerhafte Kommunikation zwischen verschiedenen Komponenten dieser Systeme oder Fehler in den Anwendungsroutinen entstehen. Das Auffinden und Beheben dieser Datenqualitätsverminderungen stellt einen in jüngerer Zeit immer wichtiger werdenden Aspekt der Datenhaltung mit dem Ziel dar, eine fehleranfällige DM-Analyse und daraus folgend inhaltliche Fehlschlüsse innerhalb eines konkreten Anwendungsfalles zu vermeiden.

Da die einem DWH zugrunde liegenden Datenquellen oft nur auf bestimmte Teilbereiche ausgerichtet und damit beschränkt sind (bspw. innerhalb eines Unternehmens auf spezielle operative Geschäftsprozesse), können Qualitätsmängel vor allem bei der Integration mehrerer Datenquellen auftreten. Die aus diesen Gründen durchzuführende Beseitigung der Qualitätsmängel wird als *Data Cleansing* bezeichnet.

Um die Datenqualität dauerhaft sicherzustellen und zu verbessern, sollte die Datenbereinigung in ein *Datenqualitätsmanagement* integriert werden. Das Konzept des *Data Quality Mining (DQM)*, eingeführt von [Hipp et al. 2001], nutzt innerhalb eines Datenqualitätsmanagements Verfahren der statistischen Analyse,

[4] Zur Definition und Beschreibung von Datenhaltungssystemen vgl. u.a. [Bauer und Günzel 2004] und [Han und Kamber 2000].

welche dem engeren DM-Konzept zuzuordnen sind, um eine evtl. fehlerbehaftete Datenqualität in großen Datenhaltungssystemen aufzudecken, zu quantifizieren, zu erklären und dann ggf. zu korrigieren.[5]

5.1.1.2 Datenqualität aus statistischer Sicht

Die Möglichkeiten und die Qualität der im Rahmen des DM-Prozesses vorzunehmenden mathematisch-statistischen Analyse zur Aufdeckung von Strukturen und Abhängigkeiten in der vorhandenen Datenmenge hängen ebenfalls entscheidend von der Qualität der Daten ab. Aus statistischer Sicht ist für die Qualitätsbewertung die Frage entscheidend, ob die für die Untersuchung verwendeten Daten als strukturrelevant oder als "abnormal", d.h. die Struktur der interessierenden Zusammenhänge störend bzw. verzerrend aufgefasst werden müssen. Die möglichst schon bei der Datenerhebung bzw. -messung sicherzustellende Qualität bzw. Korrektheit der Datenmessungen hängt mit den Aspekten der *Messung* und *Repräsentativität* einer statistischen Erhebung zusammen, welche im Folgenden kurz skizziert werden.

Die Messung, d.h. Erhebung von statistischen Variablen kann auf zwei Arten betrachtet werden:[6] An erster Stelle ist die Qualität der Messung bzw. Erhebung eines einzelnen Datensatzes $\boldsymbol{x}_i = (x_{i1}, \ldots, x_{iK})'$ von $k = 1, \ldots, K$ beobachteten Merkmalen X_k an einem Objekt i zu analysieren. Das zweite Kriterium stellt die Qualität der gesamten Stichprobe $(\boldsymbol{x}_1, \ldots, \boldsymbol{x}_i, \ldots, \boldsymbol{x}_n)$ von $i = 1, \ldots, n$ Objekten als repräsentative Teilmenge der Grundgesamtheit aller N Objekte dar.

Bei der Messung eines Datensatzes besteht i.d.R. ein Fehlerrisiko, das sich bspw. aus einer unpräzisen Definition des zu messenden Konstruktes bzw. der zu erhebenden Variable, eines fehlerhaften Messwerkzeuges oder aus menschlicher Unzuverlässigkeit ergeben kann. Dieser Fehler wird in der Statistik als *Nichtstichprobenfehler* bezeichnet. Eine weitere Fehlerursache, der sog. *Stichprobenfehler*, besteht in der Unzuverlässigkeit einer Messung aus Stichprobendaten, die immer nur eine Teilmenge der interessierenden Grundgesamtheit darstellen. So wird der mittlere Stichprobenwert

$$\bar{x}_k = \frac{1}{n} \sum_{i=1}^{n} x_{ik} \qquad (5.1.1)$$

einer Variable mit hoher Wahrscheinlichkeit selbst bei einem Nichtstichprobenfehler von Null nicht genau dem (durch ihn zu schätzenden) Mittelwert μ der Grundgesamtheit entsprechen, wenn $n \ll N$.

Der Messfehler lässt sich somit in zwei Effekte unterteilen:[7] Zum einen drückt die sog. *Reliabilität* einer Messung das Ausmaß aus, in dem wiederholte Messungen des selben Konstruktes bzw. einer Variable ähnliche Messwerte ergeben. Die

[5] Vgl. [Hipp et al. 2001].

[6] Vgl. u.a. [Hand et al. 2001].

[7] Vgl. u.a. [Schnell et al. 2000].

Reliabilität kann bspw. durch die Stichprobenvarianz

$$s_k^2 = \frac{1}{n-1}\sum_{i=1}^{n}(x_{ik} - \bar{x}_k)^2 \tag{5.1.2}$$

der Messungen einer Variable geschätzt werden. Dieser Fehler lässt sich grundsätzlich nicht vermeiden, da davon ausgegangen werden kann, dass die Messungen eines Konstruktes immer durch einen zufälligen und nicht beeinflussbaren unsystematischen Störeinfluss "verrauscht" werden.[8] Der zweite Aspekt des Messfehlers entspricht der Frage, ob neben dem zufälligen Fehler ein systematischer Fehler bei der Messung entsteht, der einer eventuellen Differenz zwischen dem unbekannten wahren Wert der Variable und dem gemessenen Wert entspricht. In der Statistik wird diese systematische Verzerrung als *Bias* bezeichnet und stellt den oben genannten Nichtstichprobenfehler dar. In den Sozialwissenschaften wird in diesem Zusammenhang auch der Begriff der *Validität* verwendet. Als Validität wird dort das Ausmaß bezeichnet, indem die Messung eines Konstruktes das misst, was sie messen soll.[9]

Die beiden Effekte sind jedoch z.T. gegenläufig, da durch ein zu komplexes Messmodell zwar der systematische Fehler verringert und damit die Validität erhöht werden kann, was jedoch gleichzeitig zu einer höheren Varianz der Messungen und damit einer geringeren Reliabilität führt.[10] Geeignete Datenmessungen zeichnen sich sowohl durch eine hohe Reliabilität als auch durch eine hohe Validität aus.

Falls in praktischen DWH-Systemen eine so große Datenmenge zur Verfügung steht, dass diese nur unter einem unverhältnismäßig hohen Aufwand bzw. einem erwarteten sehr hohen Nichtstichprobenfehler ausgewertet werden könnte, besteht ein wesentliches Ziel des DM in der Aufgabe des statistischen Rückschlusses aus Parameterschätzwerten einer ausgewählten Stichprobe auf die unbekannten wahren Parameter bzw. die Verteilung der untersuchten Grundgesamtheit. Dabei ist neben der Qualität der Messungen einzelner Datensätze die Qualität der gewählten Stichprobe bzw. der im DWH vorhandenen Daten von entscheidender Bedeutung. Nur im Falle einer bzgl. der interessierenden Grundgesamtheit repräsentativen Stichprobe sind die Stichprobenstatistiken für statistische Inferenzschlüsse verwendbar. In praktischen DM-Anwendungen basierend auf DWH-Architekturen ist jedoch ein Einfluss auf die Stichprobenerhebung bzw. -zusammenstellung evtl. nur in geringem Ausmaß gegeben. Weiterhin könnte eine mögliche Ursache von Repräsentativitätsmängeln in der dynamischen Entwicklung der Grundgesamtheiten liegen. So können sich im Zeitablauf die charakteristischen Eigenschaften der untersuchten Objekte verändern, was eine statische DM-Analyse im Hinblick auf zukünftige Entwicklungen unbrauchbar machen würde. Auf solche dynamischen Effekte sollte ggf.

[8]Die Varianz und damit die Zuverlässigkeit einer Messung kann lediglich statistisch verringert werden, indem eine größere Stichprobenmenge zur Messung verwendet wird.

[9]Vgl. [Schnell et al. 2000].

[10]Dieses Phänomen ist in der Statistik als *Bias-Varianz-Tradeoff* bekannt, vgl. u.a. [Hastie et al. 2001] sowie die Ausführungen in Abschnitt 3.2.2 dieser Arbeit.

durch die Anwendung von bspw. ökonometrischen Zeitreihen- bzw. Lagmodellen Rücksicht genommen werden.[11]

Die Begrenzung statistischer Schätzrisiken, die aus einer unzureichenden Datenmessung und/oder Stichprobenrepräsentativität entstehen, stellen somit ebenfalls eine bereits vor der Datenerhebung zu beachtende, entscheidende Aufgabe der Sicherstellung der Datenqualität dar.

5.1.2 Vorgehensmodell eines statistischen Datenqualitätsmanagements

In dieser Arbeit wird bei der Datenqualitätsanalyse erst an dem Punkt angesetzt, an dem die Daten dem Analysten vorliegen, d.h. bereits gemessen bzw. erhoben wurden, wobei die Betrachtung hier ebenfalls vorwiegend aus statistischer Sicht erfolgt. Die meisten - u.a. in Tab. 5.1 dargestellten - Qualitätsdimensionen spielen jedoch bereits bei der Datenbereitstellung bzw. -extraktion, der Sicherstellung der Messbarkeit (Operationalisierung) usw. eine wichtige Rolle. Im Folgenden liegt der Fokus auf den nach der Datenerhebung im Sinne einer erfolgreichen DM-Analyse zu beeinflussenden (statistischen) Datenqualitätsdimensionen:

- Geeignete Datenkomplexität (vgl. Abschnitt 5.2)
- Korrektheit bzw. Ausreißerfreiheit (vgl. Abschnitt 5.3.1)
- Konsistenz (vgl. Abschnitt 5.3.3)
- Vollständigkeit (vgl. Abschnitt 5.4)

Die Komplexitätsreduktion, die Ausreißerbereinigung, die Messung, Erklärung und Beseitigung eventueller Inkonsistenzen in den Daten und schließlich die Festlegung des Umgangs mit fehlenden Werten stellen somit die Ziele der datenvorbereitenden Maßnahmen bzw. der statistischen Datenqualitätsanalyse dar. Dabei wird in dieser Arbeit einem *Vorgehensmodell des statistischen Datenqualitätsmanagements (sDQM)* gefolgt, dessen Ablauf in Abb. 5.1 schematisch dargestellt ist und im Folgenden näher erläutert wird.

1. Reduktion der Variablenkomplexität Bezogen auf eine spätere erfolgreiche statistische Modellschätzung ergibt sich in realen Datenmengen häufig ein Problem, welches sich im Zusammenhang mit einer großen Anzahl von erhobenen Merkmalen ergibt, nämlich das oftmalige Vorliegen von hoher Multikollinearität. In einem ersten Schritt der datenvorbereitenden Analyse wird zunächst auf den Umgang mit dem Multikollinearitätsproblem durch eine Reduktion der in der Analyse verwendeten unabhängigen Variablen eingegangen. Die damit verbundene generelle Komplexitätsreduktion kann auch als Umgang mit den oben in Tab. 5.1 genannten

[11] Zu dynamischen ökonometrischen Modellen vgl. u.a. [Assenmacher 2002] und [Kennedy 2003].

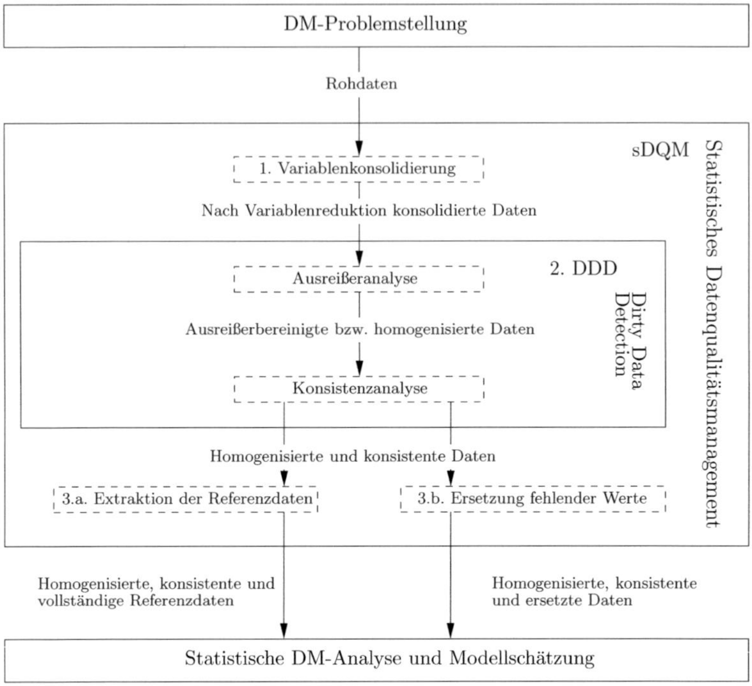

Abbildung 5.1: Vorgehensmodell eines statistischen Datenqualitätsmanagements.

Datenqualitätsdimensionen "Geeignete Datenkomplexität" und auch "Übersichtlichkeit" und damit als Vorteil im Hinblick auf ein praktisches, rechnergestütztes DM angesehen werden.

2. Ausreißer- und Konsistenzanalyse: Dirty Data Detection Um die den Daten zugrunde liegenden systematischen Zusammenhänge und Strukturen zu modellieren bzw. zu schätzen, ist es in einem nächsten Schritt notwendig, eine Ausreißer- und Konsistenzanalyse durchzuführen. Diese wird hier als *Dirty Data Detection (DDD)* bezeichnet und hat zum Ziel, diejenigen "abnormalen" Datensätze (Dirty Data) zu identifizieren und zu beseitigen (bzw. wenn möglich zu bereinigen), die stark verschieden von oder inkonsistent mit den übrigen, als korrekt eingestuften Datensätzen der betrachteten Datenmenge sind.[12] Bezogen auf die genannten Datenqualitätsdimensionen kann diese statistische DDD-Analyse als gleichbedeutend mit der Sicherstellung der Dimensionen "Korrektheit" sowie "Konsistenz" der Daten aufgefasst werden. Erst nach der Beseitigung bzw. Be-

[12] Zu einer diesbzgl. Ausreißerdefinition vgl. u.a. auch [Han und Kamber 2000], S. 451.

reinigung der entdeckten abnormalen Datensätze kann eine Modellschätzung der strukturellen Zusammenhänge in den verbleibenden Daten erfolgen.

Die Unterscheidung in Ausreißer- und Konsistenzanalyse weist auf zwei mögliche Arten der Abnormalität von Datensätzen hin: Zum einen sind hier Ausreißer als *extreme* Datensätze zu verstehen, die hinsichtlich der Größenordnung ihrer Merkmalsausprägungen nicht mit den übrigen Daten in Einklang stehen. Inkonsistente Datensätze stellen dagegen *strukturell* abnormale Datensätze dar, die hinsichtlich der semantischen Beziehungen zwischen den betrachteten Variablen nicht den - den (korrekten bzw. konsistenten) Daten zugrunde liegenden - strukturellen (Konsistenz-)Regeln entsprechen.

DM-Analyse: Modellierung von Zusammenhängen und Strukturen in den Daten Nach den qualitätssichernden datenvorbereitenden Maßnahmen werden die bereinigten Datenmengen für die statistische DM-Analyse zur Verfügung gestellt. Dieser Punkt zählt streng genommen nicht zu dem Vorgehensmodell des sDQM. Er wird hier jedoch im Hinblick auf die folgenden Schritte des Datenqualitätsmanagements erwähnt.

Die Solvenzklassifikation wird in diesem Kapitel im Anschluss an das durchgeführte sDQM anhand statistischer DM-Verfahren analog der Vorgehensweise des vorherigen Kapitels 4 erneut praktisch durchgeführt. Dabei werden verschiedene Datenmengen verwendet, die sich hinsichtlich der Art sowie des Fortschrittes der datenvorbereitenden Maßnahmen unterscheiden. Zur Beurteilung des Erfolges des sDQM werden weiter unten in Abschnitt 5.5.1 zum einen die lediglich um kollineare Variablen reduzierten sowie um Ausreißer bereinigten und damit homogenisierten Daten, die innerhalb von Schritt 2 des Vorgehensmodells generiert wurden, verwendet. Dies stellt die in der Praxis am häufigsten anzutreffende Art der Datenvorbereitung dar, da die Ausreißerbeseitigung relativ einfach anhand statistisch deskriptiver Verfahren durchgeführt werden kann. In dieser Arbeit wird die Datenvorbereitung innerhalb der DDD zunächst um eine Konsistenzanalyse erweitert. Bei der Bereitstellung der ausreißerbereinigten und konsistenten Daten für die DM-Analyse wird nun innerhalb des weiteren Vorgehensmodells des sD-QM in zwei Vorgehensweisen unterschieden: Die Bereitstellung von ausschließlich tatsächlich beobachteten, vollständigen Referenzdaten und die Ersetzung von fehlenden Merkmalswerten in den übrigen (ausreißerbereinigten und konsistenten) Datensätzen.

3.a. Identifikation und Extraktion von vollständigen Referenzdaten Nach der Entfernung der abnormalen, d.h. extremen und inkonsistenten Datensätze kann in den verbleibenden Daten eine - alle o.g. statistischen Qualitätsdimensionen erfüllende - Teilmenge der Gesamtdatenmenge identifiziert werden. Dazu sind an dieser Stelle Datensätze mit fehlenden Merkmalsmesswerten aus der Datenmenge zu entfernen. Die in dieser - als *Referenzdatenmenge* bezeichneten - Teilmenge sind die verbleibenden Datensätze dann kollinear unabhängig, ausreißerbereinigt, strukturell konsistent und vollständig und können zur Modellierung bzw. Schätzung der

Datenstrukturen und -zusammenhänge bzgl. der DM-Zielsetzung verwendet werden.[13]

Des Weiteren kann die Untersuchung der Strukturen in den Referenzdaten wiederum innerhalb eines weiterführenden sDQM, d.h. der qualitätsorientierten Prüfung der übrigen Datenbestände, erfolgen. Werden bspw. in Datenhaltungssystemen die zu untersuchenden Daten zu einem bestimmten Zweck gehalten, könnte die sDQM-Analyse unter der Zielsetzung erfolgen, anhand der (geschätzten) Strukturen in den Referenzdaten die übrigen Datensätze der Gesamtdatenmenge zu bereinigen.

Dies führt im Falle einer anschließenden DM-Modellierung mit dem Ziel der Aufdeckung von Strukturen und Zusammenhängen in den Daten zu dem folgenden Problem: Die eigentliche DM-Analyse erfolgt i.d.R. erst nach der Datenvorbereitung bzw. dem sDQM, um die Gefahr von durch Datenqualitätsmängel verursachten Fehlschätzungen bzw. -interpretationen zu minimieren.[14] Werden jedoch, wie im hier vorgestellten Vorgehensmodell, Referenzdaten identifiziert und anhand der dortigen Strukturen die übrigen Daten bereinigt, findet die eigentliche Modellierung der Strukturen bereits während des sDQM-Prozesses in den Referenzdaten statt. In diesem Fall werden die dort geschätzten Strukturen innerhalb der Bereinigung der übrigen Daten anhand der Referenzdaten u.U. erst in die gesamte Datenmenge "hineingetragen". Je kleiner der Umfang bzw. die Repräsentativität der Referenzdatenmenge bzgl. der Gesamtdatenmenge ist, desto stärker stellt sich dieses Problem dar.

Ein weiteres Problem bei dieser Vorgehensweise resultiert aus der Art der gewünschten Datenbereinigung. So können aufgrund einer kausalen bzw. modellbasierten Schätzung der Strukturen in den Referenzdaten z.B. fehlende Werte einzelner Merkmale nicht immer ersetzt werden, da ein geschätztes Modell nur auf bzgl. aller im Modell enthaltenen unabhängigen Variablen vollständige Datensätze angewendet werden kann. Dies ist somit nur dann durchführbar, wenn ein zu schätzender fehlender Merkmalswert der einzige fehlende Wert bei dem entsprechenden Objekt ist und damit aus den übrigen Merkmalswerten aufgrund der geschätzten Kausalität in den Referenzdaten prognostiziert werden kann.

Dies gilt grundsätzlich auch für eine evtl. durchzuführende Konsistenzbereinigung, bei der inkonsistente Werte eines Merkmals aufgrund der in den Referenzdaten geschätzten strukturellen Zusammenhänge in Form von bspw. semantischen Konsistenzmodellen hergeleitet und bereinigt werden. Hierbei stellt sich das Problem jedoch evtl. nicht so gravierend dar, da die semantisch modellierten bzw. zu schätzenden Variablen meist nur von wenigen semantisch verbundenen Variablen abhängig sind und für einige fehlende Werte aus inhaltlichen Gründen von einer Nullausprägung ausgegangen werden kann. Weiter unten in Abschnitt 5.3.3

[13]Voraussetzung für die Modellierung der interessierenden Strukturen anhand der Referenzdaten ist eine verbleibende ausreichende Größe bzw. Repräsentativität der Referenzdatenmenge bzgl. der Strukturen sowohl in der gesamten Stichprobendatenmenge als auch der Grundgesamtheit.

[14]Vgl. zum generellen Ablauf des DM-Prozesses weiter oben Abschnitt 4.1.

dieses Kapitels wird die beschriebene Vorgehensweise auf eine Modellierung von semantischen Kosistenzgleichungen bzgl. der hier betrachteten absoluten Jahresabschlussvariablen im Rahmen einer Konsistenzprüfung angewendet. Dabei werden jedoch nicht die Referenzdaten (die ja erst aus einer konsistenzbereinigten Menge hervorgehen; vgl. das obige sDQM-Vorgehensmodell), sondern die nach der Homogenisierung innerhalb der DDD in Abschnitt 5.3.2 verbliebenen Datenmengen zur Modellierung der semantischen Strukturen verwendet.

3.b. Ersetzung fehlender Merkmalswerte Die Ersetzung fehlender Merkmalswerte nimmt innerhalb des sDQM-Prozesses eine besondere Rolle ein, da sie nicht unbedingt an einen bestimmten Zeitpunkt gebunden ist. So wird die Ersetzung innerhalb des hier vorgestellten Vorgehensmodells erst nach der Datenbereinigung in Form der Variablenreduktion (Schritt 1) sowie der DDD (Schritt 2) durchgeführt, um die fehlenden Werte ausschließlich anhand der Strukturen in strukturrelevanten Datensätzen schätzen bzw. ersetzen zu können. Dabei kommen für die Ersetzung verschiedene Möglichkeiten in Betracht, auf die weiter unten in Abschnitt 5.4 näher eingegangen wird. Diese Vorgehensweise stellt den zweiten Ansatz einer sDQM-gestützten DM-Analyse zur Modellierung der Strukturen anhand einer statistisch qualitätsbereinigten und ersetzten Datenmenge dar. Im Gegensatz dazu werden bei der Modellierung anhand der Referenzdatenmenge (Schritt 3.a) ausschließlich die qualitätsbereinigten und vollständigen Datensätze verwendet, was den Nachteil mit sich bringt, dass für die spätere Modellschätzung eine u.U. bedeutend kleinere Datenmenge zur Verfügung steht.

Die Ersetzung kann jedoch grundsätzlich auch an einer anderen Stelle im sDQM-Prozess erfolgen bzw. notwendig werden. So ist es bspw. bei der weiter unten in Abschnitt 5.3.2 durchzuführenden Homogenisierung des Datenbestandes in Form der Schätzung eines Verteilungsmodells notwendig, bereits an dieser Stelle - und somit vor der erst später folgenden Konsistenzprüfung - die fehlenden Merkmalswerte zu ersetzen.[15]

[15]Vgl. dazu die Ausführungen weiter unten in Abschnitt 5.3.2.3.

5.2 DQ-Dimension Datenkomplexität: Variablenkonsolidierung

5.2.1 Das Multikollinearitätsproblem

Eine wichtige Voraussetzung für die erfolgreiche Schätzung eines funktionalen Zusammenhanges zwischen mehreren Einflussvariablen und einer Zielgröße ist das weitestmögliche Fehlen von linearen Abhängigkeiten zwischen den erklärenden Variablen. Dies entspricht der in Abschnitt 2.1.2 innerhalb der Beschreibung des klassischen linearen Modells dargestellten Forderung [A5] der fehlenden perfekten Multikollinearität.

Bei der Schätzung von ökonomischen Zusammenhängen anhand nicht experimentell vorgegebener, sondern an den Beobachtungsobjekten mehr oder weniger zufällig erhobenen Daten, können relativ starke Korrelationen zwischen den beobachteten Einflüssen in vielen Fällen vorkommen. Oft vorherrschende Gründe für solche empirischen Korrelationen können z.B. ein - mehreren unabhängigen Variablen gemeinsamer - zeitlicher Trend[16], aufgrund zu kleiner Datenmengen bzw. Ausprägungsmöglichkeiten der Variablen zufällige gemeinsame Variation oder aber tatsächliche funktionale Abhängigkeiten zwischen diesen sein. Multikollinearität ergibt sich somit oft im Zusammenhang mit der Art der Erhebung und Aufbereitung der Daten einer konkreten Untersuchung.

Perfekte *Multikollinearität* liegt vor, wenn zwischen den Beobachtungen der K unabhängigen Variablen eines ökonometrischen Modells eine lineare Beziehung

$$\gamma_0 + \gamma_1 x_{1i} + \ldots + \gamma_k x_{ki} + \ldots + \gamma_K x_{Ki} = 0 \quad \forall i = 1, \ldots, n \tag{5.2.1}$$

existiert, wobei mindestens ein $\gamma_k \neq 0$ ist. Somit lassen sich in diesem Fall die Beobachtungen mindestens einer unabhängigen Variable linear durch eine Kombination einer oder mehrerer der übrigen Einflussvariablen darstellen. Ist das der Fall, ist bspw. die in Abschnitt 2.1.2 dargestellte Schätzung des linearen Regressionsmodells nicht möglich, da die Determinante der benötigten Matrix $\boldsymbol{X}'\boldsymbol{X}$ dann gleich Null ist und somit die Inverse dieser Matrix nicht existiert.

In der Praxis ist dieser Fall der perfekten Multikollinearität bei großen Mengen von beobachteten Daten jedoch nicht häufig anzutreffen. Dort liegt im ungünstigen Fall "nur" eine hohe Multikollinearität zwischen mindestens zwei unabhängigen Variablen vor. Rechentechnisch bedeutet dies, dass wegen einer sehr kleinen Determinante und damit relativ großen Inversen von $\boldsymbol{X}'\boldsymbol{X}$ bei geringfügiger Veränderung der Daten die Parameterschätzwerte $\widehat{\boldsymbol{\beta}} = (\boldsymbol{X}'\boldsymbol{X})^{-1}\boldsymbol{X}'\boldsymbol{y}$ stark variieren können.[17] Eine KQ-Schätzung ist somit zwar möglich, jedoch durch eine höhere Varianz des Schätzers zum Teil sehr unsicher.[18]

[16] Vgl. das sog. Problem der Kointegration von Variablen, u.a. [Hackl 2005, Kennedy 2003].

[17] Vgl. zur Herleitung des KQ-Schätzers der linearen Regression Anhang A.1 dieser Arbeit.

[18] Die Varianz-Kovarianzmatrix des KQ-Schätzers ergibt sich bei Gültigkeit der übrigen Annahmen im klassischen Modell (vgl. Seite 19) zu $\boldsymbol{\Sigma}_{\widehat{\boldsymbol{\beta}}\widehat{\boldsymbol{\beta}}} = \sigma^2(\boldsymbol{X}'\boldsymbol{X})^{-1}$, vgl. u.a. [Friedrich 1991].

Da die in Abschnitt 2.1.2 dargestellten Annahmen der klassischen linearen Regression bei hoher, jedoch nicht perfekter Multikollinearität weiterhin erfüllt sind, gilt auch die in Abschnitt 2.1.2 beschriebene BLUE-Eigenschaft der Parameterschätzungen weiterhin. Die hauptsächliche Konsequenz von hoher Multikollinearität ist die hohe Varianz und somit hohe Unsicherheit der einzelnen geschätzten Koeffizienten $\widehat{\beta}_k$ der kollinear verbundenen Variablen X_k.

Soll bspw. eine abhängige Variable durch zwei hoch korrelierte unabhängige Variablen erklärt werden, hat die Streuung der einzelnen Einflussvariablen jeweils zwei Ursachen: Zum einen die Streuung, die ausschließlich durch die jeweilige Variable selbst verursacht wird und zum anderen eine gemeinsam mit der jeweils anderen Variablen verursachte Streuung. Durch das Modell geschätzt werden soll jedoch nur der Einfluss jeder der Einflussvariablen selbst, also der erste Teil. Abb. 5.2 stellt diesen Sachverhalt grafisch dar.

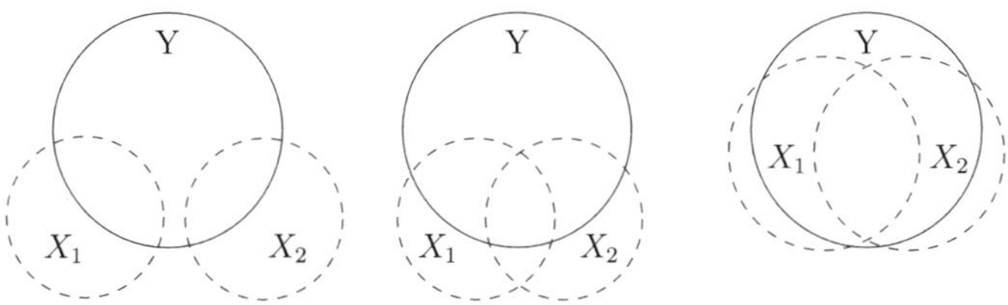

(A) (B) (C)

Abbildung 5.2: Multikollinearität bei zwei unabhängigen Variablen, Quelle: in Anlehnung an [von Auer 1999], S. 464.

Die Kreise symbolisieren die Variationen der jeweiligen Variablen, Überschneidungen stellen die gemeinsamen Variationen dar. In Teil A bzw. B sind die Fälle fehlender (A) bzw. relativ hoher Multikollinearität (B) dargestellt. Je höher nun die Korrelation zwischen den unabhängigen Variablen ist (symbolisiert durch die Überschneidungen der unabhängigen Variablen X_1 und X_2 in Teil B), desto weniger Information steht dem Schätzverfahren zur Verfügung, um die Einzeleinflüsse auf die Zielvariable Y zu schätzen. Die Information der gemeinsamen Streuung kann nicht genutzt werden, da nicht sicher ist, welcher Variable/n sie zuzuordnen ist. Die durch das Modell geschätzten Parameter $\widehat{\beta}_k$ werden ausschließlich durch die ihnen jeweils eindeutig zuzurechnende Streuung und damit unter Informationsverlust bestimmt. Schätzungen, die auf wenig Information beruhen, können nicht sehr sicher sein, sie haben eine relativ große Varianz. Anders gesehen: Wäre bekannt, welcher Variable der gemeinsame Streuungsanteil zuzurechnen ist, könnten sich die Parameterschätzungen entscheidend ändern; der wahre Zusammenhang könnte somit durch starke Multikollineaität verdeckt werden.

Der Erklärungsgehalt des gesamten Modells wird trotz Vorliegen von Multikollinearität allerdings nicht unbedingt eingeschränkt, wie Teil C der Abb. 5.2 zeigt.

Die Streuung der abhängigen Variable kann durch die Gesamtheit der erklärenden Variablen zu einem großen Teil erklärt werden[19], lediglich die Einzeleinflüsse der jeweiligen unabhängigen Variable/n sind nicht genau zurechenbar. Diese geringe Zurechenbarkeit drückt sich in großen Varianzen und somit in kleinen und damit nicht signifikanten t-Werten der geschätzten Parameter aus. Ein F-Test auf den gemeinsamen Einfluss aller unabhängigen Variablen würde dagegen trotzdem hoch signifikant für das Modell als Ganzes sprechen.[20]

Wie kann nun das eventuelle Vorliegen von hoher Multikollinearität erkannt und bei der Schätzung berücksichtigt werden? In den Ergebnissen einer ersten Modellschätzung würden bei Vorliegen von linearen Abhängigkeiten zwischen den unabhängigen Variablen evtl. einige unerwartete Ergebnisse auftreten: Zum einen könnten die Vorzeichen der geschätzten Koeffizienten den theoretischen Vorüberlegungen an das ökonomische Modell wiedersprechen oder die Koeffizienten einiger als theoretisch wichtig eingeschätzter Einflussvariablen nicht signifikant sein. Zum anderen könnten aus den weiter oben genannten Gründen trotz größtenteils insignifikanter t-Werte der Einzelschätzungen hohe gemeinsame F-Statistiken bzw. Bestimmtheitsmaße beobachtet werden. Des Weiteren würden bei Hinzufügen bzw. Auslassen einzelner unabhängiger Variablen oder Beobachtungen stark variierende Schätzergebnisse auftreten, die aus den hohen Schätzvarianzen resultieren.

Um vorliegende Multikollinearität zu erkennen, sollte zuerst die Korrelationsmatrix der unabhängigen Variablen betrachtet werden. In dieser können die empirischen Korrelationen zwischen jeweils zwei Variablen abgelesen werden. Perfekte positive bzw. negative lineare Zusammenhänge drücken sich in Werten von $+1$ bzw. -1 aus. Innerhalb dieser Extremwerte muss dann das Ausmaß der jeweiligen Abhängigkeit eingeschätzt werden. Die empirischen Korrelationen der absoluten und relativen Jahresabschlusskennzahlen sind in den Tabellen B.1 und B.2 in Anhang B zu finden.

Die Betrachtung der so gemessenen Korrelationen reicht jedoch nicht aus, da trotz evtl. kleiner paarweiser Korrelationskoeffizienten Multikollinearität zwischen diesen Variablen auch erst durch Kombination mehrerer Variablen ausgelöst werden könnte.[21] Dazu empfiehlt es sich, jede der K unabhängigen Variablen in einer linearen Regressionsanalyse auf sämtliche Kombinationen der übrigen $K-1$ unabhängigen Variablen zu regressieren. Hohe Bestimmtheitsmaße dieser Regressionen weisen auf eventuelle lineare Abhängigkeiten und damit auf Multikollinearität hin, da sie das Ausmaß der Anpassung eines linearen Modells an eine Zielgröße angeben.[22]

Aus dem Bestimmheitsmaß R_k^2 der Regression der k-ten unabhängigen Variable

[19]Der Anteil der von den erklärenden Variablen insgesamt mit der Fläche der Zielvariable geschnittenen Fläche stellt das Bestimmtheitsmaß R^2 der Regression dar; vgl. Abschnitt 3.1.1.1.

[20]Zur Prüfung des Regressionsmodells mit Hilfe von Hypothesentests vgl. Abschnitt 3.1.1.2 dieser Arbeit.

[21]Vgl. u.a. [Handl 2002], S. 468 f.

[22]Vgl. Abschnitt 3.1.1.1 dieser Arbeit.

auf alle $K-1$ anderen unabhängigen Variablen ergibt sich der sog. *Varianzvergrößerungsfaktor*

$$v_k = \frac{1}{1 - R_k^2} \tag{5.2.2}$$

der Variable X_k. Dieser gibt den Faktor an, um den die Varianz der Parameterschätzung $\widehat{\beta}_k$ größer ist als die Varianz dieser Parameterschätzung bei unterstellter linearer Unabhängigkeit dieser Variable von den übrigen Einflussvariablen.[23] Die Varianzvergrößerungsfaktoren sind auf der Hauptdiagonalen der Inversen $\widehat{\boldsymbol{R}}_{\boldsymbol{xx}}^{-1}$ der geschätzten Korrelationsmatrix zu finden.[24] Hohe Werte deuten somit auf hohe Multikollinearität hin, wobei sich bei vollständiger linearer Unabhängigkeit Bestimmtheitsmaße von Null und damit Varianzvergrößerungsfaktoren von $v_k = 1$ ergeben. Mit Hilfe der Gleichung (5.2.2) erhält man die in der Tabelle 5.2 aufgeführten Bestimmtheitsmaße und Varianzvergrößerungsfaktoren für die Einflussgrößen der Jahresabschlussanalyse. Ab welchen Werten von hoher Multikollinearität ausgegangen werden muss, ist in der Literatur nicht eindeutig geklärt. [Chatterjee und Price 1995] geben an, dass ein v_k-Wert von 10 und damit ein Bestimmtheitsmaß von 0.9 auf nachhaltige Multikollinearitätsprobleme hinweist. Hier sind somit die Variablen SAV, AV, UV, BILS, EK, KVERB, LVERB, VERBV, FK, GL und ZINS bzw. die relativen Kennzahlen VG, EKR, NUR, BUR, LIQ1, LIQ2, LIQ3 als Unsicherheitsfaktor für die Modellschätzung anzusehen. Dies wäre aus den empirischen Korrelationsmatrizen anders oder gar nicht zu erkennen gewesen.

Liegt nun eine gewisse Höhe von Multikollinearität in den Daten vor, stellt sich die Frage, wie damit umzugehen ist. Dabei muss die Frage gestellt werden, was das konkrete Ziel der Analyse ist. Soll hauptsächlich die Zielvariable prognostiziert werden, stört das Vorliegen von Multikollinearität nicht, solange die Linearkombination der unabhängigen Variablen insgesamt signifikant ist und damit zu einer hohen Erklärung der Varianz der Zielvariable führt.[25] Soll jedoch die genaue Art des Zusammenhanges und damit die Bedeutung der einzelnen Einflussvariablen auf die Zielvariable untersucht werden, verzerrt hohe Multikollinearität die Schätzungen und führt zu hohen Schätzunsicherheiten.

Im zweiten Fall kann mit den folgenden Aktionen versucht werden, das Multikollinearitätsproblem zu verringern. Generell sollte versucht werden, durch das *Einholen von zusätzlichen Informationen* das Ausmaß der linearen Abhängigkeit der betreffenden Variablen zu verringern. In einem ersten Schritt könnten zusätzliche Beobachtungen eingeholt werden. Entweder, die neuen Daten sind weniger oder nicht korreliert oder sie tragen lediglich über ihre Anzahl einen verringernden Einfluss auf die Varianz der Schätzungen bei.[26]

---

[23] Vgl. [Oerthel und Tuschl 1995], S. 160.

[24] Vgl. [Rencher 1998], S. 21.

[25] Vgl. dazu Abb. 5.2 Teil C.

[26] Die Varianz der Koeffizientenschätzungen werden im linearen Regressionsmodell erwartungstreu durch die Formel $\widehat{\sigma}^2_{\widehat{\beta}_k} = 1/(n-K-1)\widehat{\boldsymbol{u}}'\widehat{\boldsymbol{u}}(\boldsymbol{X}'\boldsymbol{X})^{-1}$ geschätzt, die von der Anzahl n der

Label	v_k	R_k^2	Label	v_k	R_k^2
SAV	71.9424	0.9861	EKQ	1.3252	0.2454
AV	59.1716	0.9831	FKQ	1.0072	0.0071
KASSE	4.3141	0.7682	VG	12.9702	0.9229
KASSEV	2.2847	0.5623	DG1	6.2461	0.8399
FLL	4.3764	0.7715	DG2	6.2422	0.8398
VOR	4.6512	0.7850	KON	1.3261	0.2459
UV	13.6054	0.9265	EKR	12.9702	0.9229
BILS	54.0541	0.9815	GKR	6.0241	0.8340
EK	18.7617	0.9467	NUR	19.3050	0.9482
VLL	4.4267	0.7741	BUR	19.3050	0.9482
KVERB	52.3560	0.9809	JER	5.9172	0.8310
BAVERB	8.0257	0.8754	AFAI	1.2287	0.1861
LVERB	62.1118	0.9839	AFAGL	1.3394	0.2534
VERBV	19.1939	0.9479	GLGK	1.4331	0.3022
FK	156.2500	0.9936	LIQ1	714.2857	0.9986
U	6.9686	0.8565	LIQ2	1666.6667	0.9994
LAGV	1.8100	0.4475	LIQ3	357.1429	0.9972
GL		1.0000	AI	4.4823	0.7769
AFA	7.2307	0.8617	UI	5.3333	0.8125
EBIT	5.7870	0.8272	FORA	2.0429	0.5105
ZINS	15.4560	0.9353	FLLA	1.6821	0.4055
EBT	7.9618	0.8744	KASA	1.5279	0.3455
JE	2.7315	0.6339			

Tabelle 5.2: Varianzvergrößerungsfaktoren v_k und Bestimmtheitsmaße R_k^2 der absoluten und relativen Jahresabschlusskennzahlen.

Hat man eine konkrete Vermutung über die Art des Zusammenhanges zwischen den betroffenen Einflussvariablen (z.B. Wechselwirkungen oder verzögerte Einflüsse) oder den Parametern (z.B. bei Cobb-Douglas-Produktionsfunktionen die Höhe bzw. Summe der Elastizitäten etc.), sollten diese Zusammenhänge in zusätzlichen Gleichungen spezifiziert werden und gegebenenfalls ein Mehrgleichungsmodell geschätzt werden.[27]

Weiterhin besteht die Möglichkeit, eine oder mehrere der kollinear verbundenen Variablen aus dem Modell zu entfernen. Diese Vorgehensweise ist jedoch nur dann korrekt, wenn die betreffenden Variablen tatsächlich keinen Einfluss auf die Zielvariable ausüben, d.h. wenn die zugehörigen Modellparameter Null sind. Anderenfalls wird das Modell falsch spezifiziert, was zu einer verzerrten Schätzung der übrigen Parameter führt.[28] Dies könnte jedoch dann in Kauf genommen werden, wenn die entstehende Verzerrung der Parameterschätzungen durch die entstehende geringere Varianz überkompensiert werden kann. Dazu muss der *Mean Square Error* (MSE) der Schätzfunktion betrachtet werden.[29]

In der Praxis weit verbreitet ist die Anwendung von sog. struktur-entdeckenden statistischen Methoden zur Variablenreduktion. Bei der *Hauptkomponentenanaly-*

Beobachtungen abhängt.

[27]Zu ökonometrischen Mehrgleichungsmodellen vgl. u.a. [Greene 2000], Kap. 15 und 16.

[28]Zum Spezifikationsproblem vgl. u.a. [Kennedy 2003], Kap. 6 und Abschnitt 2.1.1.1 dieser Arbeit.

[29]Der MSE einer Schätzfunktion ist die Summe aus der Varianz und der quadrierten Verzerrung (Bias) dieser Schätzfunktion; vgl. u.a. [Anders 1997], S. 11 f. sowie Abschnitt 3.2.2 dieser Arbeit.

se wird versucht, hinter kollinear verbundenen Variablen eine gemeinsame latente Variable, eine sog. Hauptkomponente zu finden, die die Einflüsse der einzelnen Variablen zusammenfassend beschreibt. Gesucht werden Linearkombinationen von Variablen, die die Hauptkomponenten ergeben.[30] Dabei sollte darauf geachtet werden, dass die evtl. gefundene Hauptkomponente ökonomisch sinnvoll interpretierbar ist. Bspw. könnte bei einer Bilanzanalyse aus den sicherlich hoch korrelierten Variablen *Ergebnis vor Zinsen* (EBIT), *Ergebnis nach Zinsen* (EBT) und *Ergebnis nach Zinsen und Steuern* (JE) eine gemeinsame latente Variable *Gewinn* abgeleitet werden. Die ebenfalls mit diesen evtl. (negativ) hoch korrelierte Variable *Kosten* macht in dieser Hauptkomponente jedoch wenig Sinn. Ebenfalls sollten aus empirischen bzw. Messbarkeitsgründen die einzelnen Variablen in den selben Einheiten wie z.B. Euro gemessen werden, in denen dann auch die Hauptkomponente dargestellt werden kann.

In der der Hauptkomponentenanalyse von der Idee sehr ähnlichen *Faktorenanalyse* werden die miteinander stark korrelierten Variablen durch Linearkombinationen von sog. Faktoren erklärt. Somit wird ebenfalls eine große Anzahl von hoch korrelierten Einzelvariablen zu einer geringeren Anzahl von möglichst niedrig korrelierten Faktoren verdichtet. Im folgenden Abschnitt wird die Faktorenanalyse näher vorgestellt, da bei dieser, wie sich zeigen wird, mehrere Lösungen existieren, aus der eine Faktorenkombination gewählt werden kann, die die inhaltliche Interpretation im Hinblick auf die Bilanzanalyse erleichtert.

5.2.2 Faktorenanalyse zur Variablenreduktion

Im praktischen DM werden aufgrund des Zieles der möglichst umfangreichen Erfassung eines Zusammenhanges oft sehr viele Variablen erhoben. Dabei ist davon auszugehen, dass nicht alle dieser gemessenen Einflussgrößen eigenständige bzw. unabhängige Beiträge zur Erklärung der Zielvariable liefern. Praktisch liegt somit oft hohe Multikollinearität[31] in den Daten vor.

Mit Hilfe der *Faktorenanalyse* kann untersucht werden, ob der Menge an möglicherweise hoch korrelierten beobachteten Variablen eine geringere Anzahl an weitgehend unkorrelierten *Faktoren* zugrunde liegt. Bspw. könnte der Grund für diese hohen Korrelationen die Tatsache sein, dass der scheinbare Zusammenhang mehrerer Variablen durch eine latente Hintergrundvariable verursacht wird. Diese beeinflusst die scheinbar korrelierenden Merkmale direkt; zwischen den gemessenen Einflussvariablen besteht jedoch evtl. nur ein Scheinzusammenhang, der im Hintergrund wirkende Faktor bestimmt eigentlich die Beobachtungen. Die Faktorenanalyse stellt somit ein statistisches Verfahren zur Dimensionsreduktion der untersuchten Variablenmenge mit dem Ziel einer Verminderung des Multikollinearitätsproblems und damit einhergehend einer Reduzierung der Komplexität des vorliegenden Problems dar.

[30] Zur Hauptkomponentenanalyse vgl. u.a. [Bernstein 1988, Flury 1997, Rencher 1995] und [Rencher 1998].

[31] Vgl. Abschnitt 5.2.1.

In einem ersten Schritt wird die $(K \times K)$ - Matrix $\widehat{\boldsymbol{R}}_{\boldsymbol{xx}}$ der empirischen Korrelationen der K erhobenen Variablen betrachtet. Aus dieser lassen sich evtl. Vermutungen über die Zahl und Art der latenten Variablen ableiten. Merkmale mit hohen empirischen Korrelationen untereinander könnten evtl. von einem Faktor beschrieben werden. Des Weiteren können theoretische Vorüberlegungen oder subjektive Einschätzungen des Untersuchenden a priori Hinweise auf die Faktoren geben.

5.2.2.1 Fundamentaltheorem der Faktorenanalyse

Folgende formale Überlegung liegt der Faktorenanalyse zugrunde: Die Varianz-Kovarianzmatrix $\boldsymbol{\Sigma}_{\boldsymbol{xx}}$ bzw. die Korrelationsmatrix $\boldsymbol{R}_{\boldsymbol{xx}}$ der K beobachteten unabhängigen Variablen $X_1, \ldots, X_K$ soll möglichst gut durch Q voneinander unabhängigen Faktoren $\boldsymbol{p} = (p_1, \ldots, p_Q)'$ reproduziert werden. Wenn die unabhängigen Variablen durch einen oder mehrere Faktoren beschrieben werden können, müssten sich deren Beobachtungswerte x_k durch eine Linearkombination dieser Faktoren erklären lassen:

$$x_k = l_0 + \sum_{q=1}^{Q} l_{kq} p_q + u_k = l_0 + \boldsymbol{l}_k' \boldsymbol{p} + u_k \quad , \tag{5.2.3}$$

wobei p_q den q-ten Faktor zur Erklärung der k-ten Variable und l_{kq} die Stärke seines Einflusses auf die entsprechende Variable darstellt. Diese Stärke wird als *Faktorladung* bezeichnet und lässt sich als Kovarianz $l_{kq} = \text{cov}(X_k, p_q)$ zwischen der Variable und dem Faktor interpretieren.[32] Zusätzlich zum durch die Faktoren erklärten Teil der unabhängigen Variable X_k verbleibt ein unerklärter Teil, der durch einen Störterm u_k verursacht wird. Man sucht nun die Linearkombination von Faktoren bzw. deren Faktorladungen, die die Varianz-Kovarianzmatrix der Ausgangsdaten bestmöglich reproduziert.

Für alle K unabhängigen Variablen lautet das *Modell der Faktorenanalyse*

$$\begin{pmatrix} X_1 \\ X_2 \\ \vdots \\ X_K \end{pmatrix} = \begin{pmatrix} l_0 \\ \vdots \\ l_0 \end{pmatrix} + \begin{pmatrix} l_{11} & l_{12} & \ldots & l_{1Q} \\ l_{21} & l_{22} & \ldots & l_{2Q} \\ \vdots & \vdots & \ddots & \vdots \\ l_{K1} & l_{K2} & \ldots & l_{KQ} \end{pmatrix} \cdot \begin{pmatrix} p_1 \\ p_2 \\ \vdots \\ p_Q \end{pmatrix} + \begin{pmatrix} u_1 \\ u_2 \\ \vdots \\ u_K \end{pmatrix}$$

$$\text{bzw.} \quad \boldsymbol{X} = \boldsymbol{l}_0 + \boldsymbol{L}\boldsymbol{p} + \boldsymbol{u} \quad , \tag{5.2.4}$$

wobei in dem Vektor $\boldsymbol{p}$ die Q Faktoren p_q und in der Matrix $\boldsymbol{L}$ für jede unabhängige Variable X_k die Q Faktorladungen l_{kq} enthalten sind.

Wenn davon ausgegangen wird, dass der durch die Faktoren nicht erklärbare Teil $\boldsymbol{u}$ nicht mit den Faktoren korreliert ist und

$$\text{E}[\boldsymbol{u}] = \boldsymbol{0} \quad \text{und} \quad \text{Var}[\boldsymbol{u}] = \boldsymbol{\psi} = \begin{pmatrix} \psi_1 & 0 & \ldots & 0 \\ 0 & \psi_2 & \ldots & 0 \\ \vdots & \vdots & \ddots & \vdots \\ 0 & 0 & \ldots & \psi_K \end{pmatrix} \tag{5.2.5}$$

[32] Vgl. u.a. [Rencher 1995], S. 450.

gilt, ergibt sich die Varianz-Kovarianzmatrix der unabhängigen Variablen zu

$$\boldsymbol{\Sigma_{xx}} = \boldsymbol{LL}' + \boldsymbol{\psi} \quad .^{33} \tag{5.2.6}$$

Die Gleichung (5.2.6) wird als *Fundamentaltheorem der Faktorenanalyse* bezeichnet und besagt, dass sich die Varianzen der unabhängigen Variablen zum Teil durch die Summe der Faktorladungsquadrate reproduzieren lassen. Auf der Hauptdiagonalen von $\boldsymbol{\Sigma_{xx}}$ befinden sich die Varianzen

$$\sigma_k^2 = \sum_{q=1}^{Q} l_{kq}^2 + \psi_k \tag{5.2.7}$$

der einzelnen unabhängigen Variablen X_k. Diese lassen sich somit zerlegen in einen Teil $l_k^2 = \sum_{q=1}^{Q} l_{kq}^2$, der über die Faktoren mit den anderen unabhängigen Variablen geteilt wird. Dieser Teil wird als *Kommunalität* bezeichnet. Der zweite Summand ψ_k ist der sog. *spezifische Teil* der Varianz von X_k und bezeichnet den Teil, der nicht mit den anderen Variablen geteilt wird und somit nicht von den Faktoren erklärt werden kann.

Werden die unabhängigen Variablen standardisiert[34], ergibt sich das Fundamentaltheorem (5.2.6) zu

$$\boldsymbol{\Sigma_{zz}} = \boldsymbol{R_{xx}} = \widetilde{\boldsymbol{L}}\widetilde{\boldsymbol{L}}' + \widetilde{\boldsymbol{\psi}} \quad , \tag{5.2.8}$$

wobei die Varianz-Kovarianzmatrix der standardisierten Variablen $\boldsymbol{\Sigma_{zz}}$ der Korrelationsmatrix $\boldsymbol{R_{xx}}$ der Originalvariablen entspricht, und $\widetilde{\boldsymbol{L}}$ die standardisierte Faktorladungsmatrix und $\widetilde{\boldsymbol{\psi}}$ die Matrix der standardisierten spezifischen Varianzen darstellen. Das Fundamentaltheorem lässt sich somit auch für die Korrelationsmatrix aufstellen.[35] Die Faktorladungen lassen sich nun als Korrelationen $\tilde{l}_{kq} = \text{Korr}[X_k, p_q]$ zwischen der unabhängigen Variable X_k und dem entsprechenden Faktor p_q interpretieren.[36]

5.2.2.2 Schätzung der Faktorladungen und Kommunalitäten

Zur Schätzung der Faktorladungsmatrix bzw. der Kommunalitäten und spezifischen Varianzen wird die Gleichung des Fundamentaltheorems für die Korrelationsmatrix (5.2.8) verwendet.[37] Dazu gibt es verschiedene Schätzverfahren, wie z.B. die Maximum-Likelihood (ML)-Methode und die Hauptfaktorenanalyse. Bei

[33] Die Herleitung ist aus [Handl 2002], S. 226 entnommen und im Anhang A.5 ausführlich dargestellt.

[34] Bei der Standardisierung werden die Variablen mittelwertzentriert und durch ihre Standardabweichung geteilt, hier sind die standardisierten Werte $Z_k = (X_k - l_0)/\sigma_k$ bzw. $\boldsymbol{Z} = \boldsymbol{D}^{-1}(\boldsymbol{X} - \boldsymbol{l}_0)$ mit $\boldsymbol{D} = \text{diag}(\sigma_1, \ldots, \sigma_K)$.

[35] Dies wird gezeigt u.a. in [Handl 2002], S. 226 f. und [Rencher 1998], S. 379 f.

[36] Vgl. u.a. [Rencher 1995], S. 450.

[37] Dabei werden im Folgenden der Übersichtlichkeit wegen die in Gl. (5.2.8) auf der rechten Seite dargestellten standardisierten Matrizen wieder als $\boldsymbol{L}$ und $\boldsymbol{\psi}$ bezeichnet.

der *ML-Methode* wird von einer multivariaten Normalverteilung der unabhängigen Variablen $(X_1, \ldots, X_K)$ ausgegangen, und es werden für eine vorgegebene Faktorenanzahl Q die Schätzwerte für die Parameter l_{kq} und ψ_k bestimmt.[38]

Bei der *Hauptfaktorenanalyse* wird zunächst die Korrelationsmatrix $\boldsymbol{R_{xx}}$ durch die empirische Korrelationsmatrix $\widehat{\boldsymbol{R}}_{\boldsymbol{xx}}$ aus den Daten geschätzt. Wenn man von dieser die Matrix der spezifischen Varianzen abzieht, erhält man die Matrix

$$\boldsymbol{LL}' = \widehat{\boldsymbol{R}}_{\boldsymbol{xx}} - \boldsymbol{\psi} \quad , \tag{5.2.9}$$

in der auf der Hauptdiagonalen die Kommunalitäten stehen. Diese werden nun durch das Bestimmtheitsmaß R_k^2 der Regression der jeweiligen Variable auf alle anderen Variablen geschätzt.[39] Dieses Bestimmtheitsmaß ist der Anteil der Varianz der Variable, der durch die anderen Variablen erklärt wird. Man erhält aus der empirischen Korrelationsmatrix als Schätzung der Kommunalitäten der k-ten Variable:[40]

$$\widehat{l}_k^2 = R_k^2 = 1 - \frac{1}{r^{kk}} \quad ,$$

wobei r^{kk} das k-te Diagonalelement der inversen empirischen Korrelationsmatrix $\widehat{\boldsymbol{R}}_{\boldsymbol{xx}}^{-1}$ ist. Für die betrachteten absoluten und relativen Jahresabschlusskennzahlen ergeben sich aus der Korrelationsmatrix die bereits weiter oben in Tab. 5.2 dargestellten ersten Schätzwerte der Kommunalitäten, welche den Bestimmtheitsmaßen R_k^2 der einzelnen Variablen auf alle übrigen Variablen entsprechen.

Durch $\widehat{\psi}_k = 1 - \widehat{l}_k^2$ kann nun die spezifische Varianz ψ_k der k-ten Variable geschätzt werden. Die so geschätzte Diagonalmatrix $\widehat{\boldsymbol{\psi}}$ wird in die Gl. (5.2.9) eingesetzt. In der Matrix

$$\widehat{\boldsymbol{L}}\widehat{\boldsymbol{L}}' = \widehat{\boldsymbol{R}}_{\boldsymbol{xx}} - \widehat{\boldsymbol{\psi}} \tag{5.2.10}$$

stehen nun die geschätzten Kommunalitäten in der Hauptdiagonalen. Aus dieser Matrix wird in der *Hauptfaktorenanalyse* die Faktorladungsmatrix durch ein iteratives Verfahren geschätzt.[41]

Vor der Schätzung der Faktorladungen $\boldsymbol{L}$ muss noch geklärt werden, wie viele Faktoren evtl. zur Erklärung der Gesamtvarianz in Frage kommen. In der Praxis wird häufig das *Kaiser-Kriterium*[42] angewendet. Dabei werden die Eigenwerte der empirischen Korrelationsmatrix $\widehat{\boldsymbol{R}}_{\boldsymbol{xx}}$ betrachtet. Als Anzahl der Faktoren wird die Zahl der Eigenwerte betrachtet, die größer als der Durchschnitt der K Eigenwerte ist. Der Durchschnitt der Eigenwerte der Korrelationsmatrix der standardisierten Merkmale ist genau 1.[43] Es ergeben sich die folgenden Vektoren

[38]Zur ML-Schätzung der Faktorladungen vgl. [Mardia et al. 1979] und [Rencher 1998].

[39]Zur Berechnung des Bestimmtheitsmaßes vgl. Gl. (3.1.4) in Abschnitt 3.1.1.1 dieser Arbeit. Zur Kommunalitätenschätzung gibt es eine Reihe von weiteren Verfahren, vgl. u.a. [Hartung und Elpelt 1992] und [Überla 1972].

[40]Vgl. [Seber 1977], S. 333.

[41]Vgl. [Handl 2002], S. 232 ff. und [Rencher 1995], S. 458 ff.

[42]Vgl. [Kaiser 1960].

[43]Vgl. [Rencher 1998], S. 386.

$\boldsymbol{\lambda}_a = (\lambda_{a1}, \ldots, \lambda_{a23})'$ bzw. $\boldsymbol{\lambda}_r = (\lambda_{r1}, \ldots, \lambda_{r22})'$ der gerundeten Eigenwerte der Korrelationsmatrizen der absoluten bzw. relativen Bilanzdaten:[44]

$$\boldsymbol{\lambda}_a = (9.11, 3.39, 2.42, 2.13, 1.41, 1.23, 0.79, 0.65, 0.46, 0.36, 0.25, 0.19, 0.16, 0.13, 0.10, 0.06, 0.05, 0.04, 0.04, 0.01, 0.01, 0, 0)'$$

$$\boldsymbol{\lambda}_r = (3.04, 2.99, 2.05, 1.96, 1.94, 1.90, 1.55, 1.36, 0.99, 0.97, 0.79, 0.70, 0.62, 0.48, 0.31, 0.11, 0.09, 0.08, 0.04, 0.03, 0, 0)'$$

Bzgl. der absoluten Kennzahlen sind 6 der Eigenwerte größer als 1, bei den relativen Kennzahlen 8. Die Schätzung der Faktorladungen sollte daher nach dem Kaiser-Kriterium unter Berücksichtigung von 6 bzw. 8 Faktoren erfolgen.

Nach Durchführung einer iterativen Hauptfaktorenanalyse ergeben sich die in Tab. 5.3 dargestellten Schätzungen der Faktorladungen für die 23 absoluten Jahresabschlussvariablen.

	Faktor 1	Faktor 2	Faktor 3	Faktor 4	Faktor 5	Faktor 6
SAV	**0.7772**	-0.0414	-0.2356	0.4689	-0.1052	0.1743
AV	**0.7326**	0.0041	-0.2408	**0.5018**	-0.0476	0.0467
KASSE	**0.6199**	-0.1721	-0.3012	-0.1416	**0.8872**	0.1265
KASSEV	0.0915	-0.0592	0.0123	-0.0558	**0.5294**	-0.0040
FLL	**0.7195**	-0.2733	0.1739	-0.2444	-0.1109	0.1281
VOR	**0.5539**	-0.1477	-0.1247	-0.4635	-0.0951	-0.4043
UV	**0.8410**	-0.2173	-0.0370	-0.3162	0.0492	-0.1752
BILS	**0.9195**	-0.0385	-0.0772	0.2165	-0.0222	-0.0992
EK	**0.8321**	-0.0774	-0.0832	0.2214	0.0312	0.1009
VLL	**0.7192**	-0.1889	-0.1785	-0.3333	-0.1924	0.0770
KVERB	**0.5561**	**0.7428**	0.1131	-0.2194	-0.0099	0.0097
BAVERB	**0.6444**	0.1110	-0.1151	0.4224	-0.0017	-0.4119
LVERB	0.4191	**0.8651**	0.0784	0.0062	0.0272	0.0190
VERBV	0.2396	**0.8748**	0.1860	-0.2508	0.0289	0.1786
FK	**0.5567**	**0.8199**	0.1141	-0.1018	0.0114	0.0235
U	**0.8184**	-0.3082	0.1570	-0.3022	-0.1458	0.1477
LAGV	-0.2082	0.1079	0.1431	0.4178	0.0185	0.3002
GL	**0.8153**	-0.3041	0.1675	-0.2756	-0.1448	0.1721
AFA	**0.7955**	-0.1770	-0.0639	0.1854	-0.1164	0.3907
EBIT	0.2037	-0.1735	**0.7026**	0.1462	0.0499	-0.0331
ZINS	**0.6737**	0.1460	0.0032	0.3056	-0.0051	-0.4386
EBT	0.2493	-0.2285	**0.9460**	0.1368	0.0908	-0.0792
JE	0.1568	-0.1126	**0.5956**	0.1373	0.1822	-0.0514

Tabelle 5.3: Geschätzte Faktorladungen der iterativen Hauptfaktorenanalyse der absoluten Jahresabschlusskennzahlen.

Negative Werte bedeuten eine negative Korrelation zwischen der Variable und dem Faktor und umgekehrt. Die Summe der quadrierten Werte einer Spalte sind die Eigenwerte der Faktoren. Faktoren, deren Eigenwerte größer als 1 sind, erklären laut des Kaiser-Kriteriums mehr Varianz als eine einzelne Variable und sollten deshalb verwendet werden. Die Summe der quadrierten Werte der Zeilen sind die geschätzten Kommunalitäten der einzelnen Variablen. Diese geben den Anteil der

[44] Zur Eigenwertberechnung von symmetrischen Matrizen vgl. u.a. [Strang 1980], S. 179 ff.

von den betrachteten Faktoren erklärten Varianz der jeweiligen Variable an. In Tab. 5.4 sind die Eigenwerte der Faktoren und die durch diese erklärten Varianzanteile aufgelistet. Es zeigt sich, dass hier 6 Faktoren benötigt werden, um die Varianz der Ursprungsvariablen vollständig zu erklären.

	Eigenwert	Varianzanteil	Kumulativ
1	8.98012503	0.4821	0.4821
2	3.31833064	0.1781	0.6602
3	2.19659983	0.1179	0.7781
4	1.90471557	0.1022	0.8804
5	1.24475522	0.0668	0.9472
6	0.98423635	0.0528	1.0000
7	0.51386844	0.0276	1.0276
⋮	⋮	⋮	⋮
23	-0.15527133	-0.0083	1.0100
24	-0.18582335	-0.0100	1.0000

Tabelle 5.4: Eigenwerte der reduzierten Korrelationsmatrix der absoluten Jahresabschlussdaten und Varianzerklärungsanteile der Faktoren.

Für die 22 relativen Jahresabschlusskennzahlen ergeben sich die in Tab. 5.5 dargestellten Faktorladungen, die nach dem Kaiser-Kriterium für 8 Faktoren durch die iterative Hauptfaktorenanalyse geschätzt wurden.

	Faktor 1	Faktor 2	Faktor 3	Faktor 4	Faktor 5	Faktor 6	Faktor 7	Faktor 8
EKQ	-0.0164	0.3508	0.0662	0.0014	-0.0670	0.1222	-0.0302	-0.3514
FKQ	-0.0029	-0.0440	-0.0090	0.0006	0.0071	-0.0156	-0.0085	0.0748
VG	0.0003	-0.0179	0.0466	**0.9757**	0.0713	-0.0335	0.0228	-0.0017
DG1	0.0023	-0.0569	-0.1081	-0.0293	**0.7470**	**0.5833**	-0.0538	0.0026
DG2	0.0019	-0.0506	-0.1087	-0.0290	**0.7463**	**0.5837**	-0.0543	0.0053
KON	-0.0240	0.4336	0.0014	0.0044	-0.0021	0.0494	0.1397	0.1379
EKR	0.0003	-0.0175	0.0489	**0.9753**	0.0693	-0.0303	0.0243	-0.0029
GKR	0.0054	-0.2373	**0.4998**	0.0257	-0.4679	**0.6777**	0.1755	0.0553
NUR	-0.0026	0.0319	**0.8606**	-0.0769	0.3599	-0.3107	-0.0345	0.0148
BUR	-0.0026	0.0316	**0.8599**	-0.0766	0.3579	-0.3092	-0.0320	0.0153
JER	0.0045	-0.1988	0.4481	0.0227	-0.4117	**0.6016**	0.1866	0.0545
AFAI	-0.0211	0.2682	0.0025	0.0187	-0.0466	0.0453	-0.1412	0.1280
AFAGL	-0.0235	0.4570	0.0551	0.0010	0.0302	0.0097	0.0693	-0.0257
GLGK	0.0152	-0.4387	0.0571	0.0107	-0.1088	0.0725	-0.2722	0.1126
LIQ1	**0.9976**	0.0450	0.0017	0.0003	-0.0006	0.0017	0.0039	0.0047
LIQ2	**0.9996**	0.0429	0.0014	0.0003	-0.0005	0.0011	0.0018	0.0125
LIQ3	**0.9967**	0.0390	0.0003	-0.0001	0.0017	0.0000	0.0084	0.0141
AI	-0.0488	**0.8269**	0.0069	0.0120	-0.0359	0.1124	0.1542	0.2673
UI	0.0531	**-0.9295**	-0.0446	-0.0137	0.0393	-0.1219	-0.0818	-0.1789
VORA	0.0023	-0.3868	-0.1342	-0.0492	0.1839	-0.1845	**0.7622**	0.2955
FLLA	-0.0033	-0.0474	0.0132	0.0324	-0.1156	0.0548	**-0.6823**	0.4854
KASA	0.0205	0.2732	0.0714	0.0128	-0.0926	0.1343	-0.1075	**-0.4920**

Tabelle 5.5: Geschätzte Faktorladungen der iterativen Hauptfaktorenanalyse der relativen Jahresabschlusskennzahlen.

In den beiden Faktorladungstabellen 5.3 und 5.5 sind die Variablen, die relativ hohe Ladungen[45] auf die Faktoren besitzen, fett hervorgehoben. Laden mehrere

[45]Der Begriff *relativ hoch* kann nicht genau quantifiziert werden. In der Praxis hat sich jedoch als Konvention ein Wert von ≥ 0.5 als relativ hoch durchgesetzt, vgl. [Backhaus et al. 2002], S. 292.

Variablen ausschließlich auf einem der Faktoren hoch, kann dieser als ursächlich für die Streuung der entsprechenden Variablen interpretiert werden.

5.2.2.3 Faktorrotation

Eine Eigenschaft der gefundenen Lösung $\widehat{\boldsymbol{L}}$ ist, dass sie nicht eindeutig ist. Es gibt also mehrere Ladungsmatrizen, die das Fundamentaltheorem der Faktorenanalyse (5.2.6) erfüllen. Dies bedeutet, dass durch Multiplikation der Matrix $\widehat{\boldsymbol{L}}$ mit einer orthogonalen Matrix $\boldsymbol{T}$ eine weitere Matrix $\widehat{\boldsymbol{L}}_{rot}$ erzeugt werden kann, die ebenfalls die Fundamentalgleichung erfüllt.[46] Diese Eigenschaft hat einen entscheidenden Vorteil: Da es mehrere Faktorlösungen gibt, die die Varianzen der unabhängigen Variablen erklären können, kann versucht werden, eine Faktorkombination zu finden, die auch inhaltlich die Interpretation der Faktoren bezüglich der zu erklärenden Zielgröße des ökonometrischen Modells ermöglicht.

In der oben gefundenen Faktorladungsmatrix laden Variablen teilweise auf mehrere Faktoren relativ hoch, bspw. die Variablen SAV, KASSE, VOR, KVERB, BAVERB, ZINS und FK. Wenn mehrere Faktoren eine unabhängige Variable erklären, existieren jedoch weiterhin mehrdeutige Interpretationen der Zusammenhänge. Um die gefundene Faktorladungsstruktur inhaltlich eindeutiger interpretieren zu können, sollte daher die Faktorladungsmatrix eine sog. *Einfachstruktur* aufweisen, d.h. die Variablen sollten möglichst nur auf jeweils einem Faktor hoch laden, d.h. von diesem erklärt werden. Dann könnte dieser Faktor eine ursächliche Wirkung auf die jeweilige Variable haben. Alle Variablen, die auf einem Faktor hoch laden, könnte man dann bei der Interpretation inhaltlich zu diesem zusammenfassen.

Man versucht nun durch eine sog. *Rotation* der Ladungsmatrix $\widehat{\boldsymbol{L}}$ eine andere Ladungsmatrix zu finden, die eine Einfachstruktur aufweist. Eine Möglichkeit der Rotation ist die *Varimax-Methode*[47], bei der die Varianz der Ladungsquadrate eines Faktors maximiert wird.[48] Die Varimax-Rotation der obigen Faktorladungsmatrizen führt zu den in den Tabellen 5.6 und 5.9 aufgeführten Ergebnissen.

Die erhaltene rotierte Matrix (Tab. 5.6) der absoluten Datenmenge weist eine erhöhte Einfachstruktur auf. Man erkennt, dass die 6 Faktoren nun vollständig ausgeschöpft und somit auch besser getrennt werden. Dies ermöglicht auch eine inhaltlich bessere Interpretation, da die Variablen nun meist nur auf einem der 6 Faktoren hoch laden. Lädt eine Variable auf zwei Faktoren relativ hoch, kann aus theoretischen Überlegungen und/oder weil eine Faktorladung entscheidend größer ist, versucht werden, sie einem der Faktoren zuzuordnen.

In der absoluten Datenmenge laden die Variablen Forderungen (FLL) und Verbindlichkeiten aus Lieferungen und Leistungen (VLL), Umsatz (U), Gesamtleistung (GL) und Abschreibungen (AFA) ausschließlich auf dem ersten Faktor hoch. Dieser Faktor scheint somit als operative Leistung bzw. Erlös- und Aufwandsstruktur

[46]Vgl. u.a. [Bernstein 1988], [Rencher 1995] und [Rencher 1998].

[47]Vgl. [Kaiser 1958].

[48]Zu dieser und weiteren Rotationsmethoden vgl. u.a. [Hartung und Elpelt 1992], S. 551 ff. und [Rencher 1995], S. 468 ff.

	Faktor 1	Faktor 2	Faktor 3	Faktor 4	Faktor 5	Faktor 6
SAV	**0.5110**	**0.7800**	0.0748	-0.0806	-0.1987	0.0374
AV	0.3747	**0.8215**	0.0840	-0.0660	-0.1407	0.0659
KASSE	0.3750	0.2651	0.0470	-0.0953	0.1331	**1.0430**
KASSEV	-0.0277	-0.0037	0.0017	0.0962	0.0361	**0.5330**
FLL	**0.7516**	0.1607	0.0607	0.2346	0.2423	0.0537
VOR	0.3773	0.1710	0.0691	-0.0354	**0.7430**	0.0424
UV	**0.6375**	0.3352	0.1031	0.1022	**0.5439**	0.2308
BILS	**0.5226**	**0.7424**	0.1763	0.1038	0.1734	0.1176
EK	**0.5672**	**0.6244**	0.1330	0.0685	0.0017	0.1775
VLL	**0.7374**	0.2082	0.0892	-0.1275	0.3563	0.0220
KVERB	0.1938	0.1784	**0.9096**	0.0172	0.1562	0.0234
BAVERB	0.0533	**0.8440**	0.1493	0.0902	0.2057	0.0307
LVERB	-0.0143	0.2628	**0.9278**	-0.0170	-0.0310	0.0072
VERBV	0.0230	-0.1002	**0.9694**	-0.0065	-0.0501	0.0039
FK	0.1338	0.2577	**0.9572**	0.0235	0.0655	0.0260
U	**0.8665**	0.1760	0.0693	0.2214	0.2926	0.0504
LAGV	-0.1514	0.0325	0.0007	0.1057	**-0.5491**	-0.0615
GL	**0.8675**	0.1818	0.0707	0.2304	0.2562	0.0486
AFA	**0.7744**	0.4743	0.0661	0.0269	-0.1855	0.0679
EBIT	0.1332	0.0525	-0.0092	**0.7526**	-0.0530	-0.0199
ZINS	0.0848	**0.7627**	0.2318	0.1855	0.2887	0.0216
EBT	0.1553	0.0260	-0.0055	**1.0086**	-0.0173	-0.0061
JE	0.0409	0.0499	0.0174	**0.6542**	-0.0505	0.1080

Tabelle 5.6: Geschätzte Faktorladungen der iterativen Hauptfaktorenanalyse der absoluten Jahresabschlusskennzahlen nach Varimax-Rotation.

des Unternehmens gedeutet werden zu können. Der zweite Faktor scheint dominierend die Merkmale Sachanlagevermögen (SAV), Anlagevermögen (AV), Bilanzsumme (BILS), Eigenkapital (EK), Bankverbindlichkeiten (BAVERB) und Zinsertrag bzw. -aufwand (ZINS) zu laden. Dies könnte das durch das Eigenkapital (+ dessen Zinsertrag) und Bankverbindlichkeiten (- dessen Zinskosten) gedeckte langfristige Vermögen des Unternehmens darstellen. Der dritte Faktor umfasst die Variablen kurz- (KVERB) und langfristige Verbindlichkeiten (LVERB), die Veränderung dieser (VERBV) und das Fremdkapital (FK) und stellt somit offensichtlich die Struktur der Verbindlichkeiten der betreffenden Firma dar. Der vierte Faktor fasst die Ertragsgrößen EBIT, EBT und JE aus der Erfolgsspaltung[49] zusammen und stellt somit den Gewinn dar. Der fünfte Faktor beschreibt das kurzfristige Vermögen bzw. Umlaufvermögen (UV), bestehend aus dem Lagerbestand (VOR) und seiner Veränderung (LAGV) und der sechste Faktor den Zahlungsmittelbestand (KASSE) und deren Veränderung (KASSEV).

Aus diesen Überlegungen heraus werden nun zunächst die absoluten Jahresabschlusskennzahlen neu geordnet bzw. zu Faktorvariablen zusammengefasst. Dabei wird unter dem Hintergrund der möglichst zu vermeidenden Multikollinearität versucht, entweder aus mehreren bzw. allen hinter einem Faktor stehenden Variablen eine gemeinsame Faktorvariable zu bilden, oder es werden nur bestimmte Merkmale eines Faktors weiter verwendet. Andererseits ist in dieser Arbeit sicherlich die Prognose der Insolvenzgefahr das entscheidende Ziel, weshalb darauf geachtet werden sollte, nicht zu viele Variablen auf Kosten der Gesamtqualität der Schätzung

[49] Vgl. Abb. 4.3 auf Seite 143.

zu entfernen. In Abschnitt 5.2.1 wurde dazu dargelegt, dass aus diesem Grund nur redundante oder nicht benötigte Merkmale ausgeschlossen werden sollten. Tab. 5.7 zeigt zusammenfassend die extrahierten Faktoren, die hinter diesen stehenden Merkmale der ursprünglichen absoluten Datenmenge und die Ergebnisse der Konsolidierung.

Faktor	Variablen	beibehaltene Variablen
1: operative Leistung	FLL	FLL
	VLL	VLL
	U	U
	GL	
	AFA	AFA
2: langfristiges Vermögen	SAV	SAV
	AV	
	BILS	
	EK	EK
	BAVERB	BAVERB
	ZINS	ZINS
3: Verbindlichkeiten	KVERB	
	LVERB	
	VERBV	VERBV
	FK	
4: Gewinn	EBIT	
	EBT	EBT
	JE	JE
5: kurzfristiges Vermögen	VOR	VOR
	LAGV	LAGV
	UV	
6: Zahlungsmittel	KASSE	KASSE
	KASSEV	KASSEV

Tabelle 5.7: Extrahierte Faktoren und Variablenkonsolidierung der absoluten Jahresabschlusskennzahlen.

Aus den Werten der Bestimmtheitsmaße bzw. Varianzvergrößerungsfaktoren in Tab. 5.2 war ersichtlich, dass in der absoluten Datenmenge vor allem die Variablen SAV, AV, UV, BILS, EK, KVERB, LVERB, VERBV, FK, GL und ZINS von den anderen Variablen linear erklärt werden können und somit für eine hohe Multikollinearität unter den Variablen verantwortlich sind. Aus diesem Grund wird die Datenmenge wie folgt neu geordnet: Die Gesamtleistung ist perfekt linear abhängig von den übrigen Variablen und muss deshalb entfernt werden. Die Bankverbindlichkeiten bzw. die Verbindlichkeiten aus Lieferungen und Leistungen sind neben anderen hier nicht vorhandenen Bestandteilen in den lang- bzw. kurzfristigen Verbindlichkeiten bereits enthalten[50]. D.h., es sollten entweder die Bestandteile VLL und BAVERB oder die kumulierten Größen KVERB und LVERB entfernt werden. Da die genauen Bestandteile von KVERB und LVERB nicht bekannt sind und sich demzufolge von Unternehmen zu Unternehmen unterscheiden könnten, werden diese Merkmale entfernt. Da das Fremdkapital sich aus kurz- und langfristigen Verbindlichkeiten zusammensetzt, ist die Variable FK ebenfalls überflüssig. Was den zweiten Faktor betrifft, sind im Anlagevermögen vor allem die Sachanlagen und die Grundstücke und Bauten enthalten. Die Variable AV wird entfernt,

[50]Vgl. die Bilanzstruktur in Abb. 4.2 auf Seite 141.

auch weil die Variable GRSTB sehr viele fehlende Werte enthält und somit die Variable AV nicht bei allen Unternehmen gleich interpretiert werden kann. Die Variable Bilanzsumme wird ebenfalls entfernt, da sie lediglich die Summe vieler übriger Variablen der Aktiv- bzw. Passivseite der Bilanz darstellt. Das gilt auch für das Umlaufvermögen, das sich im Wesentlichen aus den Positionen KASSE, VOR und FLL zusammensetzt, und deshalb auch nicht weiter verwendet wird. Letztlich ergibt sich der Gewinn aus ordentlicher Geschäftstätigkeit (EBT) aus dem Gewinn vor Zinsen (EBIT) zu- bzw. abzüglich Zinsertrag bzw. -aufwand.[51] Da wichtige relative Kennzahlen die Position EBT beinhalten und das Ergebnis nach Zinsen für die Ertragsanalyse wichtig erscheint[52], wird die Variable EBIT entfernt, weshalb die Variable ZINS beibehalten werden kann.

Die Varianzvergrößerungsfaktoren und Bestimmtheitsmaße der verbliebenen 15 Merkmale der absoluten Datenmenge sind auf der linken Seite der Tab. 5.8 dargestellt. Es ist klar ersichtlich, dass das Multikollinearitätsproblem nun verringert worden ist.

Label	v_k	R_k^2	Label	v_k	R_k^2
SAV	6.8213	0.8534	EKQ	1.3245	0.2450
KASSE	2.4522	0.5922	FKQ	1.0070	0.0070
KASSEV	1.5006	0.3336	VG	1.0005	0.0005
FLL	2.8082	0.6439	DG1	6.2422	0.8398
VOR	2.5569	0.6089	DG2	6.2422	0.8398
EK	5.1680	0.8065	KON	1.3261	0.2459
VLL	4.3937	0.7724	GKR	5.8962	0.8304
BAVERB	5.0100	0.8004	NUR	1.0131	0.0129
VERBV	1.0246	0.0240	JER	5.7770	0.8269
U	5.8445	0.8289	AFAI	1.2285	0.1860
LAGV	1.2706	0.2130	AFAGL	1.3394	0.2534
AFA	6.3816	0.8433	GLGK	1.4325	0.3019
ZINS	4.3066	0.7678	LIQ2	1.0012	0.0012
EBT	2.5840	0.6130	AI	4.4823	0.7769
JE	2.8345	0.6472	UI	5.3248	0.8122
			FORA	2.0300	0.5074
			FLLA	1.6667	0.4000
			KASA	1.5103	0.3379

Tabelle 5.8: Varianzvergrößerungsfaktoren v_k und Bestimmtheitsmaße R_k^2 der absoluten und relativen Jahresabschlusskennzahlen nach Variablenkonsolidierung.

In der relativen Datenmenge sind ebenfalls einige Kennzahlen kollinear miteinander verbunden, was nicht verwundert, da in vielen Kennzahlen z.T. die gleichen absoluten Variablen als Verhältniszahlen auftreten; so z.B. bei EKQ, FKQ und dem Verschuldungsgrad VG, den 3 Liquiditätskennzahlen LIQ1, LIQ2 und LIQ3, den Rentabilitätskennzahlen NUR und BUR sowie der Anlage- und Umlaufintensität AI und UI. Die Faktorenanalyse sollte nun Faktoren extrahieren, die hinter

[51] Vgl. dazu die Darstellung der Erfolgsspaltung in Tab. 4.3 auf Seite 143.

[52] Das Ausmaß der Fremdfinanzierung der betrieblichen Leistung beeinflusst die Zinsaufwendungen und damit das Ergebnis nach Zinsen teilweise beträchtlich. Zinsaufwendungen sind somit ein wesentlicher Teil der Kosten-Kalkulationen im Unternehmen.

den korrelierten Variablen stehen.[53]

	Faktor 1	Faktor 2	Faktor 3	Faktor 4	Faktor 5	Faktor 6	Faktor 7	Faktor 8
EKQ	-0.0103	0.2035	-0.0005	-0.0074	0.0290	-0.0004	-0.0090	0.4786
FKQ	-0.0030	-0.0177	-0.0001	0.0009	-0.0025	-0.0001	0.0219	-0.0847
VG	0.0000	-0.0019	-0.0001	**0.9803**	-0.0005	-0.0001	0.0052	-0.0065
DG1	0.0001	-0.0117	-0.0015	-0.0001	-0.0025	**0.9574**	-0.0127	-0.0052
DG2	0.0000	-0.0052	-0.0022	0.0000	-0.0031	**0.9569**	-0.0106	-0.0052
KON	-0.0004	0.4776	-0.0106	-0.0011	0.0031	0.0004	-0.0314	0.0178
EKR	0.0000	-0.0013	0.0000	**0.9799**	0.0038	0.0000	0.0044	-0.0046
GKR	-0.0022	-0.0812	0.0190	0.0012	**1.0041**	-0.0027	0.0241	0.0560
NUR	-0.0002	0.0126	**0.9871**	0.0000	0.0189	-0.0016	-0.0073	-0.0017
BUR	-0.0002	0.0132	**0.9851**	0.0000	0.0212	-0.0022	-0.0090	-0.0023
JER	-0.0013	-0.0521	0.0208	0.0020	**0.8972**	-0.0026	-0.0043	0.0433
AFAI	-0.0072	0.2580	-0.0164	0.0049	-0.0125	-0.0113	0.2131	0.0257
AFAGL	-0.0035	0.4237	0.0637	0.0009	-0.0539	-0.0021	-0.0208	0.1790
GLGK	-0.0032	-0.4151	-0.0127	0.0012	0.1607	-0.0079	0.2668	-0.1743
LIQ1	**0.9984**	-0.0067	-0.0002	0.0000	-0.0015	-0.0003	-0.0022	0.0202
LIQ2	**1.0005**	-0.0066	-0.0001	0.0000	-0.0013	-0.0002	0.0017	0.0129
LIQ3	**0.9976**	-0.0080	-0.0002	-0.0001	-0.0011	0.0007	-0.0048	0.0082
AI	-0.0046	**0.8878**	-0.0290	-0.0042	0.0101	-0.0060	0.0526	0.0592
UI	0.0072	**-0.9351**	-0.0045	0.0040	0.0106	0.0074	-0.1081	-0.1944
VORA	-0.0011	-0.0888	-0.0281	-0.0118	0.0078	0.0147	**-0.7189**	**-0.6166**
FLLA	0.0018	-0.0329	-0.0151	0.0006	0.0114	-0.0083	**0.7980**	-0.2876
KASA	0.0189	0.0666	-0.0099	0.0022	0.0313	-0.0060	0.0172	**0.5953**

Tabelle 5.9: Geschätzte Faktorladungen der iterativen Hauptfaktorenanalyse der relativen Jahresabschlusskennzahlen nach Varimax-Rotation.

Die Werte der Varianzvergrößerungsfaktoren und Bestimmtheitsmaße der Tab. 5.2 weiter oben weisen vor allem die Kennzahlen VG, EKR, NUR, BUR, LIQ1, LIQ2, LIQ3 der relativen Datenmenge als kollinear verbunden aus. Um dieses Problem zu beheben, muss hier wieder versucht werden, linear korrelierte bzw. redundante Kennzahlen zu entfernen oder zusammenzufassen.

Die in Tab. 5.9 dargestellte rotierte Faktorladungsmatrix der relativen Datenmenge weist wieder eine ggü. der unrotierten Matrix erhöhte Einfachstruktur auf. Als eindeutige Faktoren können die Liquidität (Faktor 1), die Vermögensstruktur (Faktor 2), bestehend aus der Anlage- und Umlaufintensität und evtl. der Vermögenskonstitution und die Umsatzrentabilität (Faktor 3) identifiziert werden.[54] Der vierte Faktor besteht aus der Eigenkapitalrentabilität und dem Verschuldungsgrad. Der fünfte Faktor bildet offensichtlich die Rentabilität des Gesamtkapitals ab. Die im sechsten Faktor hoch ladenden Variablen Deckungsgrad des Anlagevermögens durch kurz- bzw. langfristiges Kapital hängen stark zusammen, da sich die jeweiligen Zähler teilweise nicht stark unterscheiden.[55] Die Faktoren 7 und 8 könnten evtl. zusammengefasst und als Struktur bzw. Liquidierbarkeit des

[53]Die relativen Kennzahlen wurden dabei aus den absoluten Kennzahlen vor deren Konsolidierung gebildet, vgl. weiter oben Abschnitt 4.2.4. Dies geschah vor allem aus dem Grund, dass nur so eine aureichende Menge von relativen Bilanzkennzahlen definiert werden konnte, um die betriebswirtschaftlichen Gegebenheiten annähernd adäquat abbilden zu können.

[54]Zu den Definitionen der einzelnen relativen Kennzahlen vgl. weiter oben Abschnitt 4.2.4.

[55]Vgl. Tab. 4.4 auf Seite 144.

Umlaufvermögens interpretiert werden. Die meisten innerhalb der 8 Faktoren beinhalteten Kennzahlen werden jedoch als eigenständig angenommen und unverändert weiter verwendet.

In Tab. 5.10 sind die aus den relativen Kennzahlen extrahierten Faktoren, die hinter diesen stehenden Merkmale und die Ergebnisse der Konsolidierung dargestellt.

Faktor	Variablen	beibehaltene bzw. neue Variablen
1: Liquidität	LIQ1	
	LIQ2	LIQ2
	LIQ3	
2: Vermögensstruktur	AI	AI
	UI	UI
	KON	KON
3: Umsatzrentabilität	NUR	NUR
	BUR	
4: Verschuldungsgrad	VG	VG
	EKR	
5: Gesamtkapitalrentabilität	GKR	GKR
	JER	JER
6: Deckungsgrad	DG1	DG1
	DG2	DG2
7: Struktur des Umlaufvermögens	FORA	FORA
	FLLA	FLLA
	KASA	KASA
		EKQ, FKQ, AFAI, AFAGL, GLGK

Tabelle 5.10: Extrahierte Faktoren und Variablenkonsolidierung der relativen Jahresabschlusskennzahlen.

Um die linearen Abhängigkeiten zu reduzieren, wird im ersten Faktor nur die Liquidität 2. Grades weiter verwendet, da diese einen Kompromiss zwischen den drei Liquiditätskennzahlen darstellt und die kurzfristige Zahlungsfähigkeit des Unternehmens ausreichend beschreibt.[56] Die Bruttoumsatzrentabilität innerhalb des dritten Faktors spiegelt im Gegensatz zur Nettoumsatzrentabilität die Leistungsfähigkeit des Unternehmens weniger gut wieder, da in der ersteren das um i.d.R. nicht direkt beeinflussbare Größen erweiterte Ergebnis verwendet wird.[57] Die Kennzahl BUR wird deshalb von der weiteren Analyse ausgeschlossen. Der Verschuldungsgrad VG hängt offenbar sehr stark mit der Eigenkapitalrentabilität EKR zusammen; laut Tab. B.2 in Anhang B beträgt der empirische Korrelationskoeffizient 0.96. Zusätzlich beschreiben laut der durchgeführten Faktorenanalyse beide Kennzahlen inhaltlich den selben Sachverhalt, weshalb hier ebenfalls eine der beiden nicht weiter verwendet werden sollte. Im Folgenden wird die Eigenkapitalrentabilität ausgeschlossen, da zum einen genügend andere Rentabilitätskennzahlen in der Analyse verbleiben und zum anderen vermutet wird, dass die Kausalitätsrichtung zwischen beiden Variablen vom Verschuldungsgrad ausgeht, der den Gewinn und damit die Rentabilität des eingesetzten Kapitals ursächlich beeinflusst.

[56]Vgl. Tab. 4.6 auf Seite 145.

[57]Vgl. Abb. 4.3 in Abschnitt 4.2.3.

Im Ergebnis der Variablenreduzierung ergeben sich die in Tab. 5.8 im rechten Teil dargestellten Varianzvergrößerungsfaktoren und Bestimmtheitsmaße für die beibehaltenen 18 relativen Jahresabschlusskennzahlen. Auch hier ist eine deutliche Reduzierung des Multikollinearitätsproblems zu erkennen.

5.3 DQ-Dimensionen Korrektheit und Konsistenz: Dirty Data Detection

5.3.1 Ausreißerdiagnose und -beseitigung

Vor der eigentlichen Modellschätzung ist aus dem Grund einer möglichst robusten Schätzung darauf zu achten, Ausreißer - d.h. "abnormale" Datensätze - zu erkennen und ggf. aus den Trainingsdaten zu entfernen.[58] Mit abnormalen Daten sind solche Objekte gemeint, deren Merkmalsausprägungen offensichtlich nicht durch die den übrigen Daten zugrunde liegenden Gesetzmäßigkeiten bestimmt worden sind und die somit die zu schätzenden Modellzusammenhänge bzw. die zu erstellenden Prognosen entscheidend bestimmen können, da sie sehr weit von der Masse der Daten entfernt liegen.[59] Ausreißer können zum einen Daten sein, die durch eventuelle Fehler bei der Erhebung wie z.B. Ablese-, Schreib-, Übermittlungs- und Rundungsfehler entstanden sind und zum anderen Daten, die aufgrund ihrer zwar korrekt erhobenen aber extremen Merkmalsausprägungen bei der Methodendurchführung evtl. zu Verzerrungen bzw. Fehlschätzungen des Modells führen würden. Um Ausreißer aufzuspüren, werden die Daten explorativ grafisch oder durch unüberwachte DM-Verfahren wie z.B. die Clusteranalyse analysiert.

Bei der Bewertung eines Datensatzes als Ausreißer ist jedoch Vorsicht angebracht, wenn das entsprechende Objekt hinsichtlich seiner Merkmalsausprägungen zwar anders als andere Objekte ist, jedoch nicht abnormal und somit evtl. gerade dann einen entscheidenden Beitrag zur Modellschätzung liefert. So ist z.B. ein Unternehmen, das in einem Jahr einen besonders hohen Umsatz erwirtschaftet hat, bei Betrachtung nur dieses einen Merkmals ausreißerverdächtig. Wenn das Unternehmen in diesem Jahr jedoch auch besonders viele bzw. wirksame Werbemaßnahmen durchgeführt hat, ist gerade dieses Unternehmen für die Modellierung des Werbung-Umsatz-Zusammenhanges besonders wichtig. In diesem Zusammenhang wird klar, dass eine Ausreißerbetrachtung oft nur multidimensional, d.h. bzgl. aller beobachteten Merkmale Sinn macht. Dabei sollte auch eine Prüfung möglicher Inkonsistenzen zwischen den Merkmalsausprägungen erfolgen. So ist das beschriebene Unternehmen, wenn es in dem selben Jahr sehr wenig Produkte absetzen konnte, evtl. doch durch Erhebungsfehler als Ausreißer zu kennzeichnen und aus der Analyse auszuschließen. Somit kann festgehalten werden, dass nur dann geeignete Maßnahmen zur Behebung der Datenprobleme ergriffen werden können, wenn verstanden wird, warum und wie die Daten fehlerbehaftet, dh. falsch erhoben, ausgewählt, unvollständig oder ausreißerbehaftet sind.

An erster Stelle der Ausreißerdiagnose steht eine explorative Untersuchung der Daten, insb. der Verteilung bzw. Streuung der Merkmale. Dazu können empirische

---

[58]In einigen DM-Anwendungen wie z.B. der Betrugs- oder Fehlererkennung sollen jedoch gerade auffällige Datensätze erkannt werden. In diesem Fall ist eine Ausreißerentfernung somit nicht angebracht.

[59]Vgl. [Rinne 2004], S. 47.

Streuungsmaße wie z.B. die Standardabweichung und die Quantile x_p der Verteilung herangezogen werden. Für annähernd normalverteilte Variablen können die sog. *Sigma-Regeln* einen Hinweis auf die Lage von Extremwerten geben; bspw. liegen laut 3-Sigma-Regel ca. 1% der Daten außerhalb des Intervalls $[\bar{x} \pm 3 \cdot \widehat{\sigma}]$ um den Mittelwert einer normalverteilten Variable, wobei $\widehat{\sigma}$ die empirische Standardabweichung bezeichnet. Die grafische Darstellung des minimalen und des maximalen Wertes, der 0.25-, 0.75- Quantile und des Medians (0.5- Quantil) wird als Boxplot der Verteilung bezeichnet. In diesem sind Werte weit ausserhalb der mittleren 50%-Box der Daten als Ausreißer ersichtlich. Zur eindimensionalen und multidimensionalen grafischen Analyse können weiterhin Histogramme, Scatterplots und Quantil-Quantil-Plots herangezogen werden.

Beim Betrachten der hier verwendeten Daten fällt zunächst auf, dass Kleinstunternehmen mit einem Umsatz von weniger als 100.000 Euro für einige Merkmale einen extrem hohen Anteil fehlender Werte aufweisen. Ebenso gibt es Unternehmen, bei denen viele modellentscheidende Variablen[60] gemeinsam nicht beobachtet werden konnten. Diese Unternehmen werden aus der Datenmenge entfernt, da sie im Hinblick auf die Schätzung eines Insolvenprognosemodells nicht aussagekräftig sind und die Ergebnisse evtl. verzerren würden.

In Abschnitt 4.2.4 wurden aus den absoluten Jahresabschlussdaten relative Kennzahlen gebildet, die sich aus Division einiger der absoluten Daten ergeben. Dabei ist hinsichtlich extremer Werte folgendes zu beachten: Sehr kleine Werte von absoluten Variablen, insbesondere Werte kleiner als 1, die bei relativen Variablen im Nenner stehen, führen zu extrem großen relativen Kennzahlen, die dann als Ausreißer zu betrachten sind. Dies trifft für jeweils einige Unternehmen bezüglich ihres Eigenkapitals und Anlagevermögens zu. Weiterhin kann von Kennzahlen, bei denen sowohl im Zähler als auch im Nenner ein negativer Wert steht, eine gegenteilige wirtschaftliche Situation beschrieben werden, als die, die in Wirklichkeit vorliegt (z.B. negatives Ergebnis aus gewöhnlicher Geschäftstätigkeit EBT zum negativen Eigenkapital EK).[61] Des Weiteren weisen einige Unternehmen negative Werte bei bestimmten Variablen wie z.B. Kassenbestand, kurzfristigen Verbindlichkeiten und Umlaufvermögen auf, die in der Bilanzrechnung theoretisch nicht vorkommen dürften. Objekte, für die einer oder mehrere dieser Fälle vorliegen, werden als Ausreißer betrachtet und aus dem Datensatz entfernt.

Außerdem sind in der Datenmenge Unternehmen unterschiedlicher Rechtsformen enthalten, die hinsichtlich der Bilanzanalyse nicht zusammen betrachtet werden sollten, da u.U. unterschiedliche Bilanzierungsvorschriften existieren.[62] Die Unternehmen werden somit nach Rechtsformen gefiltert und es werden im Folgenden ausschließlich Kapitalgesellschaften, die nach deutschem Handelsrecht bilanzieren[63], betrachtet.

[60] Vgl. dazu die Ausführungen weiter oben in Abschnitt 4.2.3.

[61] Vgl. [Jerschensky 1998], S. 103.

[62] Vgl. weiter oben Abschnitt 4.2.2 und [Coenenberg 2005].

[63] Als Kapitalgesellschaften gelten die Rechtsformen GmbH, GmbH & Co KG und AG, vgl.

Es verbleiben 17926 Unternehmen, die in einem nächsten Schritt hinsichtlich ihrer Merkmalsverteilung explorativ untersucht werden. Für die vier Variablen Umsatz, Sachanlagevermögen, Eigenkapital und Gewinn aus ordentlicher Geschäftstätigkeit ergeben sich beispielhaft die in Abb. 5.3 dargestellten empirischen Verteilungen in Histogramm- und Boxplotdarstellung.

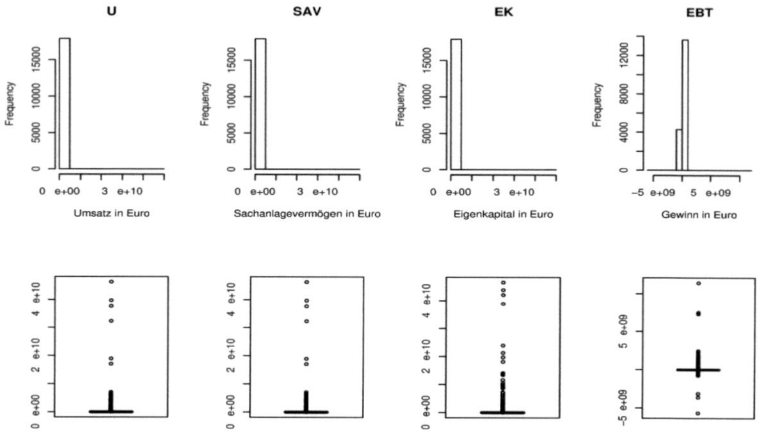

Abbildung 5.3: Empirische Verteilungen ausgewählter absoluter Jahresabschlusskennzahlen.

Diese Verteilungsformen ergeben sich im Wesentlichen auch für die meisten anderen Jahresabschlussvariablen. Aus der Abb. 5.3 ist ersichtlich, dass es einige hinsichtlich der dargestellten Merkmale sehr große Unternehmen gibt. Die Boxplots deuten darauf hin, dass einige Unternehmen "zu weit" von den übrigen entfernt liegen. Diese sollten ebenfalls aus der Datenmenge entfernt werden. Dazu werden die hinsichtlich des Umsatzes oberhalb des 0.995-Quantils liegenden 0.5% der umsatzstärksten Unternehmen herausgefiltert. Danach ergibt sich die in Abb. 5.4 dargestellte Umsatzverteilung von 17836 verbleibenden Unternehmen.

Die - in der Boxplotdarstellung als relativ zusammenhängende hohe Anzahl erkennbaren - verbleibenden großen Unternehmen sollten im Folgenden nicht unbedingt als Ausreißer betrachtet werden, da sie wichtige Informationen über die in den Daten steckenden Zusammenhänge enthalten könnten. Vielmehr bietet es sich bspw. an, die Unternehmen hinsichtlich ihrer Größe oder anderer in dieser Hinsicht bedeutenden Merkmale vor der weiteren Analyse zu unterteilen in intern homogene Gruppen, bspw. in Großunternehmen mit bis zu mehreren Milliarden Euro Jahresumsatz und in kleine und mittelgroße Unternehmen.[64]

u.a. [Coenenberg 2005].

[64] Dies wird im folgenden Abschnitt 5.3.2 im Rahmen der Objekthomogenisierung getan.

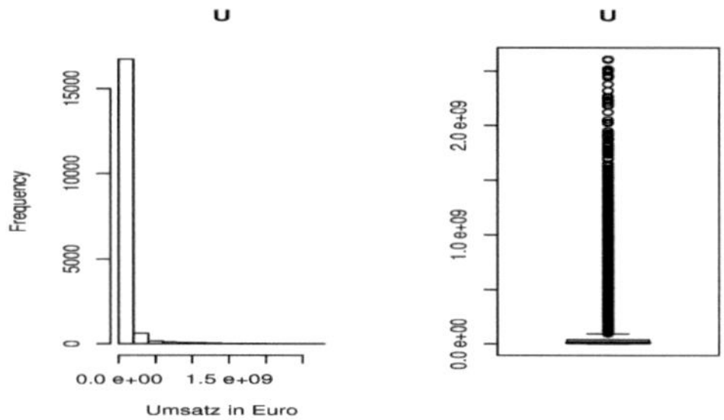

Abbildung 5.4: Umsatzverteilung nach Entfernung der oberen Extremwerte.

Um "abnormale", d.h. bzgl. ihrer Ausprägungen fehlerhafte Objekte in der Datenmenge zu identifizieren, lassen sich neben der explorativen Analyse auch struktur-entdeckende statistische Verfahren und dabei vor allem die *Clusteranalyse* heranziehen. Unter diesem Begriff werden verschiedene statistische Verfahren zur Objektgruppierung bzw. -klassifizierung zusammengefasst. Die Clusteranalyse versucht die Menge der Untersuchungsobjekte in mehrere möglichst homogene Teilmengen (Cluster) zu unterteilen. Dazu wird zunächst die Ähnlichkeit oder Distanz jeweils zweier Objekte bzgl. der Ausprägungen der an diesen beobachteten Merkmalsausprägungen gemessen. Danach werden anhand eines bestimmten Fusionsalgorithmus ähnliche Objekte sukzessive solange zusammengefasst, bis möglichst viele Objekte in möglichst wenigen Clustern zusammengefasst wurden. Diejenigen Objekte, die letztlich aufgrund ihrer großen Distanzen zu den übrigen Objekten nicht in eines der großen Cluster integriert werden können, sind dann ggf. als Ausreißer zu betrachten und aus der Datenmenge zu entfernen.

Die Clusteranalyse hat neben der Ausreißererkennung zum Ergebnis, dass die weiteren DM-Verfahren zur Strukturprüfung dann auf die homogenen Cluster getrennt angewendet werden können, um mögliche Fehlinterpretationen der Zusammenhänge zu vermeiden. So sollten bspw. innerbetriebliche Strukturen und Zusammenhänge getrennt für verschiedene Betriebsgrößen untersucht werden, um zu vermeiden, dass dort evtl. Scheinzusammenhänge, bspw. zwischen Managergehältern und wirtschaftlichem Erfolg, modelliert bzw. entdeckt werden. Im folgenden Abschnitt wird nun mit Hilfe der *Clusteranalyse* untersucht, ob in den evtl. heterogenen Daten hinsichtlich ihrer Merkmalsausprägungen mehrere homogene und damit ausreißerfreie Gruppen von Unternehmen existieren, für die dann getrennte Analysen durchgeführt werden sollten.

5.3.2 Homogenisierung des Datenbestandes

Sollen Verfahren der statistischen multivariaten Datenanalyse auf große Datenmengen angewendet werden, um Zusammenhänge zwischen den Analysevariablen zu modellieren, ist es u.U. notwendig, die Untersuchungsobjekte vorher möglichst homogen bereitzustellen. Abb. 5.5 zeigt vereinfacht eine mögliche Fehlinterpretation eines Zusammenhanges in einer heterogenen Datenmenge. Hier würde bei Einbeziehung aller Daten ein positiver Zusammenhang zwischen der Körpergröße einer Person und deren Einkommen vermutet werden (geschätzte Regressionsgerade). Dieser ist jedoch durch das Geschlecht der betrachteten Personen bedingt. Innerhalb der jeweils homogenen Teilmengen der Frauen (Objekte links unten) bzw. Männer (Objekte rechts oben) gibt es jedoch keinen Zusammenhang zwischen den betrachteten Variablen.

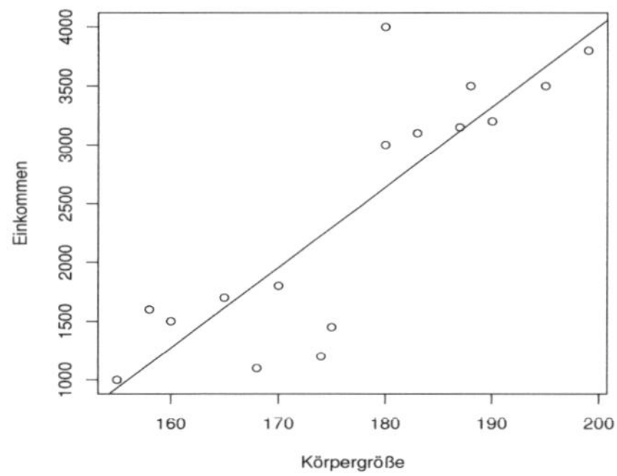

Abbildung 5.5: Scheinzusammenhang in heterogener Datenmenge.

Somit sollte vor der Schätzung eines Insolvenz-Klassifikationmodells untersucht werden, ob sich die betrachteten Unternehmen in homogene Teilmengen zerlegen lassen, für die dann getrennte Analysen durchgeführt werden sollten. Dafür gibt es grundsätzlich zwei Möglichkeiten. Zum einen kann versucht werden, die Objekte aufgrund inhaltlich-theoretischer Vorüberlegungen in homogene Teilmengen zu unterteilen. So wäre es in der hier durchgeführten Bilanzanalyse evtl. sinnvoll, die Unternehmen bspw. hinsichtlich ihrer Rechtsform, Größe, regionaler Zugehörigkeit oder Branchenzugehörigkeit zu gruppieren, um die Gefahr der Schätzung von Scheinzusammenhängen zu vermindern. Zum anderen können statistische Verfahren herangezogen werden, die die Objekte anhand ihrer Merkmalsausprägungen "statistisch trennen". Unter dem Begriff der *Clusteranalyse* werden verschiedene Verfahren zur Objektgruppierung bzw. unüberwachten Klassifizierung zusammengefasst. Von unüberwachter Klassifizierung wird gesprochen, wenn diese bei unbekannter bzw. nicht vorhandener Zielgröße erfolgt.[65] Im Folgenden wird eine inhaltliche sowie eine statistische Clusterung der vorliegenden Unternehmensdatensätze in

[65]Vgl. dazu auch die Ausführungen in Abschnitt 2.2.2 dieser Arbeit.

Form der klassischen hierarchischen Clusteranalyse einerseits und einer Clusterung durch die Verwendung einer Support-Vektor-Maschine andererseits durchgeführt, um eine Homogenisierung des Datenbestandes zu erreichen.

5.3.2.1 Klassische hierarchische Clusteranalyse

Die klassiche *hierarchische Clusteranalyse* versucht anhand der Merkmalsdaten (hier der Bilanzdaten der betrachteten Unternehmen) die heterogene Menge von Untersuchungsobjekten in mehrere möglichst homogene Teilmengen (= Cluster) zu separieren. Die Vorgehensweise umfasst im Wesentlichen die folgenden Schritte:

1. Bestimmung der Ähnlichkeit oder Distanz jeweils zweier Objekte (Unternehmen) bezüglich der Ausprägungen der an diesen betrachteten Merkmale (Jahresabschlusskennzahlen),

2. Anwendung eines Fusionsalgorithmus, anhand dessen ähnliche Objekte zusammengefasst werden,

3. Bestimmung der Clusteranzahl. Hierbei sind Handhabbarkeit (d.h. möglichst geringe Clusteranzahl) und Homogenitätsanforderungen an die Cluster (d.h. evtl. hohe Anzahl an Clustern) gegeneinander abzuwägen.

Um die Frage, welche der n erhobenen Unternehmen zu wie vielen Clustern zusammengefügt werden sollen, zu klären, muss zunächst die Ähnlichkeit bzw. Unterschiedlichkeit der Objekte bewertet werden. Dabei wird die folgende Forderung gestellt: *Gleichartige Objekte werden in ein Cluster integriert, verschiedenartige Objekte sind in verschiedenen Clustern zu finden.* Die gesuchten Cluster sind somit intern homogen und extern heterogen.

1. Bestimmung der Ähnlichkeiten bzw. Distanzen Bei der Bestimmung der Ähnlichkeit bzw. Unähnlichkeit zweier Objekte gibt es eine Reihe von Maßen, die in zwei Klassen eingeteilt werden können:

- **Ähnlichkeitsmaße**: Zur Bestimmung der Ähnlichkeit zweier Objekte existieren mehrere Maße, die bereits ab nominalem Skalenniveau der an den Objekten beobachteten Variablen angewandt werden können. Bei binären Variablen kann bspw. der sog. *Tanimoto-Koeffizient* wie folgt errechnet werden:

  $$T_{ij} = \frac{a_{ij}}{a_{ij} + a_i + a_j} \quad , \tag{5.3.1}$$

  wobei a_i, a_j und a_{ij} angeben, wie oft das Merkmal bei Objekt i, Objekt j bzw. bei beiden Objekten beobachtet worden ist. Je größer der Koeffizient, desto mehr Merkmale sind sowohl beim ersten als auch beim zweiten Objekt vorhanden. Liegt ordinales oder kardinales Skalenniveau vor, können auch Korrelationskoeffizienten wie bspw. der *Rangkorrelationskoeffizient von Spearman* oder der *Korrelationskoeffizient von Bravais-Pearson* angewandt werden. Allgemein sind Ähnlichkeitsmaße umso größer, je ähnlicher sich zwei Objekte sind.

– **Distanzmaße**: In der Clusteranalyse werden häufig Distanzmaße zur Bestimmung der Unterschiedlichkeit zweier Objekte benutzt. Diese sind umso größer, je unähnlicher sich zwei Objekte sind. Distanzmaße sind nur bei kardinalem Niveau der Variablen anwendbar. Weit verbreitet sind die sog. L_r-Normen oder *Minkowski-Metriken*, die auch von der Analysesoftware *SAS ® Enterprise Miner ® 5.2* verwendet werden. Diese werden für zwei Objekte i und j anhand aller K Merkmale wie folgt bestimmt:

$$d_{ij} = \left(\sum_{k=1}^{K} |x_{ik} - x_{jk}|^r \right)^{\frac{1}{r}} \tag{5.3.2}$$

Dabei sind x_{ik} und x_{jk} die Ausprägungen der Variable k bei den Objekten i und j. Je nach Wahl des Parameters $r > 0$ werden verschiedene Distanzmaße abgebildet. Für $r = 1$ z.B. ergibt sich die *City-Block-Metrik* bzw. L_1-Norm, bei der die Länge eines rechtwinkligen "Weges" zwischen zwei Objekten gemessen wird, bei $r = 2$ hingegen wird die *euklidische Distanz* bzw. L_2-Norm

$$d_{ij} = \sqrt{\sum_{k=1}^{K} (x_{ik} - x_{jk})^2} \tag{5.3.3}$$

gebildet, die den Abstand zwischen zwei Objekten als die Länge der die Punkte verbindenden Gerade definiert.[66]

Im Folgenden werden die euklidischen Distanzen zwischen den betrachteten Jahresabschlussdaten berechnet. Die Verwendung der Minkowski-Metriken setzt die Unkorreliertheit der betrachteten Variablen voraus.[67] Die lineare Unabhängigkeit ist nach der weiter oben durchgeführten Variablenreduktion in Form der Faktorenanalyse im Folgenden weitgehend gegeben, wenn die konsolidierten Variablen zur Clusterung verwendet werden.

Da die betrachteten absoluten Jahresabschlussdaten sehr unterschiedliches Größenniveau aufweisen, werden die Minkowski-Distanzen durch die unterschiedlichen Streuungen der Merkmale verzerrt, d.h. die Distanzen werden durch die Merkmale dominiert, die eine große Varianz besitzen. Die Merkmale sollten daher vor der Distanzberechnung standardisiert werden.[68]

---

[66] Zu diesen und weiteren Distanzmaßen vgl. u.a. [Flury 1997], S. 280 ff. und [Handl 2002], S. 83 ff.

[67] Bspw. kann die euklidische Distanz zweier Punkte als Länge der Hypothenuse eines rechtwinkligen Dreiecks veranschaulicht werden, wobei die beiden Punkte an den Enden der Hypothenuse zu finden sind. Die für die Bestimmung des Abstandes notwendige Rechtwinkligkeit der beiden Katheten entspricht dabei der vorausgesetzten linearen Unabhängigkeit (Orthogonalität) der beiden untersuchten Merkmale, deren Ausprägungen den Punkten am Ende der beiden Katheten entsprechen.

[68] Vgl. zur Standardisierung weiter oben Abschnitt 4.3.

Die euklidischen Distanzen ergeben sich nach der Skalierung wie folgt:

$$d_{ij} = \sqrt{\sum_{k=1}^{K} \frac{(x_{ik} - x_{jk})^2}{\widehat{\sigma}_k^2}} \tag{5.3.4}$$

Die jeweiligen paarweisen Distanzen der $n = 17836$ Unternehmen werden in einer symmetrischen $(n \times n)$-Distanzmatrix

$$\boldsymbol{D} = \begin{pmatrix} 0 & d_{12} & \dots & d_{1j} & \dots & d_{1n} \\ d_{21} & 0 & \dots & \dots & \dots & d_{2J} \\ \vdots & \vdots & \ddots & & & \vdots \\ d_{i1} & \vdots & & 0 & & \vdots \\ \vdots & \vdots & & & \ddots & \vdots \\ d_{n1} & d_{n2} & \dots & \dots & \dots & 0 \end{pmatrix} . \tag{5.3.5}$$

zusammengefasst.

2. Objektfusionierung und Clusterbildung Die Distanzmatrix bildet den Ausgangspunkt für die nun folgende Fusion der Einzelobjekte. Je nach angewandtem Verfahren werden dabei die Objekte nach bestimmten Regeln Schritt für Schritt zu möglichst homogenen Teilmengen bzw. Clustern zusammengefasst.

Die Gesamtmenge der zu untersuchenden Unternehmen wird im Folgenden durch ein agglomeratives hierarchisches Klassifizierungsverfahren in Cluster unterteilt. Dabei ist die Ausgangssituation eine Partition, d.h. eine Menge von Clustern $\zeta = \{C_1, \dots, C_j, \dots, C_n\}$, die aus $n = 17836$ Clustern besteht. Gesucht ist zunächst eine Partition, die aus $n - 1 = 17835$ Teilmengen besteht; es werden somit die beiden ähnlichsten Unternehmen (gekennzeichnet durch den kleinsten Wert der Distanzmatrix $\boldsymbol{D}$) zu einem Cluster fusioniert.[69] Nach dem Zusammenfassen dieser beiden Objekte entsteht eine *reduzierte Distanzmatrix*, in der alle Distanzen der verbliebenen 17835 Unternehmen zum im vorherigen Fusionsschritt entstandenen Cluster dargestellt sind. In einem nächsten Schritt werden wieder die ähnlichsten Objekte bzw. Cluster zusammengefasst, so dass eine Partition mit $n-2$ Teilmengen entsteht. Dabei werden entweder zwei Einzelobjekte fusioniert oder es wird ein Einzelobjekt zu dem enstandenen ersten Cluster hinzugefügt. Dann wird eine neue reduzierte Distanzmatrix erstellt. Diese Schritte werden so lange wiederholt, bis eine Partition mit nur einer Teilmenge entstanden ist, in die alle Objekte integriert wurden.[70]

---

[69] Bei sog. divisiven hierarchischen Verfahren wird dagegen mit einer aus einem einzigen Cluster bestehenden Partition der Objekte begonnen, zu dem nacheinander weitere Cluster hinzugefügt werden. Im Gegensatz zu hierarchischen Verfahren setzen *partitionierende* Verfahren eine zu wählende Anfangspartition der Objekte voraus und gruppieren dann nach einem bestimmten Austauschalgorithmus die Objekte zwischen den Clustern solange um, bis das Optimum einer gegebenen Zielfunktion erreicht wird, vgl. u.a. [Bacher 2002].

[70] Hier zeigt sich ein erheblicher Rechen- und Speicheraufwand, da im ersten Schritt $\frac{n^2}{2}$ Distanzen berechnet werden müssen, die dann in einer Distanzmatrix zusammengefasst werden, die

Man kann mehrere Verfahren unterscheiden, wie die Distanzen zwischen einem Cluster und anderen Objekten gebildet und die Cluster sukzessive fusioniert werden, dies sind u.a.:

- **Single-Linkage-Verfahren** (Nearest-Neighbour-Verfahren): Als Distanz eines Clusters zu einem anderen Objekt bzw. Cluster wird die kleinste Distanz der einzelnen Objekte der Cluster gewählt. Die ähnlichsten Cluster werden fusioniert.

- **Complete-Linkage-Verfahren**: Als Distanz eines Clusters zu einem anderen Objekt bzw. Cluster wird die größte Distanz der einzelnen Objekte der Cluster gewählt. Die ähnlichsten Cluster werden fusioniert.

- **Average-Linkage-Verfahren**: Als Distanz eines Clusters zu einem anderen Objekt bzw. Cluster wird der Mittelwert der Distanzen der einzelnen Objekte der Cluster gewählt. Die ähnlichsten Cluster werden fusioniert.

- **Verfahren von Ward**: Die Objekte bzw. Cluster werden so miteinander fusioniert, dass der Varianzzuwachs innerhalb der einzelnen Cluster von einer Partition zur nächsten minimal ist. Es wird somit ein Optimalitätskriterium anstatt der Distanzen verwendet.

3. Clustergüte und Bestimmung der Clusteranzahl Bei der hierarchischen Fusionierung der Untersuchungsobjekte zu Clustern stellt sich die Frage, wann eine Partition von Clustern erreicht ist, die man als bestmöglich bzw. optimal bezeichnen kann. Dabei muss zwischen zwei entgegenlaufenden Effekten abgewogen werden. Zum einen wird durch eine möglichst kleine Anzahl von Clustern eine höhere Übersichtlichkeit bzw. Handhabbarkeit der später zu analysierenden Datenmenge erreicht, da die statistischen Modellschätzungen dann auf die einzelnen Cluster getrennt angewendet und ausgewertet werden müssen. Andererseits kann evtl. erst durch eine notwendige hohe Clusteranzahl die gewünschte Homogenität der Objekte in den einzelnen Gruppen erreicht werden.

Gütemaße, die die Qualität einer Cluster-Partition beurteilen, stellen somit die möglichst große Homogenität innerhalb der einzelnen Cluster einer möglichst großen Heterogenität zwischen den Clustern gegenüber.

Ein Maß für das Ausmaß der Homogenität der einzelnen Cluster einer gefundenen Partition stellt das Verhältnis

$$F_k(C_j) = \frac{\widehat{\sigma}^2_{kj}}{\widehat{\sigma}^2_k} = \frac{\frac{1}{n_{kj}-1}\sum_{i=1}^{n_{kj}}(x_{ikj} - \bar{x}_{kj})^2}{\frac{1}{n_k-1}\sum_{i=1}^{n_k}(x_{ik} - \bar{x}_k)^2} \tag{5.3.6}$$

der empirischen Varianz[71] einer Variable X_k in einem Cluster C_j (mit $j = 1, \ldots, J$) zur empirischen Varianz der entsprechenden Variable in der Gesamtheit aller Be-

dann wiederum bei der hierarchischen Bestimmung der Partitionen n mal neu berechnet werden muss.

[71] Zur Berechnung der empirischen Varianz sind natürlich mindestens zwei Objekte und damit Beobachtungen in einem Cluster notwendig.

obachtungen dar. Dem liegt die Forderung zugrunde, dass in einem Cluster mit ähnlichen Objekten eine Variable eine geringe Streuung innerhalb des Clusters aufweist.[72] Dabei ist n_k die Anzahl der Beobachtungen, x_{ik} die i-te Beobachtung und $\bar{x}_k$ das arithmetische Mittel der Variable X_k in der Erhebungsgesamtheit und n_{kj} die Anzahl der Beobachtungen, x_{ikj} die i-te Beobachtung und $\bar{x}_{kj}$ das arithmetische Mittel des Merkmals X_k in Cluster C_j. Nach der hier erfolgten Skalierung ist die Varianz der Variablen in der Erhebungsgesamtheit gleich 1 (vgl. Gl. (4.3.4) in Abschnitt 4.3), was die Gl. (5.3.6) zu

$$F_k(C_j) = \widehat{\sigma}^2_{kj} = \frac{1}{n_{kj}-1}\sum_{i=1}^{n_{kj}}(x_{ikj} - \bar{x}_{kj})^2 \qquad (5.3.7)$$

vereinfacht. Eine gefundene Cluster-Partition wird als "vollkommen homogen" bezeichnet, wenn alle F-Werte kleiner als 1 sind, d.h. alle Merkmale in den Clustern weniger streuen als in der Erhebungsgesamtheit.

Das Ergebnis der hierarchischen Clusteranalyse kann grafisch in einem sog. *Dendrogramm* dargestellt werden. In einem Dendrogramm sind die Partitionen und die Distanzen, welche zu den einzelnen Partitionen geführt haben, dargestellt. Für die hier analysierten Unternehmen ergab die Analyse mit dem Verfahren nach Ward - das die Unternehmen so fusioniert, dass die Varianzzuwächse innerhalb der Cluster von einer Partition zur nächsten minimal sind - das in Abb. 5.6 dargestellte Dendrogramm.

Abbildung 5.6: Dendrogramm für eine hierarchische agglomerative Clusteranalyse der absoluten Jahresabschlussdaten.

Auf der Abszisse des Dendrogramms sind die 17836 Unternehmen abgetragen. Von jedem Objekt geht eine senkrechte Linie nach oben in Höhe der Distanz, bei der es mit einem anderen Objekt zu einem Cluster verschmolzen wurde. Aus dem Dendrogramm kann man auch visuell das Problem erkennen, die geeignete optimale Anzahl von Clustern zu finden, bei der keine weitere Fusionierung mehr erfolgen

[72] Weitere Maße zur Messung der Homogenität eines Clusters finden sich u.a. in [Fahrmeir et al. 1996], S. 469 ff. und [Hartung und Elpelt 1992], S. 454 ff.

sollte. Generell kann festgehalten werden, dass bei etwa gleichem und relativ kleinem Distanzniveau (Höhe der senkrechten Linien) möglichst viele Objekte zu einem Cluster verschmolzen werden sollten (interne Homogenität). Andererseits sollten die Distanzen zwischen den Clustern möglichst groß sein (externe Heterogenität). In diesem Fall kommen bei der grafischen Betrachtung evtl. Partitionen bestehend aus zwei oder drei Clustern in Frage, wobei die Partition mit drei Clustern geringere Distanzen der Cluster zueinander aufweist. Erkennbar ist weiterhin, dass die meisten Unternehmen so extrem geringe Distanzen zueinander aufweisen, dass diese in dem Dendrogramm nicht mehr visuell darstellbar sind.

Die Clusteranalyse nach Ward'scher Fusionierung ergab eine optimale Anzahl von zwei Clustern. Dabei wird von der Analysesoftware *SAS ® Enterprise Miner ® 5.2* das *Kubische Clusterkriterium (CCC)* zur Ermittlung der optimalen Clusteranzahl verwendet. Hierbei wird für eine bestimmte Clusteranzahl die Hypothese, dass die beobachteten Daten aus einer gemeinsamen Dichte gezogen wurden, gegen die Hypothese, dass sie aus verschiedenen Dichten der jeweiligen Cluster mit gleicher Verteilung stammen, getestet. Der CCC - Wert stellt dabei die Prüfgröße dar; Werte größer als 2 deuten auf eine sinnvolle und nötige Clustertrennung der Daten hin. Als optimale Clusterzahl wird dabei die derjenigen Partition geschätzt, die den größten CCC-Wert aufweist.[73] Der von SAS ® ausgegebene Plot der CCC-Werte für mehrere Partitionen ist in der Abb. 5.7 dargestellt.

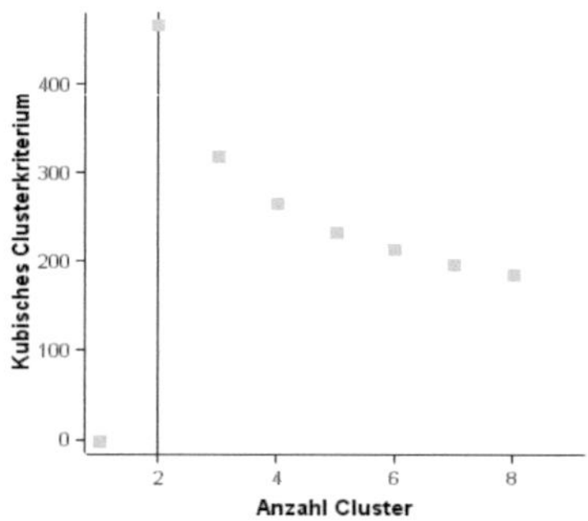

Abbildung 5.7: Werte des Kubischen Clusterkriteriums (CCC) für verschiedene Clusterpartitionen, Quelle: Mean Results der Clusteranalyse des *SAS® Enterprise Miner® 5.2*

Die gefundene Partition ist zusammengefasst im oberen Teil der Tab. 5.11 beschrieben. Es ist ersichtlich, dass ca. 98% der gesamten Unternehmen in einem großen Cluster zusammengefasst wurden, was kein befriedigendes Ergebnis darstellt.

Die F-Werte (vgl. Gl. (5.3.7)) der einzelnen Variablen als Homogenitätsmaße für die einzelnen Cluster sind im linken Teil der Tab. 5.12 dargestellt. Es ist ersicht-

[73]Zu diesem Hypothesentest und der Berechnung des Kubischen Clusterkriteriums vgl. die sehr gute Beschreibung in der softwareinternen Hilfe des *SAS® Enterprise Miner® 5.2.*

Cluster	Cluster-Häufigkeit	Anteil	Nächstes Cluster	Distanz zu nächstem Cluster
C_1	17507	98.1%	2	13.12127
C_2	330	1.9%	1	13.12127
C_1	16427	93.8%	1	7.638867
C_2	1057	6%	3	23.23268
C_3	23	0.1%	1	7.638867

Tabelle 5.11: Auszug der Mean Statistics Results des *SAS ® Enterprise Miner ® 5.2* für die erste (oberer Teil) und zweite (unterer Teil) Clusteranalyse nach Ward.

lich, dass das große Cluster zwar geringere Streuungen hinsichtlich aller betrachteten Variablen aufweist und damit vollständig homogen ist[74], das kleine Cluster jedoch stark streut und damit evtl. durch einige Ausreißer bzw. sehr große Unternehmen gekennzeichnet ist. Eine Unterteilung der Unternehmen in diese beiden Cluster scheint damit hinsichtlich der weiteren Analyse nicht sinnvoll zu sein. Da des Weiteren das Kubische Clusterkriterium sehr empfindlich auf Ausreißer reagiert, sollten evtl. die 330 Unternehmen des zweiten Clusters komplett aus der Datenmenge entfernt werden.

Variable X_k	$F_k(C_1)$	$F_k(C_2)$	$F_k(C_1)$	$F_k(C_2)$	$F_k(C_3)$
SAV	0.3897	5.1731	0.3602	2.7982	2.1236
KASSE	0.4721	5.5041	0.5097	3.0440	5.5402
KASSEV	0.6627	4.8567	0.4124	3.1442	5.3986
FLL	0.4230	5.0077	0.4335	2.7652	2.2792
VOR	0.4309	5.7261	0.4901	2.9863	3.5248
EK	0.3870	5.0229	0.3961	2.2625	7.0453
VLL	0.3859	5.1091	0.4601	2.6412	1.8172
BAVERB	0.4529	5.2491	0.3874	2.9313	2.7509
VERBV	0.9225	2.6103	.	.	.
U	0.5328	3.5522	0.4383	2.5180	3.2686
LAGV	0.4823	5.9687	0.5941	3.1563	1.4617
AFA	0.3874	4.9255	0.4026	2.6044	2.2237
ZINS	0.2421	6.5839	0.3834	2.5154	9.7699
EBT	0.2406	7.0704	0.4497	2.3222	11.7755
JE	0.2073	7.4289	0.4571	1.9711	16.8466

Tabelle 5.12: Homogenitätsmaße der Cluster Statistics Results des *SAS ® Enterprise Miner ® 5.2* der Clusterpartitionen der ersten (linker Teil) und zweiten (rechter Teil) hierarchischen Clusteranalyse bestehend aus 2 bzw. 3 Clustern.

Wird die Clusteranalyse für die 17507 Unternehmen des ersten Clusters erneut durchgeführt, ergibt sich zunächst eine Partition wiederum bestehend aus zwei Clustern, wobei ein Cluster mit 6154 Unternehmen entsteht, in dem die Variable VERBV nur bei einem Objekt beobachtet wurde. Dies deutet darauf hin, dass dieses Merkmal evtl. durch die vielen fehlenden Werte die Clusterung derart dominiert, dass es ausgeschlossen werden sollte. Nach Ausschluss dieser Variable ergibt sich das im unteren Teil in Tab. 5.11 und rechten Teil in Tab. 5.12 dargestellte Ergebnis der Ward'schen Clusteranalyse.

Die Objekte des dritten Clusters werden aufgrund des geringen Anteils an der Gesamtheit von 0.1% und ihrer teilweise sehr hohen F-Werte wiederum als Ausreißer interpretiert und entfernt. Letztlich lässt sich die Datenmenge somit in zwei

[74]Dies war auch aus dem in Abb. 5.6 dargestellten Dendrogramm ersichtlich.

intern homogene Teilmengen unterteilen. Vor allem das erste sehr große Cluster ist intern vollständig homogen, die Varianzen der einzelnen Variablen sind alle entscheidend geringer als in der Erhebungsgesamtheit. Dies deutet nachträglich darauf hin, dass die sehr großen Unternehmen in der Datenmenge - die nun im zweiten Cluster enthalten sind - starke Größenunterschiede zu den übrigen Unternehmen aufweisen und somit innerhalb der folgenden Analysen getrennt betrachtet werden sollten.[75]

Um auch inhaltlich die Gründe für die Clusterbildung interpretieren zu können, gibt der *SAS* ® *Enterprise Miner* ® *5.2* die in Abb. 5.8 dargestellte grafische Baumdarstellung aus, die die Bedeutung der einzelnen Variablen auf die Clustertrennung veranschaulicht. Dabei sind die Variablen nach der Größe ihres jeweiligen Einflusses auf die Clusterung von oben nach unten abgetragen. Bei jeder Variable ist der Trennwert ersichtlich, bei dem ein Unternehmen in eines der beiden Cluster klassifiziert wurde.[76]

Auch aus dieser Grafik ist ersichtlich, dass das entscheidende Kriterium der Heterogenität der betrachteten Daten die Größe der Unternehmen darstellt, da die für die Clusterung entscheidenden Merkmale wie "Umsatz", "Sachanlagevermögen", "Gewinn vor Steuern" und "Eigenkapital" stark mit der Größe eines Unternehmens verbunden sind.

Trotz allem kann die Clusteranalyse die Unternehmen des ersten sehr großen Clusters - die ja fast die gesamte Datenmenge umfassen - offensichtlich nicht weiter sinnvoll anhand bestimmter Kriterien in klar voneinander abgrenzbare Gruppen unterteilen. Dies könnte zum einen daran liegen, dass die Unternehmen vorher schon in - nach gleichem Bilanzrecht und damit nach grundsätzlich gleichen Regeln bilanzierende - Kapitalgesellschaften gefiltert wurden. Zum anderen stellt zwar die Größe das alles überlagernde Trennkriterium dar, die Gesamtmenge der untersuchten Unternehmen ist jedoch evtl. über den gesamten Wertebereich der erhobenen Variablen relativ gleichmäßig vertreten i.d.S. dass es keine eindeutigen Grenzen für eine klare Clustertrennung gibt.

[75] Ein ähnliches Ergebnis kann auch bei der Durchführung einer entsprechenden Clusteranalyse für die relativen Jahresabschlussdaten beobachtet werden. Es werden ebenfalls ein sehr großes (96.2%) und ein relativ kleines Cluster (3.8%) extrahiert, was auf die gleichen Gründe zurückzuführen sein dürfte wie bei den absoluten Daten. Um eine zu starke Zersplitterung bzw. Ausdünnung der Daten zu vermeiden, werden im Folgenden nicht zusätzlich die gefundenen Teilmengen der Clusteranalyse für die relativen Kennzahlen betrachtet, sondern es werden ausschließlich die beiden Cluster C_1 und C_2 der in Tab. 5.11 aufgeführten Cluster der zweiten Clusteranalyse für die absoluten Kennzahlen getrennt weiter verwendet. Dabei werden die Unternehmen dieser beiden Gruppen in der relativen Datenmenge identifiziert und für die weiteren Analysen beibehalten.

[76] In der Abbildung wurden die unteren, die Trennung weniger beeinflussenden Variablen abgeschnitten, um die Übersichtlichkeit der Darstellung zu erhöhen.

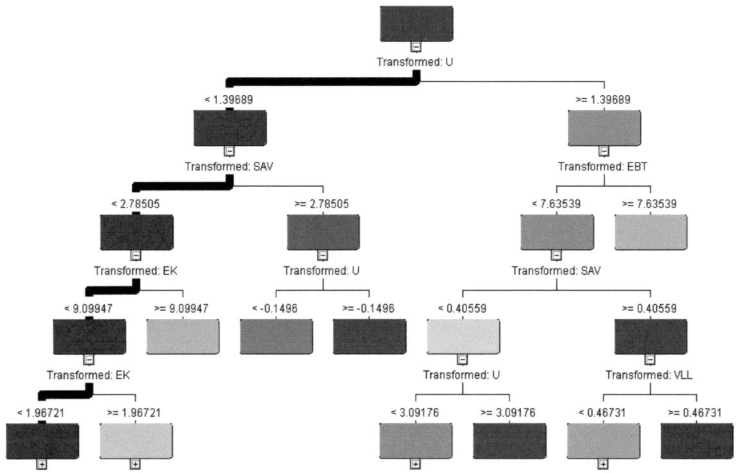

Abbildung 5.8: Baumdarstellung der die Clusterbildung bestimmenden Variablen, Quelle: Cluster Results der Clusteranalyse des *SAS* ® *Enterprise Miner* ® *5.2*.

5.3.2.2 Inhaltliche Clusterung: Kleine und mittlere Unternehmen

Um die offensichtlich weiterhin vorhandene Heterogenität der Unternehmen vor allem in dem großen Cluster C_1 in den weiter unten durchzuführenden inhaltlich-modelltheoretischen Analysen zu berücksichtigen und auch inhaltlich besser interpretieren zu können, wird hier zusätzlich eine weitere *inhaltliche Clusterung* "per Hand" vorgenommen. Da das entscheidende Kriterium für eine Clusterung die Größe der betrachteten Unternehmen zu sein scheint (vgl. Abb. 5.8), werden die beiden in der Praxis üblicherweise unterschiedenen Gruppen *Kleinere und mittlere Unternehmen (KMU)* und *Großunternehmen (GU)* voneinander abgegrenzt. Für eine solche Unterteilung existieren keine einheitlichen Kriterien. Hier wird die in Tab. 5.13 dargestellte Definition von kleinen und mittleren bzw. großen Unternehmen der Europäischen Union (EU)[77] verwendet, indem die Unternehmen, die Umsatzerlöse[78] von mindestens 50 Millionen Euro pro Jahr erwirtschaftet haben, in die Gruppe GU und die übrigen in die Gruppe KMU eingeteilt werden.[79] In der vorliegenden Datenmenge wurden 14125 kleine und

[77]Die EU verwendet als quantitative Kriterien die Mitarbeiterzahl, den Umsatz und die Bilanzsumme, vgl. [Brockmann 2005], S. 39 f.

[78]Hier werden die Umsatzerlöse als Trennkriterium verwendet, da zum einen für alle Unternehmen diesbezügliche Daten vorliegen und zum anderen aus Abb. 5.8 ersichtlich ist, dass die Umsatzerlöse die Variable der Bilanzdatenmenge darstellt, die für die Clustereinteilung in der oben durchgeführten hierarchischen Clusteranalyse die größte Bedeutung besitzt.

[79]Für die Teilung in KMU und GU wird die nach den beiden oben durchgeführten hierarchischen Clusteranalysen (vgl. die Tab. 5.11) um Ausreißer bereinigte Datenmenge des Clusters

mittlere Unternehmen (KMU) und 3359 große Unternehmen (GU) identifiziert. Abweichend zur EU-Definition werden hier Kleinstunternehmen zwischen 100.000 und 2 Mio. Euro Umsatz zu den KMU gezählt, da solche Unternehmen für eine Solvenzklassifikation bedeutsam erscheinen.

	Beschäftigtenzahl	Umsatz pro Jahr (in Mio. Euro)	Bilanzsumme (in Mio. Euro)
Kleinst	< 10	< 2	< 2
Klein	< 50	< 10	< 10
Mittel	< 250	< 50	< 43
Groß	≥ 250	≥ 50	≥ 43

Tabelle 5.13: Quantitative Unternehmensgrößendefinitionen der Europäischen Union.

Eine weitere mögliche Ursache für die Heterogenität der Unternehmen könnte die bisher noch nicht erfolgte Betrachtung der Branchenzugehörigkeit sein. Da eine Teilmengenbildung nach diesem Kriterium zu zu vielen Gruppen führen würde, werden die Unternehmen anhand des erhobenen Branchenschlüssels nach Branchen bzw. Wirtschaftszweigen differenziert, indem sog. Dummyvariablen definiert werden, die dann als erklärende Variablen in die Klassifikationsmodelle integriert werden.[80] Es werden die in Tab. 5.14 aufgelisteten Dummyvariablen für die beobachteten Branchen und Wirtschaftszweige gebildet. Dabei wird die Klassifikation der Wirtschaftszweige in der Fassung von 2003 (WZ 2003) des Statistischen Bundesamtes Deutschland verwendet.

Es wird damit einerseits eine grobe Einteilung in die 6 üblicherweise abgegrenzten Branchen und zum anderen eine differenziertere Einteilung in 14 Wirtschaftszweige vorgenommen. In der späteren Modellschätzung kann damit eine eventuelle branchenspezifische Heterogenität berücksichtigt und dann geprüft werden, ob es zwischen Wirtschaftszweigen bzw. Branchen Unterschiede hinsichtlich der untersuchten Insolvenzzusammenhänge gibt. In der vorliegenden Stichprobe von 17470 Unternemen[81] liegt die in Abb. 5.14 dargestellte Branchenverteilung vor. Die Anteile insolventer Unternehmen in den einzelnen Branchen schwanken zwischen 1.9% in Branche B4 und 6.7% in Branche B2 und weisen damit leichte Unterschiede auf, die evtl. auf einen geringen Einfluss der Branchenzugehörigkeit auf die Insolvenzgefahr hindeuten.

C_1 mit 17484 verbliebenen Unternehmen zugrunde gelegt. Kleinstunternehmen, die weniger als 100.000 Euro Umsatz aufwiesen, wurden bereits weiter oben in Abschnitt 5.3.1 entfernt.

[80] Die Verwendung von Dummyvariablen wurde weiter oben in Abschnitt 2.1.4.1 dieser Arbeit näher erläutert. Die Verwendung einer (beliebigen) Dummyvariable als Referenzdummy erfolgt aus dem Grund einer zu vermeidenden perfekten linearen Abhängigkeit der Dummyvariablen untereinander; indem die Referenzdummy bei der Modellschätzung nicht in das Modell integriert wird, wird die perfekte Multikollinearität vermieden und die Parameter der übrigen Dummyvariablen werden bei der Modellspezifikation in Bezug auf die Referenzdummy interpretiert.

[81] Für 14 der 17484 Unternehmen lag keine Angabe für die Branchenzugehörigkeit vor.

Label	Branche
B1	Land- und Forstwirtschaft, Fischerei, Gewinnung von Rohstoffen
B2	Verarbeitendes Gewerbe, Herstellung
B3	Handel
B4	Gastgewerbe, Transport, Verkehr
B5	Kredit- und Versicherungsgewerbe
B6: Referenz-Dummy	Dienstleistungen

Label	Wirtschaftszweig
WZ01	Land- und Forstwirtschaft
nicht vorhanden	Fischerei und Fischzucht
WZ02	Bergbau und Gewinnung von Steinen und Erden
WZ03	Verarbeitendes Gewerbe
WZ04	Energie- und Wasserversorgung
WZ05	Baugewerbe
WZ06	Handel, Instandhaltung und Reparatur von Kraftfahrzeugen
WZ07	Gastgewerbe
WZ08	Verkehr und Nachrichtenübermittlung
WZ09	Kredit- und Versicherungsgewerbe
WZ10	Grundstücks- und Wohnungswesen, Vermietung beweglicher Sachen
WZ11	Öffentliche Verwaltung, Verteidigung, Sozialversicherung
WZ12	Erziehung und Unterricht
WZ13	Gesundheits-, Veterinär- und Sozialwesen
WZ14: Referenz-Dummy	Erbringung von sonstigen öffentlichen und persönlichen Dienstleistungen
nicht vorhanden	Private Haushalte mit Hauspersonal
nicht vorhanden	Exterritoriale Organisationen und Körperschaften

Tabelle 5.14: Definition von Dummyvariablen für Branchen und Wirtschaftszweige.

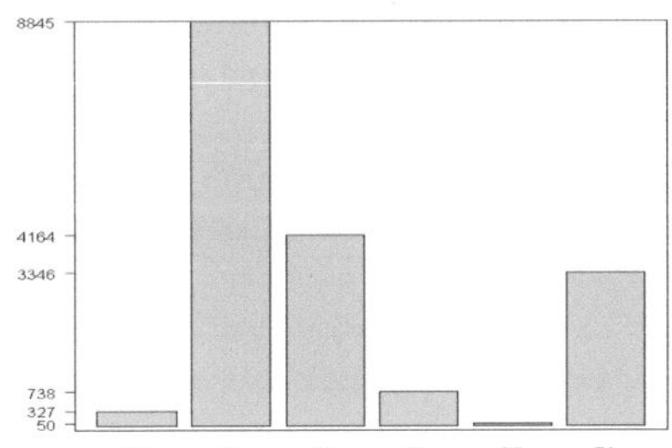

Abbildung 5.9: Die Verteilung der Unternemen der Gesamtstichprobe auf die in Tab. 5.14 abgegrenzten Branchen.

5.3.2.3 Support-Vektor-Clusterung

Die beobachteten Jahresabschlussdaten $(y_i, \boldsymbol{x}_i)$ der $i = 1, \ldots, n$ betrachteten Unternehmen entstammen einer unbekannten gemeinsamen Wahrscheinlichkeitsdichte $\Pr(Y, \boldsymbol{X})$. Bei den Analysen des vorherigen Kapitels wurde die bedingte Dichte $\Pr(Y|\boldsymbol{X})$ anhand der empirischen Daten modelliert, um den vorausgesetzten kausalen Zusammenhang zwischen der Zielgröße Y und den $k = 1, \ldots, K$ Einflussgrößen $\boldsymbol{X}$ zu schätzen.[82]

Im Rahmen der Homogenisierung des Datenbestandes kann die aus der gemeinsamen Dichte der unabhängigen Modellvariablen $\boldsymbol{X}$ realisierte Verteilung der vorliegenden empirischen Daten $\boldsymbol{x}$ nun zur Ausreißerentdeckung verwendet werden. Dabei wird von der Idee ausgegangen, dass diejenigen Daten, die sich "weit weg" vom Zentrum der empirischen Verteilung befinden, nicht aus dem theoretischen Verteilungsmodell $\Pr(\boldsymbol{X})$ hervorgegangen sind und damit als Ausreißer identifiziert werden können. Dabei müssen die so identifizierten Daten jedoch nicht unbedingt Ausreißer darstellen, sondern könnten auch aus mindestens einer zweiten theoretischen Verteilung hervorgegangen sein. Somit entsprächen die separierten Daten mehreren Clustern und das Verfahren kann als Clusteranalyse interpretiert werden.[83]

Zur Schätzung dieses Clustermodells wird ein binäres Klassifikationsmodell erstellt, welches die Daten in eine Teilmenge S so klassifiziert, dass sich für die Ausreißerdatensätze, die nicht in S enthalten sind, eine negative und für die übrigen Datensätze eine positive Klassifikationsvariable

$$g(\boldsymbol{x}_i) = \begin{cases} +1 & \text{wenn} \quad \boldsymbol{x}_i \in S \\ -1 & \text{sonst} \quad (\boldsymbol{x}_i \quad \text{ist ein Ausreißer} \\ & \qquad \text{oder in einem zweiten Cluster}) \end{cases} \tag{5.3.8}$$

ergibt. Dieses Klassifikationsmodell soll an dieser Stelle durch eine Support-Vektor-Maschine (SVM), wie in Abschnitt 2.4 beschrieben und in Abschnitt 4.6 auf das Problem der überwachten Solvenzklassifikation angewendet, geschätzt werden. Die Vorgehensweise wurde von [Schölkopf, Williamson et al. 1999] bzw. [Schölkopf, Williamson et al. 2000] vorgestellt und wird in diesem Abschnitt auf die absoluten Jahresabschlussdaten der Ausgangsdatenmenge angewendet. Somit wird die SVM für ein überwachtes Lernproblem auf den Fall des unüberwachten Lernens übertragen, da im hier vorliegenden Modell die zu den Datensätzen gehörigen Klassenlabel (hier: -1: Ausreißer, +1: kein Ausreißer) während der Modellschätzung nicht vorhanden sind.[84]

Ziel der SVM ist es, die Daten durch eine Merkmalstransformation $\phi(\cdot)$ in einen hochdimensionalen Merkmalsraum zu transformieren. Dort wird eine gesuchte lineare Klassifikationsfunktion $f(\boldsymbol{x}) = \text{sgn}[\phi(\boldsymbol{x}_i')\boldsymbol{\beta} - \rho]$ so geschätzt, dass die Werte der Menge S mit $f(\boldsymbol{x}_i = +1)$ möglichst weit von den übrigen (Ausreißer-) Werten mit $f(\boldsymbol{x}_i = -1)$ getrennt werden. Dies wird dadurch erreicht, dass die gesuchte Trennfunktion den maximalen Abstand bzw. die maximale Margin zum Koordinatenursprung des Merkmalsraumes aufweist.[85] Die Werte der Trainingsmenge und neue Datensätze werden dann als Ausreißer klassifiziert, wenn sie durch die

[82] Vgl. die Ausführungen im Rahmen der parametrischen und lerntheoretischen Modellspezifikation und -schätzung in Kapitel 2 dieser Arbeit.

[83] Vgl. u.a. [Ben-Hur et al. 2001].

[84] Zu überwachtem und unüberwachtem Lernen vgl. weiter oben Abschnitt 2.2.1.

[85] Vgl. Abschnitt 2.4 dieser Arbeit.

geschätzte Klassifikationsfunktion $\widehat{f}(\boldsymbol{x})$ der negativen Klasse zugeordnet werden. Das dementsprechend für den hier vorliegenden Fall angepasste primale Optimierungsproblem der Soft-Margin-SVM[86] lautet[87]

$$\min_{\boldsymbol{\beta},\xi,\rho} : \quad \frac{1}{2}\boldsymbol{\beta}'\boldsymbol{\beta} + C\sum_{i=1}^{n}\xi_i - \rho \qquad \text{mit} \quad C = \frac{1}{\nu n} \tag{5.3.9}$$

$$\text{u.d.NB:} \quad \phi(\boldsymbol{x}_i')\boldsymbol{\beta} \geq \rho - \xi_i \tag{5.3.10}$$

$$\xi_i \geq 0, \quad i = 1, \ldots, n \quad . \tag{5.3.11}$$

Die Margin-Slack-Variable[88] ξ_i in (5.3.9) wird für alle Werte der Ausreißerklasse, d.h. im Sinne einer Klassifikations-SVM der fehlklassifizierten Werte, positiv. Laut der Nebenbedingung (5.3.10) liegen dann Funktionswerte $\phi(\boldsymbol{x}_i')\boldsymbol{\beta}$ der positiven Klasse (mit $\xi_i = 0$) oberhalb der Entscheidungsfunktion und Datensätze mit $\xi_i > 0$ unterhalb der Entscheidungsfunktion, wobei ρ den Abstand der Funktion vom Koordinatenursprung angibt. Aufgrund der "Bestrafung" positiver ξ_i-Werte innerhalb der Zielfunktion (5.3.9) durch den Kostenparameter C wird nach einer Optimierung der kleinere Teil der Trainingsdatensätze als negativ klassifiziert werden, weshalb diese in Bezug auf die positive Menge S als Ausreißer interpretiert werden.

Das zweite, durch den Regularisierungsterm $\boldsymbol{\beta}'\boldsymbol{\beta} = ||\boldsymbol{\beta}||^2$ in (5.3.9) ausgedrückte Ziel der SVM ist eine möglichst niedrige Komplexität und somit hohe Generalisierungsfähigkeit des geschätzten Modells. Der externe Kostenparameter $C = 1/(\nu n)$ mit $\nu \in [0; 1]$ drückt den Trade-Off zwischen den beiden Zielen aus. Je kleiner ν (und damit größer C) gewählt wird, desto stärker werden vom Zentrum der Verteilung entfernt liegende (Ausreißer-) Werte der negativen Klasse bestraft und somit relevant für die Lage der Trennfunktion.[89] Dies geschieht auf Kosten der Generalisierungsfähigkeit, da die Funktion komplexer werden muss, um die Ausreißer zu berücksichtigen bzw. in die Menge S zu integrieren.

Das zu (5.3.9) bzw. (5.3.10) gehörige duale Optimierungsproblem[90] lautet unter Verwendung einer Kernfunktion $k(\boldsymbol{x}_i, \boldsymbol{x}_j) = \phi(\boldsymbol{x}_i')\phi(\boldsymbol{x}_j)$ zur impliziten Abbildung

[86] Vgl. die Soft-Margin-SVM in Abschnitt 2.4.2 in Verbindung mit der Kern-Methode in Abschnitt 2.4.3.

[87] Vgl. [Schölkopf, Platt et al. 1999] und [Schölkopf, Williamson et al. 2000].

[88] Vgl. zu Slack-Variablen die Ausführungen in Abschnitt 2.4 dieser Arbeit.

[89] Die Entfernung eines Wertes $\boldsymbol{x}_i$ der negativen Klasse von der Trennfunktion ist durch den dann positiven Wert der Slack-Variable ξ_i angegeben, vgl. auch Gl. (2.4.32) im Rahmen der überwachten Soft-Margin-Klassifikation in Abschnitt 2.4.2.

[90] Vgl. [Schölkopf, Williamson et al. 2000] und zur Dualität die Seiten 75 ff. dieser Arbeit.

der Daten in den Merkmalsraum[91]

$$\min_{\boldsymbol{\alpha}} : \quad = \frac{1}{2} \sum_{i,j=1}^{n} \alpha_i \alpha_j k(\boldsymbol{x}_i, \boldsymbol{x}_j) \tag{5.3.12}$$

$$\text{u.d.NB:} \quad 0 \leq \alpha_i \leq C \tag{5.3.13}$$

$$\sum_{i=1}^{n} \alpha_i = 1 \tag{5.3.14}$$

und kann mit Standardverfahren der quadratischen Programmierung gelöst werden.[92] Die optimale Trennfunktion $f(\boldsymbol{x})$ und damit die Entscheidungsfunktion in ihrer dualen Form ergibt sich zu[93]

$$f(\boldsymbol{x}) = \operatorname{sgn}\left(\sum_{i \in sv} \alpha_i k(\boldsymbol{x}_i, \boldsymbol{x}) - \rho \right) \quad . \tag{5.3.15}$$

Die KKT-Bedingung[94] lautet für das hier beschriebene Problem

$$\alpha_i[\phi(\boldsymbol{x}_i')\boldsymbol{\beta} - \rho + \xi_i] = 0 \tag{5.3.16}$$

und führt analog der Soft-Margin-SVM[95] zu den Support-Vektoren mit $\alpha_i \neq 0$, für die laut (5.3.16) gilt:

$$\phi(\boldsymbol{x}_i')\boldsymbol{\beta} - \rho + \xi_i = 0 \tag{5.3.17}$$

$$\Leftrightarrow \quad \phi(\boldsymbol{x}_i')\boldsymbol{\beta} = \rho - \xi_i \tag{5.3.18}$$

Die Support-Vektoren umfassen somit diejenigen Datensätze der positiven Klasse (mit $\xi_i = 0$), die auf der Trennfunktion liegen ($\phi(\boldsymbol{x}_i')\boldsymbol{\beta} = \rho$) sowie sämtliche Datensätze der Ausreißerklasse (mit $\xi_i > 0$).

Im Gegensatz zur in Abschnitt 5.3.2.1 durchgeführten hierarchischen Clusteranalyse handelt es sich bei der SVM-Clusterung um eine modellbasierte Analyse, da hierbei die gemeinsame Dichte aller betrachteten Merkmale modelliert und anhand der beobachteten Daten geschätzt wird. Da die Schätzung eines Modells und vor allem die Prognose der Clusterzugehörigkeit jedoch nur anhand bzw. für die vollständigen Datensätze erfolgen kann, und in der hier vorliegenden Stichprobe von den 17484 Objekten der zu clusternden Ausgangsdaten 13509 Datensätze

[91] Durch die Wahl der Kernfunktion und der entsprechenden Parameter können die Daten aufgrund einer Vielzahl von möglichen Transformationen bzw. funktionalen Möglichkeiten separiert werden. Zur Kern-Methode und den üblicherweise verwendeten Kernfunktionen vgl. auch Abschnitt 2.4.3 dieser Arbeit.

[92] In der verwendeten Software *R* ist in der integrierten SVM-Software LIBSVM [Chang und Lin 2001] eine Variante der Sequential Minimal Optimization (SMO, vgl. die Ausführungen in Abschnitt 4.6) zur Lösung dieses Problems implementiert.

[93] Vgl. [Schölkopf, Williamson et al. 2000].

[94] Vgl. Gl. (2.4.10) in Abschnitt 2.4.

[95] Vgl. Gl. (2.4.44) in Abschnitt 2.4.2.

($\approx 77\%$) einen oder mehrere fehlende Werte aufweisen, muss an dieser Stelle vor dem Training der SVM eine Ersetzung der fehlenden Werte erfolgen.[96]

An dieser Stelle zeigt sich die im praktischen DM häufig anzutreffende Rückkopplung des Ablaufprozesses, die in Abschnitt 4.1 des vorherigen Kapitels[97] thematisiert wurde. So muss an bestimmten Stellen des DM- und auch des sDQM-Prozesses evtl. aufgrund bestimmter Gegebenheiten oder auftretender Probleme in den idealtypischen Verlauf eingegriffen werden. Hier muss bspw. die laut sDQM-Vorgehensmodell an späterer Stelle erfolgende Ersetzung fehlender Werte bereits an dieser Stelle durchgeführt werden, um die Datenvorbereitung in Form der Ausreißeranalyse durchführen zu können.

Weiterhin zeigt sich auch die Vielseitigkeit einer DM-Analyse: Allein die Clusterung von Daten kann auf eine Vielzahl von Arten durchgeführt werden, die jeweils von weiteren Parametern bzw. Justierungsmöglichkeiten abhängen. Die Ersetzung der fehlenden Werte für eine modellbasierte Clusterung kann wiederum auf mehrere Arten erfolgen usw. Um den Umfang der Arbeit bzw. der DM-Analyse zu begrenzen, wird an dieser Stelle die Ersetzung anhand einer einfachen Mittelwertersetzung durchgeführt.[98]

Nach Anwendung der SVM-Clusterung auf die ersetzten 17484 Datensätze ergaben sich die in Tab. 5.15 aufgeführten Ergebnisse in Form der Anzahl der in der geclusterten positiven Menge S jeweils enthaltenen Unternehmen.[99] Dabei wurde eine einfache Gridsearch durchgeführt, indem die SVM für verschiedene Werte des SVM-Parameters ν sowie des Parameters γ der hier verwendeten RBF-Kernfunktion trainiert wurde.[100] Man erkennt deutlich den Einfluss der Parameter auf die Anzahl der in die beiden Klassen getrennten Datensätze. Je kleiner γ und damit größer die Breite des RBF-Kerns gewählt wird, desto mehr Datensätze werden sozusagen unter der Gauss-Verteilung im Merkmalsraum der Menge S zugehörig identifiziert, was zu einer geringeren Zahl an Ausreißern führt. Die Wirkung des Kostenparameters ν wurde weiter oben bereits beschrieben.[101] Hierbei ist es schwierig, aufgrund objektiver Kriterien zu entscheiden, welches die optimale Clusterpartition ist bzw. ab welcher Größenordnung es sich bei der negativen Klasse um eine Ausreißergruppe oder um ein weiteres Cluster andersartiger Unternehmen

[96] Auf die Problematik und die Methoden der Ersetzung fehlender Werte wird weiter unten in Abschnitt 5.4 ausführlich im Rahmen des vorgestellten Vorgehensmodells des sDQM eingegangen.

[97] Vgl. insb. Abb. 4.1 auf Seite 131.

[98] Vgl. zu dieser und weiteren Möglichkeiten der Ersetzung fehlender Werte weiter unten Abschnitt 5.4.2 dieser Arbeit.

[99] Dazu wurden die SVM-Modelle trainiert und die Anzahl der Support-Vektoren festgestellt. Daran anschließend wurde eine Klassifikation aller Datensätze anhand der geschätzten SVM durchgeführt.

[100] Vgl. zur Gridsearch sowie zu dem Parameter γ des Gauss-Kerns die Ausführungen in Abschnitt 4.6.1 des vorherigen Kapitels.

[101] Zu einer genaueren Untersuchung und Simulation der Effekte der Parameter γ und ν auf die Anzahl der Support-Vektoren und damit auf die SVM-Klassifikationsergebnisse vgl. [Ben-Hur et al. 2001] und [Schölkopf, Williamson et al. 2000].

handelt. Aufgrund der Gefahr, bei einer zu großen negativen Klasse möglicherweise strukturrelevante Datensätze für die spätere Modellschätzung einzubüßen, und der Vorgabe, in diesem Abschnitt im Rahmen des sDQM eine Ausreißeranalyse durchzuführen, wird grundsätzlich eine relativ große positive Klasse bevorzugt.

Ein weiterer Grund hierfür stellen die in Tab. 5.15 in Klammern aufgeführten jeweiligen Anzahlen der Support-Vektoren dar, da diese einen Hinweis auf die Komplexität der geschätzten Cluster-Trennfunktion geben. Je mehr Support-Vektoren identifiziert wurden, desto höher ist die Gefahr, dass eine große Anzahl von Datensätzen auf der Funktion liegen (vgl. Gl. (5.3.18))[102], die damit nicht zur Ausreißergruppe gehören und gleichzeitig die Funktionskomplexität erhöhen, was zu einer geringeren Generalisierungsfähigkeit führt.

$\gamma\backslash\nu$	0.01	0.1	0.3	0.5	0.9
0.01	17311 (201)	15724 (1750)	12239 (5247)	8742 (8742)	1749 (15736)
0.1	**17299 (980)**	15725 (1758)	12239 (5246)	8743 (8743)	1749 (15736)
0.5	**16498 (2177)**	**15714 (2189)**	12239 (5247)	8736 (8744)	1749 (15736)
2	15174 (3784)	15915 (3813)	**12236 (5266)**	8736 (8744)	1749 (15736)
10	13784 (6460)	14297 (6502)	12254 (6510)	**8723 (8773)**	1749 (15737)
20	14036 (7879)	12535 (7947)	12660 (7948)	8730 (8885)	**1749 (15737)**

Tabelle 5.15: Die nach SVM-Clusterung in Abhängigkeit von der Wahl der Parameter ν und γ erhaltene Unternehmenszahl in der positiven Menge S. Die Werte in Klammern geben die Anzahl der Support-Vektoren an, die sowohl die Datensätze der negativen Klasse als auch die Datensätze auf der geschätzten Trennfunktion (und damit der positiven Klasse zugehörig) enthalten. Die Anzahlen der in der negativen Menge enthaltenen Unternehmen ergeben sich somit aus der Anzahl der Gesamtdatenmenge von 17484 abzüglich der jeweiligen Anzahl in Menge S.

An dieser Stelle wird analog zur Vorgehensweise in Abschnitt 4.6 des vorherigen Kapitels eine SVM zur Klassifikation der beiden Insolvenzklassen für die in Tab. 5.15 hervorgehobenen Mengen[103] geschätzt, um die "beste" Parameterkonstellation bzw. Clustermenge abzuschätzen. Damit soll untersucht werden, welche der erhaltenen positiven Mengen am homogensten und damit am besten zur Solvenzklassifikation geeignet ist.[104] Nach 3-facher Kreuzvalidierung und der Verwendung einer RBF-Kernfunktion ergaben sich (wiederum nach einer Parameter-Gridsearch[105]) die in Tab. 5.16 in Form der Area-Under-The-Curve (AUC) - Werte dargestellten Ergebnisse. Die den maximalen AUC-Wert von 0.7770 ergebende SVM wurde anhand der Menge von 17299 Unternehmen der Parameterkonstel-

[102]Die Anzahl der in der negativen Menge enthaltenen Unternehmen ergibt sich aus der Gesamtdatenmenge von 17484 abzüglich der in der Menge S enthaltenen Datensätze. Die Differenz zwischen den Support-Vektoren und den Datensätzen der negativen Menge wiederum ergibt die Zahl der auf der Trennfunktion liegenden Objekte.

[103]Die Teilauswahl der Mengen erfolgte aufgrund der teilweise geringen Unterschiede in den Mengen- und Parameterkonstellationen sowie des zu begrenzenden Umfanges der sehr rechenintensiven Datenauswertungen.

[104]Eine Beurteilung des Erfolges der sich letztlich ergebenden besten Clustermethode hinsichtlich der Solvenzklassifikation erfolgt weiter unten in Abschnitt 5.5.1 dieses Kapitels.

[105]Vgl. Abschnitt 4.6.1.

lation ($\gamma = 0.1, \nu = 0.01$) geschätzt. Diese Menge wird als die durch die SVM-Clusterung homogenisierte Datenmenge `rel_SVC1` für die weiteren Analysen dieser Arbeit bereitgestellt.

(γ, ν)	AUC
$(0.01, 0.01)$	0.7561
$(0.1, 0.01)$	0.7770
$(0.5, 0.01)$	0.7565
$(0.5, 0.1)$	0.7666
$(2, 0.3)$	0.7438
$(10, 0.5)$	0.7439
$(20, 0.9)$	0.7224

Tabelle 5.16: Klassifikationsergebnisse in Form der AUC-Werte einer anhand der in Tab. 5.15 hervorgehobenen positiven Clustermengen geschätzten SVM analog der SVM zur Solvenzklassifikation in Abschnitt 4.6 des vorherigen Kapitels.

Die Ergebnisse der verschiedenen in den vorherigen Abschnitten 5.3.2.1 bis 5.3.2.3 durchgeführten Homogenisierungen des Datenbestandes und die im weiteren Verlauf der Arbeit verwendeten Bezeichnungen der erhaltenen Datenmengen sind in Tab. 5.17 noch einmal zusammengefasst. Die Clusterbildung wurde anhand der absoluten Jahresabschlussvariablen durchgeführt. Da im Folgenden jedoch wiederum ausschließlich die relativen Variablen zur Solvenzklassifikation verwendet werden, sind nur diese in Tab. 5.17 aufgeführt.[106]

Verfahren	Cluster	Datenmenge	Anzahl Unternehmen	davon insolvent
	Gesamte Menge	`rel`	17484	861
Hierarchische Clusterung	Cluster 1	`rel_C1`	16427	852
	Cluster 2	`rel_C2`	1057	9
Inhaltliche Clusterung	KMU	`rel_KMU`	14125	824
	GU	`rel_GU`	3359	37
SVM-Clusterung	positives Cluster 1	`rel_SVC1`	17299	859
	negatives Cluster 2	`rel_SVC2`	185	2

Tabelle 5.17: Die nach den verschiedenen Methoden der Datenclusterung aufbereiteten homogenisierten Datenmengen.

Die Cluster C_1 und SVC1 können aufgrund ihrer immer noch sehr hohen Objektanzahl als zwar möglicherweise weiterhin heterogen, jedoch evtl. von Ausreißern bereinigt angesehen werden, weshalb diese Cluster auch als extremwertbereinigte Gesamtdatenmenge aufgefasst werden können. Insb. im Hinblick auf die Verallgemeinerungsfähigkeit der Ergebnisse könnten sie somit bedeutsam sein. Im Gegensatz dazu kommt die Datenmenge der KMU vor allem aufgrund ihrer praktischen Bedeutung und der weitgehenden (inhaltlich vorausgesetzten) Homogenität zur Erstellung von Klassifikationsmodellen zur Messung der Insolvenzgefahr in Betracht. Aufgrund der zu geringen Anzahlen von insolventen Unternehmen in dem Cluster C_2, in der Gruppe der Großunternehmen sowie des negativen SVM-Clusters SVC2 sind diese Mengen für die Erstellung von Klassifikationsmodellen nicht geeignet.

[106] Die Cluster der relativen Daten wurden anhand der ID-Variable in den absoluten Daten identifiziert und aus der gesamten relativen Datenmenge extrahiert.

5.3.3 Semantische Datenmodellierung und Konsistenzanalyse

Unter dem Gesichtspunkt der Ausreißerbeseitigung und Homogenisierung des Datenbestandes wurden in den vorherigen Abschnitten aufgrund einer verteilungsbasierten deskriptiven Analyse sowie verschiedenen statistischen Clusteranalysen drei weitgehend extremwertbereinigte Cluster in Form des Clusters C_1 im Umfang von 16427 Unternehmen, eines inhaltlich begründeten, homogenen Clusters von 14125 KMU und eines Support-Vektor-Clusters von 17299 Unternehmen aus der Gesamtdatenmenge extrahiert.

Ziel der in diesem Abschnitt durchzuführenden Konsistenzanalyse ist es, die homogenisierten Datenmengen hinsichtlich ihrer semantischen Korrektheit zu untersuchen und inkonsistente Datensätze zu identifizieren und aus den Datenmengen zu entfernen. Inkonsistente Datensätze sind hier als strukturell abnormale Datensätze zu verstehen, die hinsichtlich ihrer Merkmalsausprägungen nicht mit den übrigen Datensätzen in Einklang stehen.

Grundlage für die Beurteilung der Datenkonsistenz stellen die an den Datensätzen erhobenen Jahresabschlussvariablen und deren Beziehungen untereinander dar. Zur Darstellung dieser Datenbeziehungen wird ein sog. *semantisches*[107] *Datenmodell* erstellt. Ein Datenmodell bildet (einen Ausschnitt) der in der Realität zwischen den problemrelevanten Daten vorhandenen Strukturen und Abhängigkeiten in abstrakter bzw. vereinfachter Form in einem Modell ab.

Die Möglichkeiten der Datenmodellierung sind zahlreich und abhängig von der jeweiligen Problemstellung und den Zielsetzungen der Modellierung. Sollen bspw. die Daten- und Informationsflüsse in betrieblichen Abläufen wie bspw. des Kreditvergabeprozesses eines Kreditinstituts modelliert werden, kommen sog. *Datenflussdiagramme (DFD)* oder *ereignisgesteuerte Prozessketten (EPK)* in Frage. Sollen dagegen Daten auf ihrer Typebene, d.h. im Rahmen der Typisierung von Daten und der Beziehungen dieser untereinander, betrachtet und modelliert werden, müssen andere Modellarten wie bspw. das *Entity-Relationship-Modell (ERM)* oder die *Unified Modelling Language (UML)* herangezogen werden.[108]

Das ERM, welches von [Chen 1976] erstmals vorgestellt und seitdem vielfach weiterentwickelt wurde, stellt die älteste und allgemeinste Art der Modellierung von Datenstrukturen dar. Der zentrale Begriff des ERM ist die *Entität*, welche ein eindeutig identifizierbares Objekt der realen Welt bezeichnet. Entities können dabei sowohl Personen oder Gegenstände als auch Ereignisse oder Begriffe und damit auch Merkmale bzw. Variablen darstellen. Eine Entität hat bestimmte Ei-

[107]Die *Semantik* ist ein Teilgebiet der Sprachwissenschaft (Linguistik) und befasst sich mit dem Inhalt, d.h. dem Sinn und der Bedeutung von Zeichen, und wird im hier vorliegenden Fall auf Daten bzw. Variablen übertragen. Der Sinn ergibt sich dabei aus den Beziehungen der Daten untereinander und die Bedeutung aus deren Beziehung zur Umwelt. Die Begrifflichkeiten Sinn und Bedeutung gehen bezogen auf die Linguistik zurück auf [Frege 1892].

[108]Zu den Eigenschaften sowie Vor- und Nachteilen der einzelnen Datenmodelle und insb. dem Entity-Relationship-Modell vgl. u.a. [Krallmann et al. 2007].

genschaften, die als *Attribute* bezeichnet werden, wobei jedem dieser Attribute die möglichen Ausprägungen, die es annehmen kann, zugeordnet sind. Die Beziehungen der Entitäten untereinander werden als *Relationships* bezeichnet. Die Relationships können ihrerseits wiederum Attribute besitzen. Gleichartige Entities und Relationships werden begrifflich in Entitytypen bzw. Relationshiptypen zusammengefasst.

Im folgenden Abschnitt wird in Anlehnung an die ER-Modellierung ein semantisches Datenmodell zur Konsistenzanalyse erstellt, indem das Bilanzschema aus Abb. 4.2 sowie das GuV-Schema aus Abb. 4.3 als semantisches ERM abgebildet werden.

5.3.3.1 Definition eines semantischen Bilanznetzes

Modelle, in denen Begriffe und deren Relationen untereinander inhaltlich-formal dargestellt sind, werden als *Semantische Modelle* bzw. *Netze* bezeichnet.[109] Im Rahmen des Netzes wird die Semantik, d.h. die Beziehungen der Begriffe untereinander und damit die Bedeutung der einzelnen Begriffe klar. Im hier vorliegenden Zusammenhang wird in Form eines semantischen Netzes ein System abgebildet, in dem die inhaltlich-strukturellen Abhängigkeiten zwischen den betrachteten quantitativen Jahresabschlussvariablen formal dargestellt werden. Auf der Grundlage dieses *semantischen Bilanznetzes* wird dann die Konsistenz der in der vorliegenden Datenmenge enthaltenen Datensätze überprüft. Als konsistent wird in diesem Zusammenhang ein Datensatz dann bezeichnet, wenn dessen Merkmalsbeobachtungen mit der Semantik bzw. mit der formalen Struktur des Netzes in Einklang stehen.

Aufgrund der vorhandenen Variablen kann das in Abb. 5.10 dargestellte semantische Bilanznetz der absoluten Jahresabschlussgrößen gebildet werden.[110] Die Art der Modellierung ist dabei an die oben beschriebene ERM-Notation angelehnt. Die in den Rechtecken[111] dargestellten Jahresabschlussgrößen stellen die Entities der (evtl. getrennt betrachteten) Entitytypen "Bilanzvariable" und "GuV-Variable" dar. Die Relationships zwischen den Entities werden in Form von *gerichteten und ungerichteten Kanten* und dem (einzigen) Relationshiptyp "Linearkombination", der als Kreis mit einem enthaltenen Summensymbol visualisiert ist, ausgedrückt.[112] Die einzelnen Relationships stellen somit die Beziehung zwischen den sich an den

---

[109] Vgl. u.a. [Sowa 1991].

[110] Vgl. zu den genauen Variablendefinitionen und zur Erläuterung der strukturellen Zusammenhänge auch die Darstellung der Strukturbilanz sowie der GuV für kleine Kapitalgesellschaften in Abschnitt 4.2.3 und dort vor allem die Abbildungen 4.2 und 4.3 auf den Seiten 141 bzw. 143 sowie die dortigen Ausführungen.

[111] Der Unterschied zwischen durchgezogenen und gestrichelten Rechtecken wird weiter unten erläutert und spielt an dieser Stelle noch keine Rolle.

[112] An dieser Stelle ist die hier verwendete Notation lediglich an die herkömmliche ERM-Notation angelehnt, da dort die Relationships als verbal benannte Rauten visualisiert und durch ausschließlich ungerichtete Kanten mit den Entities verbunden werden; vgl. [Krallmann et al. 2007], S. 104 f.

ungerichteten Kanten als Linearkombination ergebenden (abhängigen) Variablen und den an den gerichteten Kanten angelegten (unabhängigen) Variablen her.

An dieser Stelle wird deutlich, dass die Modellierung immer aus einer bestimmten Perspektive mit einem bestimmten Abbildungsziel erfolgt. Auf einer anderen Abstraktionsebene könnten auch die Unternehmen selbst die Entities und die Jahresabschlussvariablen deren Attribute darstellen. Hier stehen hinsichtlich der Konsistenzprüfung jedoch die Variablen im Fokus der Analyse.

In Abschnitt 5.2.1 dieses Kapitels sowie in Abschnitt 4.2.2 wurden einige Jahresabschlussvariablen aus der Ausgangsdatenmenge entfernt. Dies geschah zum einen aufgrund des Vorhandenseins zu vieler fehlender Werte bei einigen Merkmalen und zum anderen aufgrund teilweise hoher Multikollinearität zwischen einigen der Variablen. Die nun folgende Konsistenzanalyse wird jedoch mit allen in der Originaldatenmenge enthaltenen Variablen[113] bzw. Datensätzen durchgeführt. Dies geschieht vor allem aus dem Grund, dass das hier gebildete semantische Netz aus Gründen der Vollständigkeit und Prüfbarkeit auf einige der oben entfernten Variablen zurückgreifen muss. So sind bspw. die immateriellen Vermögensgegenstände (IMMA) aufgrund zu vieler fehlender Werte entfernt worden, um eine evtl. Verzerrung der Schätzergebnisse zu vermeiden.[114] Hier ist diese Variable jedoch von Bedeutung, um die Konsistenz zwischen den Variablen Sachanlagevermögen (SAV), Umlaufvermögen (UV) und Bilanzsumme (BILS) zu prüfen, da das Fehlen eines Wertes des Merkmals IMMA auch eine inhaltliche Bedeutung haben könnte, d.h. nicht zufällig aufgetreten sein muss, bspw. wenn ein Unternehmen keine immateriellen Vermögensgegenstände besitzt.[115]

Formal kann das in Abb. 5.10 grafisch dargestellte (Konsistenz-)Regelsystem als strukturelles Gleichungssystem abgebildet werden, wobei zunächst ausschließlich die sich aus anderen Variablen kausal ergebenden Jahresabschlussgrößen als Zielvariablen verwendet werden:

$$\begin{aligned}
\mathrm{UV} &= \mathrm{VOR} + \mathrm{FLL} + \mathrm{FORDBET} + \mathrm{KASSE} && (5.3.19)\\
\mathrm{AV} &= \mathrm{SAV} + \mathrm{IMMA} && (5.3.20)\\
\mathrm{FK} &= \mathrm{LVERB} + \mathrm{KVERB} && (5.3.21)\\
\mathrm{FK} &= \mathrm{VLL} + \mathrm{BAVERB} + \mathrm{VERBBET} + \mathrm{GESDAHR} && (5.3.22)\\
\mathrm{BILS} &= \mathrm{UV} + \mathrm{AV} && (5.3.23)\\
\mathrm{BILS} &= \mathrm{EK} + \mathrm{PRST} + \mathrm{FK} && (5.3.24)\\
\mathrm{EBIT} &= \mathrm{U} + \mathrm{LAGV} - \mathrm{VERW} - \mathrm{AFA} && (5.3.25)\\
\mathrm{EBT} &= \mathrm{EBIT} - \mathrm{ZINS} && (5.3.26)
\end{aligned}$$

[113] Vgl. Tab. 4.1 auf Seite 139.

[114] Vgl. weiter oben die Ausführungen auf Seite 138.

[115] Vgl. dazu weiter unten in Abschnitt 5.4 die Ausführungen zu den Gründen des Auftretens fehlender Werte.

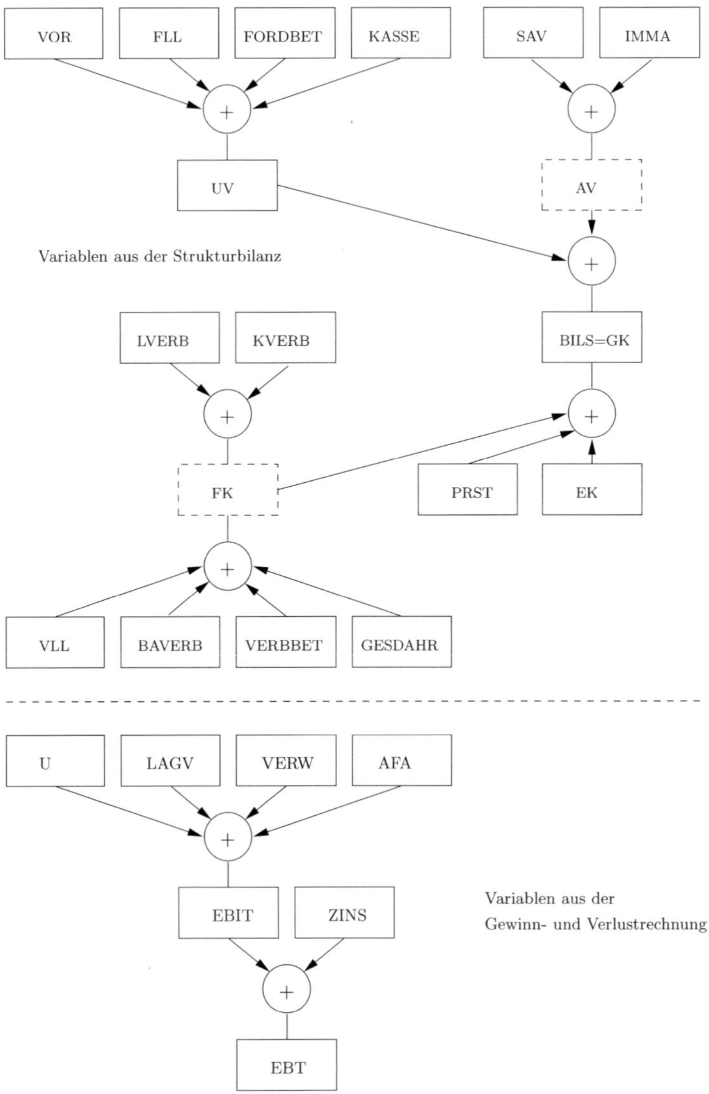

Abbildung 5.10: Semantisches Bilanznetz, gebildet aus den in der Originalstichprobe zur Verfügung stehenden absoluten Jahresabschlussvariablen. Der Operator + steht für eine Linearkombination der Bestandteile, wobei einzelne Variablen (hier z.B. AFA und ZINS) auch einen negativen Einfluss ausüben können.

Da die Variablen AV und FK[116] aus den vorhandenen Jahresabschlussvariablen direkt als Summen abgeleitet wurden[117], können sie für die Konsistenzprüfung nicht direkt verwendet werden. Die entsprechenden Gleichungen (5.3.20), (5.3.21) und (5.3.22) werden daher aus dem Gleichungssystem entfernt und die Variablen AV und FK in den übrigen Gleichungen durch die entsprechenden Summanden ersetzt. Es ergibt sich nun das folgende strukturelle Gleichungssystem:

$$\begin{aligned}
\mathrm{UV} &= \mathrm{VOR} + \mathrm{FLL} + \mathrm{FORDBET} + \mathrm{KASSE} && (5.3.27)\\
\mathrm{BILS} &= \mathrm{UV} + \mathrm{SAV} + \mathrm{IMMA} && (5.3.28)\\
\mathrm{BILS} &= \mathrm{EK} + \mathrm{PRST} + \mathrm{VLL} + \mathrm{BAVERB} + \mathrm{VERBBET} &&\\
&= +\mathrm{GESDAHR} && (5.3.29)\\
\mathrm{BILS} &= \mathrm{EK} + \mathrm{PRST} + \mathrm{LVERB} + \mathrm{KVERB} && (5.3.30)\\
\mathrm{EBIT} &= \mathrm{U} + \mathrm{LAGV} - \mathrm{VERW} - \mathrm{AFA} && (5.3.31)\\
\mathrm{EBT} &= \mathrm{EBIT} - \mathrm{ZINS} && (5.3.32)
\end{aligned}$$

Zur Konsistenzprüfung ist es nun notwendig, alle semantisch herleitbaren Variablen des Netzes jeweils als Zielvariablen in Abhängigkeit einer Linearkombination der sich entsprechend ergebenden Einflussvariablen zu modellieren.[118] Alle die sich aus den zur Verfügung stehenden absoluten Jahresabschlussvariablen der fünf strukturellen Gleichungen ergebenden *semantischen Konsistenzgleichungen*[119] lassen sich dann für eine Prüfung der strukturellen Konsistenz verwenden.

5.3.3.2 Quantitative Reasoning und Konsistenzprognose

Zur Prüfung der Konsistenz quantitativer Daten kann die sog. *semantische Verträglichkeit der quantitativen Informationen* betrachtet werden.[120] Dabei werden unter Berücksichtigung der semantischen Beziehungen der einzelnen Merkmale zueinander die Datenmessungen auf ihre quantitative Plausibilität überprüft. Diese Prüfung auf der Grundlage von unscharfen Daten wird als *Quantitative Reasoning (QR)* bezeichnet.[121]

---

[116] In Abb. 5.10 als gestrichelte Rechtecke visualisiert.

[117] Vgl. Tab. 4.2 in Abschnitt 4.2.3.

[118] Dabei wird hier im Gegensatz zur üblichen Vorgehensweise bei der ökonometrischen Schätzung von Mehrgleichungsmodellen (vgl. u.a. [Greene 2000, Hackl 2005, Kennedy 2003]) das strukturelle System nicht in die *reduzierte Form* überführt, da hier möglichst viele in der Datenmenge vorhandene Variablen modelliert bzw. geschätzt werden sollen. So würden in der reduzierten Form die Variablen UV und EBIT in der zweiten bzw. sechsten Gleichung durch die Gleichungen (5.3.27) bzw. (5.3.31) ersetzt werden, was zu dem Verlust der Variablen UV und EBIT bei der Konsistenzprüfung führen würde.

[119] Alle sich hier ergebenden Konsistenzgleichungen werden im Rahmen der Betrachtung der Schätzergebnisse (vgl. Tab. B.4 in Anhang B) des folgenden Abschnittes 5.3.3.2 aufgeführt werden.

[120] Vgl. [Mehlmann 1993], S. 58 ff.

[121] Vgl. [Müller 1993, Schmid 1992].

Exkurs: Das Konzept unscharfer Daten Empirische Daten sind verrauscht, d.h. bei real erhobenen Daten kann der wahre bzw. "konsistent richtige" Wert einer interessierenden Variable bei einem Objekt meist nicht punktgenau angegeben werden. Aus diesem Grund stehen empirische Daten bei Betrachtung ihrer punktgenauen Ausprägungen meist nicht genau mit dem aufgestellten semantischen Netz in Einklang. Die Auffassung der Datenmessungen als *unscharf* beschreibt den Sachverhalt, dass der interessierende "wahre" Wert einer Merkmalsbeobachtung nicht punktgenau dem beobachteten Wert entspricht, sondern als in einem bestimmten Intervall liegend und i.d.S. als unscharf betrachtet wird. Wird diese Intervallangabe auf der Grundlage eines Wahrscheinlichkeits- oder Prognosemodells mit Mittelwert- und Streuungsangabe getroffen, handelt es sich um eine sog. *probabilistische Intervallinterpretation.*[122] Wenn bspw. von einer Normalverteilung der Merkmalsausprägungen über dem Intervall ausgegangen wird, berücksichtigt dies eine symmetrische Abnahme der Realisationswahrscheinlichkeit hin zu den Intervallgrenzen und bietet den Vorteil der möglichen Angabe eines $1-\alpha$-Konfidenzintervalles der Form

$$\left[\bar{x} - z_{1-\alpha/2} \cdot s_x \quad ; \quad \bar{x} + z_{1-\alpha/2} \cdot s_x\right] \quad , \tag{5.3.33}$$

das den wahren Wert mit einer vorgegebenen Wahrscheinlichkeit $1-\alpha$ überdeckt. In (5.3.33) bezeichnen $\bar{x}$ den (arithmetischen) Mittelwert des Intervalls, welcher der Punktschätzung entspricht, $s_x = \sqrt{1/(n-1)\sum_{i=1}^{n}(x_i-\bar{x})^2}$ die geschätzte Standardabweichung des betrachteten Merkmals und $z_{1-\alpha/2}$ das $1-\alpha/2$ - Quantil[123] der Standard-Normalverteilung. □

QR setzt die betrachteten (unscharfen) Merkmalsmessungen innerhalb eines semantischen Datenmodells in inhaltlich-logische Beziehungen zueinander, die aus Linearkombinationen und Verhältnissen bestehen können. Die entstehenden Verknüpfungen bzw. Beziehungen der Variablen können dann wiederum in probabilistischen Intervallen ausgedrückt und die Messwerte der Ausgangsdaten und/oder der erhaltenen Verknüpfungen des Netzes auf Verträglichkeit mit den anderen Messwerten des Systems geprüft werden.

Bspw. könnten die fehlerverdächtigen Messwerte des Fremdkapitals von x_{1i} = FK = 1.0 Mio. Euro, der kurzfristigen Verbindlichkeiten von x_{2i} = KVERB = 0.9 Mio. Euro und der langfristigen Verbindlichkeiten von x_{3i} = LVERB = 0.5 Mio. Euro eines Unternehmens i in einem bestimmten Jahr wie folgt auf Verträglichkeit geprüft werden: Da die Messwerte selbst bei eigentlich korrekter Messung nicht punktgenau sicher sind, ergeben sich die unscharfen Werte der Variablen bspw. zu $x_{1i} = [1 \pm 0.1]$, $x_{2i} = [0.9 \pm 0.1]$ und $x_{3i} = [0.5 \pm 0.05]$, welche als 95%-Konfidenzintervalle normalverteilter Zufallsvariablen interpretiert werden könnten.[124] In diesem Fall scheint entweder das Fremdkapital zu niedrig oder mindestens

[122] Vgl. [Mehlmann 1993], S. 68 ff.

[123] Z.B. beträgt bei einem Konfidenzniveau von $1-\alpha = 95\%$ der Quantilswert $z = 1.96$.

[124] Die genauen Intervallgrenzen ergeben sich aus den Wahrscheinlichkeitsverteilungen der Merk-

einer der Bestandteile zu hoch zu sein. Die Breite der jeweiligen Intervalle kann dabei als Nichtstichprobenfehler und/oder als Stichprobenfehler[125] und damit als Indikator für die Messgenauigkeit aufgefasst werden.

Aufgrund der semantischen Beziehungen der drei Variablen zueinander (vgl. weiter oben Gl. (5.3.21)) ergeben sich unter Beachtung der Rechenregeln für Summen von Zufallsvariablen[126] nach der Prüfung die folgenden Verträglichkeitswerte:[127]

FK:	$x_{1i} = x_{2i} + x_{3i} = [1.4 \pm 0.22]$	mit $\bar{x}_{1i} = \bar{x}_{2i} + \bar{x}_{3i} = 1.4$ und $s_{x_{1i}} = \sqrt{s^2_{x_{2i}} + s^2_{x_{3i}}} = 0.112$
KVERB:	$x_{2i} = x_{1i} - x_{3i} = [0.5 \pm 0.22]$	mit $\bar{x}_{2i} = \bar{x}_{1i} - \bar{x}_{3i} = 0.5$ und $s_{x_{2i}} = \sqrt{s^2_{x_{1i}} + s^2_{x_{3i}}} = 0.112$
LVERB:	$x_{3i} = x_{1i} - x_{2i} = [0.1 \pm 0.28]$	mit $\bar{x}_{3i} = \bar{x}_{1i} - \bar{x}_{2i} = 0.1$ und $s_{x_{3i}} = \sqrt{s^2_{x_{1i}} + s^2_{x_{2i}}} = 0.141$

Grundsätzlich ist eine Verträglichkeit der Daten nicht gegeben, wenn sich die Intervalle der einzelnen Messwerte vor der Prüfung von den Intervallen nach der Prüfung stark unterscheiden.[128] Als Faustregel könnte eine Verträglichkeit dann abgelehnt werden, wenn der Mittelwert (=Beobachtungswert) vor der Prüfung nicht in dem Verträglichkeitsintervall enthalten ist.

Im obigen Beispiel sind alle drei Messwerte nicht in den jeweiligen Intervallen nach der Prüfung enthalten, weshalb eine Verträglichkeit des Datensatzes dieses Unternehmens bzgl. der semantischen Beziehungen zwischen den Variablen auf einem Konfidenzniveau von 95% abzulehnen ist.

QR durch lineare Approximation An dieser Stelle sollen die aus dem semantischen Netz spezifizierten Konsistenzgleichungen durch lineare ökonometrische Einzelgleichungsmodelle abgebildet und geschätzt werden.[129] Die Beobachtungen der jeweiligen semantisch zu erklärenden Jahresabschlussvariable X_k werden hierbei als Realisationen des bedingten Erwartungswertes $\mathrm{E}[X_k|\boldsymbol{X}^{[k]}]$ der Linearkombination $\boldsymbol{X}^{[k]\prime}\boldsymbol{\beta}^{[k]} + u_k$ der diese Variable semantisch beeinflussenden $j = 1, \ldots, J$ Va-

malsausprägungen der jeweiligen Jahresabschlussvariablen, welche bspw. bei einer angenommenen Normalverteilung durch die (geschätzten) Standardabweichungen um den Intervallmittelwert determiniert sind.

[125] Vgl. Abschnitt 5.1.1.2.

[126] $\mathrm{E}[X_1 + X_2] = \mathrm{E}[X_1] + \mathrm{E}[X_2]$ und $\mathrm{Var}[X_1 + X_2] = \mathrm{Var}[X_1] + \mathrm{Var}[X_2]$; Voraussetzung für die hier angegebene Varianzberechnung ist die Unabhängigkeit der einzelnen Merkmale. Dies muss in diesem Fall jedoch angezweifelt werden, weshalb die Ergebnisse ausschließlich als Abschätzungen aufzufassen sind.

[127] Die Intervalle ergeben sich hier als Konfidenzintervalle (5.3.33) normalverteilter Zufallsvariablen für ein Konfidenzniveau von $1 - \alpha = 0.95$.

[128] Vgl. [Mehlmann 1993], S. 83.

[129] Die so erhaltenen Schätzergebnisse werden jedoch an dieser Stelle noch nicht zur Modellierung der genauen Beziehungen zwischen den untersuchten Variablen verwendet. Hier soll lediglich eine semantisch begründete Prognose bzw. Aufdeckung von konsistent richtigen Datensätzen anhand des semantischen Netzes der Abb. 5.10 erfolgen. Die Modellierung der Zusammenhänge zwischen den untersuchten (dann korrekten und konsistenten) Messwerten bzgl. der interessierenden Problemstellung erfolgt erst in den letztlich identifizierten Referenzdaten bzw. nach der Datenqualitätsanalyse; vgl. das Vorgehensmodell des sDQM in Abschnitt 5.1.2.

riablen $\boldsymbol{X}^{[k]} = (X_1^{[k]}, \dots X_j^{[k]}, \dots X_J^{[k]})'$ aufgefasst, wobei $\boldsymbol{\beta}^{[k]}$ den zugehörigen Parametervektor und u_k die jeweilige Störgröße bezeichnen.[130] Die Idee dieses Ansatzes besteht darin, dass - bei vorausgesetztem Zutreffen der aus dem semantischen Netz abgeleiteten Konsistenzregeln in Form der ökonometrischen Modelle - die Werte aller als Zielvariablen modellierten Jahresabschlussvariablen anhand der geschätzten Gleichungen vorhergesagt werden können. Wenn das jeweilige geschätzte Modell insgesamt signifikant ist, stellen die prognostizierten Werte die zu erwartenden, d.h. semantisch konsistenten Werte dar.

Bzgl. der Modellspezifikation muss allerdings davon ausgegangen werden, dass die semantischen Gleichungen einige der an lineare Regressionsmodelle gestellten Annahmen[131] nicht erfüllen. So sind die Gleichungen zum einen evtl. unterspezifiziert, d.h. einige Bestandteile konnten nicht beobachtet werden und fehlen damit bei der Schätzung.[132] Insb. die EBT- und EBIT-Gleichungen (5.3.31) bzw. (5.3.32) sind bzgl. der Verwendung bei der Konsistenzprüfung aufgrund einiger fehlender Bestandteile stark in Frage gestellt. So sind viele Variablen der Erfolgsspaltung in der Datenmenge gar nicht vorhanden und bspw. nur 255 von 16427 Unternehmen des Clusters C_1 weisen für die Variable VERW einen Wert ungleich Null auf. Folge könnte eine Überschätzung der Einflüsse und der Signifikanz der im Modell verbleibenden Variablen sein.[133] Des Weiteren ist hier das Vorhandensein von hoher Multikollinearität zwischen den jeweiligen unabhängigen Variablen klar ersichtlich, da es sich um bilanzielle Zusammenhänge handelt und die Variablen untereinander linear voneinander abhängen.[134] Die Folgen hoher Multikollinearität können ebenfalls Verzerrungen bei den Schätzungen der einzelnen Parameter sein.[135] Die Schätzung der einzelnen Einflussstärken stellt jedoch hier nicht das vorrangige Ziel dar. Im Rahmen der Beurteilung der semantischen Konsistenz ist vor allem die möglichst gute Approximation der jeweiligen Zielgrößen aus der Summe der Einflüsse als Indikator der Glaubhaftigkeit der Messwerte entscheidend. Aus diesem Grund werden die Annahmeverletzungen hier in Kauf genommen.

Wie weiter oben in Abschnitt 5.1.2 bei der Beschreibung des sDQM-Vorgehensmodells bereits angedeutet wurde, können die Prognosen der Zielvariable eines kausalen Modells ausschließlich bei Vorhandensein aller Werte der in diesem Modell auftretenden unabhängigen Varibalen erfolgen. Somit muss vor der Konsistenzschätzung bzw. der anschließenden Prognose die Frage nach der Behandlung der fehlenden Werte für einzelne Merkmale beantwortet werden.

Aufgrund der Struktur der einzelnen Konsistenzgleichungen in Form von jeweils

[130] Zur Spezifikation und Schätzung des klassischen linearen ökonometrischen Modells vgl. weiter oben Abschnitt 2.1.2 dieser Arbeit.

[131] Vgl. Abschnitt 2.1.2.

[132] Vgl. die Zusammensetzung der Strukturbilanz und der GuV (Abb. 4.2 bzw. 4.3 auf den Seiten 141 bzw. 143) im Vergleich mit den hier vorhandenen Variablen.

[133] Auf das Problem und die Folgen einer Fehl- bzw. Unterspezifikation wurde weiter oben in Abschnitt 2.1.1.1 (Seite 12) eingegangen.

[134] Vgl. auch die Abb. 5.10.

[135] Vgl. die Ausführungen in Abschnitt 5.2.1.

nur wenigen unabhängigen Variablen[136] stellt sich das Problem des Datenverlustes durch Eliminierung von Datensätzen mit in der jeweiligen Gleichung fehlenden Werten grundsätzlich nicht so gravierend dar wie bei der Schätzung von bspw. Klassifikationsmodellen anhand aller Jahresabschlussgrößen. Trotzdem muss grundsätzlich entschieden werden, ob ein fehlender Wert eines Merkmals ersetzt oder der entsprechene Datensatz entfernt werden soll.

Bei den Variablen IMMA, FORDBET, VERBBET, GESDAHR, PRST und VERW werden die fehlenden Messwerte mit einer Nullausprägung angenommen, anstatt sie bspw. durch den Mittelwert oder durch eine andere Schätzung zu ersetzen.[137] Dabei wird der Überlegung gefolgt, dass diese Messwerte zum einen aus inhaltlichen Gründen bei vielen Unternehmen bilanziell evtl. nicht vorhanden sind und eine anderweitige Ersetzung die Konsistenzprüfung evtl. noch stärker verzerren würde. Bei allen übrigen Jahresabschlussgrößen werden Unternehmen mit diesbzgl. fehlenden Werten aus der Analyse ausgeschlossen, da fehlende Werte bspw. des Eigenkapitals (EK), der Bilanzsumme (BILS) oder des Umlaufvermögens (UV) zu einem für die Analyse nicht mehr brauchbaren Datensatz führen würden und weiterhin der Umfang der fehlenden Datensätze hinsichtlich des Auftretens dieser Variablen in den einzelnen Konsistenzgleichungen überschaubar bleibt.

Die Konsistenzschätzung wird aus Gründen des zu begrenzenden Umfanges der Analysen am Beispiel des in Abschnitt 5.3.2.1 bzw. 5.3.2.2 generierten - um (Extremwert-)Ausreißer bereinigten - Clusters C_1 und des inhaltlich homogenisierten Clusters der KMU erläutert und durchgeführt.[138]

Die anhand der Datenmenge der absoluten Jahresabschlussvariablen des Clusters C_1 erhaltenen Schätzergebnisse aller 29 sich aus dem in Abb. 5.10 dargestellten semantischen Netz ergebenden Konsistenzgleichungen sind in Tab. B.4 in Anhang B zu finden. Als Kriterien für die Eignung der einzelnen Konsistenzgleichungen werden Signifikanztests auf das gesamte Modell (F-Test) und auf die einzelnen Parameter (t-Test) sowie die durch das Bestimmtheitsmaß R^2 ausgedrückte Approximationsgüte herangezogen.[139] Dabei werden nicht signifikante Einflussgrößen aus den Modellen entfernt. Dies trifft auf die jeweils wechselseitig abhängigen Variablen BAVERB und VERBBET sowie LAGV, VERW und AFA zu, die bei Schätzung der aus der BILS-Gleichung (5.3.29) sowie der EBIT-Gleichung (5.3.31) abgeleiteten Konsistenzgleichungen 14, 15 und 22 bis 26 nicht signifikant waren. Tragen die verbleibenden geschätzten Modelle laut des F-Testes insgesamt signifikant zur Erklärung der jeweiligen Zielvariablen bei und wird ein bestimmter Varianzerklärungsanteil[140] erreicht, wird das Modell zur Punktprognose des konsistenten

[136]Vgl. Abb. 5.10 sowie die Tab. B.4 in Anhang B.

[137]Vgl. zu verschiedenen Ersetzungsmethoden weiter unten Abschnitt 5.4 dieses Kapitels.

[138]Vgl. zu den homogenisierten Datenmengen die Tab. 5.17 auf Seite 242.

[139]Zu den Signifikanzanalysen und Modellbewertungsmöglichkeiten des linearen Modells vgl. die Abschnitte 3.1.1.1 und 3.1.1.2 dieser Arbeit.

[140]Das den - durch die verwendeten Einflussgrößen des linearen Modells erklärten - Varianzanteil der Zielvariable darstellende Bestimmtheitsmaß R^2 sollte einen bestimmten kritischen Wert erreichen, da es angibt, ob der vermutete (lineare) semantische Zusammenhang empirisch ausrei-

Wertes der Zielvariable verwendet.

Aufgrund der vorausgesetzten Unschärfe der beobachteten und damit auch der prognostizierten Werte wird die Konsistenzprüfung anhand von Prognoseintervallen durchgeführt, die in diesem Zusammenhang als *probabilistische Konsistenzintervalle* interpretiert werden.[141] Aus der geschätzten bedingten Punktprognose $\widehat{x}_{ki} = \boldsymbol{x}_i^{[k]\prime}\widehat{\boldsymbol{\beta}}^{[k]}$ für ein Unternehmen i ergibt sich das Prognoseintervall, in dem der wahre bzw. semantisch konsistente Wert des beobachteten Merkmalsmesswertes x_{ki} mit einer Wahrscheinlichkeit von $1-\alpha$ liegt, zu

$$\Pr\left(\widehat{x}_{ki} - t_{1-\alpha/2,n-J-1}\cdot\widehat{\sigma}_{e_i} \leq x_{ki} \leq \widehat{x}_{ki} + t_{1-\alpha/2,n-J-1}\cdot\widehat{\sigma}_{e_i}\right) = 1-\alpha, \qquad (5.3.34)$$

wobei $\widehat{\sigma}_{e_{ki}}$ [142] die geschätzte Standardabweichung des Prognosefehlers $e_{ki} = x_{ki} - \widehat{x}_{ki}$, n die Anzahl der zur Schätzung des Intervalls verwendeten Beobachtungen und J die Anzahl der verwendeten Einflussvariablen bezeichnen.

Die 16427 Unternehmen des Clusters C_1 werden nun innerhalb der DDD des in Abschnitt 5.1.2 vorgestellten sDQM-Vorgehensmodells einzeln auf semantische Konsistenz geprüft. Dazu werden diejenigen geschätzten und signifikanten Konsistenzgleichungen[143] verwendet, deren Bestimmtheitsmaß einen Wert von $R^2 = 0.5$ überschreiten.[144] Dabei wird wie folgt vorgegangen: Die Konsistenzgleichungen werden in absteigender Reihenfolge bzgl. ihrer Bestimmtheitsmaße zur Intervallprognose der in ihnen jeweils enthaltenen Jahresabschlussgrößen verwendet.[145] Dadurch wird erreicht, dass die am stärksten gegen die Konsistenzregeln verstoßenden Objekte zuerst ausgeschlossen werden, da das Bestimmtheitsmaß einen Indikator für die Stärke der (geschätzten) semantischen Beziehung darstellt.

Ein Merkmalsmesswert x_{ki} einer Variable X_k wird dann als konsistent zu seinen semantisch erklärenden Merkmalsmesswerten $x_i^{[k]}$ betrachtet, wenn er innerhalb des aus diesen geschätzten Konsistenzintervalles (5.3.34) für die entsprechende Merkmalsausprägung bei diesem Objekt liegt und somit die zugehörige Konsistenzgleichung erfüllt. So sind z.B. 10638 Unternehmen bzgl. der das höchste Bestimmtheitsmaß $R_k^2 = 0.9733$ aufweisenden Konsistenzgleichung 20 semantisch konsistent,

---

chend stark vorliegt und damit gerechtfertigt ist. Werte von $R^2 \geq 0.5$ werden hier als ausreichend angesehen.

[141]Hier liegt auch ein entscheidender Vorteil der linearen Modellierung, da in diesem Fall die Angabe von Prognoseintervallen relativ einfach möglich ist. Zur Intervallprognose in linearen Regressionsmodellen vgl. die Ausführungen weiter oben auf den Seiten 124 ff.

[142]Vgl. Gl. (3.2.41) auf Seite 125.

[143]Vgl. Tab. B.4 in Anhang B.

[144]An dieser Stelle zeigt sich wiederum die häufig innerhalb einer DM-Analyse auftretende subjektive Komponente, hier in Form der Wahl des kritischen Wertes von R^2. Diese wird insofern bestätigt, da es bei der im Folgenden durchgeführten iterativen Prüfung bei der ersten Gleichung mit einem Bestimmtheitsmaß kleiner als 0.5 (Gleichung 23, Zielvariable: U) zu einem deutlichen Abfall der die entsprechende Konsistenzgleichung erfüllenden Datensätze von 7.154 auf 4.354 kommt.

[145]Wird eine Variable durch mehr als eine signifikante Konsistenzgleichung erklärt (wie z.B. die Variable BILS durch die Gleichungen 6 und 10), wird diejenige Gleichung zur Schätzung verwendet, die das höhere Bestimmtheitsmaß aufweist.

da 10638 aller 16427 Unternehmen eine Beobachtung der Variable X_k = KVERB aufweisen, die innerhalb des aus Gleichung 20 geschätzten Konsistenzintervalles für diese Variable liegt. Nun wird die Gleichung mit dem zweithöchsten Bestimmtheitsmaß (Gleichung 21, Zielvariable: LVERB) zur Prüfung verwendet. Die dort als konsistent erkannten 10946 Unternehmen werden mit den 10638 Unternehmen der vorherigen Prüfung gematcht, d.h. es werden diejenigen Unternehmen herausgefiltert, die beide Konsistenzprüfungen erfolgreich "bestanden" haben. Das sind 10634 Unternehmen. Dieser Vorgang wird solange fortgesetzt, bis alle signifikanten Konsistenzgleichungen bis zu einem minimalen Bestimmtheitsmaß von $R_k^2 = 0.5$ zur Prüfung verwendet wurden. Letztlich konnten 7154 Unternehmen[146] identifiziert werden, die die Konsistenzregeln der Gleichungen 20, 21, 10, 28, 27, 11, 7, 8, 14 und 2 in der angegebenen Reihenfolge erfüllen. Die konsistenten Datensätze werden in den Datenmengen `abs_C1_kon` bzw. `rel_C1_kon` abgelegt.

Bzgl. des anhand der konsistenten Datensätze zu entwickelnden Solvenzklassifikationsmodells wird an dieser Stelle die folgende Überlegung angestellt: Die Konsistenzanalyse soll semantisch abnormale, d.h. inkonsistente Unternehmen identifizieren und aus der Datenmenge entfernen. Die Schätzung der semantischen Konsistenzregeln in Form der Konsistenzgleichungen des in Abschnitt 5.3.3.1 spezifizierten semantischen Bilanznetzes erfolgte anhand der gesamten Menge aller homogenisierten und um Extremwerte bereinigten Daten. Ziel der anschließend zu entwickelnden Solvenzklassifikationsmodelle ist es jedoch gerade, strukturelle Unterschiede bzw. Abnormalitäten in den zur Schätzung verwendeten Daten hinsichtlich der Solvenzsituation zu erkennen und zu modellieren. Daher muss darauf geachtet werden, bei der Konsistenzprüfung nicht diejenigen Objekte aus den Datenmengen zu entfernen, die zwar semantisch abnormal, aber wichtig für das Erkennen von strukturellen Unterschieden hinsichtlich des Klassifikationsproblems sind. Dies sind hier vor allem die insolventen Unternehmen, da davon auszugehen ist, dass viele dieser Unternehmen aufgrund ihrer Bilanzsituation nicht die aufgestellten Konsistenzregeln erfüllen. Würden diese inkonsistenten insolventen Unternehmen entfernt werden, könnte bei der anschließenden Schätzung des Klassifikationsmodells der strukturelle Unterschied zwischen insolventen und solventen Unternehmen evtl. nicht mehr erkennbar sein. M.a.W.: Die Konsistenzprüfung würde der Solvenzklassifikation vorgreifen. Dieses Problem wird hier noch dadurch verschärft, dass die Schätzung der Konsistenzgleichungen bzw. der probabilistischen Konsistenzintervalle (5.3.34) aufgrund einer Datenmenge erfolgte, in der ca. 95% der Unternehmen solvent sind. Würden von den durch die Konsistenzprüfung dominierten 5% insolventen Unternehmen diejenigen entfernt, die die Konsistenzgleichungen nicht erfüllen, geht mit hoher Wahrscheinlichkeit die entscheidende strukturelle Unterschiedlichkeit zwischen insolventen und solventen Unternehmen in der verbleibenden Menge verloren, was die nachfolgende Solvenzklassifikation nachhaltig erschweren würde.

Von den 7154 als konsistent identifizierten Unternehmen des Clusters C_1 sind

[146] Was ca. 44% der Ausgangsdatenmenge entspricht.

450 insolvent. Somit würden die übrigen 402 von ursprünglich 852 insolventen Unternehmen des Clusters C_1 aufgrund der fehlenden semantischen Konsistenz aus der folgenden Solvenzanalyse ausgeschlossen werden, obwohl sie aufgrund ihrer evtl. für das Klassifikationsmodell relevanten bzw. insolvenztypischen Strukturen evtl. aussagekräftige Beispiele für die bilanzielle Struktur eines von Insolvenz betroffenen Unternehmens sind. Aus diesem Grund sollten und werden im Folgenden diese insolventen Unternehmen in der für die weiteren Analysen bereitgestellten (konsistenten) Datenmenge beibehalten.

Für die in Abschnitt 5.3.2 ebenfalls als homogen und ausreißerbereinigt bereitgestellte Datenmenge von 14125 KMU wurde die Konsistenzanalyse analog durchgeführt. Dort verblieben 5875 (davon 429 insolvente) semantisch konsistente Unternehmen[147]. Zuzüglich derjenigen 395 insolventen Unternehmen, die zwar als semantisch inkonsistent identifiziert wurden, die jedoch trotzdem aus den o.g. Gründen beibehalten werden, werden 6270 (davon 824 insolvente) Unternehmen als Datenmengen `abs_KMU_kon` und `rel_KMU_kon` für die weiteren Analysen bereitgestellt.

Exkurs: Verwendung von Assoziationsregeln bei qualitativen Variablen
Enthalten die auf Konsistenz zu prüfenden Daten qualitative, d.h. nominal oder ordinal skalierte Merkmale, können sog. *Assoziationsregeln* zur Konsistenzprüfung herangezogen werden. Eine Assoziationsregel ist eine Vorschrift, die die (kategorialen) Merkmalsausprägungen zweier Variablen X und Y wie folgt verknüpft: Die Regel $r(x_j, y_k) = x_j \rightarrow y_k$ drückt die Assoziation aus, dass bei Vorliegen der Ausprägung $x_j \in X$ des Merkmals X bei dem selben Objekt i die Ausprägung $y_k \in Y$ des Merkmals Y mit einer bestimmten Wahrscheinlichkeit $p(y_k|x_j)$ ebenfalls vorliegt, wobei die Wahrscheinlichkeit p als *Konfidenz* der Assoziationsregel bezeichnet wird.

Ein von [Hipp et al. 2001] entwickelter Ansatz der Verwendung von Assoziationsregeln zur Bestimmung der Konsistenz einer Datenmenge bestimmt als Qualitätsmaß den sog. *Score* der Objekte der Datenmenge. Der Score eines Objektes i wird dabei berechnet als Summe der Konfidenzwerte der von diesem Objekt verletzten Assoziationsregeln und gibt somit das Ausmaß der Fehlerverdächtigkeit des Objektes an:

$$\text{Score}_i = \sum_{j,k} p(y_k|x_j)^C \cdot I_i \tag{5.3.35}$$

Die Indikatorfunktion

$$I_i = \begin{cases} 0 & \text{für} \quad r_i \quad \text{nicht verletzt} \\ 1 & \text{für} \quad r_i \quad \text{verletzt} \end{cases} \tag{5.3.36}$$

gibt dabei an, ob für das Objekt i die Assoziationsregel $r(x_j, y_k)$ verletzt wurde. In (5.3.35) bezeichnet C einen Kostenparameter, der die Stärke der Bestrafung der

[147]Was ca. 42% der Ausgangsdatenmenge und damit einer ähnlichen Größenordnung im Vergleich mit den 43.55% konsistenten Unternehmen des Clusters C_1 entspricht.

Verletzung bestimmter Regeln steuert. So werden Regeln mit hohen Konfidenzen durch größer gewählte C-Werte im Vergleich zu Regeln mit kleineren Konfidenzen stärker bestraft. Wenn bspw. in dem Fuhrpark eines Unternehmens ein Modell in 90% der Fälle eine Klimaanlage besitzt und in 75% der Fälle drei andere Merkmale, fließt die Verletzung dieser Regeln bei verschiedenen Kostenparametern in unterschiedlichem Ausmaß in den Score eines Stichprobendatensatzes ein. Ist z.B. in einer Stcihprobe von zwei Fahrzeugen bei der ersten Beobachtung A ausschließlich die Klimaanlage nicht vorhanden und bei der zweiten B fehlen die übrigen drei Merkmale (bei vorhandener Klimaanlage), so ergeben sich die folgenden Scorewerte für unterschiedliche Parameter $C = 5$ bzw. $C = 7$:[148]

$$\begin{array}{lll} C = 7: & \text{Score}_A = 0.9^7 = 0.48 \quad ; & \text{Score}_B = 0.75^7 \cdot 3 = 0.40 \\ C = 5: & \text{Score}_A = 0.9^5 = 0.59 \quad ; & \text{Score}_B = 0.75^5 \cdot 3 = 0.71 \end{array}$$

Die Verletzung der Regel, dass das Fahrzeug mit relativ hoher Konfidenz von 0.9 eine Klimaanlage aufweist, trägt bei höherem Kostenparameter trotz der Erfüllung der übrigen Regeln zum größeren Wert des Scores und damit zur stärkeren Fehlerverdächtigkeit des Objektes A bei (obere Zeile). Bei einem niedrigeren Kostenparameter beeinflusst das Fehlen mehrerer Merkmale mit geringerer Konfidenz den Score stärker als das Verletzen der einen Regel mit hoher Konfidenz, was zur stärkeren Fehlerverdächtigkeit von Objekt B führt (untere Zeile).

Bzgl. der Beurteilung der Scorewerte der hinsichtlich ihrer Qualität zu beurteilenden Datensätze besteht weiterhin eine starke Subjektivität, da der Anwender entscheiden muss, ab welchen Konfidenzgrenzen Regelverletzungen überhaupt im Score berücksichtigt werden und welche Scorewerte letztlich als Qualitätsmangel in den betreffenden Datensätzen anzusehen sind. Hierzu bedarf es theoretisches bzw. inhaltliches Hintergrundwissen des Anwenders. □

5.4 DQ-Dimension Vollständigkeit: Umgang mit fehlenden Werten

Bei einer realen, bspw. in einem DWH vorliegenden Datenmenge, die meist mindestens einer Größe von mehreren Tausend Datensätzen entspricht, ist es nicht zu vermeiden, dass viele Objekte fehlende Werte aufweisen. In der hier verwendeten Datenmenge des Clusters C_1 enthalten bspw. von den 16427 Datensätzen nur 4812 (ca. 30%) für sämtliche Jahresabschlussvariablen einen Messwert. Unter fehlenden Werten[149] wird somit das Fehlen mindestens einer Merkmalsbeobachtung eines Datensatzes verstanden. Diese fehlenden Werte können z.B. dadurch entstehen, dass bei der Erhebung einzelne Fragen unbeantwortet geblieben sind bzw. Angaben nicht gemacht wurden. Weiterhin können Daten aus Zeit- und Kostengründen, technischen Mess- oder Übertragungsfehlern und einer nicht vorhandenen

[148]Bsp. entnommen aus [Hipp et al. 2001].

[149]Engl.: missing values

Zugänglichkeit oder auch Interpretierbarkeit der Daten fehlen und damit nicht für die Analyse bereit stehen. In diesem Abschnitt wird auf die Möglichkeiten des Umgangs mit fehlenden Werten bei der statistischen DM-Analyse im Zusammenhang mit den in dieser Arbeit verwendeten Unternehmensdaten innerhalb eines statistischen Datenqualitätsmanagements eingegangen.

Wie und warum sollten fehlende Merkmalswerte ersetzt werden? Entscheidend hinsichtlich dieses Problems ist die Frage, warum die Daten fehlen. Waren in den Daten Informationen enthalten, die in den jetzt vorhandenen Daten nicht mehr enthalten sind, d.h. fehlen die Werte aus inhaltlichen bzw. strukturellen Gründen, oder sind durch bspw. Erhebungsfehler lediglich Werte zufällig nicht vorhanden? Im ersten Fall sollten die fehlenden Werte sinnvoll[150] ersetzt werden, da bei der Entfernung einzelner fehlender Merkmalswerte eines Datensatzes eine Verzerrung der Inferenzschätzungen bzgl. der Grundgesamtheit und damit u.U. ein erheblicher Informations- bzw. Qualitätsverlust des Modells entstehen kann, da in Wahrheit vorhandene Zusammenhänge in den Stichprobendaten nicht vollständig beobachtet wurden und damit auch nicht korrekt geschätzt bzw. abgebildet werden können.[151] Im zweiten Fall ist eine Ersetzung aus strukturellen Gründen zwar nicht unbedingt erforderlich, jedoch ebenfalls sinnvoll, wenn die verbleibenden vollständigen Datensätze nicht mehr in dem erforderlichen Umfang vorhanden sind, um statistisch sinnvolle Schätzungen durchführen zu können. Eine Ersetzung von fehlenden Werten ist weiterhin oft allein deshalb notwendig, da anderenfalls die in einem rechnergestützten DM-Prozess verwendeten Analysemethoden oft nicht oder nur auf einen Teil der Daten anwendbar sind. Die meisten formalen statistischen Schätzverfahren sind nicht in der Lage, Datensätze mit fehlenden Werten in der gleichen Weise wie vollständige Datensätze auszuwerten und schließen bei bereits einem fehlenden Merkmalswert einer Beobachtung das gesamte betroffene Objekt von der Modellschätzung aus.

Bzgl. der notwendigen Ersetzung fehlender Werte ergibt sich nach der Schätzung, d.h. bei der Anwendung und Evaluierung von Prognosemodellen dadurch, dass die Datenmenge in die Trainings- und die Testdatenmenge unterteilt wird, ein weiterer Aspekt: Die Trainingsmenge dient dazu, das Modell aus den Daten zu schätzen, wohingegen die Testmenge zur Prüfung der Verallgemeinerungsfähigkeit bzw. der Out-Of-Sample-Prognosequalität des geschätzten Modells verwendet wird.[152] Die Daten der Testmenge werden dabei als (neue) Daten aufgefasst, für die anhand des geschätzten Modells Prognosen erstellt werden sollen. Der Umgang mit fehlenden Werten muss nun für die beiden Mengen unterschied-

150 Der Begriff "sinnvoll" bedeutet in diesem Zusammenhang, dass die fehlenden Werte möglichst durch die nicht beobachteten wahren Werte ersetzt werden sollten, um die wahren Strukturen in den Daten während des weiteren DM-Prozesses analysieren zu können.

151 Die verminderte Repräsentativität einer Stichprobe kann dabei als ein Spezialfall fehlender Werte aufgefasst werden, bei dem gesamte Datensätze - d.h. alle Merkmalswerte kompletter Objekte einer repräsentativen Stichprobe - nicht beobachtet wurden.

152 Zur Bewertung der Prognosequalität anhand der Testmenge vgl. weiter oben Abschnitt 3.2.3.2 dieser Arbeit.

lich betrachtet werden, da das Modell nach Eliminierung der Objekte mit fehlenden Werten zwar trainiert bzw. geschätzt werden kann[153]; um das geschätzte Modell dann validieren bzw. auf die Testdatensätze anwenden und in diesen die Zielvariable schätzen zu können, müssen die in den Testdaten fehlenden Merkmalswerte jedoch spätestens hier ersetzt werden, da eine Prognose der Zielgröße nur bei vorhandenen Merkmalswerten der in dem Modell (signifikanten) unabhängigen Variablen erfolgen kann. Aus praktischen Gesichtspunkten ist die Ersetzung vor allem auch deshalb erforderlich, da in realen Datensätzen, für die anhand des geschätzten Klassifikationsodells Prognosen erstellt werden sollen, i.d.R. auch immer wieder nicht vorhandene Merkmalswerte auftreten werden. So kommt es im Fall der Solvenzprognose für kleine und mittlere Unternehmen anhand der an diesen beobachteten Jahresabschlussdaten aufgrund oft nur unvollständiger Jahresabschlüsse häufig zu fehlenden Werten, was ohne Ersetzung dieser eine Prognose einer eventuellen Insolvenzgefahr unmöglich machen würde.

Bzgl. eines eventuellen Informationsgehaltes können fehlende Werte auf folgende drei Arten unterschieden werden:[154]

- *Komplett zufälliges Fehlen*: Die Wahrscheinlichkeit des Fehlens eines Merkmalswertes ist vom wahren Wert dieses und der übrigen Merkmale unabhängig.

- *Zufälliges Fehlen*: Die Wahrscheinlichkeit des Fehlens eines Merkmalswertes ist vom wahren Wert dieses Merkmals unabhängig, hängt jedoch von der Ausprägung mindestens eines der übrigen Merkmale ab.

- *Nicht zufälliges Fehlen*: Die Wahrscheinlichkeit des Fehlens eines Merkmalswertes ist von dem wahren Merkmalswert abhängig.

Die erste Art des Fehlens kann dabei als *unsystematisches bzw. nicht informatives Fehlen* aufgefasst werden, da das Fehlen des entsprechenden Wertes keinerlei Information, welche das Prognosemodell beeinflusst, enthält. Im zweiten und dritten Fall dagegen ist ein Informationsgehalt des fehlenden Wertes anzunehmen, weshalb diese Fälle auch als *systematisches bzw. informatives Fehlen* bezeichnet werden.[155] Ein Beispiel für informatives Fehlen ist eine Person, die die Frage nach dem letzten Unfallzeitpunkt unbeantwortet lässt, da sie keinen Führerschein besitzt.[156] Bereits bei der Erhebung der Daten sollte deshalb darauf geachtet werden, dass

[153]Vorausgesetzt, die verbleibenden Objekte sind weiterhin repräsentativ für die betrachtete Grundgesamtheit bzw. in ausreichender Anzahl vorhanden.

[154]Diese Einteilung geht zurück auf [Rubin 1976].

[155]Vgl. [Schöner 2004].

[156]In diesem Fall liegt nach obiger Unterscheidung eher ein *nicht zufälliges Fehlen* vor, da die (verborgene) Ausprägung des Merkmals *Unfallzeitpunkt* von einem anderen Merkmal *Führerschein vorhanden* und zusätzlich von der Ausprägung des Merkmales selbst abhängt, da die befragte Person evtl. aus versicherungstechnischen Gründen erst kürzlich vorgekommene Unfälle mit höherer Wahrscheinlichkeit verbergen würde als schon länger zurück liegende.

die Möglichkeit des inhaltlich begründeten Auslassens eines bestimmten Merkmals durch eine bestimmte Ausprägung als Attributwert vorhanden ist.[157]

Exkurs: Dummyvariablen zur Prüfung des Informationsgehaltes fehlender Werte Wurde die Möglichkeit des informativen Auslassens von Merkmalsbeobachtungen vorher nicht im Modell berücksichtigt, können zur Überprüfung eines evtl. Informationsgehaltes der fehlenden Werte der interessierenden Merkmale zusätzlich zu den eigentlichen Merkmalsausprägungen für jedes Merkmal *binäre Dummyvariablen*[158] in das Modell, welches die erhobenen Merkmale in irgendeiner Art und Weise enthält, integriert werden. Dabei stellen diese Dummyvariablen Indikatorvariablen $I(X_k)$ dar, die bei fehlenden Messwerten der Merkmale X_k jeweils den Wert Eins und anderenfalls den Wert Null annehmen. Bspw. nimmt bei einem Datensatz, der für ein Objekt i drei Merkmale umfasst, von denen der zweite Messwert fehlt ($x_2 = NA$ [159]), der Beobachtungsvektor $\boldsymbol{x}_i$ die folgende Form an:

$$\boldsymbol{x}_i = \begin{pmatrix} X_1 = x_1 \\ X_2 = NA \\ X_3 = x_3 \\ I(X_1) = 0 \\ I(X_2) = 1 \\ I(X_3) = 0 \end{pmatrix}$$

Bei der Schätzung eines solchen Modells würde die Parameterschätzung $\widehat{\beta}_{I(X_2)}$ der Dummyvariable $I(X_2)$ im Falle eines informativen Fehlens der Messwerte der Variable X_2 einen signifikanten Wert ungleich Null aufweisen. Nachteil dieser Vorgehensweise ist die Nichtberücksichtigung der eigentlichen Merkmalsausprägung im Modell bei den Objekten mit einem Dummyvariablenwert von Eins. Um die betreffenden Objekte bei der Schätzung berücksichtigen zu können, werden die fehlenden Merkmalswerte nämlich auf die Nullausprägung, und nicht auf NA gesetzt. Dies kann zu einer eventuellen Verzerrung des geschätzten Einflusses der jeweiligen Variable bzw. der Einflüsse der übrigen Variablen führen, da das Modell in dem Fall für alle Objekte mit fehlenden Werten falsche Beobachtungen (die Nullausprägung) aufweist. □

Für den Umgang mit fehlenden Werten in den beobachteten Datensätzen kommen grundsätzlich zwei Möglichkeiten in Frage:[160]

- **Eliminieren der entsprechenden Variable(n) bzw. Datensätze** Unterschieden werden kann in:

[157] An dieser Stelle ist wiederum ersichtlich, dass die Datenqualität im Datenhaltungs- und Analyseprozess von Vornherein als wichtig erachtet werden sollte, da eine im Nachhinein durchzuführende Bereinigung bzw. Verbesserung u.U. schwierig bzw. sehr aufwendig sein kann.

[158] Vgl. weiter oben Abschnitt 2.1.4.1.

[159] Von engl.: not available.

[160] Vgl. u.a. [Han und Kamber 2000].

– *Vertikales Eliminieren*, bei der ganze Merkmale, für die sehr viele Beobachtungen fehlen, entfernt werden.

– *Horizontales Eliminieren*, bei der die jeweiligen Objekte, bei denen eine oder mehrere Merkmalsausprägungen fehlen, entfernt werden.[161] Fehlen bspw. bei einem Merkmal mehr als die Hälfte der Beobachtungen, so ist es evtl. sinnvoll, dieses Merkmal zunächst ganz zu eliminieren, da sonst mindestens 50% der Objekte bei der formalen Analyse u.U. horizontal eliminiert werden würden, da sie mindestens bei diesem Merkmal einen fehlenden Wert aufweisen.

Die Vorgehensweise des Eliminierens ist nur bei einem großen Verhältnis von vorhandenen zu fehlenden Werten in einer Datenmenge anzuraten, da anderenfalls womöglich ein sehr hoher Daten- und damit Informationsverlust entsteht, obwohl evtl. viele weitere Merkmalswerte vorhanden sind. Weiterhin sollten fehlende Werte grundsätzlich nur dann eliminiert werden, wenn die Merkmalswerte zufällig fehlen (vgl. die Ausführungen auf Seite 257), da anderenfalls bestimmte informative Muster in den Daten bei der weiteren Analyse nicht mehr berücksichtigt werden können. Dies gilt sowohl für die horizontale Eliminierung von fehlenden Werten in den einzelnen Datensätzen als auch für die vertikale Entfernung strukturell relevanter Merkmale.

• **Ersetzen der fehlenden Werte** Für die Ersetzung der fehlenden Merkmalswerte kommen grundsätzlich die folgenden Möglichkeiten in Frage:

– *Nacherhebung bzw. manuelles Einfügen der fehlenden Merkmalswerte.* Dies kann z.B. durch die subjektive Einschätzung von Experten geschehen. Bei dieser Vorgehensweise ist i.d.R. ein sehr hoher Zeit- und Arbeitsaufwand nötig, was im praktischen DM vor allem bei großen Datenmengen mit vielen fehlenden Werten oftmals nicht zweckmäßig ist.

– *Einfügen eines konstanten Wertes für alle fehlenden Werte.* Hierbei wird z.B. der Wert NA oder ein nicht möglicher Merkmalswert wie $-\infty$ für alle fehlenden Werte verwendet, was jedoch die Gefahr eines durch das angewendete DM-Verfahren entdeckten "künstlichen" Zusammenhanges bzgl. dieses Wertes, vor allem bei der oft genutzten Nullausprägung, birgt. Weiterhin können evtl. einige statistische Verfahren u.U. nicht mit diesen Merkmalswerten arbeiten, was in diesem Fall zu Rechen- und/oder Softwareproblemen führen kann.

– *Einfügen des Mittelwertes für alle fehlenden Werte eines bestimmten Merkmals.* Hierbei werden für mindestens ordinal skalierte Merkmale die arithmetischen Mittelwerte oder Medianwerte über die vorhandenen Merkmalswerte der entsprechenden Merkmale entweder global - dh. über alle Objekte -

[161] Die Bezeichnungen vertikal und horizontal leiten sich aus der üblichen Darstellungsform einer Beobachtungs- bzw. Datenmatrix ab. Darin werden die erhobenen Merkmale über alle Objekte in den (vertikalen) Spalten und die Merkmale der einzelnen Objekte in den (horizontalen) Zeilen der Matrix abgelegt.

oder getrennt nach unterschiedlichen Gruppen bei Klassifizierungsproblemen - bspw. getrennt für solvente und insolvente Unternehmen - an Stelle der fehlenden Werte verwendet. Vorteil dieser Methode gegenüber allen anderen Methoden ist die weitgehende Beibehaltung der Strukturen in den Daten bzw. eine minimale Verzerrung dieser. Lediglich die wahre Varianz der entsprechenden Merkmale wird bei dieser Vorgehensweise i.A. unterschätzt. Aus diesem Grund evtl. bessere Möglichkeiten wären z.B. die Ersetzung mit Zufallswerten oder Werten, die an der beobachteten Verteilung der vorhandenen Merkmalsausprägungen orientiert sind.[162]

– *Einfügen eines geschätzten Wertes, der mit maximaler bzw. möglichst hoher Wahrscheinlichkeit dem fehlenden Wert entspricht.* Bei dieser Vorgehensweise wird versucht, die fehlenden Werte aufgrund der strukturellen Beziehungen zwischen den Werten der vorhandenen Werte der beobachteten Merkmale plausibel zu schätzen. Dies geschieht durch statistische Methoden wie z.B. das Nearest-Neighbor-Verfahren, bei dem der Wert durch den beobachteten Wert dieses Merkmals eines möglichst ähnlichen Objektes[163] ersetzt wird.[164] Weitere Verfahren können auch Approximationsverfahren der parametrischen Statistik und der statistischen Lerntheorie wie z.B. die Regressions- oder Diskriminanzanalyse[165], Entscheidungsbäume, statistische neuronale Netze[166], Support-Vektor-Maschinen[167] etc. sein. Wie weiter oben bereits erwähnt, ist das Problem bei der Anwendung von Approximationsmodellen jedoch, dass die Anwendung der geschätzten Modelle zur Schätzung der jeweils fehlenden Merkmalswerte eines Objektes i.d.R. nur vollständige Werte der in diesem Modell enthaltenen unabhängigen Variablen akzeptieren. Bei Datensätzen mit mehreren fehlenden Werten kann somit keine Prognose eines der fehlenden Werte erfolgen, ohne andere fehlende Werte desselben Objektes bereits ersetzt zu haben. Ein weiteres generelles Problem bei der Schätzung von fehlenden Werten aufgrund der Strukturen in den (gleichen) Daten ist, dass die Zusammenhänge zwischen den Variablen und Strukturen in den Daten, die in der folgenden eigentlichen Modellschätzung geprüft werden sollen, bei der Ersetzung z.T. "künstlich" oder sogar verstärkend generiert werden. M.a.W.: DM-Methoden werden während des Ersetzungsprozesses zur Schaffung von

[162]Vgl. z.B. die Softwaredokumentation zur weiter unten in dieser Arbeit verwendeten verteilungsbasierten Ersetzungsmethode des *SAS® Enterprise Miner® 5.2.*

[163]Die Ähnlichkeit von Objekten kann z.B. durch die euklidische Distanz anhand ihrer Merkmalswerte bestimmt werden, vgl. dazu auch die Ausführungen weiter oben in Abschnitt 5.3.2 zur Clusteranalyse.

[164]Stammt das ermittelte ähnlichste Objekt aus der gleichen Datenmenge, spricht man von Hot-Deck-Imputation, wird eine externe Datenmenge verwendet, spricht man dagegen von einer Cold-Deck-Imputation.

[165]Vgl. Abschnitt 2.1.

[166]Vgl. Abschnitt 2.3.

[167]Vgl. Abschnitt 2.4.

Strukturen verwendet, die hinterher mit den z.T. gleichen DM-Methoden überprüft bzw. entdeckt werden sollen.

Die Ersetzung fehlender Werte sollte grundsätzlich mit Vorsicht angegangen werden, da sie bei fehlerhafter Durchführung einen erheblich verzerrenden Einfluss auf die spätere DM-Analyse haben kann. Es ist abzuwiegen zwischen einem eventuellen Verlust an Schätzgenauigkeit durch die künstlich generierten ersetzten Werte und dem Ertrag aus einer durch die Ersetzung erreichten größeren Datenbasis. Grundsätzlich sind die genannten Ersetzungsmethoden (bis auf die Nacherhebung) immer mehr oder weniger verzerrend, da die ersetzten Werte letztlich mehr oder weniger nie genau den fehlenden wahren Werten entsprechen werden.[168] Für Merkmale mit sehr vielen fehlenden Werten können im schlimmsten Fall völlig andere Merkmalsverteilungen entstehen, die zwar aufgrund der geschätzten Strukturen logisch erscheinen, jedoch letztlich durch die Ersetzung künstlich generiert oder weiter verstärkt wurden. Weitere DM-Analysen anhand der ersetzten Datenmengen bestätigen dann mit hoher Wahrscheinlichkeit nur noch diese künstlich generierten bzw. jetzt noch stärker vorliegenden Zusammenhänge.[169]

5.4.1 Eliminierung fehlender Werte: Identifikation der Referenzdaten

Nach - entsprechend des in Abschnitt 5.1.2 vorgestellten Vorgehensmodells des sDQM - erfolgter Dirty Data Detection in Abschnitt 5.3 werden in den identifizierten ausreißerbereinigten und konsistenten Datenmengen diejenigen Datensätze mit einem oder mehreren fehlenden Merkmalswerten eliminiert. Auf diese Art werden die sog. *Referenzdaten* identifiziert, die alle auf Seite 199 genannten statistischen Datenqualitätsdimensionen erfüllen. Diese Referenzdaten werden für die folgenden DM-Analysen zur Schätzung der strukturellen Zusammenhänge im Rahmen des gestellten DM-Problems der Solvenzanalyse bereitgestellt.

Vor der horizontalen Eliminierung der Datensätze mit fehlenden Werten wird eine vertikale Eliminierung einiger Merkmale durchgeführt, da ohne diesen Schritt nur sehr wenige vollständige Datensätze[170] verbleiben würden. Aus diesem Grund entfernt werden die Variablen FORDBET, PRST, VERBBET, GESDAHR und VERW, da sie jeweils mindestens einen Anteil von 50% fehlenden Werten aufweisen. Weiterhin werden zwecks einer unverzerrten Modellschätzung in den Referenzdaten wiederum diejenigen Merkmale entfernt, die zur obigen Konsistenzschätzung wieder in die Datenmengen aufgenommen wurden, jedoch eine hohe Multikollinea-

[168] Vgl. u.a. [Han und Kamber 2000], S. 62.

[169] Dieses Problem stellt sich um so größer dar, je mehr Objekte mit fehlenden Merkmalswerten im Verhältnis zu den vollständigen Datensätzen in der betrachteten Datenmenge vorhanden sind.

[170] Bspw. weisen nur 351 Unternehmen für die Variable FORDBET einen Messwert auf, womit bei Beibehaltung dieser Variable ausschließlich diese 351 - von 7154 konsistenten und 16427 insgesamt im Cluster C_1 befindlichen - Unternehmen in die Referenzdatenmenge aufgenommen werden würden.

rität zwischen den Einflussgrößen verursachen.[171]

Die aufbereiteten absoluten und relativen Referenzdatenmengen werden im Folgenden als `abs_C1_ref` bzw. `rel_C1_ref` für die Unternehmen des Clusters C_1 und `abs_KMU_ref` bzw. `rel_KMU_ref` für die Datenmengen der kleinen und mittleren Unternehmen bezeichnet.[172] Die absoluten Referenzdaten enthalten letztlich 2386 (in `abs_C1_ref`) bzw. 2029 (in `abs_KMU_ref`) vollständige Beobachtungen der absoluten Jahresabschlussvariablen. In den relativen Referenzdaten verbleiben 5946 (in `rel_C1_ref`) bzw. 5573 (in `rel_KMU_ref`) vollständige Datensätze der relativen Jahresabschlussvariablen.[173]

5.4.2 Ersetzung fehlender Werte

Fehlende Werte können oft im Nachhinein nicht durch ihre wahren Werte ersetzt werden, da z.B. Messungen aus Kosten- und Zeitgründen oder evtl. Änderungen der Rahmenbedingungen nicht wiederholt werden können. Im Folgenden werden die fehlenden Werte der in Abschnitt 5.3 generierten homogenen und konsistenten Datenmengen anhand verschiedener quantitativer Methoden ersetzt. Dabei wird auf die oben erstgenannten Ersetzungsmethoden der Nacherhebung bzw. der Einfügung von konstanten Werten aus praktischen bzw. Trivialitätsgründen verzichtet. Weiterhin ergab sich bei dem Versuch der Anwendung von modellbasierten statistischen Approximationsverfahren aus der Tatsache, dass die meisten Datensätze für mehrere Variablen fehlende Werte aufweisen, das bereits erwähnte Problem: Eine Schätzung einzelner fehlender Merkmalswerte konnte für diese Objekte nicht bzw. nur verzerrt erfolgen, da jeweils für mindestens ein weiteres unabhängiges Merkmal in dem jeweiligen geschätzten Modell kein Messwert vorlag. Diese modellbasierte Vorgehensweise wurde aus diesem Grund in dieser Arbeit nicht weiter verfolgt. Eine Ersetzung der Datenmengen erfolgt anhand der folgenden Methoden:

---

[171]Vgl. die Multikollinearitätsanalyse in Abschnitt 5.2.1 und die daraus folgende Variablenkonsolidierung (vgl. Tab. 5.7 auf Seite 217).

[172]Die Unternehmen der Referenzdatenmenge der absoluten Jahresabschlussvariablen wurden in den relativen Datenmengen `rel_C1` und `rel_KMU` (vor der Entfernung der Datensätze mit fehlenden Werten) anhand ihrer Identifikationsnummer (ID) identifiziert und nach dort analog durchgeführter Eliminierung der Datensätze mit fehlenden Werten als relative Referenzdatenmengen `rel_C1_ref` bzw. `rel_KMU_ref` für die weiteren Analysen bereitgestellt.

[173]Die in den absoluten und relativen Referenzdaten jeweils enthaltenen Variablen entsprechen dabei denjenigen nach Variablenkonsolidierung der Faktorenanalyse (vgl. die Tab. 5.7 und 5.10 auf den Seiten 217 bzw. 220) zzgl. der Branchen- und Wirtschaftszweig-Dummyvariablen (vgl. Tab. 5.14 auf Seite 236). Die höheren Anzahlen vollständiger Fälle in den relativen Datenmengen ergeben sich vor allem aus der Tatsache, dass die für viele fehlende Werte in den absoluten Daten verantwortlichen Veränderungsvariablen KASSEV (Veränderung Kassenbestand), VERBV (Veränderung der kurz- und langfristigen Verbindlichkeiten) und LAGV ((Lager)- Bestandsveränderung) bei der Berechnung der relativen Bilanzkennzahlen keine Verwendung finden (vgl. die Tab. 4.4, 4.5 und 4.6 in Abschnitt 4.2.4). Aus diesem Grund wurden auch alle konsistenten Unternehmen in den relativen Datenmengen identifiziert und nicht nur die vollständigen absoluten Referenzdaten.

- *Verteilungsbasierte Ersetzung:* Eine weitgehend automatisierte Ersetzung fehlender Werte erfolgt in der - in dieser Arbeit teilweise verwendeten - DM-Software *SAS® Enterprise Miner® 5.2* durch eine *verteilungsbasierte Schätzung* so, dass die ursprüngliche empirische Verteilung des jeweiligen Merkmals nach der Ersetzung weitgehend beibehalten wird. Hierbei ist es sinnvoll, eine genaue Betrachtung der Datenmenge bzgl. eventueller Ausreißer wie hier geschehen vorher vorzunehmen, um die verteilungsbasierte Ersetzung nicht durch extreme Werte zu stark zu verzerren.[174]

- *Mittelwertersetzung:* Bei dieser Ersetzungsmethode werden alle fehlenden Messwerte einer Variable durch den Mittelwert dieser Variable geschätzt und durch diesen ersetzt. Je nach Skalierungsniveau des entsprechenden Merkmals kann für ordinale Daten der Median oder für kardinale Daten das arithmetische Mittel verwendet werden. Bei qualitativen Daten kann an Stelle des Mittelwertes der Modus[175] als Schätzung dienen. Zur Berechnung der Mittelwerte werden ausschließlich die vorhandenen Beobachtungen der jeweiligen Merkmale verwendet.

  Zusätzlich zu den mittelwertersetzten Daten werden in einer weiteren ersetzten Menge binäre Dummyvariablen als unabhängige Variablen in das Modell eingefügt.[176] So kann ein evtl. vorhandener Informationsgehalt von fehlenden Werten einer unabhängigen Variable bei der späteren Modellschätzung berücksichtigt bzw. geprüft werden. Dabei werden in der zur Modellschätzung verwendeten Datenmenge gleichzeitig die fehlenden Werte anhand der Mittelwerte ersetzt, um die oben auf Seite 258 erwähnte Gefahr einer Verzerrung der Parameterschätzungen zu vermindern.

Weitere Ersetzungmethoden, die in dieser Arbeit jedoch nicht praktisch angewendet werden, sind bspw.:[177]

- *Nearest-Neighbor-Ersetzung:* Eine einfache, an Plausibilitätsüberlegungen

[174]Zur Ersetzung von fehlenden Werten anhand dieser Methode vgl. die softwareinterne Dokumentation des *SAS® Enterprise Miner® 5.2.*

[175]Der Modus oder Modalwert entspricht der empirisch am häufigsten beobachteten Ausprägung.

[176]Vgl. die Ausführungen auf Seite 258.

[177]Innerhalb der in dieser Arbeit durchgeführten Datenersetzung konnten die Verfahren der NN- bzw. NNSC- Ersetzung nicht praktisch implementiert werden, da die erforderliche Rechnerkapazität nicht zur Verfügung stand. So müssen bspw. für die Nearest-Neighbor-Ersetzungen die Distanzmatrizen für über 17000 Unternehmen bzgl. aller an diesen beobachteten 18 metrischen Jahresabschlussvariablen berechnet und ausgewertet werden, was zu einem Arbeitsspeicherbedarf von mehr als 2 Gigabyte führt, welcher auf einem Microsoft ® Windows 32-bit PC-System nicht zugewiesen werden kann. In der Diplomarbeit von [Heimann 2007] zeigte sich, dass die NN- und NNSC- Ersetzungen für vergleichbare Daten ggü. einer einfachen Mittelwertersetzung zu keinen wesentlich besseren Ergebnissen führten.

angelehnte Ersetzungsmethode ist das *Nearest-Neighbor (NN)-Verfahren*[178]. Dabei werden die fehlenden Merkmalswerte eines Objektes durch die beobachteten Werte eines diesem möglichst ähnlichen Objektes ersetzt. Die Ähnlichkeit bzw. Distanz zwischen zwei Objekten wird anhand der bei beiden Objekten vorhandenen Merkmalswerte durch die Berechnung eines Distanzmaßes wie bspw. des euklidischen Abstandes der Objekte bestimmt.[179] Das ähnlichste Objekt wird hierbei i.d.R. ausschließlich in denjenigen Objekten der Datenmenge gesucht, die keinen einzigen fehlenden Merkmalswert aufweisen, d.h. komplett vollständig sind.[180]

Bei den beiden Ersetzungsmethoden der Mittelwert- und NN-Ersetzung ergibt sich grundsätzlich das folgende Problem aus einer evtl. vorliegenden Heterogenität der betrachteten Objekte: Durch die Ersetzung der fehlenden Merkmalswerte eines Objektes durch die Werte eines Objektes einer anderen, verschiedenartigen Objektgruppe, könnten u.U. die Strukturen in den Daten verzerrt werden. Sind bspw. sowohl sehr große als auch sehr kleine Unternehmen in der Datenmenge, könnte die vorhandene Heterogenität durch die Ersetzung der fehlenden Werte bspw. des Merkmals Umsatz durch den Gesamtmittelwert u.U. stark verringert und damit die Strukturen in den Daten künstlich homogenisiert werden. Dies würde in einer Verringerung der empirischen Streuung und damit Unterschätzung der wahren Varianz der betreffenden Merkmale resultieren.

Weiterhin könnten bei der Ersetzung der fehlenden Werte durch die Werte andersartiger Objekte, bspw. eines heterogenen Clusters oder einer anderen Klasse, die Strukturen in den Daten verändert werden. So unterscheiden sich die Unternehmen der beiden Klassen des Insolvenzkriteriums KRIT $= 1$ und KRIT $= 0$ bzgl. einiger Jahresabschlussgrößen wahrscheinlich stark voneinander. Werden nun bspw. die fehlenden Rentabilitätskennzahlen eines Unternehmens der insolventen Klasse bei einer NN-Ersetzung durch die Werte eines (ähnlichen) Unternehmens der solventen Klasse ersetzt, könnten die Strukturen in den Klassen und damit auch das resultierende Klassifikationsmodell stark verzerrt werden. Somit sollten vor der Ersetzung entweder bereits möglichst homogene Daten vorliegen oder die Ersetzung sollte getrennt für verschiedene, untereinander homogene Cluster oder Klassen erfolgen. In Abschnitt 5.3.2 dieses Kapitels wurden die Datenmengen bereits in verschiedene Cluster separiert, weshalb eine gewisse Homogenität hier grundsätzlich gewährleistet ist.

– *Nearest-Neighbor-Same-Class-Ersetzung:* Das beschriebene Heterogenitätsproblem kann durch die Ersetzung anhand des *Nearest-Neighbor-Same-Class*

[178] Vgl. u.a. [Ripley 1996], S. 191 ff.

[179] Zur Distanz- bzw. Ähnlichkeitsberechnung vgl. auch die in Abschnitt 5.3.2 im Rahmen der Clusteranalyse beschriebenen und verwendeten Distanzmaße.

[180] Bei Datenmengen mit wenigen komplett vollständigen Datensätzen können auch unvollständige Datensätze, die mindestens für die fehlenden Merkmalswerte des zu ersetzenden Objektes Messwerte aufweisen, herangezogen werden.

(NNSC)-Verfahrens verringert werden. Dabei werden wie bei dem NN-Verfahren die fehlenden Merkmalswerte eines Objektes ebenfalls durch die Werte des diesem ähnlichsten Objektes ersetzt. Im Gegensatz zum einfachen NN-Verfahren werden hierbei jedoch nur die Objekte der gleichen Klasse in die Ähnlichkeitsbetrachtung einbezogen, wodurch die Strukturen in und zwischen den betrachteten Klassen weniger stark beeinflusst bzw. verzerrt werden.

Zu beachten ist hierbei, dass diese Methode nicht für die Ersetzung fehlender Werte in den zur Modellbewertung verwendeten Testdaten und in neuen Daten, für die anhand des geschätzten Modells eine Prognose erstellt werden soll, verwendet werden kann, da für diese Daten die Klassenzugehörigkeit noch nicht bekannt ist.

5.5 Schätz- und Prognoseeffekte nach erfolgtem Datenqualitätsmanagement

Die grundsätzliche Entwicklung der Klassifikationsmodelle zur Solvenzprognose und ein Methodenvergleich zwischen klassischen parametrischen und modernen lerntheoretischen Verfahren wurde in Kapitel 4 anhand der weitgehend unbereinigten Ausgangsdatenmenge `rel` durchgeführt. Die Beschränkung auf die Datenmenge der relativen Jahresabschlussgrößen erfolgte zum einen aufgrund der in Abschnitt 4.2.4 erläuterten erhöhten Aussagefähigkeit von relativen Kennzahlen ggü. absoluten Bilanzgrößen und zum anderen aus Gründen des zu begrenzenden Umfanges der praktischen Datenanalysen. In den vorherigen Abschnitten dieses Kapitels wurden die für die praktische DM-Analyse verwendeten Daten analysiert und innerhalb eines sDQM bereinigt. Dabei wurde versucht, aus der Ausgangsdatenmenge der absoluten und relativen Jahresabschlusskennzahlen[181] verschiedene, bzgl. der Datenqualität hochwertigere Datenmengen zu bilden. Diese sind aus verschiedenen Teilschritten des sDQM-Prozesses[182] hervorgegangen.

Um den Erfolg des hier durchgeführten sDQM zu evaluieren, werden im Folgenden die in Kapitel 4 entwickelten Klassifikationsmodelle anhand verschiedener qualitätsbereinigter Datenmengen neu geschätzt. Die erhaltenen Ergebnisse werden dann hinsichtlich der Klassifikationsgüte miteinander sowie mit den Modellergebnissen vor dem sDQM verglichen. Dabei können die in Kapitel 4 verwendeten unbereinigten Datenmengen jedoch nicht unbedingt als Vergleichsmengen verwendet werden, da dort noch keine Variablenkonsolidierung durchgeführt wurde. Diese in Abschnitt 5.2 dieses Kapitels durchgeführte Variablenreduktion hatte u.a. zum Ziel, die Datenkomplexität zu reduzieren, um redundante Informationen bzw. kollineare Abhängigkeiten zwischen den unabhängigen Modellvariablen zu beseitigen oder zumindest zu reduzieren. Neben der verminderten Modellkomplexität besteht ein entscheidender Aspekt der Variablenkonsolidierung darin, das Identifikationsproblem bei der parametrischen Modellspezifikation[183] zu reduzieren, damit die reduzierten parametrischen Modelle korrekt(er) spezifiziert und die verbleibenden linear unabhängigen Variablen weitgehend unverzerrt bzw. korrekt geschätzt und interpretiert werden können.[184] Weiterhin wurde in dieser Arbeit die Variablen-

[181] Zur Beschreibung der Ausgangsdaten vgl. Abschnitt 4.2.2.

[182] Vgl. die Ausführungen in Abschnitt 5.1.2 und dort insb. die Abb. 5.1.

[183] Vgl. auch die Ausführungen im Zusammenhang mit der Netzwerkspezifikation auf Seite 165 in Abschnitt 4.5.1 dieser Arbeit.

[184] Wie in Abschnitt 5.2.1 beschrieben, kann eine Überspezifikation der Modellvariablen im Zusammenhang mit einer linearen Abhängigkeit der Variablen untereinander zwar insgesamt zu einer höheren Anpassung des Modells führen, die einzelnen Parameterschätzungen des damit fehlspezifizierten Modells weisen jedoch u.U. hohe Varianzen und somit eine hohe Unsicherheit auf; vgl. auch die Ausführungen zur parametrischen Modellspezifikation in Abschnitt 2.1.1.1 dieser Arbeit. Hier muss somit vom Anwender entschieden werden, ob das Ziel der DM-Analyse in einer hohen Klassifikationsgüte insgesamt oder in einer möglichst präzisen Schätzung der Zusammenhänge in den Daten liegt.

reduktion in Form der Qualitätsdimension *Geeignete Datenkomplexität*[185] in den sDQM-Prozess integriert. Da die Modelle vor einer Variablenreduktion durch die höhere Zahl von Modellvariablen bzw. -parametern insgesamt zwar bessere, jedoch aufgrund der Fehlspezifikation evtl. ungültige bzw. hinsichtlich des Datenqualitätsmanagements nicht interpretierbare Klassifikationsergebnisse aufweisen, werden die Modellvergleiche in Bezug auf die Daten nach der Variablenkonsolidierung durchgeführt und evaluiert.[186]

Die in den folgenden Abschnitten zur Modellschätzung verwendeten Datenmengen unterscheiden sich hinsichtlich des Grades der erfolgten Qualitätsbereinigung, da in dem hier entwickelten Vorgehensmodell des sDQM[187] in zwei Vorgehensweisen unterschieden wurde: Zum einen wurden innerhalb des sDQM-Prozesses am Beispiel der homogenen Datenmengen `rel_C1` und `rel_KMU` konsistente und vollständige Referenzdatenmengen identifiziert, welche alle statistischen Datenqualitätsanforderungen[188] erfüllen. Diese qualitativ hochwertigen Referenzdaten werden in Abschnitt 5.5.2 am Beispiel der Referenzdatenmenge der KMU zur Entwicklung der Solvenzprognosemodelle verwendet. Da bei dieser Vorgehensweise jedoch ein Teil der insgesamt verfügbaren Datensätze aufgrund fehlender Werte nicht zur Modellierung verwendet werden kann, was aus statistischer Sicht wenig effizient ist, wurden innerhalb einer zweiten Vorgehensweise des sDQM-Prozesses die fehlenden Werte in den während der DDD bereinigten Datenmengen anhand verschiedener Methoden ersetzt.[189]

Tab. 5.18 zeigt zusammenfassend die für die folgenden Analysen bereitgestellten Datenmengen der relativen Jahresabschlussdaten der KMU. Hinsichtlich der Beurteilung des Erfolges der verschiedenen Arten der in Abschnitt 5.3.2 durchgeführten Homogenisierung werden im folgenden Abschnitt 5.5.1 weiterhin die ebenfalls homogenisierten Datenmengen `rel_C1` und `rel_SVC1` bereitgestellt. Die in Abschnitt 5.5.2 folgenden Analysen der ersetzten sowie konsistenten Datenmengen werden aus Gründen des zu begrenzenden Umfanges der Arbeit beispielhaft anhand den in Tab. 5.18 aufgeführten Datenmengen der KMU durchgeführt. Die Menge `rel` bezeichnet die zu Vergleichszwecken analysierte unbereinigte Menge aller Unternehmen, die bereits in Kapitel 4 zur Modellschätzung verwendet wurde, wobei hier in dieser Vergleichsmenge, wie bereits erwähnt, nur die nach der Variablenkonsolidierung verbleibenden relativen Jahresabschlussvariablen enthalten sind. Weiterhin wurde das sDQM-Vorgehensmodell insofern verändert, dass die Ersetzung der fehlenden Merkmalswerte bereits vor der Konsistenzprüfung der Datenmenge durchgeführt wurde; die Gründe für diese Abweichung werden weiter unten in Abschnitt 5.5.2

[185] Vgl. Abschnitt 5.1.2.

[186] Sämtliche in Kapitel 4 geschätzten Modelle ergaben bessere Klassifikationsergebnisse bzgl. der Fehlerquoten als die folgend geschätzten Modelle, da dort sämtliche vor der Variablenreduktion beobachteten unabhängigen Variablen zur Modellschätzung verwendet wurden.

[187] Vgl. Abschnitt 5.1.2.

[188] Vgl. die Ausführungen auf Seite 199 in Abschnitt 5.1.2.

[189] Vgl. Abschnitt 5.4.2.

erläutert.

Beschreibung	Datenmenge	Anzahl Datensätze
Nach Variablenreduktion konsolidierte Rohdaten	rel	17470
Nach Variablenreduktion konsolidierte, ausreißerbereinigte und homogenisierte Daten	rel_KMU	14125
Homogenisierte Daten,		
mittelwertersetzt	rel_KMU_mean	14125
mittelwertersetzt mit Dummyvariablen	rel_KMU_meanDummy	14125
verteilungsbasiert ersetzt	rel_KMU_ver	14125
(unvollständige) homogenisierte und konsistente Daten	rel_KMU_kon	6270
Homogenisierte, konsistente und vollständige Referenzdaten	rel_KMU_ref	5573

Tabelle 5.18: Während des sDQM für die DM-Analyse aufbereitete qualitätsbereinigte Datenmengen der relativen Jahresabschlusskennzahlen der KMU.

Vor der Schätzung wurden alle Datenmengen wiederum jeweils im Verhältnis 70/30 in eine Trainings- und eine Testmenge geteilt, um die Out-Of-Sample-Prognosequalität beurteilen zu können.[190] Die um Extremwerte bereinigte und homogene Datenmenge `rel_KMU` entspricht bspw. den Datensätzen von 14125 KMU, von denen zum Erhebungszeitpunkt 824 insolvent waren.[191] Nach der Teilung stehen für die Schätzung anhand dieser Datenmenge 9887 (davon 575 insolvent) Trainings- und 4238 (davon 249 insolvent) Testdatensätze zur Verfügung.[192] Zusätzlich werden sämtliche Datenmengen aus den in Abschnitt 4.3 genannten Gründen wiederum in Form einer bzgl. der Zielvariablenausprägungen gleichverteilten Menge bereitgestellt. Diese Mengen erhalten jeweils den Zusatz `eq`, die gleichverteilte Menge der konsistenten Daten der KMU wird bspw. als `rel_KMU_kon_eq` bezeichnet und enthält alle 824 Datensätze der insolventen Unternehmen sowie eine Zufallsauswahl solventer Datensätze in gleicher Anzahl. In Tab. 5.19 sind für alle verwendeten qualitätsbereinigten Datenmengen der KMU die Gesamtanzahl sowie die Anzahlen der in den Trainings- und Testdatenmengen enthaltenen solventen und insolventen Unternehmen aufgeführt.

5.5.1 Verwendung der konsolidierten, homogenen und ausreißerbereinigten Datenmengen

In diesem Abschnitt werden die um Extremwerte bereinigten und weitgehend homogenen Datenmengen `rel_KMU`, `rel_C1` und `rel_SVC1` zur Modellierung der Solvenzklassifikation verwendet. Diese Modellierung anhand einer in der Praxis weit verbreiteten einfachen Datenbereinigung stellt hier den Ausgangspunkt der

[190] Vgl. die Datenvorbereitung in Abschnitt 4.3.

[191] Zu dem für die Untersuchungen bereitgestellten Ausgangsdaten vgl. Abschnitt 4.2.4 sowie die Tabellen 5.10 und 5.18.

[192] Ohne die vorherige Ersetzung fehlender Werte werden allerdings nur die hinsichtlich aller verwendeten Merkmale vollständigen Datensätze während der Modellschätzungen und -bewertungen verwendet, was zu einer weiteren Verringerung der Trainingsdatenzahl auf 6412 Unternehmen (davon 400 insolvent) und Testdatenzahl auf 2774 (davon 176 insolvent) führt.

Datenmenge	Anzahl Trainingsmenge (davon insolv.)	Anzahl Testmenge (davon insolv.)	Anzahl Gesamt (davon insolv.)
`rel`	12229 (610)	5241 (249)	17470 (859)
`rel_KMU`	9887 (575)	4238 (249)	14125 (824)
`rel_KMU_mean`			
`rel_KMU_meanDummy`	Für alle ersetzten Datenmengen entsprechen die Werte denen von `rel_KMU`		
`rel_KMU_ver`			
`rel_KMU_kon`	4389 (575)	1881 (249)	6270 (824)
`rel_KMU_ref`	3901 (400)	1672 (165)	5573 (565)

Tabelle 5.19: Anzahl der solventen und insolventen Unternehmen in den für die DM-Analyse aufbereiteten Trainings- und Testdatenmengen der relativen Jahresabschlusskennzahlen der KMU.

Beurteilung des Erfolges eines erweiterten sDQM dar.

Die Schätzergebnisse des logistischen Regressionsmodells am Beispiel der Datenmengen `rel_KMU` und `rel_KMU_eq` sind in Tab. 5.20 dargestellt. Es ist ersichtlich, dass sich nach der in Abschnitt 5.2 in Form einer Faktorenanalyse durchgeführten Variablenreduktion hinsichtlich der Parameterschätzungen ggü. den Ergebnissen vor jeglicher Datenbereinigung in Abschnitt 4.4.1 des vorherigen Kapitels vollständig andere Ergebnisse ergeben.[193] Weiterhin variieren die Ergebnisse ebenfalls wieder bzgl. der beiden verwendeten Datenmengen `rel_KMU` und `rel_KMU_eq`, was vor allem auf die stark unterschiedlichen Anzahlen von Beobachtungen in der solventen Unternehmensmenge zurück zu führen sein dürfte. So sind der in der großen Menge signifikante Wirtschaftszweig WZ05 und die Kennzahlen GLGK und LIQ2 in der gleichverteilten Menge evtl. aufgrund zu weniger Beobachtungen nicht mehr signifikant, wohingegen der Deckungsgrad DG1 dort signifikant ist. Die genauen Beträge der geschätzten Koeffizienten fallen teilweise stark verschieden aus.

Bei der Beurteilung der Schätzergebnisse liegt ein entscheidender Vorteil der logistischen Regressionsanalyse ggü. den anderen sowohl parametrischen als auch lerntheoretischen Verfahren, die in dieser Arbeit vorgestellt wurden. Die Parameterschätzwerte, erlauben Aussagen über die Beziehungen zwischen den unabhängigen Modellvariablen und der Zielvariable der Solvenzklassifikation bzw. -wahrscheinlichkeit.[194] Diesbzgl. stellen die anderen Verfahren eine mehr oder weniger große Black Box dar, da dort die Parameterschätzungen kaum interpretierbar sind.[195] Um eine Interpretation der Werte der Parameterschätzungen zu ermöglichen, können im Fall des logistischen Modells die geschätzten Effektkoeffizienten $e^{\widehat{\beta}_k}$ (fett hervorgehoben) der signifikanten Variablen herangezogen werden. Diese sind im Gegensatz zu den geschätzten Regressionsparametern $\widehat{\beta}_k$ unabhängig vom Niveau der anderen Variablen und geben an, um welchen Faktor sich die Insol-

[193] Vgl. die Schätzergebnisse für die Menge `rel` in Tab. 4.8 in Abschnitt 4.4.1.

[194] Vgl. Abschnitt 2.1.3.1 dieser Arbeit.

[195] Vgl. u.a. die geschätzten Diskriminanzparameter der linearen Diskriminanzfunktion und die geschätzten Netzwerkgewichte des SNN in den Abschnitten 4.4.2 bzw. 4.4.1 des vorherigen Kapitels.

	rel_KMU					rel_KMU_eq			
X_k	$\widehat{\beta}_k$	$\widehat{\beta}_k^{std}$	w_k	$\Pr(w > w_k)$	$e^{\widehat{\beta}_k}$	$\widehat{\beta}_k$	w_k	$\Pr(w > w_k)$	$e^{\widehat{\beta}_k}$
AFAGL	0.0642	0.0463	0.01	0.9095	1.066	2.3302	1.70	0.1921	10.280
AFAI	-4.7496	-0.3047	9.57	0.0020	**0.009**	-6.1525	7.42	0.0065	**0.002**
AI	0.7494	0.5391	3.32	0.0686	2.116	0.4713	0.53	0.4660	1.602
DG1	-0.0107	-1492.1	1.52	0.2180	0.989	-0.0223	4.09	0.0432	**0.978**
DG2	0.0008	168.2	1.51	0.2184	1.001	0.0015	0.72	0.3963	1.002
EKQ	-0.5515	-1.0568	1.21	0.2706	0.576	-0.7011	0.86	0.3529	0.496
FKQ	0.9225	2.7736	9.53	0.0020	**2.515**	1.1476	4.46	0.0346	**3.151**
FLLA	0.9042	0.2033	4.51	0.0336	**2.470**	1.3874	5.32	0.0211	**4.004**
GKR	-3.1285	-0.6369	28.83	<0.0001	**0.044**	-4.6580	5.64	0.0175	**0.010**
GLGK	-0.1896	-0.4940	9.98	0.0016	**0.827**	-0.1474	2.90	0.0887	0.863
JER	-0.0994	-0.0178	0.03	0.8741	0.905	-0.3049	0.0199	0.89	0.737
KASA	-2.0737	-0.4060	9.38	0.0022	**0.126**	-2.2205	5.80	0.0160	**0.109**
KON	-0.1104	-3.5984	4.36	0.0367	**0.895**	-0.1423	4.07	0.0437	**0.867**
LIQ2	-0.2161	-25.9905	4.02	0.0451	**0.806**	0.0802	1.25	0.2643	1.084
NUR	0.0120	0.0324	0.05	0.8148	1.012	0.4641	1.49	0.2216	1.591
UI	0.4057	0.1117	0.35	0.5523	1.500	0.5903	0.31	0.5759	1.805
VG	-0.000004	-0.0058	0.01	0.9144	1	0.00004	0.01	0.9077	1
VORA	0.2916	0.0730	0.66	0.4158	1.339	0.7499	1.81	0.1780	2.117
WZ01	-0.7186	-0.7186	1.48	0.2239	0.487	0.7830	1.48	0.2235	2.188
WZ02	4.3816	4.3816	.	.	79.969	7.4077	<0.01	0.9941	1648.630
WZ03	-0.9516	-0.9516	3.17	0.0751	0.386	0.5211	1.067	0.3022	1.684
WZ04	4.0899	4.0899	0.02	0.8956	59.732	1.2313	2.80	0.0941	3.426
WZ05	-1.3404	-1.3404	6.26	0.0123	**0.262**	0.1269	0.06	0.8010	1.135
WZ06	-0.8029	-0.8029	2.23	0.1350	0.448	0.7502	2.15	0.1430	2.117
WZ07	3.9814	3.9814		.	53.593	.	.	.	.
WZ08	-0.6897	-0.6897	1.39	0.2389	0.502	-1.0841	1.98	0.1591	0.338
WZ09	4.0836	4.0836	.	.	59.357	.	.	.	.
WZ10	-0.6137	-0.6137	1.28	0.2579	0.541	-0.0809	0.01	0.9071	0.922
WZ11	4.2259	4.2259	.	.	68.435	.	.	.	.
WZ12	4.1457	4.1457	.	.	63.160	.	.	.	.
WZ13	4.0595	4.0595	0.01	0.9170	57.944	4.0731	0.01	0.9296	58.739
X_0	-28.7300	-52.0255	0.33	0.5656	0	-7.6604	0.03	0.8685	<0.001

Tabelle 5.20: Schätzergebnisse des logistischen Regressionsmodells für die Datenmengen der KMU. Auf der linken Seite sind die Ergebnisse für die Datenmenge `rel_KMU` von 6412 Unternehmen, von denen 6012 vollständige Datensätze zum Training verwendet wurden, und auf der rechten Seite die Ergebnisse für die bzgl. der Zielvariable gleichverteilte Datenmenge `rel_KMU_eq` von 1130 Unternehmen, von denen 791 vollständige Datensätze zum Training verwendet wurden, dargestellt. Bei leeren Feldern konnte aufgrund fehlender Beobachtungen keine Standardabweichung und somit keine Wald-Statistik zur Signifikanzprüfung berechnet werden.

venzwahrscheinlichkeit im Verhältnis zur Solvenzwahrscheinlichkeit ändert, wenn die entsprechende Variable um eine Einheit erhöht wird.[196] Bzgl. der Beträge der geschätzten Koeffizienten erscheinen die Variablen Abschreibungsintensität (AFAI), Gesamtkapitalrentabilität (GKR) und Kassenanteil (KASA) besonders stark für die Einordnung in die Kategorie der solventen Unternehmen verantwortlich zu sein. Darauf deuten auch die entsprechenden geschätzten Effektkoeffizienten 0.009 bzw. 0.002, 0.044 bzw. 0.010 und 0.126 bzw. 0.109 in beiden Datenmengen hin. Steigt bspw. die Gesamtkapitalrentabilität eines Unternehmens um den Wert 1, beträgt die (geschätzte) Wahrscheinlichkeit der Insolvenz im Verhältnis zur Gegenwahrscheinlichkeit des entsprechenden Unternehmens nur noch 4.4% bzw. 1% bezogen auf die Ausgangssituation. Die gleiche Interpretation gilt in umgekehrter Weise für die Variablen Fremdkapitalquote (FKQ) und den Forderungsanteil (FLLA), da ein Ansteigen dieser Größen um eine Einheit das Insolvenz/Solvenz-Wahrscheinlichkeitsverhältnis jeweils mehr als verdoppelt. Interessant ist weiterhin die Tatsache, dass in den Beobachtungen der Gesamtdatenmenge, die im Zeitraum von 1996 bis 2002 erhoben wurden, die Zugehörigkeit zu dem Wirtschaftszweig des

[196] Vgl. dazu die Ausführungen weiter oben auf Seite 28 dieser Arbeit.

Baugewerbes (WZ05) die Wahrscheinlichkeit einer Insolvenz signifikant negativ beeinflusst hat.

Beispielhaft aufgeführt für die Menge rel_KMU sind weiterhin die Koeffizienten $\widehat{\beta}_k^{std}$. Diese bezeichnen die nach einer Standardisierung der Einflussvariablen geschätzten Regressionsparameter, welche - wie in Abschnitt 2.1.3.1 ausgeführt - die Steigung der logistischen Funktion in Richtung der entsprechenden Variable angeben und damit eine Bewertung der durch die jeweilige (signifikante) Variable erreichte Trenngüte im Sinne der Verteilung der geschätzten Wahrscheinlichkeiten erlauben.[197] In dieser Hinsicht erscheinen von den signifikanten Merkmalen vor allem die Fremdkapitalquote (FKQ), die Liqidität zweiten Grades (LIQ2) und die Vermögenskonstitution (KON) die insolventen und solventen Unternehmen besonders stark bzw. eindeutig voneinander zu trennen.

Zur Schätzung und Beurteilung des Modells anhand der variablenkonsolidierten und homogenisierten Gesamtdatenmengen sollte aufgrund der starken Ungleichverteilung der Häufigkeiten der Zielvariable eine asymmetrische Kostenmatrix verwendet werden. An dieser Stelle wurde am Beispiel der Menge rel_KMU eine aufgrund der Überlegungen in Abschnitt 4.3 des vorherigen Kapitels aufgestellte Kostenmatrix 5.21 zur Fehlerbewertung während des Schätzprozesses verwendet, was zu den in Tab. 5.22 dargestellten Klassifikationsergebnissen geführt hat.[198] Ebenso aufgeführt sind die Ergebnisse für die bzgl. der Zielvariable gleichverteilte Menge rel_KMU_eq.

Minimiere Kosten für ...		Entscheidung	
		KRIT= 1	KRIT= 0
Ziel	KRIT= 1	0	$\frac{6012}{400} \approx 15$
	KRIT= 0	1	0

Tabelle 5.21: Kostenmatrix für ein Insolvenzprognosemodell anhand der Datenmenge rel_KMU von 6412 vollständigen Trainingsdatensätzen der KMU.

Durch die stärkere Bestrafung des ["0"|1]-Fehlers (FQ_1) wurde dieser in der Gesamtdatenmenge in jetzt 268 Fällen begangen, was innerhalb der insolventen Unternehmen einer Fehlerquote von 46.45% und bzgl. aller Unternehmen einer Fehlerquote von 2.71% entspricht. Der Trainingsfehler beträgt insgesamt $FQ_{Train} = 25.29\%$ und der Out-Of-Sample-Fehler $FQ_{Test} = 25.98\%$. Dabei kann die - fast einer zufälligen Klassifizierung entsprechende - Fehlerquote innerhalb der insolventen

[197] Vgl. dazu auch weiter oben Abschnitt 4.7 des vorherigen Kapitels dieser Arbeit und dort vor allem die Tab. 4.24 bzw. die Abb. 4.9 zu den Verteilungen der geschätzten Insolvenzwahrscheinlichkeiten der logistischen Modelle für die unbereinigten Daten.

[198] Für die Schätzung unter Verwendung einer Kostenmatrix musste die Software *SAS® Enterprise Miner® 5.2* verwendet werden. Diese benutzt zur Schätzung des Modells ausschließlich die vollständigen 6412 Trainingsdatensätze, wohingegen bei der anschließenden Klassifikation sämtliche 14125 Datensätze in eine der beiden Zielkategorien klassifiziert werden, was die höheren Anzahlen im oberen Teil der Klassifizierungstabelle 5.22 erklärt.

Datenmenge		Zielwert	Schätzwert	Anzahl	Anteil Zielwert	Anteil Insgesamt
rel_KMU	Training	0	0	7078	0.7603	0.7159
		1	0	268	0.4645	0.0271
		0	1	2232	0.2397	0.2258
		1	1	309	0.5350	0.0313
	Test	0	0	3005	0.7529	0.7091
		1	0	115	0.4656	0.0271
		0	1	986	0.2471	0.2327
		1	1	132	0.5344	0.0311
rel_KMU_eq	Training	0	0	281	0.6990	0.3552
		1	0	100	0.2571	0.1264
		0	1	121	0.3010	0.1530
		1	1	289	0.7429	0.3654
	Test	0	0	104	0.6380	0.3068
		1	0	43	0.2443	0.1268
		0	1	59	0.3620	0.1740
		1	1	133	0.7557	0.3923

Tabelle 5.22: Klassifikationsergebnisse des logistischen Regressionsmodells für die Datenmenge `rel_KMU` nach Anwendung der Kostenmatrix aus Tab. 5.21 und die bzgl. der Zielvariable gleichverteilte Datenmenge `rel_KMU_eq`.

Unternehmen immer noch als eindeutig zu hoch angesehen werden. In diesem Zusammenhang ist zu beachten, dass hier je nach einer evtl. unter inhaltlich praktischen Überlegungen veränderten Entscheidungsregel vom Anwender ein beliebiger Trade-Off zwischen den Fehlerquoten in den beiden Klassifikationsgruppen erreicht werden kann. In der gleichverteilten Menge wurden in den beiden Klassen ausgeglichenere Fehlerquoten erreicht, insgesamt ergaben sich dort ein Trainingsfehler von $FQ_{Train} = 27.94\%$ und ein Prognosefehler von $FQ_{Test} = 30.08\%$.

In Abschnitt 4.4.1 des vorherigen Kapitels zeigte sich eine deutliche Verbesserung der Klassifikationsergebnisse durch das Hinzufügen von unabhängigen Variablen in Form von Polynomtermen zweiten Grades. Aus diesem Grund wird an dieser Stelle wiederum ein entsprechendes logistisches Modell für alle homogenisierten Datenmengen geschätzt. Die Schätz- und Klassifikationsergebnisse für die gleichverteilte Datenmenge `rel_KMU_eq` sind in Tab. B.3 im Anhang B und in Tab. 5.23 zu finden. Auch hier konnten die Trainingsdaten sehr viel besser angepasst werden als durch das Modell ohne Polynomterme. Die Fehlerquoten in den Trainings- und Testdaten ergaben sich zu $\widehat{MSE}_{Train} = 19.34\%$ bzw. $\widehat{MSE}_{Test} = 19.76\%$.

	Zielwert	Schätzwert	Anzahl	Anteil Zielwert	Anteil Insgesamt
Training	0	0	311	0.7736	0.3932
	1	0	62	0.1594	0.0784
	0	1	91	0.2264	0.1150
	1	1	327	0.8406	0.4134
Test	0	0	125	0.7669	0.3687
	1	0	29	0.1648	0.0855
	0	1	38	0.2331	0.1121
	1	1	147	0.8352	0.4336

Tabelle 5.23: Klassifikationsergebnisse des logistischen Regressionsmodells mit Polynomtermen zweiten Grades für die relativen Jahresabschlussdaten der bzgl. der Zielvariable gleichverteilten Datenmenge `rel_KMU_eq` der KMU.

Anmerkung zur Generalisierungsfähigkeit Ab einem bestimmten noch höheren Komplexitätsgrad wird sich jedoch der Fehler in den Testdaten wieder erhöhen und damit die Prognose- bzw. Generalisierungsfähigkeit für neue Daten verschlechtern. Dies zeigt die Gegenüberstellung der ROC-Kurven des Modells ohne Polynomterme (hellgraue Kurven) und eines noch komplexeren Modells unter Einbeziehung von Polynomen bis dritten Grades (dunkelgraue Kurven) in Abb. 5.11.[199] Diese Kurvenverläufe sind mit einer hier erfolgten Überanpassung an die Trainingsdaten zu erklären, da dort zwar eine bessere Datenklassifikation gelingt (linker Teil der Abb. 5.11), jedoch erzielt das einfache Modell ohne Polynomterme in den Testdaten bessere Klassifikationsergebnisse (rechter Teil der Abb. 5.11).[200] □

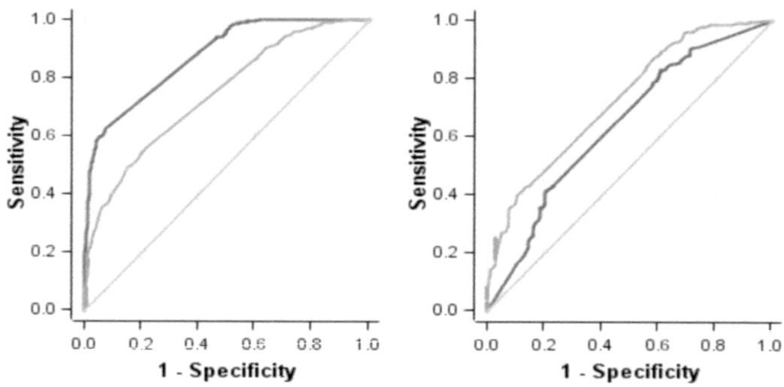

Abbildung 5.11: Gegenüberstellung der ROC-Kurven für das Logit-Modell der bzgl. der Zielvariable gleichverteilten Datenmenge `rel_KMU_eq` ohne (hellgraue Kurven) und mit Polynomtermen bis dritten Grades (dunkelgraue Kurven) für Trainings- (linker Teil der Abbildung) und Testdaten (rechter Teil der Abbildung), Quelle: Model Comparison Results des *SAS® Enterprise Miner ®5.2.*

Um den Erfolg des sDQM und hier insb. der in Abschnitt 5.3.2 durchgeführten Homogenisierung des Datenbestandes beurteilen zu können, werden im Folgenden die ROC-Kurven der anhand der verschiedenen homogenisierten und ausreißerbereinigten Datenmengen der KMU, des Clusters C_1 und des $SVM1$-Clusters geschätzten Modelle analysiert und miteinander verglichen. Die ROC-Darstellung erlaubt

[199]Da die für die Schätzung der logistischen Modelle bisher verwendeten Softwaretools *SAS® Enterprise Guide® 3.0* und *R* für Polynommodelle höheren Grades an ihre leistungsbedingten Kapazitätsgrenzen stoßen, wurde für die Schätzung und Darstellung der ROC-Analyse für ein Polynommodell dritten Grades die DM-Software *SAS® Enterprise Miner® 5.2* verwendet. Diese zeigte sich vor allem für die Analyse großer Datenmengen und komplexer Modelle sowie für Modellvergleiche als gut geeignet, weist jedoch eine unterschiedliche Darstellungsform der Analyseergebnisse auf.

[200]Zum Überanpassungs- bzw. Generalisierungsproblem komplexer Modelle vgl. weiter oben Abschnitt 3.2.1.

im Gegensatz zu den einzelnen Trefferquoten einen Vergleich der Klassifikationsmodelle über den gesamten Bereich der durch das jeweilige Modell realisierbaren Klassentrefferquoten.[201]

Die ROC-Kurven für die geschätzten logistischen Modelle sind in Abb. 5.12 dargestellt. Im oberen Teil der Abbildung ist das einfache logistische Modell und im unteren Teil das logistische Modell mit Polynomtermen bis zweiten Grades visualisiert. Hier zeigt sich wiederum, dass das Polynommodell die Komplexität der durch das Modell abzubildenden Zusammenhänge in den Jahresabschlussdaten besser als das einfache logistische Modell wiederzugeben scheint.[202] Es ist für alle Datenmengen sowohl in den Trainings- als auch in den Testdaten eine deutlich bessere Klassifikationsgüte des Polynommodells über den gesamten Wertebereich der Sensitivität bzw. Spezifität zu erkennen.

Weiterhin werden für die qualitätsbereinigten Datenmengen analog zu den in Kapitel 4 durchgeführten SNN- und SVM- Analysen jeweils ein dreilagiges MLP mit drei verdeckten Neuronen[203] sowie eine SVM geschätzt.

Die Parameteroptimierung des MLP wird nach der Methode des Early Stopping bei einem (lokalen) Minimum des mittleren quadratischen Fehlers in den Validierungsdaten[204] abgebrochen. Beispielhaft sind für die gleichverteilte Datenmenge `rel_KMU_eq` der KMU der mittlere quadratische Fehler und der Early-Stopping-Punkt in Abb. 5.13 dargestellt. Das Training wurde somit bereits nach 5 Iterationen bei einem minimalen mittleren quadratischen Fehler in den Validierungsdaten von $\widehat{MSE}_{Val} = 0.211$ beendet.[205]

Die Parameter der SVM wurden analog der Vorgehensweise in Abschnitt 4.6.1 durch eine einfache Gridsearch sowie anhand einer 3-fachen Kreuzvalidierung optimiert; als Kernfunktion wurde wiederum der RBF-Kern verwendet. Die ROC-Kurven zur Beurteilung der Anpassungs- sowie Prognosequalität des dreilagigen MLP sowie der SVM sind getrennt für Trainings- bzw. Testdaten in Abb. 5.14

[201] Zur ROC-Beurteilung von Klassifikationsmodellen vgl. die Ausführungen weiter oben in den Abschnitten 3.1.3.2 und 4.8 sowie u.a. [Hastie et al. 2001], S. 277 f.

[202] Vgl. auch die entsprechenden ähnlichen Ergebnisse für die im vorherigen Kapitel 4 geschätzten Modelle für die unbereinigte Datenmenge.

[203] Bzgl. der Netzwerktopologie des MLP ergibt sich aufgrund der Ergebnisse der dort durchgeführten ANOVA und den in den parametrischen Klassifikationsmodellen erzielten - je nach Modell stark unterschiedlichen - Ergebnissen bzgl. der signifikanten Einflüsse der klassischen Insolvenzmodelle die Erkenntnis, dass eine Identifikation von relevanten Jahresabschlussvariablen und somit die korrekte Netzwerkspezifikation eines SNN eine hohe Schwierigkeit darstellt. Aufgrund der überschaubaren Anzahl der Jahresabschlussvariablen und um dem Ziel der hier durchgeführten Analysen, die Netzwerkmodelle hinsichtlich ihrer Klassifikationsgüte mit den parametrischen Modellen vergleichen zu können, gerecht zu werden, werden an dieser Stelle die neuronalen Netze mit allen nach der Variablenkonsolidierung zur Verfügung stehenden Merkmalen erstellt und trainiert.

[204] Vgl. Gl. (4.5.2) auf Seite 169.

[205] Für die Datenmenge `rel_KMU_eq` ergaben sich die in Tab. B.5 in Anhang B dargestellten geschätzten Gewichte. In der rechten Spalte sind die errechneten relativen Stärken (vgl. die Ausführungen auf Seite 173 in Abschnitt 4.5.2) der verwendeten Inputneuronen angegeben.

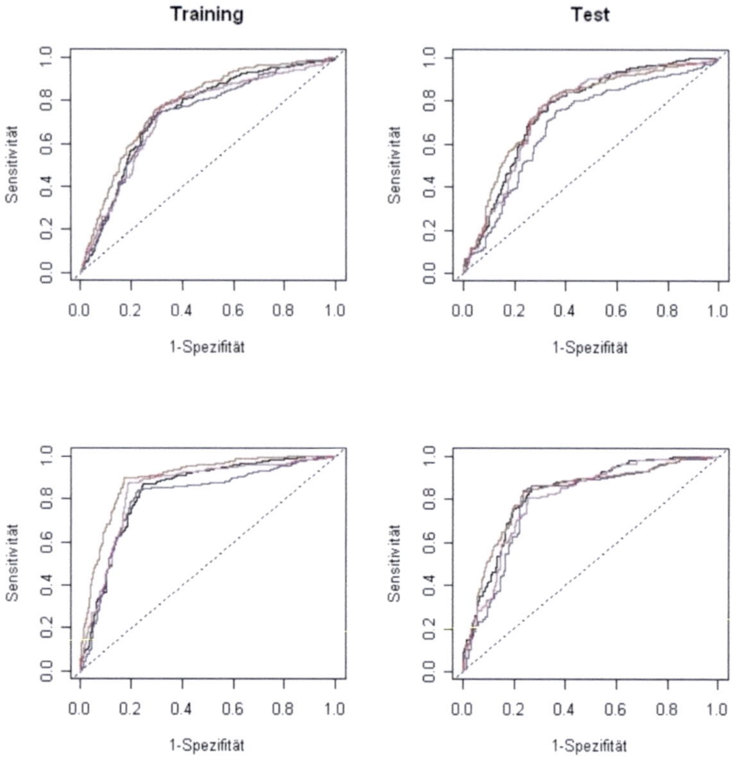

Abbildung 5.12: Vergleich der ROC-Kurven in den Trainings- und Testdaten für die anhand der Ausgangsdaten und der verschiedenen konsolidierten und homogenisierten Datenmengen geschätzten logistischen Regressionen; **Schwarz: Ausgangsdaten** `rel_eq`, Blau: `rel_KMU_eq`, Rot: `rel_C1_eq`, Magenta: `rel_SVC1_eq`. Im oberen Teil sind die ROC-Kurven für das einfache logistische Modell und im unteren Teil für das logistische Modell mit Polynomtermen dargestellt.

dargestellt.

In Tab. 5.24 sind für alle eben geschätzten Modelle die AUC-Werte, welche die Flächen unter den jeweiligenn ROC-Kurven quantifizieren, zusammenfassend aufgeführt. Insgesamt kann festgehalten werden, dass die Homogenisierung einen geringen, leicht positiven Effekt auf die Klassifikationsgüte hat. Wie schon beim reinen Methodenvergleich in Abschnitt 4.8 hinsichtlich der Ausgangsdatenmenge zeigt sich hier bzgl. der angewendeten Analyseverfahren sowie der verschiedenen Metho-

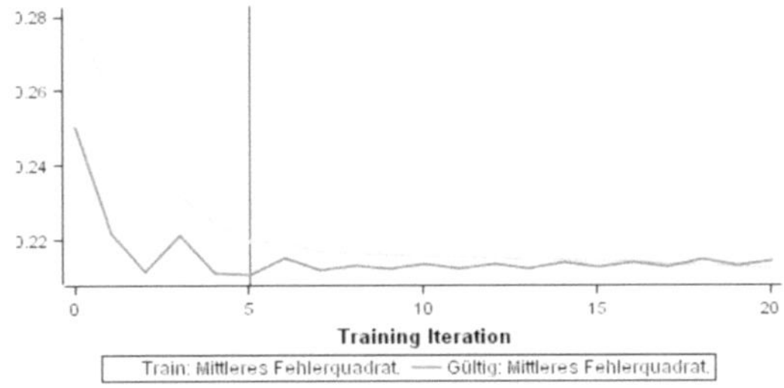

Abbildung 5.13: Abbruch des Trainingsprozesses nach der Methode des Early Stopping beim (lokalen) Minimum des mittleren quadratischen Fehlers in den Validierungsdaten der gleichverteilten Datenmenge `rel_KMU_eq`, Quelle: Model Comparison Results des *SAS* ® *Enterprise Miner* ® *5.2*.

den der Homogenisierung eine teilweise starke Unterschiedlichkeit hinsichtlich der Ergebnisse des Homogenisierungserfolges. So führt die Verwendung der homogenisierten Menge der Support-Vektor-Clusterung (magentafarbene ROC-Kurven) sowie des Clusters C_1 (rote ROC-Kurven) für die logistischen Modelle sowie das SNN in den Trainingsdaten zu besseren Ergebnissen als die anhand der unbereinigten Daten (schwarze ROC-Kurven) geschätzten Modelle. Die Verwendung der inhaltlich geclusterten Menge der KMU (blaue ROC-Kurven) führt in den Trainingsdaten für das SNN und die SVM ebenfalls zu einer Verbesserung, im Fall der logistischen Modelle jedoch zu einer Verschlechterung der Modellqualität.

Hinsichtlich der in den Testdaten gemessenen Generalisierungsfähigkeit zeigen die homogenisierten Mengen in der SVM sowie den logistischen Modellen keine Verbesserung, wohingegen das MLP für die bereinigten Mengen bessere Ergebnisse im Hinblick auf neue Daten aufweist.

	Logit		Logit-Polynom		SNN		SVM	
Datenmenge	Training	Test	Training	Test	Training	Test	Training	Test
`rel_eq`	0.7438	0.7617	0.8358	0.8289	0.7444	0.6793	0.7210	0.7292
`rel_C1_eq`	0.7764	0.7668	0.8943	0.8245	0.8085	0.7120	0.7721	0.7135
`rel_KMU_eq`	0.7272	0.6948	0.8051	0.7903	0.8033	0.6647	0.7510	0.7140
`rel_SVC_eq`	0.7303	0.7566	0.8442	0.8063	0.8027	0.6844	0.6966	0.7336

Tabelle 5.24: Vergleich der AUC-Werte in den Trainings- und Testdaten für die anhand der Ausgangsdatenmenge und der verschiedenen konsolidierten und homogenisierten Datenmengen geschätzten Klassifikationsmodelle.

5.5.2 Datenersetzung und Referenzdatenmodellierung

Entsprechend des hier entwickelten sDQM-Vorgehensmodells wird eine Ersetzung der fehlenden Merkmalswerte nach der Dirty Data Detection anhand der als konsis-

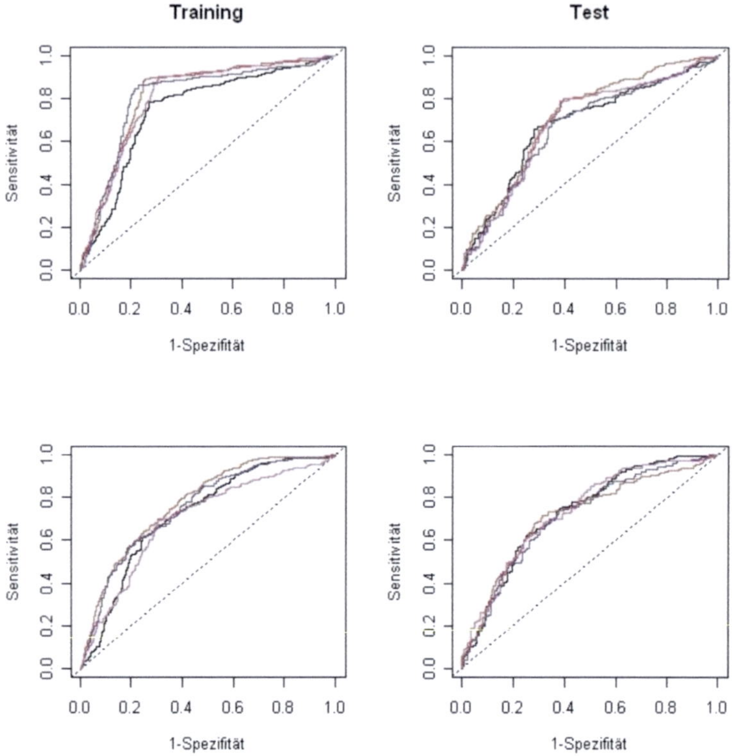

Abbildung 5.14: Vergleich der ROC-Kurven in den Trainings- und Testdaten für die anhand der Ausgangsdaten und der verschiedenen konsolidierten und homogenisierten Datenmengen geschätzten SNN- und SVM- Modelle; **Schwarz: Ausgangsdaten** `rel_eq`, Blau: `rel_KMU_eq`, Rot: `rel_C1_eq`, Magenta: `rel_SVC1_eq`. Im oberen Teil sind die ROC-Kurven für das dreilagige MLP und im unteren Teil für die SVM dargestellt.

tent identifizierten Datenmengen durchgeführt, wobei dabei unterschieden wird in die weitere Analyse der vollständigen, d.h. nicht ersetzten konsistenten Referenzdaten und in die ersetzten konsistenten Daten.[206] In den hier nach der Durchführung der DDD vorliegenden Datenmengen ist die jeweilige Differenz zwischen den Beobachtungsanzahlen der konsistent verbleibenden Mengen (und somit der ersetzten Datenmengen) und der Menge der Referenzdaten jedoch relativ gering. So weist die zur Schätzung der Klassifikationsmodelle verwendete Trainingsmenge der konsistenten Datenmenge `rel_KMU_kon` der KMU nur 488 (davon 174 insolvente) Da-

[206] Vgl. Abschnitt 5.1.2 und dort insb. die Abb. 5.1 auf Seite 200.

tensätze mehr auf als die entsprechende Trainingsmenge der Referenzdatenmenge `rel_KMU_ref`. Daraus ergibt sich evtl. das Problem, dass selbst bei einer erfolgreichen Ersetzung der fehlenden Werte in den konsistenten Mengen die Ergebnisse der Klassifikationsmodelle weitgehend ähnlich ausfallen werden. Um den Erfolg der Ersetzung der fehlenden Werte evaluieren zu können, wird daher in diesem Abschnitt die anhand der verschiedenen Ersetzungsmethoden[207] ersetzte Datenmenge der KMU *vor* der Konsistenzprüfung zur Modellschätzung verwendet. Somit wird an dieser Stelle von dem in Abschnitt 5.1.2 entwickelten Vorgehensmodell des sDQM abgewichen, in dem die Ersetzung fehlender Werte erst *nach* der Konsistenzanalyse erfolgte.[208] Dies kann gleichzeitig eine Erweiterung des Vorgehensmodells darstellen, die sich aus der konkreten Datenlage in der praktischen DM-Analyse ergibt: Ist der Anteil fehlender Merkmalswerte nach der durchgeführten DDD und speziell der Konsistenzprüfung im Vergleich mit dem Anteil fehlender Werte in den Ausgangsdatenmengen stark gefallen, sollte die Ersetzung fehlender Werte bereits vor der Konsistenzprüfung, jedoch nach der Extremwertbereinigung erfolgen, da in diesem Fall angenommen werden kann, dass die Konsistenzanalyse zum Ausschluss vieler Datensätze mit fehlenden Werten geführt hat, was eine Ersetzung vor der Konsistenzprüfung notwendig erscheinen lässt.[209]

Da an dieser Stelle nicht der Modellvergleich, sondern die Beurteilung des Erfolges des sDQM-Prozesses im Vordergrund steht, wird im Folgenden - auch aus Gründen der Begrenzung des Umfanges der Datenanalysen - ausschließlich eine SVM zur Modellschätzung verwendet. Verglichen werden die Klassifikationsergebnisse zum einen hinsichtlich der verschiedenen Ersetzungsmethoden[210] in Bezug auf die nicht ersetzten Daten vor der Konsistenzprüfung, jedoch nach der Homogenisierung am Beispiel der Menge der KMU.[211] Dabei werden die Analysen aus dem folgenden Grund ausschließlich anhand der (bei der Schätzung gewichteten) Datensätze der Gesamtdatenmenge durchgeführt: Da bei der Konsistenzprüfung alle insolventen Unternehmen in der Datenmenge belassen wurden, um keine Informationen zu verlieren[212], kann davon ausgegangen werden, dass sich die gleichverteilten Mengen voraussichtlich - sowohl was die verschieden ersetzten Daten als auch die Referenzdaten betrifft - hinsichtlich nur weniger solventer bzw. gar keiner insolventer Unternehmen unterscheiden und somit die Klassifikationsergebnisse

[207] Vgl. Abschnitt 5.4.

[208] An dieser Stelle zeigt sich wiederum die Eigenschaft des praktischen Data Mining (und auch des sDQM-Prozesses) in Form eines rückgekoppelten und iterativen Prozesses, der sich nicht immer an die in der Theorie vorgegebenen Abläufe hält, sondern während des Prozesses laufend an evtl. auftauchende Probleme und die Gegebenheiten angepasst werden muss, vgl. die Ausführungen in Abschnitt 4.1 des vorherigen Kapitels und die dortige Abb. 131.

[209] In der hier betrachteten Menge der KMU weisen vor der Konsistenzprüfung in der Datenmenge `rel_KMU` 4939 von 14125 Datensätzen (= 34.97%) und nach der Konsistenzprüfung in der Datenmenge `rel_KMU_kon` 697 von 6270 Datensätzen (= 11.12%) fehlende Merkmalswerte auf.

[210] Vgl. Abschnitt 5.4.

[211] Vgl. die Tab. 5.19 auf Seite 269.

[212] Vgl. Abschnitt 5.3.3.2.

fast gleich ausfallen werden.[213]

Weiterhin werden die Ergebnisse der anhand der ersetzten Datenmengen geschätzten SVM-Modelle mit den Ergebnissen verglichen, die anhand der homogenisierten, konsistenten und vollständigen Referenzdatenmenge erzielt werden.

Die SVM wurde jeweils analog der in Kapitel 4 beschriebenen bzw. angewendeten Vorgehensweise anhand der Fehlerquoten einer 3-fachen Kreuzvalidierung optimiert, wobei jeweils eine Gridsearch über die Parameterkonstellationen des Kostenparameters $C \in \{0.1, \ldots, 5.1\}$ in Schrittweiten von 0.5 und RBF-Parameters $\gamma \in \{0.1, \ldots, 2.1\}$ in Schrittweiten von 0.1 durchgeführt wurde. Die Bewertung der Qualität der SVM-Modelle der optimalen Parameterkonstellation erfolgte anhand der Trefferquoten, der ROC-Kurven sowie der zugehörigen AUC-Werte in den Trainings- und Testdaten der Datenmenge `rel_KMU`, welche in Abb. 5.15 sowie in Tab. 5.25 dargestellt sind.

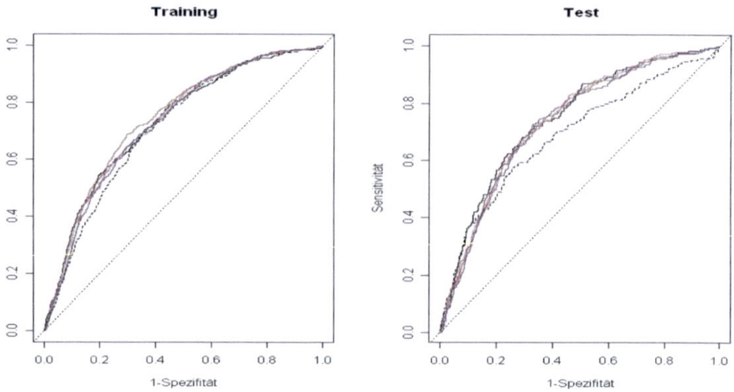

Abbildung 5.15: Vergleich der ROC-Kurven in den Trainings- und Testdaten für die anhand der Ausgangsdatenmenge und der verschiedenen ersetzten Datenmengen geschätzten SVM; **Schwarz: nicht ersetzte Daten** `rel_KMU`, Rot: `rel_KMU_mean`, Magenta: `rel_KMU_meanDummy`, Blau: `rel_KMU_ver`, **Schwarz unterbrochen: Referenzdaten** `rel_KMU_ref`.

Aufgrund der aufgeführten Gütemaße sowie ROC-Kurven scheint eine Datenersetzung ggü. der Verwendung von zwar konsistenten, jedoch ausschließlich vollständigen Referenzdaten zu besseren Modellergebnissen zu führen. Hierbei sollte jedoch einerseits das bereits erwähnte Problem der Gefahr einer immer mehr

[213] Ohne eine Ersetzung fehlender Werte entspricht die Schätzung anhand der konsistenten Datenmenge gerade derer anhand der Referenzdatenmenge, da bei der statistischen Modellschätzung ausschließlich die vollständigen (konsistenten) Datensätze verwendet werden. Da weiterhin bei der Konsistenzprüfung alle insolventen Unternehmen beibehalten wurden, unterscheiden sich die gleichverteilten Datenmengen vor der Konsistenzprüfung bzgl. der Anzahl der bei der Schätzung verwendeten vollständigen Datensätze kaum von den Referenzdaten.

	TQ		AUC	
Datenmenge	Training	Test	Training	Test
rel_KMU	0.6694	0.7523	0.7329	0.7486
rel_KMU_mean	0.6904	0.7055	0.7404	0.7351
rel_KMU_meanDummy	0.6719	0.6999	0.7333	0.7435
rel_KMU_ver	0.6717	0.6604	0.7291	0.7336
rel_KMU_ref	0.6464	0.7267	0.7145	0.6897

Tabelle 5.25: Vergleich der Trefferquoten und AUC-Werte in den Trainings- und Testdaten für die anhand der Ausgangsdatenmenge und der verschiedenen ersetzten Datenmengen geschätzten SVM.

oder weniger falschen Ersetzung von fehlenden Werten beachtet werden, da die Modellierung aufgrund einer in erheblichem Umfang mit (teilweise trivial in Form des Mittelwertes) geschätzten Werten ersetzten Datenmenge nie genau die Strukturen in den tatsächlich beobachteten Daten widerspiegelt. Andererseits stellt die Modellschätzung anhand der - eine bedeutend kleinere Zahl von Datensätzen enthaltenden - Referenzdatenmenge vor allem bzgl. der Generalisierungsfähigkeit der Ergebnisse eine aus Effizienzgründen evtl. schlechtere Alternative ggü. einer Datenersetzung dar.[214]

Bei den hier durchgeführten Schätzungen führten die Datenersetzungen zu kaum unterschiedlichen Ergebnissen, sowohl im Vergleich der einzelnen Ersetzungsmethoden als auch bzgl. einer Verbesserung der Modellqualität ggü. des anhand der nicht ersetzten Daten geschätzten Modells. Lediglich die einfachste Methode einer Mittelwertersetzung erzielt eine etwas bessere Trefferquote bzw. einen höheren AUC-Wert in den Trainingsdaten und erreicht damit eine bessere Anpassungsqualität.

5.5.3 Erfolgskontrolle des sDQM

Aufgrund der in den vorherigen Abschnitten durchgeführten Analysen zeigte sich keine durch das durchgeführte sDQM herbeigeführte wesentliche Verbesserung hinsichtlich der Klassifikationsergebnisse. So führten sowohl die verschiedenen Datenhomogenisierungen als auch die unterschiedlichen Datenersetzungen zu einer annähernd gleichen Modellqualität bzgl. der Ausgangsdaten, wohingegen die Modellierung anhand der Referenzdaten sogar zu schlechteren Ergebnissen, vor allem hinsichtlich der Generalisierungsfähigkeit für neue Daten führte. Grundsätzlich scheint somit die Größe der zur Schätzung verwendeten Datenmenge für die Qualität verantwortlich zu sein, da in den Referenzdaten im Gegensatz zu allen anderen Datenmengen bedeutend weniger Datensätze enthalten sind, was wohl zu einem entscheidenden Informationsverlust bei der Strukturentdeckung führt. Die verschiedenen ersetzten sowie ausreißerbereinigten Mengen scheinen sich da-

[214]Vgl. auch die Ausführungen weiter oben in Abschnitt 5.4 dieses Kapitels.

gegen aufgrund ihrer Größe und Struktur hinsichtlich der in ihnen enthaltenen Informationen zu wenig zu unterscheiden, um stark unterschiedliche bzw. bessere Modellergebnisse zu generieren.

In diesem Zusammenhang muss hinterfragt werden, ob der Erfolg einer Datenqualitätsbereinigung überhaupt anhand der Klassifikationsergebnisse beurteilt werden kann bzw. sollte. Grundsätzlich stellt eine ausreichende Datenqualität eine unabdingbare Voraussetzung für die Modellentwicklung dar, und ausschließlich nach einer Qualitätsanalyse und anschließender Qualitätsbereinigung der den DM-Anwendungen zur Verfügung gestellten Daten kann überhaupt eine Modellbewertung erfolgen. Liegen vor einer Datenqualitätsbereinigung evtl. sogar bessere Klassifikationsergebnisse vor, kann daraus nicht unbedingt gefolgert werden, dass die Bereinigung nicht nötig oder sogar falsch war. Als Beispiel hierfür kann die Tatsache angeführt werden, dass bspw. vor einer Multikollinearitätsbereinigung insgesamt meist bessere Anpassungsergebnisse erzielt werden können, da grundsätzlich durch eine höhere Variablenanzahl und damit höhere Komplexität des Modells mehr empirische Streuung in den Daten erklärt werden kann. Die korrekte Interpretation eines solchen falsch spezifizierten Modells ist jedoch schwer oder überhaupt nicht mehr möglich. Ein anderes Beispiel stellt die Homogenisierung des Datenbestandes dar. Hier erfolgt die Bereinigung ebenfalls aus Gründen der korrekten Ergebnisinterpretation bzw. -übertragbarkeit: Werden anhand heterogener Datenbestände bestimmte Modellergebnisse erzielt, besteht immer die Gefahr, dass diese durch die im Modell nicht berücksichtigten und die Heterogenität verursachenen Einflüsse falsch interpretiert und auf die Grundgesamtheit übertragen werden.

Insgesamt scheint aufgrund der Unterschiedlichkeit der Ergebnisse sowie der Vielzahl von Möglichkeiten der Datenqualitätsbereinigung innerhalb eines sDQM eine Beurteilung des Erfolges schwierig zu sein. Dies gilt sowohl für die Eindeutigkeit als auch die damit zusammenhängende Verallgemeinerungsfähigkeit der sDQM-Ergebnisse.

Kapitel 6

Zusammenfassung und Ausblick

In der vorliegenden Arbeit wurden klassische parametrische sowie moderne lerntheoretische statistische Verfahren auf das ökonomische Problem einer unternehmerischen Solvenzanalyse und auf die Konzeption und Durchführung eines statistischen Datenqualitätsmanagements angewendet. Dies spiegelt die zwei Hauptanliegen der Arbeit im Spannungsfeld zwischen wissenschaftlicher statistischer Methodik und praktischer Anwendung wider: Zum einen wurde untersucht, ob sich das in der Praxis aktuell stark relevante Thema Datenqualitätsmanagement, welches oft wohl eher ad hoc angegangen wird, in Form einer nah an der Statistik orientierten Herangehensweise formalisieren und damit nachvollziehbar bzw. möglichst automatisierbar implementieren lässt und einen nachweisbaren positiven Effekt auf die statistische Modellschätzung ausübt. Zum zweiten sollte aus der Sicht des quantitativ-ökonomischen Anwenders untersucht werden, ob die seit einiger Zeit überaus erfolgreich bei der Modellierung komplexer Strukturen angewendeten modernen lerntheoretischen Methoden auch erfolgreich auf die Modellierung relativ einfacher ökonomischer Zusammenhänge übertragen werden können und eventuell sogar zu besseren Ergebnissen führen als die seit vielen Jahrzehnten erfolgreich in der Praxis angewendeten klassischen parametrischen Verfahren.

In Kapitel 2 wurden zunächst die Grundlagen einer statistischen Modellierung von kausalen ökonomischen Zusammenhängen gelegt, wobei unterschieden wurde in den klassischen parametrischen Ansatz, der ein strukturelles bzw. formales Modell über die theoretischen Datenstrukturen voraussetzt und anhand der Daten schätzt, und in neuere Methoden der statistischen Lerntheorie, die die Datenstrukturen anhand einer empirischen Datenmenge nachbilden.

Um den Zugang von Anwendern klassischer statistischer Methoden zu den (im statistischen Kontext) noch relativ neuen und als mathematisch anspruchsvoll angesehenen maschinellen Lernverfahren zu erleichtern und damit die Akzeptanz dieser Verfahren in der empirischen Theorie und Praxis weiter zu befördern, wurden in Form einer softwaregestützten Integration und Homogenisierung verschiedener empirisch-quantitativer Themengebiete die lerntheoretischen Verfahren in einem ökonometrischen Kontext dargestellt und in einer einheitlichen konventionellen Notation der klassischen ökonometrischen Theorie beschrieben.

Nach einem Überblick über die wichtigsten Möglichkeiten der statistischen Modellbewertung und -auswahl in Kapitel 3 wurde in Kapitel 4 die eigentliche statistische Analyse in Form der Schätzung von Solvenzklassifikationsmodellen durchgeführt. Dies wurde im Rahmen eines statistischen Data-Mining-Prozesses vor allem unter dem Gesichtspunkt eines Methodenvergleiches getan. So stellt bspw. die Technik der Support-Vektor-Maschinen einen intuitiven und eleganten mathematischen Algorithmus dar, der in vielen praktischen Problemen zur Anwendung kommen und auch problemlos auf die statistische Modellierung im Data Mining übertragen werden kann. Bzgl. einer besseren und auch weitgehend selbstständigen Abbildung der Datenstrukturen konnten die lerntheoretischen Verfahren statistischer neuronaler Netze sowie der Support-Vektor-Maschinen die vermuteten Vorteile gegenüber den klassischen parametrischen Verfahren jedoch nicht voll bestätigen. Das quadratische logistische Modell wurde (trotz oder gerade wegen des einfachen Dateninputs mit statischen Bilanzstrukturkennzahlen) als eindeutig überlegener Modellansatz zur Klassifikation identifiziert und ist im Gegensatz zu den maschinellen Verfahren auch relativ einfach interpretierbar.

Hinsichtlich dieser aufgrund des Black-Box-Charakters der SNN- und SVM-Modelle schwierigen inhaltlich-ökonomischen Interpretierbarkeit der Modellstrukturen liegt (zur Zeit noch) der entscheidende Nachteil der lerntheoretischen Methodik, insb. bei dem hier untersuchten Problem einer inhaltlichen Solvenzanalyse. Insgesamt relativiert sich damit der oft genannte Vorteil der statistischen Lerntheorie gegenüber der klassischen parametrischen Methodik bzgl. einer nicht notwendigen A-priori-Modellspezifikation, und es kann aus den Ergebnissen dieser Arbeit die methodische Empfehlung abgegeben werden, dass die lerntheoretischen Methoden bei ökonomischen Analysen nicht unreflektiert eingesetzt werden sollten, vor allem da deren Überlegenheit nicht selten durch den Vergleich mit einem etwas zu schlichten methodischen Ansatz der klassischen Statistik nachgewiesen wird.

Als grundsätzliches Problem im Rahmen des Modellvergleiches wurde die Tatsache identifiziert, dass eine durch die Lernverfahren mögliche flexiblere Datenanpassung möglicherweise zu einer Verschlechterung der Generalisierungsqualität der Modellergebnisse bzgl. unbekannter Daten führt, da in dem Fall die Gefahr besteht, dass über die grundlegenden (hier relativ einfachen ökonomischen) Strukturen hinaus auch spezifische bzw. zufällige Effekte mit modelliert werden. Vor allem bei praktischen Data-Mining-Anwendungen wie bspw. dem in dieser Arbeit untersuchten Insolvenzprognoseproblem, bei dem die Vorhersage für (neue) kreditanfragende Unternehmen das wohl vorrangige Ziel der Analyse darstellt, kann die lerntheoretische Methodik ihre Vorteile anscheinend nicht ausspielen. Die klassische modellbasierte Vorgehensweise stellt zwar vor der Modellschätzung die aufwendigere bzw. schwierigere Alternative dar, da sie inhaltlich-theoretisches Hintergrundwissen des Data-Mining-Anwenders voraussetzt. Im Hinblick auf die Prognosefähigkeit scheint sich der Aufwand des Suchens einer geeigneten parametrischen Modellspezifikation jedoch zu lohnen.

Einschränkend muss festgestellt werden, dass in dieser Arbeit nur ein kleiner

Teil der Möglichkeiten der lerntheoretischen Modellierung ausgeschöpft werden konnte. Im Zusammenhang mit Support-Vektor-Maschinen können bspw. eine Vielzahl weiterer Kernfunktionen, wie z.B. der Polynom- oder der logistische Kern und die mit diesen Funktionen verbundenen Parameter, oder im Zusammenhang mit künstlichen neuronalen Netzen weitere Transferfunktionen, Lernalgorithmen bzw. -regeln, Fehlerfunktionen usw. zur Anwendung kommen. Dieses Problem kann im Rahmen einer geeigneten Modellspezifikation jedoch wiederum als ein generelles Problem lerntheoretischer Verfahren angesehen werden, da zu viele Möglichkeiten bei der Modellentwicklung zum einen den Zeitaufwand einer Data-Mining-Analyse stark erhöhen sowie zum anderen die Interpretations- und Vergleichsmöglichkeiten der geschätzten Modelle evtl. einschränken.

Insgesamt scheint somit das Ausmaß der Komplexität des zu modellierenden Sachverhaltes entscheidend für die Wahl der Methodik zu sein. Es kann angenommen werden, dass die in vielen Bereichen - bspw. bei der Mustererkennung in Bildern und Texten - gezeigten Stärken des maschinellen Lernens auf eine evtl. nicht mögliche und wenn, dann hoch komplexe parametrische Modellierung der theoretischen Wirkungszusammenhänge zurückzuführen sind. Bei dem in dieser Arbeit untersuchten Problem einer betrieblichen Solvenzanalyse kann evtl. davon ausgegangen werden, dass die Datenstrukturen relativ einfach formalisierbar sind, weshalb bspw. die quadratische logistische Regression so gute Ergebnisse erzielen konnte. Die ursächliche Wirkungsart bzw. -richtung bspw. betrieblicher Rentabilitäts- oder Liquiditätskennzahlen im Hinblick auf eine drohende Unternehmensinsolvenz kann oft schon durch visuelle Betrachtung oder theoretische Deutung der empirischen Datenstrukturen erkannt und nachvollzogen werden. Folglich kann vermutet werden, dass inhaltlich relativ einfache ökonomische Fragestellungen mit einfachen statistischen Methoden (bei entsprechender Modellspezifikation) besser abgebildet werden können. Vor allem in den Sozialwissenschaften sind die Daten oft stark verrauscht und die eigentlichen Funktionsbeziehungen trotzdem meist aus einfachem A-priori-Wissen herleitbar und daher weniger komplex als bei naturwissenschaftlichen Gesetzmäßigkeiten oder technischen Beziehungen.

Weiterhin könnte die Robustheit der parametrischen Methoden gegenüber Fehlern in den Variablen (Daten- und Messfehler, Ausreißer etc.) für das positive Ergebnis des Modellvergleiches gegenüber den evtl. zu flexiblen lerntheoretischen Methoden verantwortlich sein. Bei den Lernverfahren scheint die Gefahr größer zu sein, auf Messfehler sensibel zu reagieren, weshalb diese evtl. weniger robust und bei häufig auftretenden Störeinflüssen in den empirischen Sozialwissenschaften im Vergleich mit parametrischen Methoden als diesbezüglich anfälliger angesehen werden könnten. Auf der anderen Seite kann die hohe Sensitivität der lerntheoretischen Verfahren auch dann sinnvoll sein, wenn gerade schwache Signale erkannt werden sollen. Dies könnte bspw. innerhalb des Datenqualitätsmanagements bei der Ausreißererkennung von Vorteil sein, vor allem wenn angenommen wird, dass Ausreißer und inkonsistente Daten nicht notwendigerweise Anomalien darstellen, sondern möglicherweise Werte mit höchstem Informationsgehalt, wenn sie Ausnahme- oder Extremsituationen beschreiben. Bei zahlreichen Datenanalysen - bspw. im Bereich der Wirtschaftsprüfung, der Risikoanalyse oder bei Verhaltensmustern von Kunden (z.B. Kündigungen) - ist man an der Entdeckung von Extremwerten bzw. Anomalien unmittelbar interessiert, nicht um diese aus einer Datenmenge zu eliminieren, sondern um deren Verursachung eingehender zu analysieren. Ähnliches gilt für Indikatoren (Extremwerte), die sich an der Entdeckung von Ausnahme- oder Extremsituationen orientieren und präventive Managementeingriffe auslösen sollen, bspw. wenn sich die Gefahr einer Insolvenz anhand der Daten und Kennzahlen der Bilanzstruktur abzeichnet. Hier ist in zukünftiger Forschungsarbeit eine Kombination der flexiblen lerntheoretischen Methoden mit den starren parametrischen Methoden zur Erfassung bzw. Trennung der unterschiedlichen funktionalen sowie anderen spezifischen und unspezifischen Bestandteile der Datenstrukturen wünschenswert.

Neben dem Methodenvergleich bestand der zweite Fokus dieser Arbeit in der Konzeption und Durchführung eines statistischen Datenqualitätsmanagements (sDQM) anhand der vorgestellten statistischen Methodik. Dazu wurden in Kapitel 5 zunächst die Grundlagen gelegt, indem die unterschiedlichen Aspekte der Datenqualität und des sog. Data Quality Mining aufgegriffen, die für eine erfolgreiche Data-Mining-Analyse sicherzustellenden Datenqualitätsdimensionen identifiziert und diese mit dem Ziel einer qualitätsbezogenen Datenanalyse sowie -bereinigung in den Data-Mining-Prozess integriert wurden. Hierbei zeigte sich vor allem eine Vielzahl von Möglichkeiten der Datenbereinigung, weshalb ein Teil dieser - auch vor dem Hintergrund des Versuches einer teilweisen Automatisierung des sDQM-Ablaufes - innerhalb eines Vorgehensmodells durch Integration der klassischen und lerntheoretischen statistischen Methoden in Form eines "lerntheoretischen Data Quality Mining" praktisch implementiert wurde.

Das sDQM führte grundsätzlich nicht zu gravierenden Unterschieden bei der Modellqualität. Insb. blieb das Ranking der Schätzmethoden erhalten, was hier als Robustheit der Verfahren und nicht als Argument gegen ein sinnvolles Datenqualitätsmanagement zu werten ist. Entscheidend für den Erfolg des sDQM war vor allem der Umfang der für die Modellentwicklung zur Verfügung stehenden Datenmengen und somit die Ausnutzung möglichst vieler in den Daten vorhandener Informationen. Die Verwendung der Mengen, in denen fehlende Werte anhand verschiedener Methoden ersetzt wurden, führte generell zu besseren Ergebnissen im Vergleich mit einer zwar qualitätsbereinigten, jedoch sehr viel kleineren Referenzdatenmenge. Die genaue Art der Ersetzung sowie der einzelnen Homogenisierungs- und Datenbereinigungsmethoden spielte dabei hinsichtlich der erzielten Klassifikationsergebnisse keine wesentliche Rolle.

Weiterhin zeigte sich aufgrund der Unterschiedlichkeit der erhaltenen Modellergebnisse sowie der Vielzahl von Möglichkeiten der Datenqualitätsbereinigung, dass eine Beurteilung des Erfolges des sDQM anhand der späteren Klassifikationsergebnisse nur schwer möglich ist. Schlüsse aus den erhaltenen Modellergebnissen sowie die Übertragung dieser auf die ökonomische Theorie und Praxis sind immer nur nach einer Datenqualitätsanalyse möglich. Eine hohe Datenqualität ist dabei die Voraussetzung und nicht unbedingt eine erkennbare Folge des Data-Mining-Prozesses. Die Definition von Kriterien zur Messung des praktischen Erfolges eines sDQM sollte somit ein Ziel zukünftiger Forschung sein.

Für die Zukunft stellt sich die Frage, ob in der Data-Mining- und Datenqualitätsanalyse eine weitere Automatisierung der Prozesse oder aber eine verstärkt problemabhängige und damit inhaltsbasierte Analyse anzustreben ist. Sowohl in der statistischen Analyse als auch innerhalb des Datenbereinigungsprozesses sind oft theoretische und inhaltliche Kenntnisse des Data-Mining-Anwenders notwendig, weshalb aus den oben genannten Gründen eine Anwendung der lerntheoretischen Verfahren generell mit besonderer Vorsicht erfolgen sollte, vor allem, wenn verbreitet angenommen wird, dass diese angeblich selbstständig Strukturen erlernen und abbilden können. Die Technik statistischer Lernverfahren verführt dabei evtl. zu Automatismen, da bspw. eine SVM relativ leicht zu implementieren, aber für den Anwender evtl. relativ schwer theoretisch zu durchdringen und inhaltlich zu interpretieren ist. Ein künftige Anforderung in diesem Zusammenhang stellt die Integration theoretisch-inhaltlichen Fachwissens in die lerntheoretischen Verfahren dar. Bspw. ist eine Interpretation der Kernfunktions- oder Kostenparameter, der impliziten Transformation der Merkmalsdaten in hochdimensionale Datenräume und die Bedeutung der Support-Vektoren einer SVM oder auch der Netzwerkgewichte eines neuronalen Netzes inhaltlich schwierig bis nicht möglich. Hieraus besteht die Gefahr einer unreflektierten Anwendung dieser Verfahren und zur Zeit (noch) der entscheidende Vorteil parametrischer Methodik im praktischen Data Mining.

Insgesamt zeigte sich, dass eine weitgehend bessere sowie automatisierte statistische Modellierung (einfacher) ökonomischer Zusammenhänge durch moderne lerntheoretische Verfahren zum jetzigen Zeitpunkt noch nicht erfolgen kann. Die Anwendung dieser Verfahren - sowohl im statistischen Data Mining als auch in einem statistischen Datenqualitätsmanagement - erfordert nach wie vor eine intensive Auseinandersetzung mit dem zu lösenden Anwendungsproblem, der statistischen Methodik und den Aspekten der erforderlichen Datenqualität. Trotz allem werden die Methoden der statistischen Lerntheorie und dabei insb. Support-Vektor-Maschinen in den nächsten Jahren in der statistischen Forschung und Praxis weiterhin eine zunehmend starke Rolle spielen.

Anhang A

Formale Erweiterungen und Herleitungen

A.1 Kleinste-Quadrate-Optimierung im klassischen linearen Modell

Die Kleinste-Quadrate-Zielfunktion der klassischen linearen Regressionsanalyse lautet

$$\begin{aligned}\min_{\boldsymbol{\beta}} \quad \mathrm{SSE}(\boldsymbol{\beta}) &= \sum_{i=1}^{n}(y_i - f(\boldsymbol{x}_i, \boldsymbol{\beta}))^2 \qquad \text{(A.1.1)}\\ &= \sum_{i=1}^{n}\left(y_i - \beta_0 - \sum_{k=1}^{K}\beta_k x_{ki}\right)^2\\ &= \sum_{i=1}^{n} u_i^2 = \boldsymbol{u}'\boldsymbol{u}\\ &= (\boldsymbol{y} - \boldsymbol{X\beta})'(\boldsymbol{y} - \boldsymbol{X\beta}) \quad . \qquad \text{(A.1.2)}\end{aligned}$$

Ausmultiplizieren führt zu

$$\begin{aligned}\min_{\boldsymbol{\beta}} \quad \mathrm{SSE}(\boldsymbol{\beta}) &= \boldsymbol{y}'\boldsymbol{y} - \boldsymbol{y}'\boldsymbol{X\beta} - \boldsymbol{\beta}'\boldsymbol{X}'\boldsymbol{y} + \boldsymbol{\beta}'\boldsymbol{X}'\boldsymbol{X\beta}\\ &= \boldsymbol{y}'\boldsymbol{y} - 2\boldsymbol{\beta}\boldsymbol{X}'\boldsymbol{y} + \boldsymbol{\beta}'\boldsymbol{X}'\boldsymbol{X\beta} \quad .\end{aligned}$$

Differenzieren nach $\boldsymbol{\beta}$ und Nullsetzen ergibt die Bedingung erster Ordnung

$$\frac{\delta \mathrm{SSE}(\boldsymbol{\beta})}{\delta \boldsymbol{\beta}} = 2\boldsymbol{X}'\boldsymbol{X}\widehat{\boldsymbol{\beta}}_{KQ} - 2\boldsymbol{X}'\boldsymbol{y} = \boldsymbol{0} \qquad \text{(A.1.3)}$$

und damit die sog. Normalengleichungen

$$\boldsymbol{X}'\boldsymbol{X}\widehat{\boldsymbol{\beta}}_{KQ} = \boldsymbol{X}'\boldsymbol{y} \quad . \qquad \text{(A.1.4)}$$

Wenn die Matrix $\boldsymbol{X}'\boldsymbol{X}$ invertierbar ist, ergibt sich der geschätzte optimale KQ-Parametervektor des linearen Regressionsmodells zu

$$\widehat{\boldsymbol{\beta}}_{KQ} = (\boldsymbol{X}'\boldsymbol{X})^{-1}\boldsymbol{X}'\boldsymbol{y} \quad . \qquad \text{(A.1.5)}$$

A.2 Maximum-Likelihood-Optimierung im klassischen linearen Modell

Ausgangspunkt ist die Normalverteilungsdichte

$$
\begin{aligned}
L(\boldsymbol{\beta}|\boldsymbol{X}) &= \prod_{i=1}^{n} \Pr(y_i, \boldsymbol{x}_i) && \text{(A.2.1)}\\
&= \prod_{i=1}^{n} \left(\sqrt{2\pi\sigma^2}\right)^{-1/2} \exp\left\{-\frac{1}{2\sigma^2}(y_i - f(\boldsymbol{x}_i, \boldsymbol{\beta}))^2\right\} \\
&= \left(\sqrt{2\pi\sigma^2}\right)^{-n/2} \exp\left\{-\frac{1}{2\sigma^2}(\boldsymbol{y} - \boldsymbol{X\beta})'(\boldsymbol{y} - \boldsymbol{X\beta})\right\} \ . && \text{(A.2.2)}
\end{aligned}
$$

Zur Optimierung wird aus rechentechnischen Gründen i.d.R. die logarithmierte Likelihood-Funktion

$$
\begin{aligned}
\ln L(\boldsymbol{\beta}|\boldsymbol{X}) &= \sum_{i=1}^{n} \ln \Pr(y_i, \boldsymbol{x}_i) && \text{(A.2.3)}\\
&= -\frac{n}{2}\ln\left(\sqrt{2\pi\sigma^2}\right) - \frac{1}{2\sigma^2}\sum_{i=1}^{n}(y_i - f(\boldsymbol{x}_i, \boldsymbol{\beta}))^2 \\
&= -\frac{n}{2}\ln\left(\sqrt{2\pi\sigma^2}\right) - \frac{1}{2\sigma^2}(\boldsymbol{y} - \boldsymbol{X\beta})'(\boldsymbol{y} - \boldsymbol{X\beta}) && \text{(A.2.4)}
\end{aligned}
$$

betrachtet. Die Logarithmus-Transformation $\ln L(\boldsymbol{\beta}|\boldsymbol{X})$ stellt eine monotone Transformation dar und besitzt an der selben Stelle ihr Maximum wie $L(\boldsymbol{\beta}|\boldsymbol{X})$. (A.2.3) wird als LogLikelihood-Funktion bezeichnet und nach $\boldsymbol{\beta}$ maximiert. Da der einzige Teil der Gl. (A.2.4), der den Parametervektor $\boldsymbol{\beta}$ enthält, der Summand

$$
-\frac{1}{2\sigma^2}\sum_{i=1}^{n}(y_i - f(\boldsymbol{x}_i, \boldsymbol{\beta}))^2 \quad \text{bzw.} \quad -\frac{1}{2\sigma^2}(\boldsymbol{y} - \boldsymbol{X\beta})'(\boldsymbol{y} - \boldsymbol{X\beta}) \qquad \text{(A.2.5)}
$$

ist, muss dieser minimiert werden, um (A.2.4) zu maximieren. Da (A.2.5) die Residuenquadratsumme (A.1.1) der KQ-Schätzung, multipliziert mit einer negativen Konstanten darstellt, führt die Maximum-Likelihood-Maximierung

$$
\frac{\delta \ln L(\boldsymbol{\beta}|\boldsymbol{X})}{\delta\boldsymbol{\beta}} = \frac{\delta\left[-\frac{n}{2}\ln(\sqrt{2\pi\sigma^2}) - \frac{1}{2\sigma^2}\sum_{i=1}^{n}(y_i - f(\boldsymbol{x}_i, \boldsymbol{\beta}))^2\right]}{\delta\boldsymbol{\beta}} = 0 \qquad \text{(A.2.6)}
$$

im linearen Normalregressionsmodell zu dem gleichen Ergebnis (A.1.5) wie die Minimierung der Residuenquadratsumme

$$
\frac{\delta \mathrm{SSE}(\boldsymbol{\beta}|\boldsymbol{X})}{\delta\boldsymbol{\beta}} = \frac{\delta\left[\sum_{i=1}^{n}(y_i - f(\boldsymbol{x}_i, \boldsymbol{\beta}))^2\right]}{\delta\boldsymbol{\beta}} = 0 \qquad \text{(A.2.7)}
$$

bei der KQ-Methode.

A.3 Varianz des Prognosefehlers im klassischen linearen Modell

Seien

$$\boldsymbol{e}_p = \boldsymbol{y}_p - \widehat{\boldsymbol{y}}_p = \boldsymbol{X}_p(\boldsymbol{\beta} - \widehat{\boldsymbol{\beta}}) + \boldsymbol{u} \tag{A.3.1}$$

die Prognosefehler mehrerer Prognoseobjekte $p = 1, \ldots, P$, deren Prognosevektoren $\boldsymbol{x}_p$ in der Matrix

$$\boldsymbol{X}_p = \begin{pmatrix} \boldsymbol{x}'_1 \\ \vdots \\ \boldsymbol{x}'_p \\ \vdots \\ \boldsymbol{x}'_P \end{pmatrix} = \begin{pmatrix} 1 & x_{11} & \ldots & x_{1k} & \ldots & x_{1K} \\ \vdots & \vdots & & \vdots & & \vdots \\ \vdots & x_{p1} & \ldots & x_{pk} & \ldots & x_{pK} \\ \vdots & \vdots & & \vdots & & \vdots \\ 1 & x_{P1} & \ldots & x_{Pk} & \ldots & x_{PK} \end{pmatrix}$$

zusammengefasst sind. Daraus ergibt sich aufgrund des Varianz-Verschiebungssatzes für Zufallsvariablen

$$\mathrm{Var}[Y] = \mathrm{E}\left[Y^2\right] - (\mathrm{E}\left[Y\right])^2 \tag{A.3.2}$$

und der Annahmen im klassischen linearen Modell

$$\begin{aligned} \mathrm{E}\left[u_i\right] &= 0 \quad \forall i && \text{(A.3.3)} \\ \mathrm{Var}[u_i] &= \sigma^2 \quad \forall i && \text{(A.3.4)} \\ \mathrm{Cov}[X_k, u_i] = \mathrm{E}\left[X_k \cdot u_i\right] &= 0 \quad \forall i, k && \text{(A.3.5)} \end{aligned}$$

für die Varianz-Kovarianzmatrix der Prognosefehler

$$\begin{aligned} \boldsymbol{\Sigma}_{\boldsymbol{e}_p\boldsymbol{e}_p} &= \mathrm{E}\left[(\boldsymbol{y}_p - \widehat{\boldsymbol{y}}_p)(\boldsymbol{y}_p - \widehat{\boldsymbol{y}}_p)'\right] - \underbrace{\mathrm{E}\left[(\boldsymbol{y}_p - \widehat{\boldsymbol{y}}_p)\right]}_{=0}\underbrace{\mathrm{E}[(\boldsymbol{y}_p - \widehat{\boldsymbol{y}}_p)]'}_{=0} && \text{(A.3.6)} \\ &= \mathrm{E}\left[(\boldsymbol{X}_p(\boldsymbol{\beta} - \widehat{\boldsymbol{\beta}}) + \boldsymbol{u})(\boldsymbol{X}_p(\boldsymbol{\beta} - \widehat{\boldsymbol{\beta}}) + \boldsymbol{u})'\right] \\ &= \mathrm{E}\left[(\boldsymbol{X}_p(\boldsymbol{\beta} - \widehat{\boldsymbol{\beta}}) + \boldsymbol{u})((\boldsymbol{\beta} - \widehat{\boldsymbol{\beta}})'\boldsymbol{X}'_p + \boldsymbol{u}')\right] \\ &= \mathrm{E}\left[\boldsymbol{X}_p(\boldsymbol{\beta} - \widehat{\boldsymbol{\beta}})(\boldsymbol{\beta} - \widehat{\boldsymbol{\beta}})'\boldsymbol{X}'_p\right] + \mathrm{E}\left[\boldsymbol{u}\boldsymbol{u}'\right] \\ &= \boldsymbol{X}_p\mathrm{E}\left[(\boldsymbol{\beta} - \widehat{\boldsymbol{\beta}})(\boldsymbol{\beta} - \widehat{\boldsymbol{\beta}})'\right]\boldsymbol{X}'_p + \mathrm{E}\left[\boldsymbol{u}\boldsymbol{u}'\right] \quad . && \text{(A.3.7)} \end{aligned}$$

Wegen

$$\begin{aligned} (\boldsymbol{\beta} - \widehat{\boldsymbol{\beta}})(\boldsymbol{\beta} - \widehat{\boldsymbol{\beta}})' &= \left[\boldsymbol{\beta} - (\boldsymbol{X}'\boldsymbol{X})^{-1}\boldsymbol{X}'(\boldsymbol{X}\boldsymbol{\beta} + \boldsymbol{u})\right]\left[\boldsymbol{\beta} - (\boldsymbol{X}'\boldsymbol{X})^{-1}\boldsymbol{X}'(\boldsymbol{X}\boldsymbol{\beta} + \boldsymbol{u})\right]' \\ &= (\boldsymbol{X}'\boldsymbol{X})^{-1}\boldsymbol{X}'\boldsymbol{u}\boldsymbol{u}'\boldsymbol{X}(\boldsymbol{X}'\boldsymbol{X})^{-1} && \text{(A.3.8)} \end{aligned}$$

bei der KQ- oder ML-Schätzung von $\boldsymbol{\beta}$ folgt

$$\begin{aligned} \boldsymbol{\Sigma}_{\boldsymbol{e}_p\boldsymbol{e}_p} &= \boldsymbol{X}_p\mathrm{E}\left[(\boldsymbol{X}'\boldsymbol{X})^{-1}\boldsymbol{X}'\boldsymbol{u}\boldsymbol{u}'\boldsymbol{X}(\boldsymbol{X}'\boldsymbol{X})^{-1}\right]\boldsymbol{X}'_p + \mathrm{E}\left[\boldsymbol{u}\boldsymbol{u}'\right] && \text{(A.3.9)} \\ &= \boldsymbol{X}_p(\boldsymbol{X}'\boldsymbol{X})^{-1}\mathrm{E}\left[\boldsymbol{u}\boldsymbol{u}'\right]\boldsymbol{X}'_p + \mathrm{E}\left[\boldsymbol{u}\boldsymbol{u}'\right] \\ &= \mathrm{E}\left[\boldsymbol{u}\boldsymbol{u}'\right]\left[\boldsymbol{X}_p(\boldsymbol{X}'\boldsymbol{X})^{-1}\boldsymbol{X}'_p + \boldsymbol{I}\right] \\ &= \sigma^2\left[\boldsymbol{X}_p(\boldsymbol{X}'\boldsymbol{X})^{-1}\boldsymbol{X}'_p + \boldsymbol{I}\right] \quad . && \text{(A.3.10)} \end{aligned}$$

Für ein einzelnes Prognoseobjekt p ergibt sich daraus die Varianz des Prognosefehlers zu

$$\operatorname{Var}[e_p] = \sigma^2 \left[\boldsymbol{x}_p'(\boldsymbol{X}'\boldsymbol{X})^{-1}\boldsymbol{x}_p + 1\right] \quad . \tag{A.3.11}$$

A.4 Partieller Einfluss einer unabhängigen Variable im Logit-Modell

Wegen

$$P(Y=1) = \frac{\exp\{Z\}}{1+\exp\{Z\}} = \exp\{Z\}\,(1+\exp\{Z\})^{-1} \quad , \tag{A.4.1}$$

$$\text{mit} \quad Z = \beta_0 + \beta_1 X_1 + \ldots \beta_k X_k + \ldots \beta_K X_K = \boldsymbol{X}'\boldsymbol{\beta}$$

ergibt sich für den partiellen Einfluss der Variable X_k

$$\begin{aligned}
\frac{\delta P(Y=1)}{\delta X_k} &= \frac{\exp\{Z\}\beta_k}{1+\exp\{Z\}} + \exp\{Z\}(-(1+\exp\{Z\})^{-2})\exp\{Z\}\beta_k \qquad \text{(A.4.2)}\\
&= \frac{\exp\{Z\}\beta_k}{1+\exp\{Z\}} - \frac{(\exp\{Z\})^2\beta_k}{(1+\exp\{Z\})^2}\\
&= \frac{\exp\{Z\}\beta_k(1+\exp\{Z\}) - (\exp\{Z\})^2\beta_k}{(1+\exp\{Z\})^2}\\
&= \frac{\exp\{Z\}\beta_k + (\exp\{Z\})^2\beta_k - (\exp\{Z\})^2\beta_k}{(1+\exp\{Z\})^2}\\
&= \frac{\exp\{Z\}\beta_k}{(1+\exp\{Z\})^2}\\
&= \beta_k \frac{\exp\{\boldsymbol{X}'\boldsymbol{\beta}\}}{(1+\exp\{\boldsymbol{X}'\boldsymbol{\beta}\})^2} \quad . \qquad \text{(A.4.3)}
\end{aligned}$$

A.5 Fundamentaltheorem der Faktorenanalyse

$$\begin{aligned}
\boldsymbol{\Sigma}_{\boldsymbol{xx}} &= \operatorname{Var}[\boldsymbol{X}] = \operatorname{Cov}[\boldsymbol{X},\boldsymbol{X}] = \operatorname{Cov}[\boldsymbol{l}_0 + \boldsymbol{Lp} + \boldsymbol{\varepsilon}, \boldsymbol{l}_0 + \boldsymbol{Lp} + \boldsymbol{\varepsilon}] \qquad \text{(A.5.1)}\\
&= \operatorname{Cov}[\boldsymbol{Lp} + \boldsymbol{\varepsilon}, \boldsymbol{Lp} + \boldsymbol{\varepsilon}]\\
&= \operatorname{Cov}[\boldsymbol{Lp}, \boldsymbol{Lp}] + \operatorname{Cov}[\boldsymbol{Lp}, \boldsymbol{\varepsilon}] + \operatorname{Cov}[\boldsymbol{\varepsilon}, \boldsymbol{Lp}] + \operatorname{Cov}[\boldsymbol{\varepsilon}, \boldsymbol{\varepsilon}]\\
&= \boldsymbol{L}\cdot\operatorname{Cov}[\boldsymbol{p},\boldsymbol{p}]\cdot\boldsymbol{L}' + \boldsymbol{L}\cdot\operatorname{Cov}[\boldsymbol{p},\boldsymbol{\varepsilon}] + \operatorname{Cov}[\boldsymbol{\varepsilon},\boldsymbol{p}]\cdot\boldsymbol{L}' + \boldsymbol{\psi}\\
&= \boldsymbol{L}\cdot\operatorname{Var}[\boldsymbol{p}]\cdot\boldsymbol{L}' + \boldsymbol{\psi}\\
&= \boldsymbol{LL}' + \boldsymbol{\psi} \quad , \qquad \text{(A.5.2)}
\end{aligned}$$

mit

$$\mathrm{Var}[\boldsymbol{\varepsilon}] = \boldsymbol{\psi} \quad , \tag{A.5.3}$$

$$\mathrm{Var}[\boldsymbol{p}] = \boldsymbol{I}_Q = \begin{pmatrix} 1 & 0 & \dots & 0 \\ 0 & 1 & \dots & 0 \\ \vdots & \vdots & \ddots & \vdots \\ 0 & 0 & \dots & 1 \end{pmatrix} \quad , \tag{A.5.4}$$

$$\mathrm{Cov}[\boldsymbol{\varepsilon}, \boldsymbol{p}] = \boldsymbol{0} \quad . \tag{A.5.5}$$

Anhang B

Datentabellen

	SAV	AV	KASSE	KASSEV	FLL	VOR	UV	BILS	EK	VLL	KVERB	BAVERB
SAV	1.00	0.96	0.30	-0.01	0.40	0.20	0.36	0.59	0.56	0.38	0.26	0.62
AV	0.96	1.00	0.30	0.00	0.32	0.22	0.34	0.57	0.53	0.34	0.25	0.69
KASSE	0.30	0.30	1.00	0.31	0.31	0.38	0.55	0.47	0.45	0.47	0.32	0.24
KASSEV	-0.01	0.00	0.31	1.00	-0.03	-0.10	-0.02	-0.04	-0.03	-0.08	-0.05	0.06
FLL	0.40	0.32	0.31	-0.03	1.00	0.39	0.58	0.42	0.43	0.55	0.27	0.33
VOR	0.20	0.22	0.38	-0.10	0.39	1.00	0.70	0.36	0.33	0.57	0.24	0.31
UV	0.36	0.34	0.55	-0.02	0.58	0.70	1.00	0.69	0.76	0.60	0.48	0.41
BILS	0.59	0.57	0.47	-0.04	0.42	0.36	0.69	1.00	0.84	0.45	0.80	0.48
EK	0.56	0.53	0.45	-0.03	0.43	0.33	0.76	0.84	1.00	0.39	0.51	0.47
VLL	0.38	0.34	0.47	-0.08	0.55	0.57	0.60	0.45	0.39	1.00	0.36	0.29
KVERB	0.26	0.25	0.32	-0.05	0.27	0.24	0.48	0.80	0.51	0.36	1.00	0.27
BAVERB	0.62	0.69	0.24	0.06	0.33	0.31	0.41	0.48	0.47	0.29	0.27	1.00
LVERB	0.35	0.34	0.37	0.01	0.11	0.10	0.18	0.61	0.26	0.17	0.82	0.31
VERBV	-0.03	0.00	0.03	-0.01	0.03	0.03	0.07	0.08	0.06	0.03	0.71	0.03
FK	0.35	0.35	0.36	-0.03	0.24	0.21	0.38	0.73	0.47	0.29	0.88	0.31
U	0.45	0.40	0.39	-0.04	0.68	0.53	0.68	0.53	0.52	0.70	0.35	0.33
LAGV	0.00	0.00	0.07	-0.08	0.01	0.17	0.15	0.08	0.07	0.22	0.10	-0.01
GL	0.45	0.40	0.39	-0.04	0.68	0.54	0.68	0.53	0.52	0.71	0.35	0.32
AFA	0.82	0.74	0.38	-0.01	0.56	0.23	0.51	0.63	0.62	0.47	0.33	0.45
EBIT	0.22	0.21	0.12	-0.01	0.25	0.11	0.35	0.44	0.34	0.20	0.37	0.16
ZINS	0.37	0.37	0.35	0.00	0.22	0.17	0.36	0.82	0.57	0.21	0.73	0.43
EBT	-0.01	0.00	-0.16	-0.02	0.12	0.06	0.19	-0.07	0.48	0.05	-0.10	0.06
JE	-0.11	-0.08	-0.18	0.01	0.03	0.03	0.09	-0.23	0.34	-0.05	-0.25	0.02

	LVERB	VERBV	FK	U	LAGV	GL	AFA	EBIT	ZINS	EBT	JE
SAV	0.35	-0.03	0.35	0.45	0.00	0.45	0.82	0.22	0.37	-0.01	-0.11
AV	0.34	0.00	0.35	0.40	0.00	0.40	0.74	0.21	0.37	0.00	-0.08
KASSE	0.37	0.03	0.36	0.39	0.07	0.39	0.38	0.12	0.35	-0.16	-0.18
KASSEV	0.01	-0.01	-0.03	-0.04	-0.08	-0.04	-0.01	-0.01	0.00	-0.02	0.01
FLL	0.11	0.03	0.24	0.68	0.01	0.68	0.56	0.25	0.22	0.12	0.03
VOR	0.10	0.03	0.21	0.53	0.17	0.54	0.23	0.11	0.17	0.06	0.03
UV	0.18	0.07	0.38	0.68	0.15	0.68	0.51	0.35	0.36	0.19	0.09
BILS	0.61	0.08	0.73	0.53	0.08	0.53	0.63	0.44	0.82	-0.07	-0.23
EK	0.26	0.06	0.47	0.52	0.07	0.52	0.62	0.34	0.57	0.48	0.34
VLL	0.17	0.03	0.29	0.70	0.22	0.71	0.47	0.20	0.21	0.05	-0.05
KVERB	0.82	0.71	0.88	0.35	0.10	0.35	0.33	0.37	0.73	-0.10	-0.25
BAVERB	0.31	0.03	0.31	0.33	-0.01	0.32	0.45	0.16	0.43	0.06	0.02
LVERB	1.00	0.86	0.95	0.17	0.01	0.17	0.31	0.23	0.79	-0.68	-0.70
VERBV	0.86	1.00	0.79	0.04	0.00	0.04	0.03	0.07	0.09	0.08	0.09
FK	0.95	0.79	1.00	0.31	0.06	0.31	0.37	0.32	0.79	-0.37	-0.48
U	0.17	0.04	0.31	1.00	0.02	1.00	0.62	0.38	0.26	0.15	0.04
LAGV	0.01	0.00	0.06	0.02	1.00	0.08	0.02	0.03	-0.01	0.05	0.05
GL	0.17	0.04	0.31	1.00	0.08	1.00	0.62	0.38	0.26	0.15	0.04
AFA	0.31	0.03	0.37	0.62	0.02	0.62	1.00	0.31	0.36	0.00	-0.12
EBIT	0.23	0.07	0.32	0.38	0.03	0.38	0.31	1.00	0.35	0.35	0.12
ZINS	0.79	0.09	0.79	0.26	-0.01	0.26	0.36	0.35	1.00	-0.45	-0.57
EBT	-0.68	0.08	-0.37	0.15	0.05	0.15	0.00	0.35	-0.45	1.00	0.94
JE	-0.70	0.09	-0.48	0.04	0.05	0.04	-0.12	0.12	-0.57	0.94	1.00

Tabelle B.1: Empirische Korrelationen der absoluten Jahresabschlusskennzahlen.

	EKQ	FKQ	VG	DG1	DG2	KON	EKR	GKR	NUR	BUR	JER
EKQ	1.00	0.76	0.00	0.00	0.00	0.01	0.00	0.21	0.00	0.00	0.24
FKQ	0.76	1.00	0.00	0.00	0.00	0.01	0.00	0.16	0.00	0.00	0.18
VG	0.00	0.00	1.00	0.00	0.00	0.00	0.96	0.00	0.00	0.00	0.00
DG1	0.00	0.00	0.00	1.00	0.78	0.00	0.00	0.00	0.00	0.00	0.00
DG2	0.00	0.00	0.00	0.78	1.00	0.00	0.00	0.00	0.00	0.00	0.00
KON	0.01	0.01	0.00	0.00	0.00	1.00	0.00	0.00	0.00	0.00	0.00
EKR	0.00	0.00	0.96	0.00	0.00	0.00	1.00	0.00	0.00	0.00	0.00
GKR	0.21	0.16	0.00	0.00	0.00	0.00	0.00	1.00	0.05	0.04	0.85
NUR	0.00	0.00	0.00	0.00	0.00	0.00	0.00	0.05	1.00	0.96	0.05
BUR	0.00	0.00	0.00	0.00	0.00	0.00	0.00	0.04	0.96	1.00	0.06
JER	0.24	0.18	0.00	0.00	0.00	0.00	0.00	0.85	0.05	0.06	1.00
AFAI	-0.01	0.00	0.00	-0.01	-0.01	0.04	0.00	-0.05	-0.01	-0.01	-0.06
AFAGL	0.07	-0.01	0.00	0.00	0.00	0.03	0.00	-0.05	0.11	0.09	-0.05
GLGK	0.13	0.14	0.00	0.00	-0.01	-0.03	0.00	0.19	0.00	0.00	0.14
LIQ1	0.00	0.00	0.00	0.00	0.00	0.00	0.00	0.00	0.00	0.00	0.00
LIQ2	0.00	0.00	0.00	0.00	0.00	0.00	0.00	0.00	0.00	0.00	0.00
LIQ3	0.00	0.00	0.00	0.00	0.00	0.00	0.00	0.00	0.00	0.00	0.00
AI	0.75	0.57	0.00	-0.01	-0.01	0.12	0.00	0.13	0.00	0.00	0.17
UI	-0.03	0.03	0.01	0.00	0.01	-0.13	0.01	0.08	0.01	0.01	0.07
VORA	-0.29	0.03	-0.01	0.01	0.02	-0.04	-0.01	-0.04	-0.02	-0.02	-0.02
FLLA	-0.03	0.01	0.01	-0.01	-0.01	-0.03	0.00	0.02	-0.02	-0.02	0.00
KASA	0.08	0.00	0.00	0.00	0.00	0.04	0.00	0.06	0.00	0.00	0.05

	AFAI	AFAGL	GLGK	LIQ1	LIQ2	LIQ3	AI	UI	VORA	FLLA	KASA
EKQ	-0.01	0.07	0.13	0.00	0.00	0.00	0.75	-0.03	-0.29	-0.03	0.08
FKQ	0.00	-0.01	0.14	0.00	0.00	0.00	0.57	0.03	0.03	0.01	0.00
VG	0.00	0.00	0.00	0.00	0.00	0.00	0.00	0.01	-0.01	0.01	0.00
DG1	-0.01	0.00	0.00	0.00	0.00	0.00	-0.01	0.00	0.01	-0.01	0.00
DG2	-0.01	0.00	-0.01	0.00	0.00	0.00	-0.01	0.01	0.02	-0.01	0.00
KON	0.04	0.03	-0.03	0.00	0.00	0.00	0.12	-0.13	-0.04	-0.03	0.04
EKR	0.00	0.00	0.00	0.00	0.00	0.00	0.00	0.01	-0.01	0.00	0.00
GKR	-0.05	-0.05	0.19	0.00	0.00	0.00	0.13	0.08	-0.04	0.02	0.06
NUR	-0.01	0.11	0.00	0.00	0.00	0.00	0.00	0.01	-0.02	-0.02	0.00
BUR	-0.01	0.09	0.00	0.00	0.00	0.00	0.00	0.01	-0.02	-0.02	0.00
JER	-0.06	-0.05	0.14	0.00	0.00	0.00	0.17	0.07	-0.02	0.00	0.05
AFAI	1.00	0.12	0.01	-0.01	-0.01	-0.01	0.22	-0.25	-0.16	0.14	0.07
AFAGL	0.12	1.00	-0.08	0.00	0.00	0.00	0.09	-0.12	-0.15	-0.06	0.03
GLGK	0.01	-0.08	1.00	0.00	0.00	0.00	-0.05	0.33	-0.03	0.26	-0.04
LIQ1	-0.01	0.00	0.00	1.00	0.99	0.99	-0.01	0.01	-0.01	-0.01	0.03
LIQ2	-0.01	0.00	0.00	0.99	1.00	1.00	-0.01	0.01	-0.01	0.00	0.03
LIQ3	-0.01	0.00	0.00	0.99	1.00	1.00	-0.01	0.01	0.00	0.00	0.02
AI	0.22	0.09	-0.05	-0.01	-0.01	-0.01	1.00	-0.53	-0.14	-0.01	0.12
UI	-0.25	-0.12	0.33	0.01	0.01	0.01	-0.53	1.00	0.28	0.02	-0.13
VORA	-0.16	-0.15	-0.03	-0.01	-0.01	0.00	-0.14	0.28	1.00	-0.39	-0.39
FLLA	0.14	-0.06	0.26	-0.01	0.00	0.00	-0.01	0.02	-0.39	1.00	-0.20
KASA	0.07	0.03	-0.04	0.03	0.03	0.02	0.12	-0.13	-0.39	-0.20	1.00

Tabelle B.2: Empirische Korrelationen der relativen Jahresabschlusskennzahlen.

X_k	$\hat{\beta}_k$	w_k	$\Pr(w > w_k)$	$\exp\{\hat{\beta}_k\}$
AFAGL	-559.5	2.98	0.0845	0
AFAI	55.316	0.13	0.7225	999
AI	9.3363	0.03	0.8524	999
DG1	1.0256	0.03	0.8573	2.789
DG2	-3.7876	0.58	0.4467	0.023
EKQ	-48.4921	0.63	0.4257	0
FKQ	48.6774	1.56	0.2119	999
FLLA	-154	12.56	0.0004	0
GKR	352.9	3.41	0.0646	999
GLGK	6.3009	1.21	0.272	545.087
JER	-234	1.87	0.1711	0
KASA	-118.6	3.32	0.0686	0
KON	1.8348	0.02	0.8839	6.264
LIQ2	8.1968	1.25	0.2645	999
NUR	-49.6382	0.11	0.7406	0
UI	-85.1186	0.85	0.3576	0
VG	-0.1962	2.83	0.0925	0.822
VORA	-103.2	6.82	0.009	0
WZ01	1.6448	0.21	0.6433	5.18
WZ02	-4.0761			0.017
WZ03	2.064	0.36	0.5488	7.877
WZ04	0.8402	0.05	0.8258	2.317
WZ05	1.259	0.13	0.7144	3.522
WZ06	2.5027	0.53	0.4685	12.216
WZ07	0			
WZ08	-0.9776	0.06	0.8144	0.376
WZ09	0			
WZ10	3.1344	0.78	0.3779	22.975
WZ12	0			
WZ13	32.1554	0.36	0.5476	999
AFAGL*AFAGL	53.2627	0.03	0.8687	999
AFAGL*AFAI	-303.4	0.28	0.5973	0
AFAGL*AI	132.6	0.39	0.5342	999
AFAGL*DG1	-26.53	0.55	0.4588	0
AFAGL*DG2	-1.579	0	0.9577	0.206
AFAGL*EKQ	481.3	5.6	0.018	999
AFAGL*FKQ	139	0.84	0.3596	999
AFAGL*FLLA	243.4	2.47	0.1163	999
AFAGL*GKR	-2999.1	1.88	0.1703	0
AFAGL*GLGK	0			
AFAGL*JER	680.2	0.82	0.3638	999
AFAGL*KASA	-431.8	2.11	0.1463	0
AFAGL*KON	18.4511	0.17	0.6816	999
AFAGL*LIQ2	-20.0221	0.06	0.8095	0
AFAGL*NUR	199	1.05	0.3063	999
AFAGL*UI	459.1	2.31	0.1289	999
AFAGL*VG	1.5182	3.42	0.0642	4.564
AFAGL*VORA	140	1.2	0.2728	999
AFAI*AFAI	213.9	1.05	0.3053	999
AFAI*AI	-251.3	4.35	0.037	0
AFAI*DG1	17.5668	0.91	0.3401	999
AFAI*DG2	-6.7828	0.2	0.6525	0.001
AFAI*EKQ	-268	4.84	0.0279	0
AFAI*FKQ	102.7	1.24	0.2645	999
AFAI*FLLA	-167.4	3.48	0.0621	0
AFAI*GKR	308.4	0.52	0.4697	999
AFAI*GLGK	9.782	0.63	0.4261	999
AFAI*JER	-236.5	0.26	0.6105	0
AFAI*KASA	-107.9	0.62	0.4327	0
AFAI*KON	55.2334	1.61	0.2049	999
AFAI*LIQ2	121.8	5.68	0.0171	999
AFAI*NUR	1763.4	0.82	0.3666	999
AFAI*UI	-227.2	2.21	0.1372	0
AFAI*VG	-0.9281	3.73	0.0533	0.395
AFAI*VORA	21.7697	0.11	0.741	999
AI*AI	-0.5631	0	0.9728	0.569
AI*DG1	0			
AI*DG2	23.3396	8.41	0.0037	999
AI*EKQ	53.3003	3.07	0.0795	999
AI*FKQ	-9.2229	0.17	0.6782	0
AI*FLLA	81.6769	11.68	0.0006	999
AI*GKR	-89.8987	0.87	0.3499	0
AI*GLGK	4.2002	0.89	0.3462	66.698
AI*JER	105	1.32	0.2506	999
AI*KASA	116	7.98	0.0047	999
AI*KON	-0.859	0.02	0.8824	0.424
AI*LIQ2	-15.291	2.03	0.1538	0
AI*NUR	34.903	0.1	0.7503	999
AI*UI	-61.6675	1.84	0.1754	0
AI*VG	0.0298	0.08	0.7722	1.03
AI*VORA	60.7842	7.13	0.0076	999
DG1*DG1	-0.0118	0.03	0.8554	0.988
DG1*DG2	0.00871	0.01	0.9184	1.009
DG1*EKQ	-3.5998	1.13	0.2887	0.027
DG1*FKQ	0.9461	0.28	0.594	2.576
DG1*FLLA	1.1569	0.26	0.6071	3.18
DG1*GKR	4.6382	0.22	0.6393	103.354
DG1*GLGK	-0.1498	0.82	0.3657	0.861
DG1*JER	-1.4807	0.01	0.9028	0.227
DG1*KASA	-4.6877	1.73	0.1878	0.009
DG1*KON	33.4474	8.13	0.0044	999
DG1*LIQ2	0.7897	0.62	0.4298	2.203
DG1*NUR	-18.2253	1.12	0.2903	0
DG1*UI	-1.5842	0.1	0.756	0.205
DG1*VG	-0.0472	3.7	0.0544	0.954
DG1*VORA	0.8235	0.2	0.6546	2.278
DG2*DG2	0.000457	0	0.9843	1
DG2*EKQ	2.078	0.72	0.3963	7.989
DG2*FKQ	-1.0655	0.64	0.423	0.345
DG2*FLLA	0.0619	0	0.9726	1.064
DG2*GKR	0.2664	0	0.971	1.305
DG2*GLGK	0.1971	2.53	0.1119	1.218
DG2*JER	0.449	0.01	0.934	1.567
DG2*KASA	4.8396	2.58	0.1083	126.421
DG2*KON	-11.2521	9.2	0.0024	0
DG2*LIQ2	-0.861	0.99	0.3192	0.423
DG2*NUR	12.4111	0.56	0.4548	999
DG2*UI	4.2701	0.89	0.3448	71.526
DG2*VG	0.000397	0	0.966	1
DG2*VORA	-0.3275	0.05	0.8167	0.721
EKQ*EKQ	7.5247	0.12	0.7318	999
EKQ*FKQ	3.0358	0.01	0.9095	20.818
EKQ*FLLA	40.4545	2.39	0.122	999
EKQ*GKR	23.2276	0.04	0.8354	999
EKQ*GLGK	1.5099	0.16	0.6913	4.526
EKQ*JER	-273.2	5.21	0.0224	0
EKQ*KASA	37.4547	1.14	0.2866	999
EKQ*KON	-42.7332	9.71	0.0018	0
EKQ*LIQ2	-4.4703	0.27	0.6018	0.011
EKQ*NUR	166.2	1.71	0.1909	999
EKQ*UI	-37.8191	0.53	0.4647	0
EKQ*VG	0			
EKQ*VORA	15.7771	0.89	0.3458	999
FKQ*FKQ	-18.3198	2.98	0.0843	0

Fortsetzung
nächste Seite . . .

... Fortsetzung

GKR*NUR	-333	2.41	0.1205	0	FLLA*LIQ2	8.6277	1.25	0.264	999
GKR*UI	-371.9	3.97	0.0463	0	FLLA*NUR	103.3	0.66	0.4183	999
GKR*VG	0.0611	0.06	0.8037	1.063	FLLA*UI	98.379	7.5	0.0062	999
GKR*VORA	-19.9923	0.08	0.7839	0	FLLA*VG	0.215	2.83	0.0928	1.24
GLGK*GLGK	-0.00956	0.01	0.9388	0.99	FLLA*VORA	39.7541	3.28	0.07	999
GLGK*JER	2.9328	0.04	0.8508	18.779	GKR*GKR	345.6	6.79	0.0092	999
GLGK*KASA	-1.1615	0.08	0.7746	0.313	GKR*GLGK	-0.5867	0	0.9629	0.556
GLGK*KON	-3.6695	2.58	0.1082	0.025	GKR*JER	-523.9	7.65	0.0057	0
GLGK*LIQ2	-1.0187	0.5	0.4792	0.361	GKR*KASA	-116	0.74	0.3898	0
GLGK*NUR	18.6036	0.12	0.7282	999	GKR*KON	-56.8411	2.26	0.1328	0
GLGK*UI	-7.6513	1.78	0.1824	0	GKR*LIQ2	-95.0456	4.33	0.0374	0
GLGK*VG	-0.00443	0.16	0.6924	0.996	KASA*KON	-16.9269	1.23	0.2667	0
GLGK*VORA	2.1539	1.24	0.2647	8.618	KASA*LIQ2	-37.1976	8.25	0.0041	0
JER*JER	164.8	3.08	0.0791	999	KASA*NUR	-605.8	13.62	0.0002	0
JER*KASA	471.8	9.09	0.0026	999	KASA*UI	130.3	4.81	0.0283	999
JER*KON	21.6429	0.58	0.4454	999	KASA*VG	0.0871	0.56	0.4554	1.091
JER*LIQ2	-40.9966	0.57	0.4498	0	KASA*VORA	55.9568	2.96	0.0851	999
JER*NUR	360.2	2.66	0.1027	999	KON*KON	0.4407	5.42	0.0199	1.554
JER*UI	319.9	3.49	0.0617	999	KON*LIQ2	1.1215	0.06	0.8	3.069
JER*VG	-0.5783	3.14	0.0766	0.561	KON*NUR	5.8436	0.07	0.7867	345.02
JER*VORA	50.178	0.48	0.4878	999	KON*UI	0			
KASA*KASA	66.9109	4.03	0.0447	999	KON*VG	-0.00152	0.01	0.9139	0.998
FKQ*FLLA	7.4242	0.2	0.6574	999	KON*VORA	-8.0844	0.9	0.3431	0
FKQ*GKR	15.6972	0.03	0.8689	999	LIQ2*LIQ2	0.00395	0	0.982	1.004
FKQ*GLGK	-1.6369	0.42	0.5181	0.195	LIQ2*NUR	103.8	13.3	0.0003	999
FKQ*JER	-72.4974	0.71	0.4006	0	LIQ2*UI	0			
FKQ*KASA	-53.7203	3.82	0.0506	0	LIQ2*VG	-0.0699	1.01	0.3146	0.932
FKQ*KON	-5.6209	0.83	0.363	0.004	LIQ2*VORA	-0.8571	0.01	0.9131	0.424
FKQ*LIQ2	-8.4245	1.44	0.2302	0	NUR*NUR	-80.8536	1.65	0.199	0
FKQ*NUR	68.4328	0.4	0.5285	999	NUR*UI	-17.4271	0.02	0.8981	0
FKQ*UI	-3.0019	0.01	0.9236	0.05	NUR*VG	0.1658	0.07	0.797	1.18
FKQ*VG	0.0654	0.39	0.5328	1.068	NUR*VORA	-101.9	1.55	0.2129	0
FKQ*VORA	-25.9005	4.01	0.0452	0	UI*UI	22.0744	0.27	0.6008	999
FLLA*FLLA	14.3164	0.79	0.3739	999	UI*VG	0.0498	0.15	0.7022	1.051
FLLA*GKR	16.2985	0.02	0.8976	999	UI*VORA	72.301	4.36	0.0369	999
FLLA*GLGK	2.9268	1.07	0.302	18.668	VG*VG	-2.78E-06	0.16	0.6928	1
FLLA*JER	-9.5695	0.01	0.9337	0	VG*VORA	0.1846	3.68	0.0552	1.203
FLLA*KASA	88.7932	5.51	0.0189	999	VORA*VORA	25.4348	5.11	0.0237	999
FLLA*KON	-3.0304	0.18	0.6753	0.048	Intercept	34.931	0.21	0.6478	999

Tabelle B.3: Schätzergebnisse des logistischen Regressionsmodells mit Polynomen ersten und zweiten Grades für die relativen Kennzahlen der bzgl. des Zielkriteriums gleichverteilten Menge der KMU.

Kons.gl. k	Zielvariable X_k	Semantische Einflussvariablen $X_j^{[k]}$							F_k	$\Pr(F \geq F_k)$	R_k^2
		VOR	FLL	FORDBET	KASSE	UV					
1	UV	$\widehat{\beta}_j^{[k]} = 1.26577$ $t_j^{[k]} = 97.21$ $\Pr\left(t \geq t_j^{[k]}\right) < 0.0001$	1.3572 67.31 < 0.0001	2.0648 30.88 < 0.0001	1.3594 58.48 < 0.0001				8755.13	< 0.0001	0.7116
2	VOR		-0.0621 -5.37 < 0.0001	-0.5228 -15.28 < 0.0001	-0.3630 -28.88 < 0.0001	0.3157 97.21 < 0.0001			3693.74	< 0.0001	0.5100
3	FLL	-0.0327 -5.37 < 0.0001		-0.2830 -11.36 < 0.0001	-0.0419 -4.47 < 0.0001	0.1783 67.31 < 0.0001			2482.84	< 0.0001	0.4116
4	FORDBET	-0.0310 -15.28 < 0.0001	-0.0318 -11.36 < 0.0001		-0.0270 -8.59 < 0.0001	0.0305 30.88 < 0.0001			272.72	< 0.0001	0.0714
5	KASSE	-0.1529 -28.88 < 0.0001	-0.0335 -4.47 < 0.0001	-0.1918 -8.59 < 0.0001		0.1428 58.48 < 0.0001			1258.54	< 0.0001	0.2618
		UV	SAV	IMMA	BILS						
6	BILS	1.2988 190.10 < 0.0001	1.0119 137.42 < 0.0001	1.1166 29.83 < 0.0001					25780.90	< 0.0001	0.8287
7	UV		-0.4590 -77.09 < 0.0001	-0.3615 -14.76 < 0.0001	0.5338 190.10 < 0.0001				13612.20	< 0.0001	0.7187
8	SAV	-0.5905 -77.09 < 0.0001		-0.5085 -18.37 < 0.0001	0.5352 137.42 < 0.0001				7113.21	< 0.0001	0.5717
9	IMMA	-0.0372 -14.76 < 0.0001	-0.0407 -18.37 < 0.0001		0.0472 29.83 < 0.0001				441.49	< 0.0001	0.0765
		BILS	EK	PRST	VLL	BAVERB	VERBBET	GESDAHR			
10	BILS		1.2184 147.38 < 0.0001	1.5294 53.13 < 0.0001	1.9091 37.06 < 0.0001	1.2271 94.65 < 0.0001	1.9781 12.52 < 0.0001	1.0615 34.07 < 0.0001	13208.80	< 0.0001	0.8748
11	EK	0.5393 147.38 < 0.0001		-0.4997 -23.93 < 0.0001	-0.6715 -18.79 < 0.0001	-0.4824 -45.45 < 0.0001	-0.7688 -7.28 < 0.0001	-0.5216 -24.60 < 0.0001	5578.38	< 0.0001	0.7470
12	PRST	0.1303 53.13 < 0.0001	-0.0962 -23.93 < 0.0001		-0.1697 -10.71 < 0.0001	-0.1458 -29.91 < 0.0001	-0.2733 -5.89 < 0.0001	-0.1452 -15.37 < 0.0001	772.66	< 0.0001	0.2902
13	VLL	0.0566 37.06 < 0.0001	-0.0450 -18.79 < 0.0001	-0.0591 -10.71 < 0.0001		-0.0333 -11.22 < 0.0001	-0.0956 -3.49 0.0005	-0.0179 -3.18 0.0015	493.93	< 0.0001	0.2072
14	BAVERB	0.3597 94.65 < 0.0001	-0.3194 -45.45 < 0.0001	-0.5016 -29.91 < 0.0001	-0.3296 -11.22 < 0.0001		-0.1073 -1.25 0.2131	-0.3515 -20.20 < 0.0001	2806.06	< 0.0001	0.5530
15	VERBBET	0.0069 12.52 < 0.0001	-0.0061 -7.28 < 0.0001	-0.0112 -5.89 < 0.0001	-0.0112 -3.49 0.0005	-0.0013 -1.25 0.2131		-0.0070 -3.63 0.0003	62.18	< 0.0001	0.0206
16	GESDAHR	0.0875 34.07 < 0.0001	-0.0972 -24.60 < 0.0001	-0.1405 -15.37 < 0.0001	-0.0498 -3.18 0.0015	-0.0988 -20.20 < 0.0001	-0.1658 -3.63 0.0003		221.27	< 0.0001	0.1048

Fortsetzung nächste Seite . . .

. . . Fortsetzung

		EK	PRST	KVERB	LVERB	BILS					
17	BILS	1.6798 130.33 < 0.0001	1.8266 33.16 < 0.0001	0.2912 16.59 < 0.0001	-0.1854 -15.24 < 0.0001				6069.60	< 0.0001	0.7389
18	EK		-0.3645 -12.97 < 0.0001	-0.0555 -6.43 < 0.0001	0.0345 5.78 < 0.0001	0.3955 130.33 < 0.0001			4922.53	< 0.0001	0.6965
19	PRST	-0.0527 -12.97 < 0.0001		0.0317 9.69 < 0.0001	-0.0219 -9.67 < 0.0001	0.0622 33.16 < 0.0001			566.75	< 0.0001	0.2090
20	KVERB	-0.0864 -6.43 < 0.0001	0.3412 9.69 < 0.0001		0.6819 553.83 < 0.0001	0.1068 16.59 < 0.0001			78121.80	< 0.0001	0.9733
21	LVERB	0.1125 5.78 < 0.0001	-0.4930 -9.67 < 0.0001	1.4265 553.83 < 0.0001		-0.1422 -15.24 < 0.0001			77274.00	< 0.0001	0.9730
		U	LAGV	VERW	AFA	EBIT	EBT	ZINS			
22	EBIT	0.0373 30.67 < 0.0001	0.0666 5.33 < 0.0001	0 . .	-0.0278 -1.18 0.2386				739.48	< 0.0001	0.1402
23	U		-0.2197 -2.13 0.0334	0 . .	10.7544 68.02 < 0.0001	2.5399 30.67 < 0.0001			2261.54	< 0.0001	0.4298
24	LAGV	-0.0023 -2.13 0.0334		0 . .	0.0093 0.47 0.6395	0.0473 5.33 < 0.0001			14.32	< 0.0001	0.0031
25	VERW	0 . .	0 . .		0 . .	0 . .			.	.	.
26	AFA	0.0316 68.02 < 0.0001	0.0026 0.47 0.6395	0 . .		-0.0056 -1.18 0.2386			4278.96	< 0.0001	0.2109
27	EBT					1.0536 218.49 < 0.0001		-0.4934 -20.92 < 0.0001	23878.30	< 0.0001	0.7510
28	EBIT						0.7128 218.49 < 0.0001	0.4449 23.00 < 0.0001	24056.90	< 0.0001	0.7524
29	ZINS					0.0727 23.00 < 0.0001	-0.0545 -20.92 < 0.0001		266.82	< 0.0001	0.0326

Tabelle B.4: Schätzergebnisse der linearen Regressionsanalysen für die Konsistenzgleichungen des semantischen Bilanznetzes der absoluten Jahresabschlussvariablen der Datenmenge abs_C1. Die Prüfgrößenwerte F_k des F-Testes, die jeweiligen p-Werte $\Pr(F \geq F_k)$ sowie die Bestimmtheitsmaße R_k^2 beziehen sich jeweils auf die Modelle ohne die entfernten nicht signifikanten Einflussvariablen.

Neuron	$\widehat{\omega}_{k1}^{(1)}$	$\widehat{\omega}_{k2}^{(1)}$	$\widehat{\omega}_{k3}^{(1)}$	$\widehat{\omega}_{j}^{(2)}$	RS_K
AFAGL	-0.2737	0.4037	-0.7092		0.0592
AFAI	0.4517	-0.6615	0.2947		-0.0311
AI	0.2989	-0.0476	-0.0541		0.0168
DG1	-0.1670	0.0199	-0.0921		-0.0004
DG2	0.1799	0.0057	-0.0829		0.0155
EKQ	-0.9742	0.1754	-0.2627		-0.0204
FKQ	-0.7449	0.1471	-0.6252		0.0172
FLLA	-0.1566	0.0631	-0.1054		0.0032
GKR	-0.0067	-1.3559	0.0098		-0.0653
GLGK	0.0800	0.0076	0.2685		-0.0160
JER	0.1593	-0.7078	-0.0246		-0.0237
KASA	-0.1190	-0.4329	0.2542		-0.0457
KON	0.1016	-0.3340	0.2584		-0.0303
LIQ2	0.2082	-0.4066	-0.2560		0.0105
NUR	-0.0267	-0.1296	-0.7354		0.0482
UI	0.7319	-0.4650	-0.0546		0.0186
VG	0.0091	0.3504	0.1323		0.0070
VORA	-0.4475	-0.2060	-0.3512		-0.0055
WZ01	0.2193	-0.5514	0.7499		-0.0720
WZ02	0.1467	0.0393	-0.1306		0.0191
WZ03	-0.7860	0.5164	-0.0624		-0.0100
WZ04	0.0276	0.0142	-0.2696		0.0225
WZ05	-1.0559	0.1066	0.0334		-0.0501
WZ06	0.2309	0.4200	0.7097		-0.0223
WZ07	-0.0649	0.0606	-0.0644		0.0045
WZ08	-0.2576	-0.6485	0.1873		-0.0577
WZ09	0.2133	0.1358	-0.1596		0.0292
WZ10	0.2143	0.2003	-0.0244		0.0220
WZ12	-0.1791	-0.2449	0.1580		-0.0325
WZ13	0.6119	0.4196	-0.4763		0.0865
BIAS	0.6043	0.2785	-1.2377		0.1371
H_1				1.2832	
H_2				1.2181	
H_3				-1.9484	
$BIAS_H$				-1.5873	

Tabelle B.5: Schätzergebnisse des MLP mit drei Neuronen in einer verdeckten Schicht für die gleichverteilten relativen Jahresabschlussdaten der KMU. H_j bezeichnet das j-te verdeckte Neuron der verdeckten Schicht und BIAS_H den Bias der verdeckten Schicht. In der rechten Spalte sind die Werte der relativen Stärke (RS) der betrachteten Inputneuronen dargestellt.

Literaturverzeichnis

[Abel 1993] Abel, U.: Bewertung diagnostischer Tests, Hippokrates, Stuttgart 1993.

[Agmon und Ahituv 1987] Agmon, N., Ahituv, N.: Assessing Data Reliability in an Information System, in: Journal of Management Information Systems 4, S. 34-44, 1987.

[Akaike 1973] Akaike, H.: Information Theory and an Extension of the Maximum Likelihood Principle, in: Petrov, B., Csáki, F.: 2nd International Symposium on Information Theory, S. 267-281, Tsahkadsov, UdSSR 1973.

[Aldrich und Nelson 1984] Aldrich, J., Nelson, F.: Linear Probability - Logit and Probit Models, in: Quantitative Applications in the Social Sciences 45, SAGE University Press, L.A. 1984.

[Altman 1968] Altman ,E.: Financial Ratios, Discriminant Analysis and the Prediction of Corporate Bankruptcy, in: The Journal of Finance 23.4, S. 589-609, 1968.

[Amemiya 1980] Amemiya, T.: Selection of Regressors, in: International Economic Review 21, S. 331-351, 1980.

[Amemiya 1985] Amemiya, T.: Advanced Econometrics, Harvard University Press, Cambridge 1985.

[Anders 1995] Anders, U.: Neuronale Netze in der Ökonometrie, ZEW Discussion Paper, S. 96-27, 1995.

[Anders 1997] Anders, U.: Statistische Neuronale Netze, Vahlen, München 1997.

[Anderson 1982] Anderson, J.: Logistic Discrimination, in: Krishnaiah, P., Kanal, L.: Handbook of Statistics, 2. Auflage, North-Holland Publishing Co., Amsterdam 1982.

[Anderson 1984] Anderson, T.: An Introduction to Multivariate Statistical Analysis, 2. Auflage, John Wiley, New York 1984.

[Assenmacher 2002] Assenmacher, W.: Einführung in die Ökonometrie, 6. Auflage, Oldenbourg, München 2002.

[Atiya 2001] Atiya, A.: Bankruptcy Prediction for Credit Risk Using Neural Networks: A Survey and New Results, in: IEEE Transactions on Neural Networks 12.4, S. 929-935, 2001.

[von Auer 1999] Auer, L. von: Ökonometrie, Springer, Berlin 1999.

[Bacher 2002] Bacher, J.: Clusteranalyse - Eine anwendungsorientierte Einführung, 2. Auflage, Oldenbourg, München 2002.

[Backhaus et al. 2002] Backhaus, K., Erichson, B., Plinke, W., Weiber, R.: Multivariate Analysemethoden, 9. Auflage, Springer, Berlin 2002.

[Ballou et al. 1999] Ballou, D., Tayi, G.: Enhancing Data Quality in Data Warehouse Environments, in: Communications of the ACM 42.1, S. 73-78, 1999.

[Ballou et al. 1999] Ballou, D., Chengalur-Smith, I., Pazer, H.: The Impact of Data Quality Information on Decision Making: An Exploratory Analysis in: IEEE Transactions on Knowledge and Data Engineering 11.6, S. 853-864, 1999.

[Ballou et al. 1987] Ballou, D., Pazer, H., Belardo, S., Klein, B: Implications of Data Quality for Spreadsheet Analysis, in: Data Base 18, S. 13-19, 1987.

[Bamberg und Baur 2007] Bamberg, G., Baur, F.: Statistik, 13. Auflage, Oldenbourg, München 2007.

[Bansal et al. 1993] Bansal, A., Kauffman, R., Weitz, R.: Comparing the Modeling Performance of Regression and Neural Networks as Data Quality Varies: A Business Value Approach, in: Journal of Management Information Systems 10, S. 11-32, 1993.

[Bartlett 1937] Bartlett, M.: Properties of Sufficiency and Statistical Tests, in: Proceedings of the Royal Statistical Society Series 160, S. 268-282, 1937.

[Bartlett 1999] Bartlett, P.: Neural Network Learning, Cambridge Univ. Press 1999.

[Basel II] Internationale Konvergenz der Kapitalmessung und Eigenkapitalanforderungen - Überarbeitete Rahmenvereinbarung (Basel II), Url: `http://www.bundesbank.de/download/bankenaufsicht/pdf/eigenkapitalempfehlung_de.pdf`, 2004.

[Bauer und Günzel 2004] Bauer, A., Günzel, H.: Data-Warehouse-Systeme. Architektur, Entwicklung, Anwendung, 2. Auflage, Dpunkt, Heidelberg 2004.

[Bazaraa et al. 1992] Bazaraa, M., Sherali, D., Shetty, C.: Nonlinear Programming: Theory and Algorithms, Wiley-Interscience series in Discrete Mathematics and Optimization, John Wiley, New York 1992.

[Beaver 1966] Beaver, W.: Financial Ratios as Predictors of Failures, in: Journal of Accounting Research 4, Empirical Research in Accounting: Selected Studies, S. 71-111, 1966.

[Becerra et al. 2005] Becerra, V., Kawakami, R., Galvao, H., Abou-Seada, M.: Neural and Wavelet Network Models for Financial Distress Classification, in: Data Mining and Knowledge Discovery 11.1, 2005.

[Ben-Hur et al. 2001] Ben-Hur, A., Horn, D., Siegelmann, H., Vapnik, V.: Support Vector Clustering, in: Journal of Machine Learning Research 2, S. 125-137, 2001.

[Bennett und Campbell 2000] Bennett, K., Campbell, C.: Support Vector Machines: Hype or Hallelujah?, in: SIGKDD Explorations 2.2, S. 1-13, 2000.

[Berberov et al. 2002] Berberov, M., Eder, R., Gerstbach, P.: Data/Information Quality Management, Seminararbeit, Universität Wien, Url: `http://www.gerstbach.at/2002/DataQualityManagement/dqm.pdf`, 2002.

[Bernstein 1988] Bernstein, I.: Applied Multivariate Analysis, Springer, New York 1988.

[Bishop 1995] Bishop, C.: Neural Networks for Pattern Recognition, Oxford Univ. Press 1995.

[Bishop 2006] Bishop, C.: Pattern Recognition and Machine Learning, Springer, New York 2006.

[Bobrowski et al. 1999] Bobrowski, M., Marr, M., Yankelevich, D.: A Homogeneous Framework to Measure Data Quality, in: MIT Conference on Information Quality (IQ), S. 115-124, 1999.

[Bolch und Huang 1974] Bolch, B., Huang, C.: Multivariate Statistical Methods for Business and Economics, Prentice-Hall, New Jersey 1974.

[Bosch 1998] Bosch, K.: Statistik-Taschenbuch, 3. Auflage, Oldenbourg, München 1998.

[Box und Cox 1964] Box, G., Cox, D.: An Analysis of Transformations, in: Journal of the Royal Statistical Society 26, S. 211-252, 1964.

[Brockmann 2005] Brockmann, H.: KMU. Definition kleiner und mittlerer Unternehmen der Europäischen Kommission, in: Wirtschaftswissenschaftliches Studium (WiSt), S. 39 ff., Beck, München 2005.

[Burger und Schellberg 1996] Burger, A., Schellberg, B.: Neuronale Netze in der Jahresabschlussanalyse, in: Betriebswirtschaftliche Forschung und Praxis, 48. Jg., S. 102-122, 1996.

[Burges 1998] Burges, C.: A Tutorial on Support Vector Machines for Pattern Recognition, in: Data Mining and Knowledge Discovery 2, S. 121-167, 1998.

[Chambers und Hastie 1992] Chambers, J., Hastie, T.: Statistical Models in S, Pacific Grove 1992.

[Chang und Lin 2001] Chang, C., Lin, C.: LIBSVM : A Library for Support Vector Machines, Url: `http://www.csie.ntu.edu.tw/ cjlin/libsvm`, 2001.

[Chatterjee und Price 1995] Chatterjee, S., Price, B.: Praxis der Regressionsanalyse, Oldenbourg, München 1995.

[Chen 1976] Chen, P.: The Entity Relationship Model - Toward a Unified View of Data, in: ACM Transactions on Database Systems 1.1, S. 9-36, 1976.

[Coenenberg 2005] Coenenberg, A.: Jahresabschluss und Jahresabschlussanalyse - Betriebswirtschaftliche, handelsrechtliche und steuerrechtliche Grundlagen, 20. Auflage, Schäffer-Poeschel, Stuttgart 2005.

[Cristianini und Shawe-Taylor 2000] Cristianini, N., Shawe-Taylor, J.: An Introduction to Support Vector Machines and other Kernel-based Learning Methods, Cambridge Univ. Press 2000.

[Deutsche Bundesbank] Deutsche Bundesbank - Bankenaufsicht, Url: `http://www.bundesbank.de/bankenaufsicht/bankenaufsicht_basel.php`, 2007.

[Dimitriadou et al. 2007] Dimitriadou, E., Hornik, K., Leisch, F., Meyer, D., Weingessel, A.: e1071: Misc Functions of the Department of Statistics, Url: `http://www.cran.r-project.org`, Wien 2007.

[Dhrymes 1970] Dhrymes, P.: Econometrics - Statistical Foundations and Applications, Harper and Row, New York 1970.

[Draper und Smith 1980] Draper, N., Smith, H.: Applied Regression Analysis, John Wiley, New York 1980.

[English 1999] English, L.: Improving Data Warehouse nad Business Information Quality: Methods for Reducing Costs and Increasing Profits, Wiley Computer Publishing, 1999.

[Everitt und Dunn 1991] Everitt, B., Dunn, G.: Applied Multivariate Data Analysis, Cambridge Univ. Press 1991.

[Fahrmeir et al. 1996] Fahrmeir, L., Hamerle, A., Tutz, G.: Multivariate statistische Verfahren, 2. Auflage, de Gruyter, Berlin 1996.

[Fariba 1996] Fariba J.: Maschinelles Lernen, Neuronale Netze und Statistische Lernverfahren zur Klassifikation und Prognose - Theoretische Analyse und ökonomische Anwendung, Shaker, Aachen 1996.

[Fisher 1936] Fisher, R.: The Use of Multiple Measurements in Taxonomic Problems, in: Annals of Eugenics 7, S. 179-188, 1936.

[Fisher 1952] Fisher, R.: Contributions to Mathematical Statistics, John Wiley, New York 1952.

[Flury 1997] Flury, B.: A First Course in Multivariate Statistics, Springer, New York 1997.

[Fox et al. 1993] Fox, C., Levitin, A., Redman, T.: The Notion of Data and its Quality Dimensions, in: Information Processing and Management 30, S. 9-19, 1993.

[Frege 1892] Frege, G.: Sinn und Bedeutung, in: Zeitschrift für Philosophie und philosophische Kritik 100, S. 25-50, 1892.

[Friedrich 1991] Friedrich, D.: Grundlagen der Ökonometrie, Vorlesungsskript, Technische Universität Berlin, 1991.

[Friedrich 2000] Friedrich, D.: Statistik in Wirtschaft und Management, Vorlesungsskript, Technische Universität Berlin, 2000.

[Friedrich 2001] Friedrich, D.: Statistik für Wirtschaftsingenieure I und II, Vorlesungsskript, Technische Universität Berlin, 2001.

[Fritzke 1998] Fritzke, B.: Vektorbasierte Neuronale Netze, Shaker, Aachen 1998.

[Frohn 1995] Frohn, J.: Grundausbildung in Ökonometrie, 2. Auflage, de Gruyter, Berlin 1995.

[Giacomini 2003] Giacomini, E.: Neural Networks in Quantitative Finance, Master Thesis, Humboldt Universität zu Berlin, 2003.

[Graf und Nakhaeizadeh 1993] Graf, J., Nakhaeizadeh, G.: Credit Scoring Based on Neural and Machine Learning, in: Plantamura, V., Soucek, B., Visaggio, VG.: Frontier Decision Support Concepts, John Wiley, New York 1993.

[Greene 2000] Greene, W.: Econometric Analysis, 4. Auflage, New Jersey 2000.

[Guillet und Hamilton 2007] Guillet, F., Hamilton, H.: Quality Measures in Data Mining, in: Studies in Computational Intelligence, Springer 2007.

[Hackl 2005] Hackl, P.: Einführung in die Ökonometrie, Pearson Studium, München 2005.

[Härdle, Moro et al. 2005] Härdle, W., Moro, R., Schäfer, D.: Predicting Bankruptcy with Support Vector Machines, Diskussionspapier Sonderforschungsbereich 649, Humboldt-Universität zu Berlin, 2005.

[Härdle, Lee et al. 2007] Härdle, W., Lee, Y., Schäfer, D., Yeh, Y.: The Default Risk of Firms Examined with Smooth Support Vector Machines, Diskussionspapier Sonderforschungsbereich 649, Humboldt-Universität zu Berlin, 2007.

[Han und Kamber 2000] Han, J., Kamber, M.: Data Mining: Concepts and Techniques, Morgan Kaufmann, San Francisco 2000.

[Hand 1982] Hand, D.: Kernel Discriminant Analysis, Research Studies Press, New York 1982.

[Hand et al. 2001] Hand, D., Mannila, H., Smyth, P.: Principles of Data Mining, MIT Press, Cambridge (MA) 2001.

[Handl 2002] Handl, A.: Multivariate Analysemethoden, Springer, Berlin 2002.

[Hanley und McNeil 1982] Hanley, J., McNeil, B.: The Meaning and Use of the Area under the Receiver Operating Characteristic (ROC) Curve, in: Radiology 143, S. 29-36, 1982.

[Hartung und Elpelt 1992] Hartung, J., Elpelt, B.: Multivariate Statistik: Lehr- und Handbuch der angewandten Statistik, 4. Auflage, Oldenbourg, München 1992.

[Hastie et al. 2001] Hastie, T., Tibshirani, R., Friedman, J.: The Elements of Statistical Learning - Data Mining, Inference and Prediction, Springer, New York 2001.

[Haykin 1999] Haykin, S.: Neural Networks. A Comprehensive Foundation, Prentice Hall, New Jersey 1999.

[Heimann 2007] Heimann, M.: Support-Vektor-Maschinen zur statistischen Insolvenzprognose anhand unvollständiger Bilanzdaten, Diplomarbeit, Technische Universität Berlin, 2007.

[Hipp et al. 2001] Hipp, J., Güntzer, U., Grimmer, U.: Data Quality Mining. Making a Virtue of Necessity, Proceedings of the 6th ACM SIGMOD Workshop on Research Issues in Data Mining and Knowledge Discovery, S. 52-57, 2001.

[Hinrichs 2002] Hinrichs, H.: Datenqualitätsmanagement in Data Warehouse-Systemen, Dissertation, Universität Oldenburg, 2002.

[Hofmann 1977] Hofmann, R.: Bilanzkennzahlen, Industrielle Bilanzanalyse und Bilanzkritik, 4. Auflage, Gabler, Wiesbaden 1977.

[Hsu et al. 2003] Hsu, C., Chang, C., Lin, C.: A Practical Guide to Support Vector Classification, Department of Computer Science, National Taiwan University 2003.

[Hua et al. 2007] Hua, Z., Wang, Y., Xu, X., Zhang, B., Liang, L.: Predicting Corporate Financial Distress Based on Integration of Support Vector Machine and Logistic Regression, in: Expert Systems with Applications 33.2, S. 434-440, 2007.

[Huang et al. 2004] Huang, Z., Chen, H., Hsu, C., Chen, W., Wu, S.: Credit Rating Analysis with Support Vector Machines and Neural Networks: A Market Comparative Study, in: Decision Support Systems 37, S. 543-558, 2004.

[Huh et al. 1990] Huh, Y., Keller, F., Redman, T., Watkins, A.: Data Quality, in: Information and Software Technology 32: S. 559-565, 1990.

[Jerschensky 1998] Jerschensky, A.: Messung des Bonitätsrisikos von Unternehmen: Krisendiagnose mit künstlichen neuronalen Netzen, IDW-Verlag, Düsseldorf 1998.

[Johnson und Wichern 2002] Johnson, R., Wichern, D.: Applied Multivariate Statistical Analysis, 5. Auflage, Prentice Hall, New Jersey 2003.

[Kaiser 1958] Kaiser, H.: The Varimax Criterion for Analytic Rotation in Factor Analysis, in: Psychometrica 23, S. 187-200, 1958.

[Kaiser 1960] Kaiser, H.: The Application of Electronic Computers to Factor Analysis, in: Educational and Psychological Measurement 20, S. 141-151, 1960.

[Karatzoglou et al. 2005] Karatzoglou, A., Meyer, D., Hornik, K.: Support Vector Machines in R, in: Research Report Series 21, Department of Statistics and Mathematics, Wirtschaftsuniversität Wien, 2005.

[Karush 1939] Karush, W.: Minima of Functions of Several Variables with Inequalities as Side Constraints, Dissertation, University of Chicago, 1939.

[Keerthi und Lin 2003] Keerthi, S., Lin, C.: Asymptotic Behaviors of Support Vector Machines with Gaussian Kernel, in: Neural Computation 15.7, S. 1667-1689, 2003.

[Kennedy 2003] Kennedy, P.: A Guide to Econometrics, 5. Auflage, MIT Press, Cambridge (MA) 2003.

[Knight 1992] Knight, B.: The Data Pollution Problem, in: Computerworld 26, S. 81-83, 1992.

[Kockelkorn 2005] Kockelkorn, U.: Einführung in die statistische Lerntheorie, Vorlesungsskript, Technische Universität Berlin, 2005.

[Köbberling et al. 1991] Köbberling, J., Richter, K., Trampisch, H., Windeler, J.: Methodologie der medizinischen Diagnostik. Entwicklung, Beurteilung und Anwendung von Diagnoseverfahren in der Medizin, Springer, Berlin 1991.

[Kolmogorov 1957] Kolmogorov, A.: On the Representation of Continuous Functions of Several Variables by Superposition of Continuous Functions of One Variable and Addition, in: Doklady Akademiia Nauk SSSR 114.5, S. 953-956, 1957.

[Krafft 1978] Krafft, O.: Lineare statistische Modelle und optimale Versuchspläne, in: Studia Mathematica 30, Vandenhoeck und Ruprecht, Göttingen 1978.

[Krallmann et al. 2007] Krallmann, H., Schönherr, M., Trier, M.: Systemanalyse im Unternehmen - Prozessorientierte Methoden der Wirtschaftsinformatik, 5. Auflage, Oldenbourg, München 2007.

[Kuhn und Tucker 1951] Kuhn, H., Tucker, A.: Nonlinear programming, in: Proceedings of 2nd Berkeley Symposium on Mathematical Statistics and Probabilistics, S. 481-492, University of California Press, 1951.

[Lange 2003] Lange, C.: Neuronale Netze in der wirtschaftswissenschaftlichen Prognose und Modellgenerierung, Physica, Heidelberg 2003.

[Lee und Verri 2002] Lee, S., Verri, A.: Pattern Recognition with Support Vector Machines, First International Workshop, Springer, Niagara Falls, Canada 2002.

[Lee 2007] Lee, Y.: Application of Support Vector Machines to Corporate Credit Rating Prediction, in: Expert Systems with Applications 33.1, S. 67-74, 2007.

[Leffson 1984] Leffson, U.: Bilanzanalyse, 3. Auflage, Poeschel, Stuttgart 1984.

[Lin et al. 2003] Lin, H., Lin, C., Weng, H.: A Note on Platt's Probabilistic Outputs for Support Vector Machines, Technical Report, Department of Computer Science, National Taiwan University 2003.

[Lin und Lin 2003] Lin, H., Lin, C.: A Study on Sigmoid Kernels for SVM and the Training of Non-PSD Kernels by SMO-type Methods, Technical Report, Department of Computer Science, National Taiwan University 2003.

[Lucas 2003] Lucas, A.: Schätzung und Spezifikation ökonometrischer neuronaler Netze, Josef Eul, Köln 2003.

[Luebbers et al. 2003] Luebbers, D., Grimmer, U., Jarke, M.: Systematic Development of Data Mining-Based Data Quality Tools, in: Proceeding of the 29th VLDB Conference, Berlin 2003.

[Madnick und Wang 1992] Madnick, S., Wang, R.: Introduction to the TDQM Research Program, Total Data Quality Management Research Program Working Paper, S. 92-01, 1992.

[Mardia et al. 1979] Mardia, K., Kent, J., Bibby, J.: Multivariate Analysis, Academic Press, London 1979.

[Martin 1977] Martin, D.: Early Warning of Bank Failure: A Logit Regression Approach, in: Journal of Banking and Finance 1, S. 249-276, 1977.

[McFadden 1974] McFadden, D.: The Measurement of Urban Travel Demand, in: Journal of Public Economics 3, S. 303-328, 1974.

[McLachlan 1992] McLachlan, G.: Discriminant Analysis and Statistical Pattern Recognition, John Wiley, New York 1992.

[Mehlmann 1993] Mehlmann, O.: Ein aktives computergestütztes Medium zur Verteilten Planung im Unternehmen, Dissertation, Technische Universität Berlin, 1993.

[Minsky und Papert 1969] Minsky, M., Papert, S.: Perceptrons, MIT Press, Cambridge (MA) 1969.

[Mitchell 1997] Mitchell, T.: Machine Learning, McGraw Hill, New York 1997.

[Morey 1982] Morey, R.: Estimating and improving the Quality of Information in a MIS, in: Communications of the ACM 25, S. 337-342, 1982.

[Moro 2004] Moro, R.: Rating Companies with Support Vector Machines, Diplomarbeit, Humboldt Universität zu Berlin, 2004.

[Müller 1993] Müller, R.: Quantitative Reasoning - A new Method of Simulation with Uncertainties, in: Systems Analyzes Modelling Simulation 11.1, S. 17-29, 1993.

[Müller et al. 1999] Müller, K., Smola, A., Rätsch, G., Schölkopf, B., Kohlmorgen, J., Vapnik, V.: Predicting Time Series with Support Vector Machines, in: Schölkopf, B., Burges, C., Smola, A.: Advances in Kernel Methods - Support Vector Learning, S. 243-253, MIT Press, Cambridge (MA) 1999.

[Novikoff 1962] Novikoff, A.: On Convergence Proofs on Perceptrons, in: Symposium on the Mathematical Theory of Automata 12, S. 615-622, Polytechnic Institute of Brooklyn, 1962.

[Oerthel und Tuschl 1995] Oerthel, F., Tuschl, S.: Statistische Datenanalyse mit dem Programmpaket SAS, Oldenbourg, München 1995.

[Ohlson 1980] Ohlson, J.: Financial Ratios and the Probabilistic Prediction of Bankruptcy, in: Journal of Accounting Research 18.1, S. 109-131, 1980.

[O'Leary 1993] O'Leary, D.: The Impact of Data Accuracy on System Learning, in: Journal of Management Information Systems 9, S. 83-98, 1993.

[Pellens et al. 2004] Pellens, B., Fülbier, R., Gassen, J.: Internationale Rechnungslegung, 5. Auflage, Schäffer Poeschel, Stuttgart 2004.

[Pipino et al. 2002] Pipino, L., Lee, Y., Wang, R.: Data Quality Assessment, in: Communication of the ACM 45, S. 211-218, 2002.

[Platt 1998] Platt, J.: Fast Training of Support Vector Machines using Sequential Minimal Optimization, in: Advances in Kernel Methods - Support Vector Learning, MIT Press, 1998.

[Platt 1999] Platt, J.: Using Sparseness and Analytic QP to Speed Training of Support Vector Machines, in: Advances in Neural Information Processing Systems 11, MIT Press, 1999.

[Platt 2000] Platt, J.: Probabilistic Outputs for Support Vector Machines and Comparison to Regularized Likelihood Methods, in: Smola, A., Bartlett, P., Schölkopf, B., Schuurmans, D.: Advances in Large Margin Classifiers, MIT Press, Cambridge (MA) 2000.

[Pyle 1999] Pyle, D.: Data Preparation for Data Mining, Morgan Kaufmann, San Francisco 1999.

[R Development Core Team 2007] R Development Core Team: R: A Language and Environment for Statistical Computing. R Foundation for Statistical Computing, Url: `http://www.r-project.org`, Wien 2007.

[Redman 1995] Redman, T.: Improve Data Quality for Competitive Advantage, in: Sloan Management Review 36, S. 99-107, 1995.

[Redman 1996] Redman, T.: Data Quality for the Information Age, Artech House Inc., Norwood (MA) 1996.

[Redman 2001] Redman, T.: Data Quality: Management and Technology, Bantam Books, New York 2001.

[Rehkugler und Zimmermann 1994] Rehkugler, H., Zimmermann, H.: Neuronale Netze in der Ökonomie, Vahlen, München 1994.

[Rencher 1995] Rencher, A.: Methods of Multivariate Analysis, John Wiley, New York 1995.

[Rencher 1998] Rencher, A.: Multivariate Statistical Inference and Applications, John Wiley, New York 1998.

[Rinne 2004] Rinne, H.: Ökonometrie, Vahlen, München 2004.

[Ripley 1996] Ripley, B.: Pattern Recognition and Neural Networks, Cambridge University Press 1996.

[Rojas 1993] Rojas, R.: Theorie der Neuronalen Netze - Eine systematische Einführung, Springer, Berlin 1993.

[Ronning 1991] Ronning, G.: Mikroökonometrie, Springer, Heidelberg 1991.

[Rosenblatt 1957] Rosenblatt, F.: The Perceptron: A Perceiving and Recognizing Automaton, in: Technical Report 85-460-1, Cornell Aeronautical Laboratory, 1957.

[Rosenblatt 1958] Rosenblatt, F.: The Perceptron: A Probabilistic Model for Information Storage and Organization in the Brain, in: Psychological Review 65, S. 386-408, 1958.

[Roth 2001] Roth, V.: Kernel Methods for Regression and Classification, VDI-Verlag, Düsseldorf 2001.

[Rubin 1976] Rubin, D.: Inference and Missing Data, in: Biometrika 63, S. 581-592, 1976.

[Rumelhart und McClelland 1986] Rumelhart, D., McClelland, J.: Parallel Distributed Processing 1 und 2, MIT Press, Cambridge (MA) 1986.

[Russel und Horvig 2003] Russel, S., Norvig, P.: Artificial Intelligence: A Modern Approach, 2. Auflage, Prentice Hall, New Jersey 2003.

[Schmid 1992] Schmid, B.: Darstellung und automatische Auswertung quantitativer Information, Institut für Wirtschaftsinformatik der Hochschule St. Gallen, 1992.

[Schnell et al. 2000] Schnell, R., Hill, P., Esser, E.: Methoden der empirischen Sozialforschung, Oldenbourg, München 2000.

[Schölkopf, Burges et al. 1999] Schölkopf, B., Burges, C., Smola, A.: Advances in Kernel Methods - Support Vector Learning, MIT Press, Cambridge (MA) 1999.

[Schölkopf, Müller et al. 1999] Schölkopf, B., Müller, K., Smola, A.: Lernen mit Kernen - Support-Vektor-Methoden zur Analyse hochdimensionaler Daten, in: Informatik Forschung und Entwicklung 14, S. 154-163, Berlin 1999.

[Schölkopf, Williamson et al. 1999] Schölkopf, B., Williamson, R., Smola, A., Shawe-Taylor, J.: SV Estimation of a Distribution's Support, in: Solla, S., Leen, T., und Müller, K.-R.: Neural Information Processing Systems 12, MIT Press, Cambridge (MA) 1999.

[Schölkopf, Platt et al. 1999] Schölkopf, B., Platt, J., Shawe-Taylor, J., Smola, A., Williamson, R.: Estimating the Support of a high-dimensional Distribution, in: Technical Report 99-87, Microsoft Research, 1999.

[Schölkopf, Williamson et al. 2000] Schölkopf, B., Williamson, R., Smola, A., Shawe-Taylor, J., Platt, J.: Support Vector Method for Novelty Detection, in: Solla, S., Leen, T., und Müller, K.-R.: Advances in Neural Information Processing Systems 12, S. 582-588, MIT Press, Cambridge (MA) 2000.

[Schöner 2004] Schöner, H.: Working with Real-World Datasets: Preprocessing and Prediction with Large Incomplete and Heterogeneous Datasets, Dissertation, Technische Universität Berlin, 2004.

[Schott 1988] Schott, G.: Kennzahlen, Instrument der Unternehmensführung, 5. Auflage, Forkel, Wiesbaden 1988.

[Schüler 2001] Schüler, F.: Künstliche neuronale Netze zur Datenanalyse in der Marktforschung, Dissertation, Universität Halle, 2001.

[Schult 2003] Schult, E.: Bilanzanalyse - Möglichkeiten und Grenzen externer Unternehmensbeurteilung, 11. Auflage, Erich Schmidt, Berlin 2003.

[Schwarz 1978] Schwarz, G.: Estimating the Dimension of a Model, in: The Annals of Statistics 6.2, S. 461-464, 1978.

[Seber 1977] Seber, G.: Linear Regression Analysis, Wiley, New York 1977.

[Shawe-Taylor et al. 1998] Shawe-Taylor, J., Bartlett, P., Williamson, R., Anthony, M.: Structural Risk Minimization over Data-dependent Hierarchies, in: IEEE Transactions in on Information Theory 44.5, 1998.

[Smola 1996] Smola, A.: Regression Estimation with Support Vector Learning Machines, Diplomarbeit, Technische Universität München, 1996.

[Smola und Schölkopf 1998] Smola, A., Schölkopf, B.: A Tutorial on Support Vector Regression, in: NeuroCOLT2 Technical Report Series, 1998.

[Sowa 1991] Sowa, J.: Principles of Semantic Networks - Explorations in the Representation of Knowledge, Morgan Kaufmann, San Mateo (CA) 1991.

[Strang 1980] Strang, G.: Linear Algebra and its Applications, 2. Auflage, Academic Press, New York 1980.

[Suykens et al. 2002] Suykens, J., Van Gestel, T., De Brabanter, J., De Moor, B., Vandewalle, J.: Least Squares Support Vector Machines, World Scientific Publishing, New Jersey 2002.

[Theil 1971] Theil, H.: Principles of Econometrics, John Wiley, New York 1971.

[Überla 1972] Überla, K.: Faktorenanalyse, 2. Auflage, Springer, Berlin 1972.

[Urban 1993] Urban, D.: Logit-Analyse, Gustav Fischer, Stuttgart 1993.

[Vapnik 1979] Vapnik, V.: Estimation of Dependences Based on Empirical Data, Nauka, Moskau 1979.

[Vapnik und Chervonenkis 1991] Vapnik, V., Chervonenkis, A.: The Necessary and Sufficient Conditions for Consistency of the Method of Empirical Risk Minimization, in: Pattern Recognition and Image Analysis 1.3, S. 283-305, 1991.

[Vapnik 1995] Vapnik, V.: The Nature of Statistical Learning Theory, Springer, New York 1995.

[Vapnik 1998] Vapnik, V.: Statistical Learning Theory, John Wiley, New York 1998.

[Veall und Zimmermann 1994] Veall, M., Zimmermann, K.: Evaluating Pseudo-R^2's for Binary Probit Models, in: Quality and Quantity 28, S. 151-164, 1994.

[Veall und Zimmermann 1996] Veall, M., Zimmermann, K.: Pseudo-R^2 Measures for Some Common Limited Dependent Variable Models, in: Journal of Economic Surveys 10, S. 241-259, 1996.

[Venables und Ripley 2002] Venables, W., Ripley, B.: Modern Applied Statistics with S, 4. Auflage, Springer, Berlin 1999.

[Wand und Wang 1996] Wand, Y., Wang, R.: Anchoring Data Quality Dimensions in Ontological Foundations, in: Communications of the ACM 39, S. 86-95, 1996.

[Wang et al. 1992] Wang, R., Kon, H., Madnick, S.: Data Quality Requirements Analysis and Modelling, MIT Sloan School of Management, Cambridge (MA) 1992.

[Wang et al. 1995] Wang, R., Storey, V., Firth, C.: A Framework for Analysis of Data Quality Research, in: IEEE Transactions on Knowledge and Data Engineering 7.4, S. 623-640, 1995.

[Wang und Strong 1996] Wang, R., Strong, D.: Beyond accuracy: What Data Quality Means to Data Consumers, in: Journal of Management Information Systems 12, S. 5-34, 1996.

[Wang et al. 2000] Wang, R., Ziad, M., Lee, Y.: Data Quality, in: Kluwer International Series on Advances in Database Systems, Springer, New York 2000.

[Wang et al. 2005] Wang, Y., Wang, S., Lai, K.: A New Fuzzy Support Vector Machine to Evaluate Credit Risk, in: IEEE Transactions on Fuzzy Systems 13.6, S. 820-831, 2005.

[Widmann 2001] Widmann, G.: Künstliche neuronale Netze und ihre Beziehungen zur Statistik, Peter Lang, Frankfurt 2001.

[Wiedmann und Buckler 2003] Wiedmann, K., Buckler, F.: Neuronale Netze im Marketing-Management, Gabler, Wiesbaden 2003.

[Wöhe 1996] Wöhe, U.: Allgemeine Betriebswirtschaftslehre, 19. Auflage, Vahlen, München 1996.

[Wu et al. 2004] Wu, T., Lin, C., Weng, R.: Probability Estimates for Multi-class Classification by Pairwise Coupling, in: Journal of Machine Learning Research 5, S. 975-1005, 2004.

[Yoon et al. 1993] Yoon, Y., Swales, G., Margavio, T.: A Comparison of Discriminant Analysis Versus Artificial Neural Networks, in: Journal of Operational Research 44, S. 51-60, 1993.

[Yu et al. 2005] Yu, H., Yang, J., Han, J., Li, X.: Making SVMs Scalable to Large Data Sets using Hierarchical Cluster Indexing, in: Data Mining and Knowledge Discovery 11.3, S. 295-321, 2005.

QUANTITATIVE ÖKONOMIE

Herausgegeben von Prof. Dr. Eckart Bomsdorf, Köln, Prof. Dr. Wim Kösters, Bochum, und Prof. Dr. Winfried Matthes, Wuppertal

Band 150
Bernhard Babel
Bevölkerungsvorausberechnungen unter besonderer Berücksichtigung von Unsicherheiten – Deterministische und stochastische Modelle für Fertilität, Migration und Mortalität sowie Modellrechnungen zur Bevölkerungsentwicklung in Deutschland
Lohmar – Köln 2007 • 222 S. • € 45,- (D) • ISBN 978-3-89936-567-2

Band 151
Ralf G. Gerhardt
Analyse des Kraftstoff- und Shop-Geschäfts des Tankstellennetzes einer Mineralölgesellschaft mit Hilfe von Regressionsverfahren
Lohmar – Köln 2007 • 152 S. • € 42,- (D) • ISBN 978-3-89936-606-8

Band 152
Jan Bottermann
Der transatlantische Realzinsverbund – Eine Untersuchung des US-Einflusses auf die deutsche Zinsstrukturkurve
Lohmar – Köln 2008 • 222 S. • € 45,- (D) • ISBN 978-3-89936-690-7

Band 153
Alexandra Schwarz
Lokale Scoring-Modelle
Lohmar – Köln 2008 • 248 S. • € 46,- (D) • ISBN 978-3-89936-725-6

Band 154
Andreas Nastansky
Realwirtschaftliche Folgen von Vermögenspreisschwankungen – Eine Kointegrationsanalyse für die Bundesrepublik Deutschland
Lohmar – Köln 2008 • 248 S. • € 56,- (D) • ISBN 978-3-89936-741-6

Band 155
Ronald Franken
Support-Vektor-Maschinen und statistische neuronale Netze im Data Mining und Datenqualitätsmanagement – Eine empirische Analyse am Beispiel der Unternehmenssolvenz
Lohmar – Köln 2008 • 348 S. • € 63,- (D) • ISBN 978-3-89936-756-0